智能电网关键技术研究与应用丛书

高效可再生能源发电系统及并网技术（原书第2版）

Renewable and Efficient Electric Power Systems，Second Edition

［美］吉尔伯特·M. 马斯特斯（Gilbert M. Masters）　著

王宾　杨尚霖　龚立娇　译

机械工业出版社

本书介绍了高效可再生能源发电系统及并网技术，理论与实用性并重，内容主要包含电力系统、光伏发电和风力发电系统，以及其他可再生能源、能源效率和智能电网三部分。第一部分内容从电路的基本原理出发，由浅入深地给出了诸如功率因数、三相电力系统、电能质量等专业知识点，也特别回顾了现代电力工业的发展历程和相关政策法规的演化史，伸读者能尽快地掌握和熟悉电力系统的基本原理和发展历史；第二和第三部分内容主要涉及高效可再生能源发电系统关键技术，包括将太阳能转换为电能的光伏组件及光伏发电、光伏抽水等应用系统技术，风能和风力发电系统的相关技术，以及近年来新兴的光热发电、波浪能发电、潮汐能发电、水力发电、生物质发电、地热发电、抽水蓄能发电等技术。最后以智能电表两侧的可再生能源发电系统与并网电力系统的运行经济性分析为切入点，针对性地介绍了需求侧响应、热电联产、电能储能、燃料电池等关键技术。

本书可作为电气和机械工程本科生和研究生的教科书，但由于它内容非常丰富，也可以作为相关专业的工程技术人员、研究人员和能源决策人员的参考资料。

译 者 的 话

时光飞梭，十年前翻译原书英文第 1 版时，以光伏发电、风电为代表的可再生能源新技术研究在国内正如火如荼地进行着，自己也刚刚进入到此领域，初生牛犊不怕虎，执笔完成了第 1 版的翻译工作。

当时咿呀学语的儿子现在已经长成了一米六的小伙子了，原书也推出了英文第 2 版。我尤为喜欢国外专著的这种系统全面、娓娓道来、细致入微的感觉，尽管翻译工作困难重重，还是承接了下来。

英文第 2 版增补了较多的新内容，虽然有第 1 版译稿作为基础，但仍花费了相当大的精力。感谢石河子大学机械电气工程学院"灵活消纳新能源并网电力系统故障检测与保护"团队的支持与鼓励，一起完成了原书第 2 版的翻译工作。

清华大学电机系王宾博士提供了第 1 版的译稿，石河子大学机械电气工程学院龚立娇博士负责翻译了第 1~5 章初稿，石河子大学机械电气工程学院杨尚霖翻译了第 6~9 章初稿，最后由王宾负责全文的统稿和校对。此外还要特别感谢我的爱人——清华大学科研院宋洁高级工程师在翻译过程中给予的支持和鼓励，她不仅承担了更多的家务能让我心无旁骛地工作，还从电气工程专业的角度提出了很好的建议。

本书中的物理量、图形符号与文字符号均采用了英文原书中的样式，未必与我国现行标准一致。由于译者水平所限，对部分技术理解也不全面，翻译过程中难免出现差错，敬请读者指正。

王宾
于清华园
2019 年 7 月

原书前言

本书从实用性的角度量化分析、全面介绍了多种不同类型的可再生能源系统。对于每一种可再生能源系统，都会介绍其理论背景，给出与系统设计和性能分析有关的实际工程参数，以及评价该系统效益的经济方法。本书重点介绍了目前发展最快、最有前景的风能和太阳能技术，此外也介绍了潮汐和波浪发电、地热、生物质能、水电和储能等技术。本书的最后一章介绍了连接供需双方需求的智能电网技术。

本书的目标读者是工程技术人员和其他关注该技术的不同类型读者。例如，我在斯坦福大学讲授的该内容课程就没有先修要求，选修该课程的学生中大约一半是本科生，一半是研究生。目前几乎所有学生都来自工科和理科，但是商科学生也越来越多。本书旨在提供大量完整的、贯穿始终的举例，来鼓励读者自学。书中几乎每一种适合定量分析的可再生能源系统都用这样的举例方式进行讲述。

这是本书的第2版，与第1版相比，内容进行了更新和重组，补充了大量新素材，既有以新章节形式出现的，也有在第1版既有章节基础上深化补充的内容。新内容包括了波浪能和潮汐能发电、抽水蓄能、智能电网和地热发电等。本书也增补了电气工程基础知识的介绍，以便于过渡到电气工程领域的其他高级课程，内容包括相量法、无功功率和有功功率、直流-直流变换和直流-交流变换器件，以及发电机等相关技术。可再生能源系统不仅涉及流行的电气及控制技术，而且已经成为了一项庞大的产业。在这一版中，也对大规模常规和可再生能源项目的财务分析进行了更多的深入探讨。

本书由三部分组成：

I. 电力工业背景介绍（第1~3章）；

II. 光伏发电和风力发电系统（第4~7章）；

III. 其他可再生能源、能源效率和智能电网（第8、9章）。

I. 电力工业背景介绍（第1~3章）：主要介绍了电力工业相关技术（第1章），包括常规发电厂技术、电网的监管和运行技术，以及核准发电成本等财务知识。对于刚接触基础电气元件和电路的读者，或者需要快速复习该部分知识的读者，请参阅第2章，可以让具备中专水平的读者快速掌握这些电气基本知识。

对于已经掌握了电气基础知识的学生，可跳过第2章，直接学习第3章，第3章为非电气工程专业的学生提供了电气工程高级课程的相关知识。目前，许多以往不太重视电气工程专业的学校对这一领域的关注度也日益增长。

II. 光伏发电和风力发电系统（第4~7章）：这部分内容是本书的核心。第4章介绍了太阳能资源，包括太阳高度角、日照遮蔽问题、晴天日照强度、直接和间接太阳辐射（集中式太阳能技术），以及针对某一地点，如何用典型气象年的每小时太阳能数据来开展分析工作。

第5章介绍了光伏材料以及电池、模块和阵列的电气特性。有了这些背景知识，读者可以理解云遮对光伏性能产生的巨大影响，以及如何使用现代电力电子技术来降低这些影响。

第6章介绍的是光伏发电系统，包括与公共电网并网运行的可独立电量计量的屋顶光伏发电系统，以及带有电池储能的离网运行光伏发电系统。目前，市场上占主导地位的是并网型的光伏发电系统，但是具备微网运行能力的离网式光伏发电系统开始对供电市场产生越来越大的影响。这两种类型的光伏发电系统的经济性都受到了很大的关注。

第7章介绍了风力发电系统，包括风资源的统计特性、风力发电技术的最新进展以及如何有效地结合两者来实现优异的风力发电出力特性。风力发电目前在可再生能源市场占据着主导地位，数十亿美元的投资资金流入到了该领域，因此本章对此类投资的财务分析给予了重点关注。

Ⅲ. 其他可再生能源、能源效率和智能电网（第8、9章）：第8章介绍了包含蓄热装置的聚焦式太阳能发电系统，可真正意义上实现电力输出可调控。还介绍了两种新兴的海洋发电技术：潮汐能发电和波浪能发电。它们在一定程度上表现出了相当可观的应用前景，原因是它们的功率输出变化比风能和太阳能更易预测。这一章还介绍了水力发电，包括微型水力发电系统（同样适用于新兴市场）和抽水蓄能系统，它们可为其他类型出力波动的可再生能源提供备用电力。在这一章的最后，介绍了生物质发电和地热发电系统。

第9章以计量电表的两侧为分界，描述了可再生能源的出力变化与具备需求响应能力的可控负荷相互作用时遇到的系列问题。本章先介绍了智能电网相关知识，随后介绍了电网高级控制所需要的先进计量设施和技术，以及如何有效控制负荷的需求响应以应对可再生能源出力的变化。本章还介绍了蓄电池在电动汽车中的作用，并阐明了需求侧管理、电能高效使用、燃料电池和热电联产系统都是未来供需平衡的关键技术。

本书已经写了四十多年，从丹尼斯·海耶斯和1970年首次确立的"地球日"对我的影响开始，我的职业生涯从半导体和计算机技术转变为了环境工程。后来，阿莫里·洛文斯的开创性论文《软能源之路：未走的道路？》（Foreign Affairs，1976）使我对学术的关注集中到了能源与环境之间的关系，以及可再生能源和效率在迎接未来挑战中必须发挥的重要作用。加州大学伯克利分校的阿特·罗森菲尔德的深入分析，以及自然资源保护委员会的拉尔夫·卡瓦纳赫敏锐的观点，一直是指导我和我灵感的源泉。这些人和其他的先驱们照亮了这条道路，但这些年来，一直是斯坦福大学课堂上那些勇于挑战、执着、充满热情的学生们让我精力充沛、兴奋并充满力量，我对他们的激励和友谊深表感激。最后，我要特别感谢我的老朋友和同事——简·伍德沃德，她的慷慨支持使我能够继续在这个喜欢的领域中耕耘。我还要特别感谢一些人，他们对本书第 2 版的部分章节提供了帮助。卡迪夫大学的尼克·詹金斯教授在斯坦福大学教授的课程使我提升了对电力系统相关知识的理解。博士生（现已毕业）埃里克·斯托滕堡、伊莱恩·哈特和迈克·德沃夏克为我提供了关于风力、潮汐和波浪动力的有益见解。来自国际太阳系公司的埃里克·扬伦提供的设计指南，帮助我了解了离网光伏系统的实际情况。罗伯特·康罗伊和亚当·拉乌多尼斯两名学生，开发了我用来制作阴影图的网站。我的老朋友，如今在 SunPower 公司工作的鲍勃·雷丁格，一直是我在可再生能源金融和商业方面的专家。弗雷德·泽西斯仔细核对了手稿，把我从许多尴尬的小错误中拯救了出来，非常感谢他。最后，让我举起酒杯，就像四年来几乎每天晚上做的那样，敬我的妻子玛丽，她是我生命中的阳光。

吉尔伯特·M. 马斯特斯
斯坦福大学
2013 年 4 月

目　　录

第1章 美国电力工业史

一个多世纪前,没有电机、灯泡、冰箱、空调或其他现如今认为是非常重要的任何电气设备。事实上,目前世界各地仍有近 20 亿人无法享用电能。电力工业已经发展成为了世界上最大的产业之一。它是所有行业中污染最严重的行业之一,排放了美国 3/4 的硫氧化物(SO_x),1/3 的二氧化碳(CO_x)和氮氧化物(NO_x),以及 1/4 的颗粒物和有毒重金属物。

电力基础设施为北美提供了源源不断的电力,其包括了超过 275000mile[⊖] 的高压输电线路和 950000MW 的发电量,为超过三亿人提供供电服务。尽管其成本惊人——超过了一万亿美元——但其价值却无法估计。保障供电高可靠性的技术挑战极大,需要实时控制和协调数以千计的发电厂,通过庞大的输电和配电网络输送电力,精确地满足用户不断变化的电力需求。

虽然本书重点关注的是替代传统大型集中式发电系统的新发电方案,但首先需要对这些传统发电系统的运行方式进行了解。本章介绍了公用供电系统的发展历史,生产、传输和分配电能的基础设施,以及电力交易的政策监管等相关问题。

1.1 电磁学:电力基本知识

19 世纪初,汉斯·克里斯蒂安·奥斯特(Hans Christian Oersted)、詹姆斯·克拉克·麦克斯韦(James Clerk Maxwell)和迈克尔·法拉第(Michael Faraday)等科学家开始探索电磁学的奥秘。他们解释了电和磁之间是如何互相转化的,为后续发电机和电动机的发明奠定了基础,现在这些发明已经改变了世界。早期实验证明,电压(最初称为电动势)可以由在磁场中移动的导体产生,如图 1.1a 所示。基于此现象,直接导致了直流发电机的发明,以及后来的交流发电机的出现。相反,如果电流流过位于磁场中的一根导体,导体将感受到一种试图移动该导体的力,如图 1.1b 所示。这就是电动机能够将电流转化为机械动力的基本原理。

这两个重要电磁现象的内在对称性值得注意。在磁场中移动导体会感应出电流,而对于磁场中的导体通过电流则会产生出试图移动该导体的电磁力。这表明如果对导体施加力,则可以制造出一台简单的发电机;相反,如果对导体通电,则可以作为电动机工作。事实上,今天的混合动力电动汽车中的电机就是这样工作的。正常工作中,电机处于电动机运行模式为汽车提供动力,但是当刹车时,电机就转

⊖ 英里,1mile = 1.609344km。

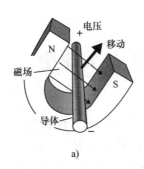
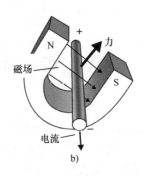

图 1.1 a）在磁场中移动导体会产生电压 b）向位于磁场中的导体注入电流会产生力

变为发电机运行模式工作，将车辆的动能转换为电能，一方面为车辆减速，另一方面也可以将电能存储到车辆的电池中。

电机技术的进步关键是找到一种产生所需磁场的方法。英国发明家威廉·斯特金（William Sturgeon）发明了世界上第一个电磁铁，他在 1825 年证明了向马蹄形铁心上缠绕的铁丝中输入电流可以产生磁场。该发明为发电机和电动机的诞生奠定了基础。

比利时的齐纳布·格拉姆（Zénobe Gramme）发明了世界上第一台真正的直流电动机/发电机。如图 1.2 所示，该装置包括一个缠绕电线的铁环（电枢），其在固定磁场中旋转。磁场的产生采用的是斯特金（Sturgeon）电磁铁。格拉姆的发明关键点是，用接触器（称为换向器）摩擦旋转的电枢绕组，将直流电流从电枢中输入或输出。在 1873 的维也纳博览会上，格拉姆用他的发明震惊了世界。他用一台电机发电，实现

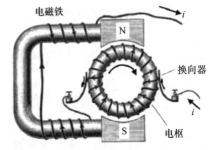

图 1.2 格拉姆发明的"电机"可以作为电动机或发电机运行

了对 0.75mile 之外的另一台作为电动机工作的电机供电运行。在一个地方生产电力并通过电线远距离传送到另一个地方做功，激发了人们无限的想象。一位热心的美国作家亨利·亚当斯在 1900 年的一篇名为"发电机和圣母"的散文中宣称：发电机是一种能与欧洲大教堂相媲美的"道德力量"。

1.2 爱迪生和西屋的早期之争

虽然电动机和发电机很快在工厂中获得了应用，但第一个电力市场是为了解决照明需求而发展起来的。尽管许多人都致力于研究通过电加热灯丝来产生光，但是是托马斯·阿尔瓦·爱迪生（Thomas Alva Edison）在 1879 年发明了世界上第一盏白炽灯。他随后创建了爱迪生电力公司，既提供电力又出售电灯泡。1882 年，爱

迪生电力公司从位于曼哈顿的珍珠街车站开始配送电力，主要用于照明，同时也用于为电动机供电。它成为了全美第一家投资者所有的公用发电公司。

爱迪生的配电系统是直流系统，他更喜欢直流输电的原因是：对于照明，其能提供无闪烁的光线，而且更容易实现对直流电机的调速控制。但是在当时的条件下，很难将直流电压从一个电压等级变换到另一个电压等级。1883 年变压器发明之后，交流输电很容易地实现了电压等级的变换问题。后续将说明，电力线路损耗与流过电流的平方成正比，传输功率是电流和电压的乘积。因此，将电压升高一倍后，输送同样的功率只需要原来一半的电流，从而使得电力线路损耗减少到原来的1/4。由于直流的低压传输距离限制，爱迪生的客户只能在离发电站 1mile 或 2mile 的地方。

同时，乔治·威斯汀豪斯（George Westinghouse）意识到了交流输电技术在远距离输电方面的优势，利用特斯拉（Nikola Tesla）开发的交流输电技术，于 1886 年成立了西屋电气公司。经过短短几年，西屋公司就开始大举进军爱迪生占据的电力市场，两家行业巨头开展了激烈的竞争。爱迪生并没有研发更有竞争力的交流输电技术来对冲他的损失，而是坚持使用直流输电，同时发起了一场舆论运动，谴责高电压存在安全隐患，败坏高压输电的声誉。为此，爱迪生和他的助手塞缪尔·英萨尔（Samuel Insull）通过活体实验来展示交流电的伤害力，他们诱使狗、猫、小牛甚至马等动物站到金属板上，然后将该金属板连接到 1000V 交流发电机上，并当着当地媒体（Penrose，1994）的面电死它们。爱迪生和其他直流电的支持者继续这一运动，他们提出绞刑不人道，建议采用电刑这一更人道的新方法；并发明了电椅，使用电椅的第一个受刑者是在 1890 年的纽约州布法罗（Buffalo，NY）执行的（布法罗也是美国第一个成功的商业化交流输电系统的诞生地）。

然而，高压输电的优势是压倒性的，爱迪生对直流的坚持最终导致了他的电力事业的失败。通过收购和合并，爱迪生的电力公司于 1892 年并入了通用电气公司，该公司将产品重心从公用发电服务转移到了为公用发电事业及其客户制造电气设备和终端设备。

第一次展示使用交流远距离传输电力能力是在 1891 年，在拉芬（Lauffen）和法兰克福（Frankfurt）之间一条 106mile、30000V 的输电线路上输送了 75kW 的电力。美国的第一条交流输电线路于 1890 年投入运行，3.3kV 的输电线路连接了俄勒冈州（Oregon）威拉米特河上的一个水电站和 13mile 外的波特兰市（Portland）。同时，通过对各种频率的反复试验，技术上解决了交流白炽灯的闪烁问题，使该问题不再引人注意。令人惊讶的是，直到 20 世纪 30 年代，60Hz 才成为美国电力的标准频率。当时有些国家已经采用了 50Hz，甚至在今天，一些国家，比如日本，同时使用着这两种标准频率。

1.3　电力公司的监管制度

爱迪生和威斯汀豪斯在美国开创了电力工业，但是是塞缪尔·英萨尔创造了具有垄断特许经营权的受管制公用发电事业的概念，从而创建了现代电力事业。他意识到盈利的关键是找到某种方法，把电力设施的高固定成本分散到尽可能多的用户身上。一种方法是积极推销电力的优势，特别是在白天尽可能多地使用电力，以补充当时占主导地位的夜间照明供电负荷。在以前的做法中，不同的发电机分散布局应用于工业设施、街道照明、街道汽车和住宅负荷供电系统中，但英萨尔的想法是将负荷连接起来，以便能够持续地使用昂贵的发电和输电设备，满足所有负荷的供电需求。由于运营成本达到最低，同时尽可能地把高固定成本分摊到更多的电力销售中，因此实现了更低的电价，进而创造出了更多的用电需求。在实现了传输线损耗可控并关注了财务问题后，英萨尔进一步推动了农村电气化的进程，继续扩展自己的客户群。

由于用户更多、负荷更均衡、输电损耗适度可控，建设规模化的发电站也就具有了意义，这也有助于进一步降低电价和增加利润。大型的、集中式的、带有长距离输电线路的电力设施需要大量的资本投资，为了筹集这么大的资金，英萨尔引入了向公众出售公共事业普通股份的想法。英萨尔还意识到，由于多家电力公司会争夺同一个客户，每一家公司都会建设自己的发电厂，会在街道上架设自己的输电线路，从而导致供电效率低下。当然，垄断的风险在于，如果客户没有选择，那么公用发电公司就可以收取客户本来可以规避的任何费用。为了反驳这种批评，他建立了受管制垄断的概念，由公共事业委员会来控制特许经营范围和价格。监管时代来临了。

1.3.1　1935年公用事业控股公司法案

20世纪早期，随着收入的大量增加，不同的公用事业公司逐渐合并组合成大型的跨行业集团公司——托拉斯，产生了一种常见的合作模式，称为公用事业控股公司。控股公司通过拥有公司的股权来管理控制一家或多家公司。公用事业控股公司彼此购买对方的股份，至1929年，16家公用事业控股公司控制了美国电力市场的80%，其中最大的三家公司拥有美国电力市场总额的45%。

如此少量的公司具有如此强大的控制力，发生财务混乱也就不足为奇了。控股公司连续投资组成了倒金字塔型的公司体系，新公司隶属于控股公司。这样，位于底层实际运行的公司发现自己由多层控股公司管理，每一层都要求保障自己的利益。有的金字塔甚至有10层之高。当1929年股票市场成立时，引发的经济萧条导致很多控股公司倒闭，投资人损失了大量的财产。英萨尔在一定程度上成为了由控股公司导致的整体经济衰退的替罪羊，在受到邮件欺诈、资金挪用以及破产引发暴力等后来得以澄清的罪名指控之中，英萨尔逃离了美国。

针对这种混乱局面，议会通过了公用事业控股公司法案（PUHCA）来管制燃气以及电力企业，防止控股公司过多局面的再次发生。大量的控股公司解体，其地理区域也被严格限制，剩余的控股公司由新成立的证券交易委员会（SEC）管理。

公用事业控股公司法案有效地震慑了以前控股公司财务混乱的问题，但最近为了提高电力市场中的竞争性，要求对电力管制模型进行变革；因此很多人认为公用事业控股公司法案已经完成了其使命，目前该法案已作为"2005 年能源政策法案"的一部分，予以了废除。

1.3.2 1978 年公用事业管理政策法案

1973 年的石油危机，以及大型发电厂规模发电带来的经济性，促使美国电力向着提高发电效率，可再生能源系统以及新型、小型低廉燃气轮机组的方向发展。为了鼓励这些技术的发展，卡特总统于 1978 年签署了公用事业管制政策法案（PURPA）。

公用事业管制政策法案中有两项重要条款，都与在一定条件下允许独立发电商并网公用电网相关。其中一条规定：允许企业或其他用户建设和运行自己的小型发电机组并网发电。在公用事业管制政策法案之前，公用电网禁止这类机组并网，因此自备机组必须提供自身运行所需的全部容量，包括备用容量。这种规定显然使得用户无法使用高效经济的自备发电机组实现自身供电。

公用事业管制政策法案不仅允许用户并网发电，而且要求公用电网以公正合理的价格购买某些特许机组电厂（QFS）的发电量。以前，特许机组电厂只能以公用电网自发等电量或者在公开市场上购买所需电量花费的费用来定价（称为：可避免成本）。由于公用事业管制政策法案这一条款保障了任何发电量都可以并网，并且可以得到较好的上网电价，从而刺激了美国各地，特别是加州大量可再生能源发电项目的建设。

由联邦能源管制委员会（FERC）执行的公用事业管制政策法案允许具有资质的小型发电商和热电联产发电商并网发电。这两种发电厂称为特许机组电厂。小型发电商资质为发电容量低于 75MW，并且至少包含 75% 的风能、太阳能、地热、水力或市政垃圾发电。热电联产发电机组定义为燃烧同一燃料，比如石油或天然气，依次用于发电和供热应用的机组。

公用事业管制政策法案不仅促生了大量可再生能源发电企业，而且明确表明要大力发展小型就地发电成本比公用电网零售电价成本低的发电模式。竞争的时代开始了。

1.3.3 公用发电与自用发电

传统的电力公司在固定地理区域内实行独有授权运营，作为独有授权的交换，其必须接受国家或州立相关部门的管制。大多数大型公用发电企业结构是垂直化的；也就是说，其拥有发电、输电和配电的整套系统设备。经过公用事业管制政策法案及以后的努力，电网中更多的竞争性被创造了出来，现在大多数公用发电公司都只是以批发价购买电力的分销公司，它们使用垄断分销系统将这些电力出售给零售客户。目前美国大约有 3200 家电力公司，主要分为四大类：投资商所有、联邦所有、其他公共团体所有以及用户合资共同拥有。

投资商所有电力公司（IOU）：采用公开发售的股份制，私人拥有模式。其被管制和授权，允许在其投资上获取准许利率的返利。投资商所有电力公司可以以批发价向其他电力公司出售电量，也可以直接向终端用户售电。

联邦所有电力公司：主要指田纳西流域管理局（TVA）、美国陆军工程兵团、复垦局等实体运营的电力公司。庞蒂亚克电管局、西部电管局、东南电管局、西南电管局以及田纳西流域管理局等出售电力不以营利为目的，售电客户也主要是国有企业、公用所有企业和公司，以及某些大型的工业用户。

公共团体所有电力公司：指州或当地政府所有的发电厂，主要面向配网用户。其电价比投资商所有电力公司（IOU）的电价要低，主要是因为其不以营利为目的，而且可以免除部分税费。美国 2/3 的电力公司都属于该类公司，但其售电量只占总售电量的很小部分。

农村电力合作社：最初是由农村电气化局在没有其他发电企业供电的地区给予财政资助建设的。它们由农村地区的居民团体所有，也主要是为其自身服务。

独立发电商（IPP）和商业发电厂：指个人拥有的发电机组，发电供给自己使用或者出售给其他用户。与其他方式不同的是，其不运营输电和配电系统，受到的管制也与传统发电模式不同。在更早的时候，自用发电机组（NUG）是工业用户自发自供而出现的。但它们真正出现是在 20 世纪 90 年代公用发电结构调整期间，当时一些公用发电公司被要求出售他们的一些发电厂。

向电网出售电力的私营发电厂可被归类为独立发电商或商业发电厂。独立发电商与客户之间有预先协商好的合同，其中电力购买协议（PPA）规定了销售电力的财务条款。另一方面，商业发电厂没有预先确定的客户，而是直接向批发现货市场出售电力。它们的投资者承担风险并收获回报。截至 2010 年，美国大约 40% 的电力是由独立发电商和商业发电厂发出的。

1.3.4　向非公用事业发电厂开放电网

1992 年能源政策法（EPAct）条款由于比公用事业管制政策法案（PURPA）中规定的特许机组电厂（QFS）并网条款更加开放，因此导致了发电市场更具竞争性。一种新型的发电模式——免泵售电厂（EWGS）被创立，其可采用任意大小的容量、发电燃料类型以及发电技术，不受公用事业控股公司法案（PUHCA）和公用事业管制政策法案（PURPA）中规定的限制以及所属权的局限。能源政策法允许免泵售电厂可以在任意地点发电，并且可以使用其他法人的输电网络传输容量，向异地用户售电。

1992 年能源政策法允许独立发电公司（IPP）并网发电，大量的并网发电导致了输电线路接近满容量输送，从而产生了新的问题。在这种情况下，输电线路的拥有者－投资商所有电力公司（IOU）将优先保证其自身的机组并网，而禁止独立发电公司并网。此外，联邦能源管制委员会（FERC）执行的管制处理，在最初也有些繁琐低效。为了解决这些问题，联邦能源管制委员会于 1996 年签署了 888 号令，其主要目的是消除输电服务中出现的反竞争现象，主要措施是要求投资商所有电力公司对所有并网发电机组发布同一无差别的上网电价。

888 号令同时也鼓励独立系统运营商（ISO）的出现，其由非营利组织创立，运营管理投资商所有电力公司所拥有的输电设备。稍后到了 1999 年 12 月，联邦能源管制委员会（FERC）签署了 2000 号令，进一步扩大了打破电力公司发电输电一体化的力度，创建了区域性输电组织（RTO）。区域性输电组织可以采用独立系统运营商模式，即投资商所有电力公司拥有输电设备，由独立系统运营商进行运营管理；也可以采用独立输电公司（TRANSCO）模式，即自身拥有输电设备，并运营输电网络来盈利。

现在美国有 7 个投资商所有电力公司/区域性输电组织（如图 1.3 所示），它们合起来为 2/3 的美国电力用户服务。它们是非营利实体组织，提供许多服务，包括发电、负荷和可用传输容量的协调，以帮助维护电力系统的平衡和可靠性，管理制定每一小时的批发电价，并监控市场以避免恶意操纵和滥用。换句话说，这些重要的实体组织不仅管理电网中的实际流动的电力，他们还管理有关电力流动的信息，以及发电厂与输电公司、营销者和电力购买者之间的资金流。

图 1.3　7 个独立系统运营商/区域性输电组织提供了美国 2/3 的电力

1.3.5　竞争性市场的出现

在公用事业管制政策法案（PURPA）之前，电力市场采用的是垄断专营模式，纵向一体化的电力公司拥有全部或部分的发电、输电和配电设备；电力消费者的利益通过严格控制电价和电力公司的利润来保障。然而在 20 世纪的最后 10 年里，其他传统垄断行业，比如电信行业、航空业、天然气业等实施放松管制的成功经验表明，在电力行业中引入竞争机制也是可行的。虽然为了避免输电、配电线路的重复建设，要求电力行业应采用某种管制下的垄断运营方式，但这并不能成为并网发电商之间缺乏竞争的理由。公用事业管制政策法案和能源政策法（EPACT）的颁布开启了发电企业竞争并网发电，从而可能带来发电成本和电价降低的时代。

在 20 世纪 90 年代，加利福尼亚州（加州）的电费是全美国最高的——特别是对其工业客户，这直接导致了尝试通过引入发电厂商之间的竞争来降低电价的行为出现。1996 年，加州立法机构通过了 1890 号议会法案（AB）。1890 议会法案条款很多，但关键的部分包括：

a. 为了减少对市场的控制，占加州 3/4 供电量的三大投资商所有电力公司：太平洋天然气电力公司（PG&E）、南加州爱迪生（SCE）和圣地亚哥天然气电力公司（SDG&E），被要求出售其大部分发电资产。加州大约 40% 的装机容量被卖给了少数几个自用发电公司，包括米兰特、莱斯特、威廉姆斯、戴纳吉和爱依斯。当时的想法是，购买这些发电机组的新厂家将会竞争出售他们的电力，从而降低价格。

b. 所有客户都可以选择电力供应商。在大约 4 年的时期里，那些继续与投资商所有电力公司合作的大客户的电费将强制维持在 1996 年的水平，而小客户的电费将会有 10% 的下降。个人付费用户如果愿意的话，可以选择非投资商所有电力公司的供电商，这种"客户选择"被吹捧为放松管制的特殊优势。例如，一些供电商提供更高比例的风能、太阳能和其他环保能源，作为"绿色能源"。

c. 公用发电公司将在市场上以批发价购买电力，由于竞争，购买电价应当相对便宜。本来希望的是，由于零售电价冻结在 1996 年的较高水平，随着新的竞争性市场中批发电价的下降，差额利润可用来偿还那些昂贵的搁浅资产——大部分是核电站。

d. 建立了竞价系统，国际标准化组织每天进行一次竞价，发电商将提交标书，标明其愿意在第二天提供电力的小时电价。这样，就可以累积足以满足供电需求的最低出价的电量，并出售给出价最高的购电用户。任何出价过高的供应商都无法出售电力。所以如果某发电商出价 10 美元/MW·h（1 美分/kW·h），同时市场出清价格为 40 美元/MW·h，则该发电商将在 40 美元水平出售电力。这是为了鼓励发电商出价低，以保证其在第二天可出售电力。

理论上来看这一切很不错。竞争会导致电价下跌，用户可以根据自己喜欢的标准选择供应商，包括环境价值。随着批发电价的下跌，零售价高的公用发电公司可以赚到足够的钱来偿还旧债，重新开始新的循环。

在最初两年中，直到 2000 年 5 月，新的电力市场在以平均 30 美元/MW·h（3 美分/kW·h）的批发价格运作。但是到了 2000 年夏天，一切都开始瓦解了

（如图 1.4 所示）。到了 2000 年 8 月，批发价格达到了 1999 年同月份的五倍。在 2001 年 1 月的几天里，传统上该时间电力需求低，电价通常会下降的时候，批发电价居然飙升到了 1500 美元/MW·h 的天文数字水平。到了 2000 年底，加州居民已经支付了 335 亿美元的电费，几乎是 1999 年 75 亿美元的 5 倍。在 2001 年的前一个半月里，加州居民支付的电费居然跟 1999 年全年的一样多。

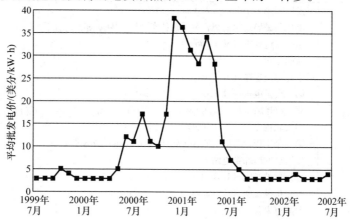

图 1.4　2000—2001 年危机期间加州批发电价，经 Bachrach 等人许可后绘制（2003）

什么地方出了问题？导致这场危机的因素包括天然气价格高于正常水平，干旱导致的从太平洋西北地区输入电力的减少，加州公用发电公司在放松管制的环境下推行客户能效计划的努力减少，以及部分人认为的：新工厂建设不足等因素。但是，当加州不得不忍受 2001 年 1 月中连续停电时，这个月的用电需求总是远低于夏季的用电高峰，而公用发电公司通常有充足的过剩电能时，一切都变得很明显了，上述任何理由都不充分。很明显，独立发电公司们发现它们可以通过操纵市场来赚更多的钱时，于是出现了部分扣留电力供应，不再老实地相互竞争的情况。

能源危机终于在 2001 年夏天开始缓解，当时联邦电力管理委员会开始介入并限制了批发电价上限。州长开始谈判长期合同，该州积极的节能努力也开始收到了成效，比如加州 2001 年 6 月份的能源需求与 2000 年同月份相比，削减了 14%。

2003 年 3 月，美国联邦能源管理委员会发表声明，表明加州电力和天然气价格被推高的原因是在 2000—2001 年能源危机期间，安然（Enron）和其他 30 多家能源公司普遍存在操纵市场等不当行为。2004 年披露的录音证据显示，包括安然在内的操纵者开玩笑地说从加州那些"笨祖母"那里偷钱。到了 2005 年，戴纳吉、杜克、米兰特、威廉姆斯和特力已经与加州达成了总计 21 亿美元的赔偿要求，但这仅仅是这场危机造成的估计 710 亿美元损失中的很小部分。

虽然 20 世纪 90 年代的重组势头由于加州的教训而有所缓解，但支持更具竞争力的电力市场建设仍然具有很大的吸引力。截至 2011 年，美国共有 14 个州，主要在东北部，经营着客户可以选择其他电力供应商的零售市场。那些选择不参与市场的客户继续从他们原来的公用发电公司购买零售电。与此同时，包括加州在内的其他八个州已经停止了建立这种零售竞争机制的努力。

表 1.1 列出了形成当今电力系统格局的最重要的技术和市场监管的简要事记。

表 1.1　电力变革历史大事记

年份	事件
1800	发明了第一个电池（A. Volta）
1820	电场与磁场之间的耦合关系被证实（H. C. Oersted）
1821	第一台电动机（M. Faraday）
1826	欧姆定律（G. S. Ohm）
1831	电磁感应定律（M. Faraday）
1832	第一台发电机（H. Pixil）
1839	第一个燃料电池（W. Grove）
1872	燃气轮机专利（F. Stulze）
1879	第一个实用白炽灯（T. A. Edison 和 J. Swan 独立发明）
1882	爱迪生的珍珠街电站开业
1883	变压器被发明（L. Gaulard 和 J. Gibbs）
1884	汽轮机被发明（C. Parsons）
1886	西屋电力公司成立
1888	感应电动机及单相交流电力系统（N. Tesla）
1889	冲动式汽轮机专利（L. Pelton）
1890	第一条单相交流输电线（俄勒冈城至波特兰）
1891	第一条三相交流输电线（德国）
1903	第一个成功燃气轮机（法国）
1907	电真空吸尘器和洗衣机
1911	空调（W. Carrier）
1913	电冰箱（A. Goss）
1935	公用事业控股公司法（PUHCA）
1936	建成了顽石坝（胡佛水坝）
1962	第一个核电站（加拿大）
1973	阿拉伯原油禁运，油价翻了 4 倍
1978	公用事业管制政策法案（PURPA）
1979	伊朗革命，原油价格翻了 3 倍；三里岛核事故
1983	华盛顿公用能源供给系统 22.5 亿美元的核反应违约债券
1986	切尔诺贝利核电站事故（苏联）
1990	洁净空气修正案引入了二氧化硫排放收费
1992	国家能源法案（EPAct）
1996	加利福尼亚州开始电力改革
2001	加州电力改革失败；安然和太平洋天然气和电力公司破产
2003	东北部大停电：5000 万人断电
2005	2005 年能源政策法案（EPAct05）：重新修订公用事业控股公司法案（PUHCA），公用事业管制政策法案（PURPA），加强联邦能源调整委员会（PERC）
2008	推出了特斯拉全电动跑车
2011	福岛核反应堆熔毁

1.4　电力基础设施：电网

自从英萨尔时代以来，发电公司、独立授权电力运营商、大型中央变电站以及长距离输电线路等，就构成了电力系统的主体。中央变电站输出三相交流电，电压等级从 14~24kV 不等。发电厂侧变压器将电压提升至 138~765kV，以便于长距离输送。而用于区域配电的低压输电线路电压等级一般取 34.5~138kV。

当电力输送至负荷中心时，配电变电站中的变压器把电压降低至 4.16~34.5kV，通常采用 12.7kV 电压等级；然后通过馈线将电力输送至终端用户处。图 1.5 所示为一个配电变电站的简化接线图。其中隔离开关、断路器和熔断器相互配合提供了对电气设备的保护和隔离功能，既可以实现对待检修部分进行灵活隔离维护，也可以在系统发生紧急故障（短路）时快速隔离故障元件。在馈线沿线的电杆上或水泥基座上配电箱里的变压器，把电压降到适用于住宅、商业和工业应用的水平。图 1.6 所示为整个发电、输电、配电的系统示意图。

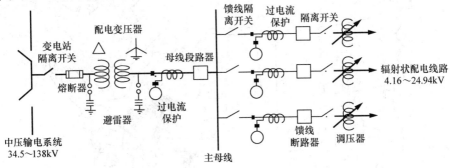

图 1.5　配电变电站的简化接线图：采用了单线图，图中的单根线对应着实际系统中的三相输电线路

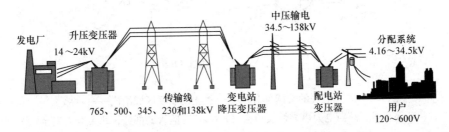

图 1.6　简化的发电、输电和配电系统

1.4.1　北美电网

图 1.6 给出了从电源到负荷的电力简化路径图。实际上，电流从发电机到终端用户有多种途径可供选择。输电线路在开关站和变电站处连接，低压"次输电线"

和配电馈线延伸到供电系统的每个部分。庞大的输电和配电线路被称为"电网"。在电网中，无法知道电流会选取哪条路径流动，因为它总是寻求从发电机到负荷间阻抗最小的路径。

如图 1.7 所示，北美电网的美国部分由三个独立的互联电网组成——东部互联电网、西部互联电网和得克萨斯州（得州）电网，得州电网相对独立与其他电网互不相连。互联电网中所有发电设备保持同步，每条线路上的电压、电流频率相同。电网之间采用高压直流（HVDC）输电线路连接，包括将交流变为直流的整流站、高压直流输电线路和将直流转换回交流的逆变站。直流互联的优点是，跨区输送电力不需要考虑相位和电压匹配的问题。高压直流可以连接电网中的任意部分，比如连接太平洋西北部和加利福尼亚南部之间的 3000MW 太平洋联络线（又称为 65 联络线）。两个临近的国家电网之间也经常采用高压直流的方式连接起来（例如魁北克互联）。

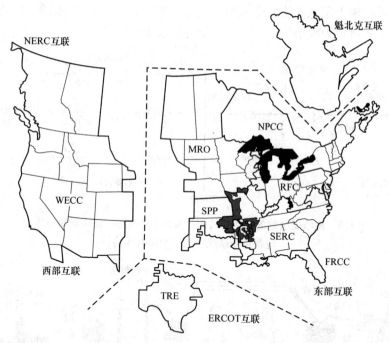

图 1.7　北美电网的美国部分由三个独立的互联区域组成——西部、东部和得克萨斯电力可靠性委员会（ERCOT）监管的部分，北美电力安全协会（NERC）管理的八个地区也在图中标注了出来

图 1.7 还标注了组成北美电力可靠性委员会（NERC）的八个区域委员会。北美电力可靠性委员会（NERC）负责监督电力行业的运营，制定和执行强制性的可靠性标准。它的起源可追溯到 1965 年的东北部大停电，当时有三千万人失去了电力供应。具体委员会信息见表 1.2。

表 1. 2 北美电力可靠性委员会（NERC）区域可靠性委员会

	委员会名称	容量/MW	燃煤（%MW·h）
FRCC	佛罗里达州可靠性协调委员会	53000	19
MRO	中西部可靠性组织	51000	51
NPCC	东北部电力协调委员会	71000	9
RFC	可靠性第一公司	260000	50
SERC	东南部可靠性公司	215000	33
SPP	西南部电力联营	57000	33
TRE（ERCOT）	得克萨斯州可靠性实体	81000	19
WECC	西部电力协调委员会	179000	18

来源：电子工业联合会（EIA）/能源部（DOE），2008

西部电力协调委员会（WECC）覆盖落基山脉以西的 12 个州以及加拿大不列颠哥伦比亚省和艾尔伯塔省。图 1.8 给出了西部电力协调委员会管辖范围内州际电力传输通道的示意图。另外，请注意西部、东部和得克萨斯区域电网之间的高压直流输电传输能力相对较低。

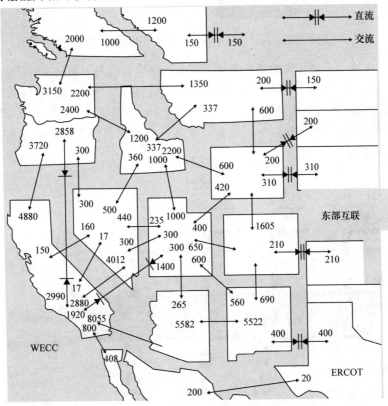

图 1.8 西部电力协调委员会（WECC）非同步州际输电能力（MW）
（来自西方电力协调委员会的信息摘要，2008）

1.4.2 电力供需平衡

电网运营需要动态平衡电力供应和客户需求。如果供不应求，那么涡轮发电机，可能装机容量很大，也会放慢转速释放部分动能（惯性）转换成电能，以满足负荷需求。由于频率与发电机转子转速成正比，因此负荷的增加会导致频率的下降。典型发电厂会采用调速器在几秒钟之内（如图 1.9 所示）快速增加转矩，使发电机恢复到额定转速。同样地，如果负荷降低，涡轮机会在被恢复控制到额定转速之前略微加速。电网功率平衡由大约 140 个区域控制部门共同完成，遍布整个电网，包括上述的七个独立系统运营商（ISO）和区域性输电组织（RTO）。

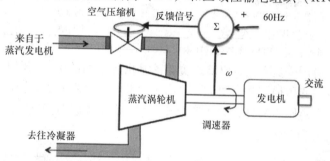

图 1.9　频率通常由调速器自动控制，调节从涡轮机到发电机间的转矩

　　图 1.10 给出了对频率的简单类比，把电力供应看成是一组向浴缸注水的喷嘴，而浴缸中的水由消费者不断地变化着的不同需求消耗着。水位类比电网的频率，目标是使水位保持在一个几乎恒定的水平，对应于频率恒定在 59.98～60.02Hz 范围内。如果频率降到 59.7Hz 以下，就需要采取一定措施，例如甩负荷（停电），以防止发电机损坏。

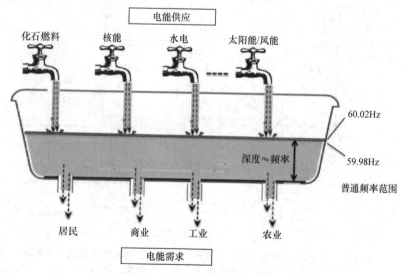

图 1.10　采用水位简单类比电网的频率，尽管电力供应和消费不断变化，
但控制目标是保持恒定的水位（频率）

整体而言，公用电力需求按小时、按天的波动特性如图 1.11 所示。日负荷变化是可预测的，一般而言白天负荷会上升，夜间会下降；同时相比于工作日，周末的负荷需求会下降。

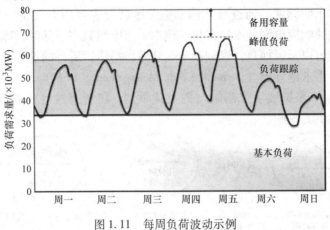

图 1.11　每周负荷波动示例

并不是所有发电厂都能对负荷变化作出相同程度或速度的反应。响应斜率（可以反映发电厂的响应速度）以及边际运行成本（主要与燃料有关）可以决定哪些发电厂会被调度优先选用。有些发电厂，比如核电厂，可设计成在接近满功率下连续运行；因此，一般将其认定为"必须运行"的发电厂。可再生能源的间歇性受自然环境，比如风吹或日照等因素影响，边际成本几乎为零。当可再生能源发电和核电厂的总出力大于瞬时负荷需求时，通常必须削减可再生能源的出力。

大多数化石燃料发电厂，以及水电厂，可以很容易地调整出力，以跟踪相对平稳、可预测的日负荷变化。这些电厂都是负荷跟踪调节发电厂。有些小型发电厂建造成本低廉，但运行成本昂贵，有时被称为"调峰电厂"，每年只需要运行几个数十小时就能满足最高负荷的调峰需求。有些发电厂虽然与电网相连，但是在接到调度指令之前，无法提供出力，只有当另一座发电厂突然脱网无法供电时，才会紧急提供出力。这些都属于旋转备用的范畴。

最后，还有一些小型的、响应迅速的发电厂，以部分出力的方式运行，以快速跟踪每秒负荷需求的变化。它们可为电网提供所谓的调节服务、调频或自动发电控制（AGC）。既可以提供上调服务，意味着在必要时增加出力，也可以提供下调服务，意味着降低出力以跟踪负荷的减少。这一类发电厂的单位兆瓦调节服务无论是否真正每月都提供服务，但都是按月收费的。

如果电力输送不受限制，独立系统运营商（ISO）、区域性输电组织（RTO）和其他电网平衡机构也可以从相邻电力系统购入或出售电力。

上述调节发电厂出力以跟踪负荷变化的方式是维持电网功率平衡的主要方式。最近出现的负荷需求响应（Demand Response，DR）方式正在改变上述的控制方式，它是通过用户控制自身电力需求的方式来维持电网的平衡。如果能够保证一定的通知提前量，并给予一定的经济性补偿，那么建筑能源管理就可以通过调暗灯光、调节温控器、预冷建筑物、转移负荷等方法来控制日负荷峰值的大小。另一种方法被称为需求侧调度，通过对冰箱和电热水器等主要用电设备中实施自动化调度，监测并快速响应电网频率的变化。例如，当电网频率下降时，冰箱可以停止制冰，电热水器可以延迟加热，直到频率恢复后再操作。所有的这些负荷侧的控制方法通常被称为需求侧管理（Demand – Side Management，DSM）。

图 1.12 进一步扩展了"浴缸"的类比举例，将所有这些控制方法结合起来，以保持电网的供需平衡。

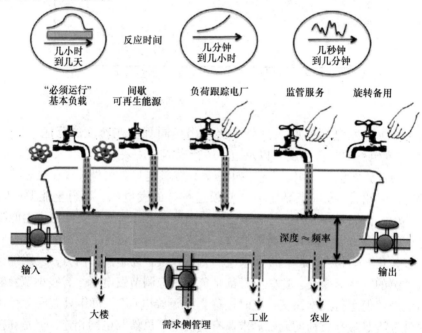

图 1.12　更复杂的浴缸类比，包含了不同角色的发电厂以及潜在的需求响应能力

1.4.3　电网稳定性

电网正常运行时，通过自动控制发电机出力，响应电网中的轻微扰动失衡，调整系统频率恢复到正常水平。轻微扰动经常发生，但是严重的频率偏差会引起发电机转速波动，导致发电机振动，甚至可能损坏涡轮叶片及辅助设备。发电厂通过水泵提供冷却水以实现发电机的润滑减速。严重的功率不平衡会导致电网部分解列停电，影响千家万户的正常用电。当部分电网停运时，尤其是突发情况下，功率需求激增会导致剩余供电电网的超载，进而也可能导致该部分电网的停运。避免这类灾难性事件的发生，需要快速响应的自动控制技术辅以调度人员的快速处理动作。

当一台大型常规发电机突发故障时，负荷需求突增，严重的供不应求会导致互连电网的其他部分也立即出现频率下降。互连电网中所有剩余的涡轮/发电机的动作惯性会有助于控制频率下降的速度。此外，在运行的常规调频机组会增加出力，以弥补损失的发电量。如果这些出力不足时，将会自动调用调频储备机组。顺利的话，如图 1.13 所示，在几秒钟内频率就会恢复到可接受的水平，这将为电网运营商从其他电网调度额外电量赢得时间。来自其他电网的电量大约需要 10min 左右的时间才能使系统频率重新稳定到 60Hz。

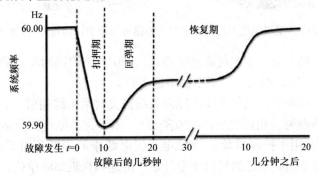

图 1.13　在突然失去发电机后，自动控制尝试使频率在几秒钟内恢复到可接受的水平，操作员调度电力需要额外的时间才能保证系统完全恢复到正常频率（2010 年数据）

　　最常见的情况是，大规模停电发生在电网容量接近饱和的时候，而对于美国大部分地区来说，这种情况发生在夏季最热的日子，此时对空调的需求达到了最高水平。当输电线路电流增大时，电阻损耗（与电流的平方成正比）导致线路发热。如果天气炎热，特别是没有或很少有风来帮助线路冷却时，导体会比正常情况下膨胀和下垂更多，更有可能与下方的植物接触，造成短路（即故障）的发生。也许令人吃惊的是，在夏季炎热时期最常见的导致停电的原因之一，是由于对输电走廊范围内的树木缺乏有效的管理而导致的。事实上，8 月份美国中西部和东北部以及加拿大安大略省发生的大停电事件就是由这一非常简单的原因而引发的。这次大停电导致了 5000 万人停电，其中一些停电时间长达四天，美国损失了大约 40 亿至 100 亿美元。

1.4.4　行业数据

　　如图 1.14 所示，70% 的美国电力来自于燃烧化石燃料——煤、天然气和石油，其中以煤炭为主要来源。要注意的是，在发电行业中，石油使用占比非常小，大约只有 1% 左右，而这几乎就是油桶中剩余的燃油量——也就是所谓的桶底剩油——对其他行业应用都没有什么价值。也就是说，目前石油和电力几乎没有什么关系。然而，随着更积极地实施运输电气化，这种情况可能会发生变化。

　　大约 20% 的电力来自核电站，剩下 10% 的电力来自可再生能源——大部分是水电。也就是说，接近 1/3 的电力是在几乎没有直接碳排放的情况下产生的（但

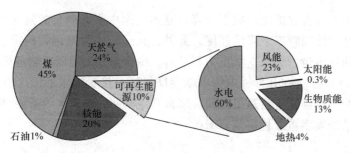

图 1.14　2010 年度美国电力的能源来源（根据环境影响评估每月能源评估，2011）

仍然有与建造这些发电厂相关的隐性碳排放）。2010 年的风能和太阳能发电仅占美国电力的 2.5% 左右，但这一比例正在迅速增长。

用于发电的燃料中，只有 1/3 的能源最终被交付给了终端用户。损耗的 2/3 主要是发电厂的热损失（稍后会更仔细地陈述）、用于帮助电厂本身运行的自用电力（其中很大一部分用于控制排放）和输电、配电线中的损耗等组成的。如图 1.15 所示，如果设想从 300 单位的燃料能量开始，沿途损耗近 200 单位，以电能形式向客户提供 100 单位，那么就可以方便地采用 3∶2∶1 的比例来估算电力系统的能量流动。

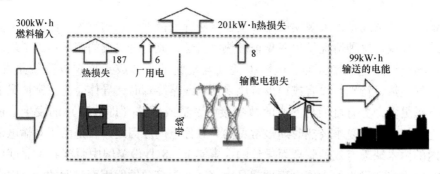

图 1.15　燃料的能源含量只有 1/3 最终以电能的形式提供给用户（所显示的损耗是基于 2010 环境影响评估年度能源审查中的数据）

在美国，3/4 的供电，用于民用和商用，两者间的份额基本相等。剩下的 1/4 用于工业用电。图 1.16 列出了室内用电的详细条目。快速浏览一下就会发现，无论是民用还是商用，照明和空间冷却都是最耗电的。这两者之所以重要，不仅是因为它们在总能源消耗（约占总发电量的 30% 左右）中占有重要地位，而且还因为它们是电力负荷峰值的主要影响因素，对许多公用事业来说，电力峰值负荷发生在炎热、阳光明媚的午后时间。峰值负荷决定了必须建设和运营的总发电能力。

图 1.17 给出了炎热夏季中加州一天的电力负荷波动，从中可见照明和空调负荷对电力负荷峰值的影响。合理利用自然采光、高效的照明灯具、注意减少下午的太阳能吸收、更多地使用天然气燃烧式空调系统、利用夜间制冰白天降温等措施，

商业	占比
照明	26%
室内冷却	15%
通风设备	13%
电冰箱	10%
电子产品	7%
电脑	5%
空间加热	5%
加热水	2%
做饭	1%
其他	17%
总计(TW·h)	1500

商业 37%　　居民 39%

工业24%
(1000TW·h)

居民	占比
室内冷却	22%
照明	14%
加热水	9%
电冰箱	9%
室内加热	9%
电子产品	7%
洗衣	6%
电脑	4%
做饭	2%
其他	18%
总计(TW·h)	1600

图 1.16　美国电力的最终用途。冷却和照明在总耗电量方面以及在驱动峰值需求方面
都特别重要（根据环境影响评估建筑能源数据收集的数据，2010）

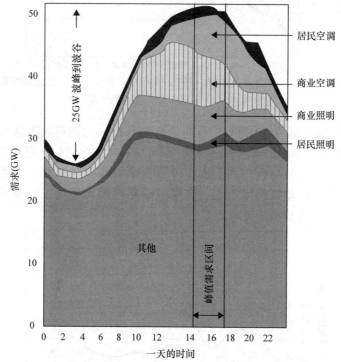

图 1.17　加州夏季高峰日的负荷特性（1999），白天几乎所有的负荷上升都是由照明
和空调引起的（改编自 Brown 和 Koomey，2002）

都能有效满足电力负荷峰值需求，显著降低对发电厂数量和类型的需求。建筑能源
效率和需求响应所提供的巨大潜力将在本书后续章节进行探讨。

　　白天建筑物中的用电耗能引起的电力负荷"峰值"，是民用和商用电价比工业
用电高出 50% 的主要原因之一（如图 1.18 所示）。用电需求特性更加一致的工业
用户，在很大程度上可以由成本更便宜的、基本上连续运行的基荷发电厂提供电
力。为公众提供电力服务的配电系统负荷特性更加统一、成本较低，像处理客户账
单等方面的管理费用也较少。同时也具有更大的社会影响力。

　　值得注意的是，20 个世纪 70 年代和 80 年代初电价的急剧上涨，这可归因于

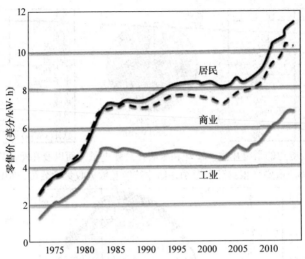

图 1.18　美国电力零售平均价格（1973—2010），价格没有考虑通胀因素影响
（数据来源：自环评年度能源评估，2010）

1973 至 1979 年间欧佩克（OPEC）石油价格飙升带来的燃料成本增加，以及当时核电厂建设开支的大幅增加。如图 1.19 所示，在 21 世纪之初，燃料价格再次开始迅速上涨，因此电力价格也迅速上涨。10 年之内，煤炭价格翻了一番，天然气价格翻了四番，然后急剧下跌了 50%。天然气价格的波动使得人们很难作出长期投资决策应该建设什么类型的发电厂。

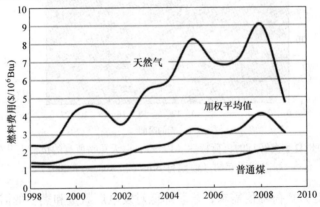

图 1.19　美国发电厂化石燃料成本加权平均数，1998—2009 年
（数据来源：能源影响评估年度数据，2010）

1.5　电力基础设施：发电

发电厂有各种规模、多种燃料类型，采用多种不同技术将燃料转化为电力。今

天，大部分电力都来自大型中央发电站，容量以数百兆瓦甚至数千兆瓦为单位。例如，一座大型核电站的发电量约为 1000MW，也被描述为 1GW。美国的总发电量相当于大约 1000 座这样的发电厂，即 1TW。由于选址和许可问题限制，发电厂通常集中建设在一起，通常称为发电站。例如，中国的三峡水电站由 26 个独立的涡轮机组成，而日本的福岛第一核电站则有 6 个独立的反应堆。

大约 90% 的美国电力是由发电站提供的，将热能转化为电能。热量可以来自核反应或者化石燃料燃烧，甚至是集中式光热器采集的热量。并网规模的热电机组工作或者基于兰肯循环（Rankine cycle），工作流体在其中交替蒸发和凝结，或者基于布雷顿循环（Brayton cycle），工作流体在整个循环中保持为气体状态。大多数基荷火力发电机组，基本上保持连续运行，都是以蒸汽为工作流体的兰肯循环电厂。大多数调峰发电机组一般都采用基于布雷顿循环的燃气轮机，保证在负荷峰值出现调节需求时快速投入运行。最新的火力发电机组同时使用这两种循环模式，被称为联合循环发电机组。

1.5.1　基荷蒸汽发电厂

基荷蒸汽发电厂可以使用任何类型的热源，包括化石燃料燃烧、核反应释放的热量或者太阳能聚热等。图 1.20 所示为燃烧化石燃料的蒸汽发电厂基本结构。在蒸汽机中，燃料在燃烧室中燃烧，产生的热量通过金属管传递给做功流体。在锅炉中环流过的水被转化为高压高温的水蒸气。在这个从化学能到热能的转化过程中，不完全燃烧以及高炉自身的热量散失等因素将导致 10% 的能量损耗。

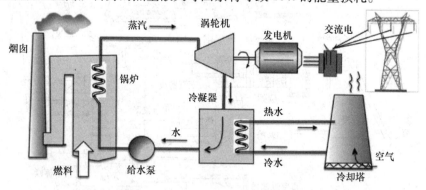

图 1.20　燃烧化石燃料的蒸汽发电厂基本结构

高压水蒸气推动汽轮机的涡轮叶轮，带动汽轮机及发电机轴旋转。为了简化，图 1.20 中的涡轮只画出了其中的一个单元，实际中为了提高效率，一般采用两至三个涡轮，这样可以使得蒸汽从高压涡轮至低压涡轮依次做功。发电机和汽轮机使用同一个转轴，使得发电机可以将转轴的旋转能转化为电能输出到电网中。设计优良的汽轮机效率能够接近 90%，而发电机的转换效率可以达到更高。

水蒸气从最后一组涡轮叶轮做功之后，变为低温蒸汽，然后由局部真空的凝汽器抽取并转化为液态。液化后的蒸汽随后被抽回锅炉中，重新加热再次完成下一个循环周期。

当水蒸气冷却成水，热量将通过凝汽器释放。通常，冷水一般从河流、湖泊或者海洋中汲取，在凝汽器中加热，然后返回到水源处，这个过程被称为直流冷却。图 1.20 所示的更昂贵的方法是使用冷却塔，它需要的水量较少，而且还避免了与加热接收水源有关的热污染。冷凝器中的水被喷入塔内，由此产生的蒸发将热量直接输送到大气中（见示例 1.1）。

1.5.2 燃煤蒸汽发电厂

20 世纪 60 年代以前建造的燃煤发电厂肮脏不堪。幸运的是，新型的发电厂已经具备了虽然昂贵但是有效的废气排放控制，可显著减少有害气体的排放（但对引起气候变化的二氧化碳的排放几乎没有作用）。但是很遗憾，许多老旧发电厂仍在运营中。

图 1.21 所示为增加废气排放控制对燃煤蒸汽发电厂带来的结构复杂性。锅炉的烟道气体被送到静电除尘器（ESP）中，静电除尘器会对气流里的微粒增加电荷，这样这些颗粒就能被吸引到收集粉煤灰的电极上。粉煤灰通常被掩埋到地下，但是它可以作为水泥在混凝土中的替代物，有着良好的应用前景。事实上，在混凝土中每使用 1t 粉煤灰，就可减少大约 1t 二氧化碳的排放量。

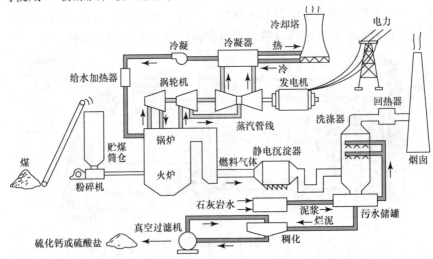

图 1.21　典型的燃煤电厂采用静电除尘器进行颗粒控制，并采用了石灰石二氧化硫洗涤器

接下来，烟气脱硫（FGD，或洗涤器）系统会在烟气上喷洒石灰岩浆，使硫沉淀形成硫酸钙污泥，然后要么被掩埋在垃圾填埋场，要么被重新加工成石膏。截至 2010 年，有不到一半的美国燃煤发电厂采用了烟气脱硫系统。

图 1.21 没有给出氮氧化物（NO_x）的排放控制示意。氮氧化物有两个来源。高温氧化空气中的氮气（N_2）会产生热的 NO_x。化石燃料中的氮杂质也会导致了燃料

中的 NO_x。氮氧化物的减排控制主要取决于对燃烧过程的谨慎控制，而不是通过增加像烟气脱硫和沉淀器这样的外部设备来实现的。最新的选择性催化还原（SCR）技术已被证明是有效的。SCR 类似于汽车使用的催化式排气净化器。在废气排放之前，它们首先通过 SCR，在那里无水氨与氮氧化物反应，并将其转化为氮气和水。

排放控制价格昂贵，能占新建燃煤电厂资本性成本的 40% 以上，同时也消耗了 5% 左右的发电量，使得发电厂的整体效率降低。

发电厂的热效率一般用热耗来表示，定义为产生母线处的一度电（1Btu$^{\ominus}$/kW·h = 1.055kJ/kW·h）所需要的热量输入（Btu 或 kJ）。热耗越小，效率越高。美国热耗一般以 Btu/kW·h 来表示，其与热耗之间的关系为

$$热耗(Btu/kW \cdot h) = \frac{3412Btu/kW \cdot h}{\eta} \tag{1.1}$$

采用国际单位制，换算为

$$热耗(kJ/kW \cdot h) = \frac{1(kJ/s)/kW \times 3600s/h}{\eta} = \frac{3600kJ/kW \cdot h}{\eta} \tag{1.2}$$

19 世纪 80 年代，爱迪生拥有的世界上第一家发电厂的热耗约为 70000Btu/kW·h（≈5% 效率），而在今天，美国的粉煤（PC）蒸汽发电厂的平均效率约为 33%（10340Btu/kW·h）。这些发电厂工作在亚临界状态，工作流体包含了温度和压力约为 1000°F 和 2400PSI（540℃，16MPa）的蒸汽和水。采用了新材料和新技术，温度和压力可以达到越高，效率也就越高。运行在 1000°F/3200PSI（540℃/22MPa）以上的发电厂，称为超临界（Supercritical，SC）电厂，其热耗在 8500 ~ 9500Btu/kW·h 之间。

[例 1.1]　**燃煤发电厂的碳排放和用水需求。**

假设一家粉煤（PC）蒸汽发电厂的热耗为 10340Btu/kW·h，燃烧碳含量为 24.5kg/GJ（1GJ = 10^{9}J，J 焦耳）的典型美国煤炭。约 15% 的热损失通过烟囱排放，其余的 85% 被冷却水带走。

a. 求发电厂的热效率；

b. 求发电厂的碳和二氧化碳排放率，以 kg/kW·h 为单位；

c. 如果二氧化碳排放最终被征税为 10 美元/t（1t = 1000kg），那么这个燃煤电厂的额外电力成本（美分/kW·h）是多少？

d. 如果返回当地河流的冷却水温度上升不能超过 20°F，求一次过冷却水的最小流量（L/kW·h）；

e. 如果使用冷却塔而不是一次过水冷却，求从当地河流中抽取的补充蒸发损失的水流量是多少。假设每蒸发 1lb$^{\ominus}$水，就有 144Btu 从冷却水中带走。

⊖　Btu，即英热（Brithis thermal unit），英国热力单位，1Btu = 1.055kJ。

⊖　1lb = 0.45359237kg。

解：

a. 根据式（1.1），发电厂的热效率为

$$\eta = \frac{3412\text{Btu/kW}\cdot\text{h}}{10340\text{Btu/kW}\cdot\text{h}} = 0.33 = 33\%$$

b. 碳排放率为

$$C\text{排放率} = \frac{24.5\text{kg}}{10^9\text{J}} \times \frac{10340\text{Btu}}{\text{kW}\cdot\text{h}} \times \frac{1055\text{J}}{\text{Btu}} = 0.2673\text{kg/kW}\cdot\text{h}$$

回想一下，二氧化碳的分子量为 $12 + 2 \times 16 = 44$。所以

$$CO_2\text{排放率} = \frac{0.2673\text{kg}}{\text{kW}\cdot\text{h}} \times \frac{44\text{g}}{12\text{g}} = 0.98\text{kg/kW}\cdot\text{h}$$

这是一个方便记忆的经验值，即一个燃煤发电厂发电 $1\text{kW}\cdot\text{h}$ 释放出接近 1kg 的二氧化碳。

c. 以每吨二氧化碳 10 美元计算，节省的金额是

$$0.98\text{kg/kW}\cdot\text{h} \times 10\,\text{美元}/1000\text{kg} = 0.0098\,\text{美元/kW}\cdot\text{h} \approx 1\,\text{美分/kW}\cdot\text{h}$$

这又是一个便于记忆的经验值，即每征收 10 美元/t 二氧化碳税，就相当于燃煤电力的成本每千瓦时增加一美分。

d. 有 67% 的输入能量被浪费，85% 的能量被冷却水所带走。上升 $20\,^\circ\text{F}$ 所需的冷却水流量为

$$\text{冷却水} = \frac{0.85 \times 0.67 \times 10340\text{Btu/kW}\cdot\text{h}}{1\text{Btu/(lb}\cdot{}^\circ\text{F)} \times 20\,^\circ\text{F} \times 8.34\text{lb/gal}^\ominus} = 35.3\text{gal/kW}\cdot\text{h}$$

（注：使用了水的比热为 $1\text{Btu/(lb}\cdot{}^\circ\text{F)}$）

e. 在冷却塔蒸发冷却的情况下：

$$\text{补充水} = \frac{0.85 \times 0.67 \times 10340\text{Btu/kW}\cdot\text{h}}{\text{Btu/lb} \times 8.34\text{lb/gal}} = 4.9\text{gal/kW}\cdot\text{h}$$

因此，为了避免河流中的热污染，每产生 1 千瓦时电，需要永久地消耗掉 5 加仑的水。

上述举例根据燃煤电厂的单位发电量，给出了几个简单的经验值。其他的可根据发电厂的年发电量来推广计算得出。发电厂每年提供的发电量可用其额定功率（P_R）来表示，即发电厂在满负荷运行时所提供的发电量；还有其发电效率（Capacity Factor, CF），即工厂连续运行在额定功率下，实际交付的发电量与本应交付的发电量之间的比值。假设额定功率单位为 kW，年发电量单位为 $\text{kW}\cdot\text{h}$，并且考虑 24h/天 × 365 天/年 = 8760h/年，则发电厂每年的发电量为

$$\text{年发电量}(\text{kW}\cdot\text{h/年}) = P_R \times 8760\text{h/年} \times \text{发电利用率} \qquad (1.3)$$

$\ominus$　$1\text{gal} = 3.7854118\text{L}$。

另一种方法是把发电效率看作是一年内平均功率与额定功率之比。

例如，美国燃煤发电厂的平均额定功率约为 500MW，平均发电效率约为 70%。使用式 1.3，则发电厂的年发电量将是

$$年发电量 = 500000kW \times 8760h/年 \times 0.70 = 3.07 \times 10^9 kW \cdot h/年 \quad (1.4)$$

基于例 1.1 中的数据，一个典型发电厂的二氧化碳排放量是 0.98kg/kW，这就意味着美国的 500MW 发电厂每年排放的二氧化碳量几乎为 $3 \times 10^9 kg$。

类似的，但比上述更详细的计算采用新的能效单位来表示，称为罗森菲尔德（Rosenfeld），以纪念亚瑟·罗森菲尔德（Arthur Rosenfeld）博士（Koomey 等人，2010）。罗森菲尔德博士提倡采用节能技术（例如，采用更高效的冰箱、灯泡等），无需建造发电厂即可节省出数十亿千瓦小时。

单位罗森菲尔德定义为取消建设一座 500MW、33% 的高效燃煤电厂而实现的节能，该电厂的发电效率为 70%，输配电传输损耗为 7%。一个罗森菲尔德单位相当于每年节约 30 亿千瓦小时，每年减少 300 万 t 二氧化碳。举例说明，1975 台冰箱增容 25%、降价 60%，新冰箱能耗降低 75%，则美国每年可节省大约 2000 亿千瓦小时的能源。换算到罗森菲尔德，这相当于取消了每年 200/3 = 67 个 500MW 燃煤发电厂发电和 2 亿 t 二氧化碳排放的需求，减少了大气中二氧化碳的排放。

1.5.3　燃气轮机发电

燃气轮机（Gas Turbine，GT），又称燃烧涡轮机（Combustion Turbine，CT）的出力特性，与刚刚讨论的蒸汽轮机的出力特性有一定的互补性。蒸汽轮机体积较大，燃煤蒸汽轮机最好能够为需求相对稳定的负荷供电。由于一般使用煤等低成本燃料，蒸汽轮机运行成本较低，一般连续运行发电，但需要大量使用排放控制设备，因此投资成本较高。相对比的是，燃气轮机燃烧天然气，体积较小，容易快速调节出力，其建设投资成本较低，但燃料成本相对较高，因此一般作为调峰电厂间歇性运行，能够实现最大的成本效益。传统燃气和蒸汽轮机发电厂的发电效率差不多，一般低于 30%。

一个基本的简单循环燃气轮机驱动发电机工作示意图如图 1.22 所示。新鲜空气被吸入压缩机，经旋转叶片压缩，以提高空气的温度和压力。被压缩的热空气与燃料混合，一般是天然气，有时候也采用液化石油气（LPG）、煤油、垃圾填埋气、石油等，在燃烧室中燃烧。热废气在气轮机舱中产生并排放到大气中。压缩机和气轮机共用同一转轴，大约超过一半的气轮机自转产生的旋转能用于推动压缩机做功。

燃气轮机在工业界已经得到了广泛的应用，并且满足稳态电力系统发电的要求。工业用燃气轮机一般使用厚重的材料制成，体积较大，厚重材料的高温容量和惯性系数使得其快速调节负荷的能力有所降低。其容量从数百千瓦至数百兆瓦。对于小容量机组，其效率只能达到 20%，而对于 10MW 以上的机组，其效率大约在

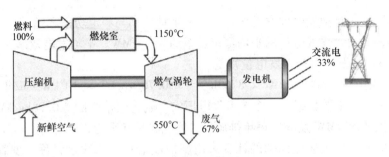

图 1.22 基本的简单循环燃气轮机和发电机

30%左右。

另外一种花费了数十亿美元研发的燃气轮机，为适用于喷气式飞机的轻型紧凑式燃气轮机。在航空用气轮机中，采用轻薄的合金材料可以实现快速起动和加速，因此适用于快速负荷变化以及多次启动关机等工况。其体积小便于其在工厂全程制造以及运输，降低了现场安装的费用和耗时。航空用气轮机容量从几千瓦至50MW可选。对于该类型大容量机组，其效率可达到40%以上。

提高燃气轮机效率的一种方法是增加热交换器，称为废热锅炉（HRSG），以收集涡轮机的部分余热。通过废热锅炉将泵出的水变成蒸汽，蒸汽被注回到从压缩机中出来的气流中。注入的蒸汽将燃烧室中本来需要的部分燃料热置换了出来。这些被称为蒸汽注入燃气轮机（STIG）的装置，效率可接近45%。此外，注入的蒸汽降低了燃烧温度，这有助于控制 NO_x 的排放。由于废热锅炉的额外费用以及净化进料水必须注意的问题，它比简单的燃气轮机要贵得多。

1.5.4 联合循环发电厂

在图 1.22 所示的简单循环中，排放到大气中的气体温度超过了500°C。显然，这是对高品质热量的巨大浪费，应当被捕获并得到很好的利用。其中一种方法是通过热交换器将水烧开并产生蒸汽。这种热交换器被称为废热锅炉，由此产生的蒸汽可以用于许多应用中，包括工业过程加热或建筑物的水和空间加热。当然，只有非常接近燃气轮机余热排放的地点，才可以实施这种热电联产。

另一种更可行的方法是使用废热锅炉产生的蒸汽驱动二级汽轮机发出更多的电力，如图 1.23 所示。通过联合工作，燃烧天然气的联合循环发电厂（NGCC）的热耗可以达到6300～7600Btu/kW·h（效率为45%～54%）。目前最新的效率可达到60%。如果未来出现了如图 1.19 所示的天然气价格下降，煤炭价格上升的情况，再加上使用天然气导致的较低碳排放，联合循环发电厂将会成为下一代超临界或极超临界燃煤电厂有力的竞争者。

1.5.5 综合气化联合循环发电厂

联合循环电厂可获得如此高的效率，再加上天然气是一种固有的清洁燃料，因

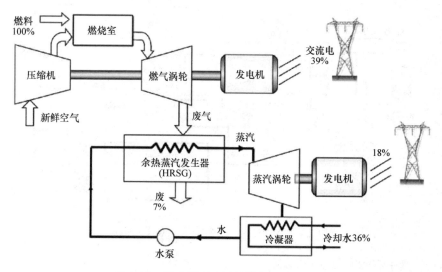

图 1.23　联合循环电厂的效率已接近 60%

此美国的发展趋势是不再建造新的燃煤发电厂。然而，煤是一种比天然气丰富得多的燃料，但在常规固体形式下，不能用于燃气轮机。煤中的杂质对涡轮叶片的侵蚀会迅速破坏燃气轮机。但是煤可以转化为合成气体，可以在被称为的"综合气化联合循环（IGCC）发电厂"中燃烧。

来源于煤炭的天然气，被称为"民用燃气"，早在 19 世纪末发现了大型天然气矿床之前就很受欢迎。一百年后，煤炭燃烧导致的空气污染问题促使了煤炭气化技术的改进。已经开发了几种气化工艺，主要是在 20 世纪 70 年代北达科他州比乌拉（Beulah，ND）的大平原气化发电厂，后来在 20 世纪 80 年代加利福尼亚州巴斯托（Barstow）附近的 100MW 冷水项目中得到了应用。

如图 1.24 所示，综合气化联合循环的工作本质是使水煤浆与蒸汽接触，形成主要由一氧化碳（CO）和氢（H_2）组成的燃气。燃气被除去大部分微粒、汞和硫，然后在燃气轮机中燃烧。在燃烧过程中使用的空气首先被分离成氮气和氧气。氮气用于冷却燃气轮机，氧气与气化煤混合，有助于提高燃烧效率。尽管在气化过程中有能源损失，但是通过利用联合循环发电，综合气化联合循环可以燃烧总热效率约 40% 的煤。这比传统的粉煤发电厂要高得多，与超临界电厂差不多，但是低于极超临界电厂的热效率。

相对于燃煤发电厂，综合气化联合循环的一个优点是，该工艺产生的二氧化碳是集中的高压气体流，这比普通低压烟气更容易分离和捕获。如果碳固存技术能够永久地储存碳，那么就可以展望在未来，无碳、高效的燃煤发电厂能够在未来几个世纪内提供清洁的电力。

综合气化联合循环电厂比粉煤电厂成本高，难以与天然气联合循环电厂在经济性方面竞争。截至 2010 年，世界上只有 5 家以煤炭为基础的综合气化联合循环电

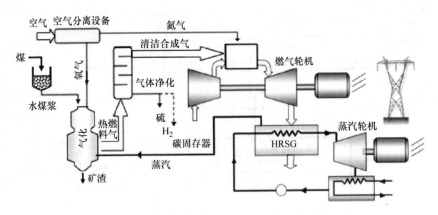

图 1.24 综合气化、联合循环（IGCC）电厂

厂运行，其中有两座位于美国。

未来天然气价格上涨的可能性，再加上未来碳排放成本增加的可能性，以及在合成气燃烧前从合成气中去除和存储碳的可能性，都使得人们对综合气化联合循环电厂保持了较高的兴趣。然而，未来多种因素仍然存在相当的不确定性。

1.5.6 核能发电

核电经历了坎坷的历史，从 20 世纪 70 年代的辉煌时代，核能从被认为是一种"便宜到无法计量"的技术，变为了到了 20 世纪 80 年代，一些人将其描述为"太昂贵以至于无法关注"的技术。真实的情况可能在两者之间。如果忽略建设核电站相关的碳排放，那么核反应堆本质上确实具有无碳排放的优势，因此，关注气候问题正在帮助核能开始重新受到人们的关注。2011 年日本福岛核电站融垮事故之后，更多的问题有待探讨，包括新一代更便宜、更安全的核电技术能否使公众消除对安全性的疑虑，放射性废物在哪里掩埋，以及如何确保放射性物质钚不落入歹徒之手等。

核反应堆发电技术本质上与化石燃料发电厂的简单蒸汽循环相同。主要区别在于采用核反应而不是化石燃料燃烧所产生的热量。

轻水反应堆：反应堆堆芯中的水不仅起到工作流体的作用，还起到慢化剂的作用，减缓铀裂变时释放的中子。在轻水反应堆（LWR）中，使用普通水作为慢化剂。图 1.25 所示为两种主要的轻水反应堆类型：沸水反应堆（BWR），它通过反应堆堆芯内的沸水产生蒸汽；压水堆（PWR），其中使用单独的热交换器，称为蒸汽发生器。压水堆更复杂，但它们可以在比沸水堆更高的温度下运行，因此效率更高。压水堆可能更安全一些，因为燃料泄漏不会将任何放射性污染物传递到涡轮机和冷凝器。这两种类型的反应堆在美国都有使用，但大多数采用的是压水堆。

重水反应堆：加拿大常采用的这种反应堆使用重水作为工作流体；即用氘（多加一个中子的氢）代替水中的某些氢原子。重水中的氘比普通氢更能减缓中

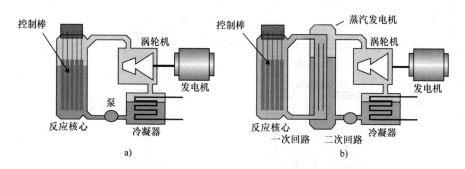

图 1.25 美国常用的两种轻水反应堆
a）沸水反应堆（BWR） b）压水式反应堆（PWR）

子。这些加拿大氘反应堆（通常称为坎杜反应堆 CANDU）的优点是，只需要开采并使用只含有裂变同位素铀 – 235 的 0.7% 的普通铀即可，而无需像轻水堆那样对铀进行浓缩才能使用。

高温气冷堆（HTGR）： 高温气冷堆使用氦作为反应堆核心冷却剂，而不是水，在某些设计方案中，由氦本身驱动涡轮机。这些反应堆的运行温度要比常规水慢化反应堆高得多，这意味着它们的效率可以更高——超过 45%，而不是典型轻水反应堆的 33%。

目前有两个高温气冷堆项目在开发中——基于德国技术的菱形燃料模块化反应堆（GT – MHR）和正在南非开发的模块化卵石床反应堆（MPBR）。两者都采用燃料小球，但在反应堆中的安装方式不同。模块化卵石床反应堆将燃料小球放入碳包覆球中，直径约为 2in$^\ominus$（5.08cm）。一个反应堆将采用近 50 万个这样的燃料球。模块化卵石床反应堆的优点是，可以通过添加新球和取回乏燃料球来不断补充新燃料，而无需关闭反应堆。

核燃料"循环"： 核裂变的成本和安全担忧并不局限于反应堆本身。图 1.26 所示为从开采和加工铀矿到浓缩至铀 – 235 的浓缩铀，然后再到燃料球制造和运往反应堆中使用的现行做法。目前对核废料的做法是将反应堆中取出的高放射性乏燃料就地放置于核电站内的短期核废料储存设施中，而较长期核废料储存解决方案还在商讨之中，例如计划在内华达州尤卡山（Yucca Mountain，Nevada）建立地下联邦核废料储存库。最终计划在 40 年左右的时间后，反应堆强制退役，其放射性部件也将被运送到一个安全的处置地点。

核反应堆废料不仅包含在反应过程中形成的裂变碎片，这些碎片往往有几十年的半衰期，而且还包括一些半衰期很长的放射性核素。最令人关切的是钚，它的半衰期为 24390 年。在核反应器燃料中的铀原子只有百分之几是裂变同位素铀 – 235，其余的基本上都是铀 – 238，它不裂变。然而，铀 – 238 可以捕获中子并转化为钚，

$\ominus$ 英寸（in），1in = 2.54cm。

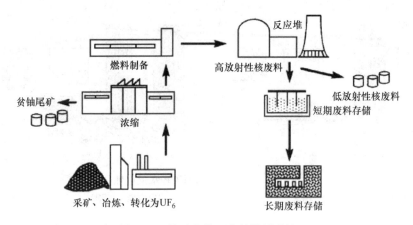

图 1.26　核反应堆一次性燃料系统

如下列反应所示。

$$_{92}^{238}U + n \xrightarrow{\beta} _{93}^{239}Np \xrightarrow{\beta} _{94}^{239}Pu \qquad (1.5)$$

这种钚和其他几种寿命较长的放射性核素使核废料在数万年内都具有危险的放射性，这大大增加了安全处置的难度。在处置前从核废料中去除钚是一种缩短衰变周期的方法，但这带来了另一个问题。钚不仅具有放射性和剧毒，而且是制造核武器的关键成分。一个核反应堆每年生产的钚足以制造数十枚小型原子弹，因此有些人认为，如果钚与核废料分离，非法转用于生产核武器的风险将会造成不可接受的后果。

另一方面，钚是一种裂变材料，如果与核废料分离，可用作反应堆燃料（如图 1.27 所示）。事实上，法国、日本、俄罗斯和英国都有回收和再利用钚的后处理工厂。然而在美国，福特和卡特总统认为扩散钚的风险太高，因此一直不允许对核废料进行商业化再处理。

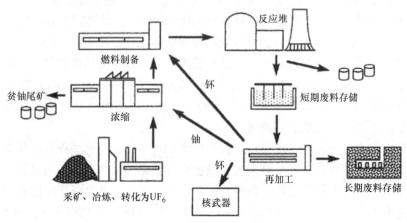

图 1.27　核燃料循环与再处理

1.6　常规发电厂相关财务知识

简单的发电厂经济学模型可将所有的成本分为两类——固定成本和可变成本。固定成本指即使发电厂从未运行发电也必须花的钱,包括资本成本、税收、保险、财产税、公司税,以及即使发电厂没有运行发电也会发生的固定运营维护(Operations and Maintenance, O&M)费用。可变成本是与发电厂实际运行相关的附加成本,主要指燃料费用加上可变的运行维护费用。

1.6.1　年度固定成本

为了使分析简单,忽略很多的细节。比如,可以区分"不隔夜"(或"即时")建造成本与总安装成本(或"全部成本")。前者是指如果在建设过程中不产生利息,即如果能在一夜间建造出整个工厂,那么建造工厂的成本是多少。总安装成本是建造期间的隔夜成本加上与资本相关的财务费用。对于需要很长时间才能建造完的项目来说,这种差异是相当大的,当比较需要较长建设工期的大型常规发电厂与较小规模的分布式发电站时,这种差别就非常重要了。

第一个简化在于计算年度固定成本,其计算方法是将其所有组成部分合并成一个单独的总量,然后再乘以固定收费率(Fixed Charge Rate, FCR)。固定收费率包括贷款利息和投资者可接受的回报(这两者都取决于项目的感知风险和所有权类型)、固定运行维护(O&M)费、税收等。由于固定收费率主要取决于资本成本,因此随着利率的变化,也会发生变化。以发电厂额定功率和按通常方式表示的资本成本(单位:美元/kW)表达的年度固定成本为

$$年度固定成本(美元/年) = P_R(kW) \times 资本成本(美元/kW) \times FCR(\%/年)$$

$$(1.6)$$

另一个争议是发电厂额定容量 P_R 的模糊定义。它通常是指从发电机母线输出到电网中的电能数量,这意味着升压变压器损耗及变电站站用电都包含在发电厂额定容量中,但是并不包括向用户输送电力的损耗。比较一个没有输配电损耗的小型分布式发电系统与输送距离数百英里的中央发电厂供电系统,这种区别会很明显。

如前所述,有三种类型的所有权需要考虑——投资者拥有的公用发电企业(IOU)、公有的公用发电企业(POU)和私人拥有的商业发电厂。商业发电厂和投资者拥有的公用发电企业是由贷款(债务)和投资者提供的资金(股本)混合提供资金的。公有的公用发电企业的资金完全由债务支付。债务利率往往远低于投资者预期的回报率,因此,在贷款机构的监管下,使用高比例的常规贷款是有好处的。正如表 1.3 所示的筹资率估计数和投资者参与情况预期的那样,商业发电厂往往是最昂贵的,因为它们的融资成本较高。最便宜的是公有的公用发电企业,因为它们的融资成本最低,而且还免征其他所有权机构必须面对的一些税收。

表 1.3 资本成本违约价值举例

所有权	资本结构		资本成本		加权平均资金成本（WACC）（%）
	资产净值（%）	债务（%）	净资产收益率（%）	负债率（%）	
商业（化石燃料）	60	40	12.50	7.50	10.50
商业（非化石）	40	60	12.50	7.50	9.50
投资者所有的公用发电公司（IOU）	50	50	10.50	5.00	7.75
公有公用发电公司（POU）	0	100	0.00	4.50	4.50

可以通过加权平均将债务和收益按年统一计算，然后将其视为单一的贷款利率，每年等额还清。贷款总额 P（美元）、利率 i（%/年）、年利息 A（美元/年），可以用下列资本回收系数（Capital Recovery Factory，CRF）计算：

$$A(美元/年) = P(美元) \cdot CRF(\%/年)$$

$$其中，CRF = \frac{i(1+i)^n}{[(1+i)^n - 1]} \tag{1.7}$$

式（1.6）中的大部分固定收费率（FCR）都可用上述资本回收系数（CRF）来估算。固定收费率（FCR）的其余部分由保险、财产税、固定运维（O&M）费和公司税组成。加州能源委员会在资本回收系数上增加了约2个百分点来考虑这些因素。商业和投资者拥有的公用发电企业需要再增加 3% ~ 4% 的资本回收系数以支付公司税，这是公有的公用发电企业另一种优势——不需要支付公司税（美国加利福尼亚州能源委员会 CEC，2010）。

年固定成本通常按额定功率，以单位美元/（年·kW）来表示。

~~~~~~

［例1.2］联合循环发电厂（NGCC）的年固定成本

考虑一座燃烧天然气的联合循环电厂，其总安装成本为 1300 美元/kW。假设这是一家投资者拥有的公用发电企业，有 52% 的股权（融资 11.85%），48% 的债务（融资 5.40%），投资周期为 20 年。每年增加 2% 的资本成本用于保险、财产税、可变的运行维护费用，还有 4% 的公司税。求这个工厂的年度固定成本（美元/年·kW）。

解： 首先，求出加权平均资本成本。

平均资本成本 $= 0.52 \times 11.85\% + 0.48 \times 5.40\% = 8.754\%$

通过与这个利率有关的式（1.7）和20年期限，可得

$$CRF = \frac{0.08754(1 + 0.08754)^{20}}{[(1 + 0.08754)^{20} - 1]} = 0.107633/年 = 10.763\%/年$$

加上其他费用，固定收费率总数为

固定收费率 $= 10.763\%$（资本）$+ 2\%$（固定的运行维护费用,保险等）$+ 4\%$（税）

$= 16.763\%$

根据式（1.6），电厂每千瓦额定功率的年固定成本将是：

年固定成本 = 1300 美元/kW × 0.16763/年 = 218 美元/年·kW

1.6.2　均化发电成本[⊖]

可变成本也需要按年计算，取决于每年的燃料需求量、燃料单位成本以及工厂实际的运行维护费用。

$$可变成本(美元/年) = [燃料费用 + 运行维护费用](美元/kW·h) ×$$
$$年发电量(kW·h/年) \tag{1.8}$$

年发电量取决于发电厂的额定装机容量和容量因数（Capacity Factor，CF）。

$$年发电量(kW·h/年) = P_R(kW) × 8760 小时/年 × CF \tag{1.9}$$

燃料成本通常按当前价格计算，以美元/10^6Btu 为单位表示。燃料成本波动性很大（见图 1.19），因此估算燃料在经济分析期间的均化成本很难。如图 1.28 所示，如果考虑燃料价格以每年 5% 的速率上涨，未来成本以 10% 的价格贴现（例如，从现在起以后每年的花费是 1.10 美元，今天的折扣成本为 1.00 美元），则平均化因数（Levelizing Factor，LF）约为 1.5。

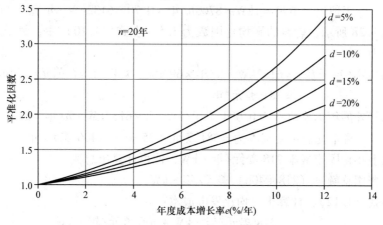

图 1.28　20 年期的平均化因数相对于以所发电厂业主贴现系数为变量的年度成本增长率的函数

年均燃料成本计算公式如下：

$$燃料(美元/年) = 能量(kW·h/年) × 热耗(Btu/kW·h) × 燃料费用(美元/Btu) × LF \tag{1.10}$$

年度成本的另一个重要组成部分是与运行发电厂有关的运维费用，通常以美元/kW·h 为单位来表示。

将年固定成本和年度可变成本相结合，除以每年产生的千瓦小时，得出均化发

⊖　The Levelinzed Cost of Energy，LCOE。

电成本。

$$平准化度电成本(美元/kW \cdot h) = \frac{[每年固定费用 + 每年可变费用](美元/年)}{年输出(kW \cdot h/年)}$$

(1.11)

或者，写成以每千瓦为单位的额定功率表达形式，均化发电成本可以写为

$$均化发电成本(美元/kW \cdot h) = \frac{[每年固定费用 + 每年可变费用](美元/kW - 年)}{8760h/年 \times CF}$$

(1.12)

[例 1.3] 某联合循环发电厂的均化发电成本（LCOE）。

在例 1.2 中，某联合循环发电厂的年固定成本为 218 美元/年 · kW。假设现在天然气的价格为 6 美元/百万 Btu，预计未来天然气价格将以每年 5% 的速度增长。发电厂业主的贴现率为 10%。年运维成本使得每千瓦小时额外增加 0.4 美分。如果该发电厂的热率为 6900 Btu/kW，且发电利用率为 70%，试求该发电厂的均化发电成本。

解：利用式（1.9），每千瓦额定功率的年发电量为

年理论发电量 $= 1kW \times 8760h/年 \times 0.70 = 6132kW \cdot h/年$

如图 1.28 所示，燃料的平均化因数为 1.5。在式（1.10）中，每千瓦的年化燃料成本为

年燃料成本（每千瓦）$= 6132kW \cdot h/年 \times 6900Btu/kW \cdot h \times 6$ 美元$/10^6 Btu \times 1.5$
$= 381$ 美元/年

增加额外的年运维成本为 0.004 美元$/kW \cdot h \times 6132kW \cdot h/年 = 25$ 美元/年

每千瓦总可变成本为 $= 381$ 美元 $+ 25$ 美元 $= 406$ 美元/年

再加上年化固定成本 218 美元/年 · kW，便可计算出总额：

年化费用总额 $=$ （$218 + 406$）美元/年 · kW

使用式（1.12），计算出总均化发电成本：

$$LCOE = \frac{218 美元/年 \cdot kW + 406 美元/年 \cdot kW}{8760h/年 \times 0.70}$$

$= 0.1017$ 美元$/kW \cdot h = 10.17$ 美分$/kW \cdot h$

例 1.3 中推导出的均化发电成本是基于一特定的容量因数（CF）。如图 1.29 所示，更改容量因数可以很容易看到其对均化发电成本的影响。如果重新解释容量因数，使其代表每年在额定功率下运行的等效小时数，那么从原点到总成本线上某一点的连线斜率就等于其均化发电成本。显然，平均成本随着容量因数的下降而增加，这也就解释了为什么每天只运行几个小时的调峰发电厂的平均费用如此之高了。

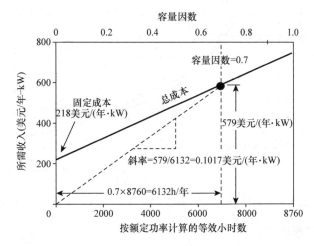

图 1.29 例 1.2 和例 1.3 的图形表示，年均化发电成本是从原点
绘制到与容量系数对应的收入曲线的斜率

1.6.3 筛选曲线

有些类型发电厂，如燃煤和核电，往往建造成本昂贵，运营成本低廉，因此，只有在长时间运行发电的情况下，才有建设意义。其他类型，比如燃气轮机组（CT），正好相反——建造成本低廉，运营费用昂贵，因此更适合作为调峰电厂。一个经济高效的电力系统中的发电厂实际运行时间一定是与其发电厂类型相适应的。例 1.3 给出了将各种关键成本因素合并在一起，来计算作为容量系数函数的发电厂均化发电成本的过程。表 1.4 比较了四种类型发电厂的均化发电成本——简单循环燃气轮机发电厂、燃煤发电厂、联合循环发电厂和新建的核电站。并绘制出了数据对应的曲线，如图 1.30 所示，这被称为筛选曲线。可以看到，只要运行在发电利用率 < 0.27 时，燃气轮机组最便宜，因此对于每天只运行几小时的调峰电厂来说，它是最好的选择（一般大约是 6.5h/天）。燃煤发电厂在发电利用率 >0.65 时（接近 16h/天）成本效益最高，是一个较好的基荷发电厂。联合循环发电厂适中，是一个良好的负荷跟踪发电厂。

表 1.4 用于生成图 1.30 的相关数据

技术	燃料	资本成本 /（美元/kW）	热耗/ （Btu/kW·h）	可变运维成本	燃料价格 （美元/10^6Btu）	燃料水平化	固定收费率
燃煤蒸汽	煤	2300	8570	0.40	2.50	1.5	0.167
燃气轮机	天然气	990	9300	0.40	6.00	1.5	0.167
联合循环	天然气	1300	6900	0.40	6.00	1.5	0.167
核电站	铀 - 235	4500	10500	0.40	0.60	1.5	0.167

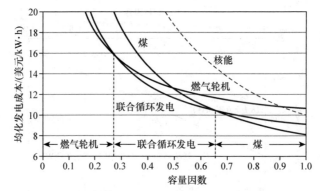

图 1.30　根据表 1.4 给出的对燃煤发电机、燃气轮机、联合循环发电和核电的筛选曲线

1.6.4　负荷时间曲线

负荷时间曲线如图 1.12 和 1.31 所示，是按时间顺序排列的小时电力需求柱状图。柱状图的高度等于功率数（kW），宽度等于时间数（1h）；所以面积就是小时电能数（以 kW·h 计）。如图 1.31 所示，如果重新排列 1 年 8760h 的柱状图，从最高的 kW·h 数排序到最低，就可以得到负荷持续时间曲线。该曲线所包含的面积就为年用电总 kW·h 数。

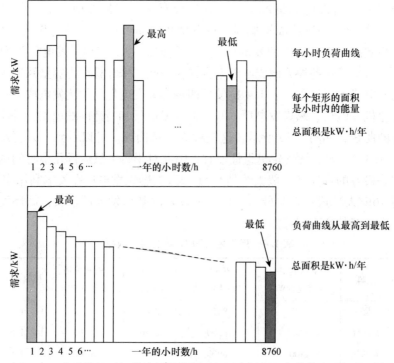

图 1.31　负荷持续时间曲线就是将按时间顺序排列的负荷曲线重新排列成按幅值顺序的负荷曲线，曲线包络的面积为总 kW·h/年

　　负荷持续时间曲线的平滑包络线如图 1.32 所示。注意，x 轴仍按小时为单位，只是换了一种方法来解释该曲线。可以显示出每年负荷（MW）等于或高于某一特定值的小时数。例如，在图中，负荷总位于 1500MW 以上、6000MW 以下；每年负荷超过 4000MW 的时间有 2500h，但在 5000 MW 以上的时间仅有 500h。因此，负荷在 4000MW 和 5000MW 之间大约有 2000h/年。同时，由图中还可以分析出系统中有 1000MW 的发电，即 16.7% 的发电能力使用时间不到 500h/年，在 94% 的时间内处于闲置状态。在加州，25% 的发电能力在 90% 的时间里是闲置的。

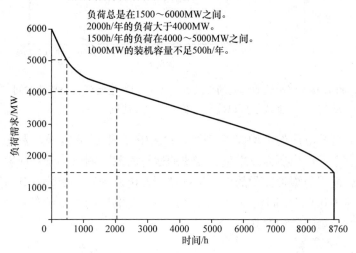

图 1.32　负荷持续时间曲线分析

　　将筛选曲线（见图 1.30）中的交叉点输入到负荷持续时间曲线中，很容易就可以得到发电厂机组最优组合的一阶估计值。例如，图 1.30 中的燃气轮机与联合循环发电站之间的交叉发生在容量因数约为 0.27 左右，相当于额定功率下运行 $0.27 \times 8760 \approx 2365h$，而联合循环与燃煤发电之间的交叉发生在容量因数 = 0.65（5700h）。把这些数值放到负荷持续时间曲线上，有助于识别所需要的每种发电厂的发电兆瓦数。如图 1.30 所示，只要燃煤发电厂的运行时间超过 5700h/年，就是最经济的选择。负荷持续时间曲线（如图 1.33 所示）表明，5700h 的负荷供电至少需求 3000MW 发电量。因此，供电系统应该有 3000MW 的基荷燃煤发电厂。

　　同样，燃气轮机在容量因数小于 0.27 或小于 2500h/年时最有效。联合循环发电厂需要至少 2500h/年的运行时间，并且不超过 5700h 才是最经济的。由筛选曲线可知，对所需的 1000MW 中间发电厂需要在此范围内选择。最后，由于燃气轮机组的运行时间小于 2500h/年（对应容量因数 0.27），且由负荷持续时间曲线可知在 4000~6000MW 之间的供电需求为 2500h，因此机组组合中应含有 2000MW 的调峰燃气轮机组。

　　根据负荷持续时间曲线可以找到所需的每种类型发电厂的平均容量因数，这将

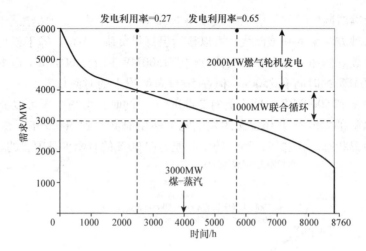

图 1.33 将筛选曲线上的交叉点（图 1.30）绘制到负荷持续时间
曲线上可以确定出发电厂的最佳机组组合

决定着每种类型发电厂的平均成本。图 1.34 中的小矩形给出了如果连续运行对应的不同类型发电厂产出所需发电量，需要的运行时间。阴影部分对应着实际产出的发电量，阴影面积与矩形面积的比率是该类型发电厂的容量因数。基荷燃煤发电厂的容量因数约为 0.9，中间负荷对应的联合循环发电厂的容量因数约为 0.5，而调峰燃气轮机的容量因数约为 0.1。

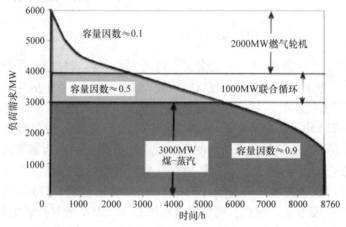

图 1.34 每个水平矩形的阴影部分是该类型发电厂的容量因数

将这些容量因数投影到图 1.30 的筛选曲线上，可以看到新燃煤电厂以 8.6 美分/kW·h 发电，联合循环发电厂以 11.6 美分/kW·h 发电，而燃气轮机组则以 27.7 美分/kW·h 发电。调峰发电厂的成本要高得多，部分原因在于其燃烧更昂贵的天然气，同时效率较低，但更主要的是因为其运行时间少，因此资本成本需要分散在较少的千瓦小时产出上。

在发电规划中使用筛选曲线仅仅是决定应该建设什么类型的发电装备来跟上不断变化的负荷需求和现有发电厂装备老化的第一步。除非负荷持续时间曲线已经考虑了过剩产能，即所谓的**备用边际**（reserve margin），否则就必须扩大刚才估算得出的发电机组组合容量，以备发电厂停运、负荷需求突增以及其他复杂因素所需。

对给定的时间段内选择哪一家发电厂出力的过程称为**调度**（dispathing）。由于建设发电厂已经发生的费用（沉没成本）必须支付，因此，从最低到最高按运行成本进行顺序调度是合理的。水力发电厂情况特殊，因为其运行受多种因素限制，包括供水、防洪和灌溉等需要，以及确保下游生态系统所必须的适当水流动等。水力发电作为可调度的备用电源，对于其他间歇性可再生能源发电系统而言尤为重要。

1.6.5　碳成本和其他外部费用

有这么多的发电技术可供选择，但是作为公用发电组织或整个社会，应该如何选择使用哪一种技术呢？当然，经济性分析是核心依据。建设成本、燃料、运维和财务费用是关键影响因素。其中一部分可以直接核算出，也有一部分，比如燃料的未来成本以及是否会征收碳税等因素需要假设估算。即使采用了估算的方法，还有一些其他的额外**费用**通常未考虑，例如医疗和造成污染的费用等。当然更复杂的因素还包括大型集中式发电厂、输电线路、管道和其他基础设施，可能会受到飓风和地震等自然灾害或非自然的破坏，如恐怖主义或战争而失效。

随着人们对气候变化的担忧与日俱增，越来越多地关注到了发电厂的碳排放控制。从燃煤发电厂向天然气发电厂的转变，可以大大地减少排放量。主要原因是天然气工厂的效率会有所提高，特别是与现有的燃煤电厂相比，天然气的碳含量较低。如表 1.5 所示，联合循环发电厂的碳排放量不到燃煤发电厂的一半。

表 1.5　用于计算碳排放量的相关数据

技术	热耗/ （Btu/kW·h）	效率 （%）	燃料 （C)/(kg/GJ）	碳排放 （C)/(kg/kW·h）	碳排放（CO_2)/ （kg/kW·h）
新燃煤发电厂	8750	39.0	24.5	0.23	0.83
旧燃煤发电厂	10340	33.0	24.5	0.27	0.98
燃烧涡轮机	9300	36.7	13.7	0.13	0.49
联合循环发电厂	6900	49.4	13.7	0.10	0.37

注：碳强度数据基于电子工业联合会（EIA）的数据，效率基于燃料的高热值（HHV）。

目前已有碳排放不再免费的情况了（美国以外的多国已经如此）。如图 1.35 所示，如果二氧化碳排放价格在 50 美元/t 左右，核电站和燃气联合循环工厂相比于已经建成的燃煤发电厂更具有成本竞争力。图中还粗略估计了用户侧能效管理节省的碳排放成本。

2011 年，Epstein 等人估算出仅在美国，煤炭及其相关排放废弃物的生命周期

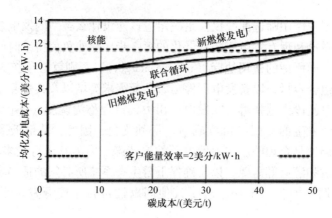

图 1.35　碳成本对均化发电成本（LCOE）的影响（容量系数 = 0.85，
计算所采用参数详见表 1.5）

成本每年就超过了 3000 亿美元。考虑到这些损失，他们估计这会使燃煤发电的成本增加 9.5 到 26.9 美分/kW·h，其中最好的估计值接近 18 美分/kW·h，这将使得目前的燃煤电厂比风能、太阳能和其他形式的非化石燃料发电成本高得多。

1.7　小　　结

本章的重点是对当前电力行业的运作方式进行初步了解。可以看到它是如何从早期的爱迪生和西屋的小发电站发展成一个复杂的电力系统，在过去的一个多世纪里，该系统已经很好地满足了人们的用电需求。然而，由于矿物燃料对环境的不利影响和资源的限制，该系统正开始从主要以矿物燃料为主的系统，转变为一个更加分散、强调能源有效利用、以可再生能源为基础的更广泛分布的发电系统。它正从一个负荷跟踪系统转变为一个由发电侧响应和需求侧响应相结合的供需平衡系统。计量仪表两侧的双方都必须发挥积极作用，不仅要控制成本，而且要解决越来越多的间歇性可再生能源并网发电时出现的关键问题。换句话说，本章希望提供足够的背景知识使得这本书的其余部分有所作用。

参 考 文 献

Bachrach, D., Ardema, M., and A. Leupp (2003). *Energy Efficiency Leadership in California: Preventing the Next Crisis*, Natural Resources Defense Council, Silicon Valley Manufacturing Group, April.

Brown, R.E., and J. Koomey (2002). *Electricity Use in California: Past Trends and Present Usage Patterns*, Lawrence Berkeley National Labs, LBL-47992, Berkeley, CA.

California Energy Commission (2010). *Cost of generation model user's guide*. CEC-200-2010-002.

Epstein, P.R., Buonocore, J.J., Eckerle, K., Hendryx, M., Stout III, B.M., Heinberg, R., Clapp, R.W., May, B., Reinhart, N.L., Ahern, M.M., Doshi, S.K., and L. Glustrom (2011). *Full Cost Accounting for the Life Cycle of Coal*. R. Constanza, K. Limburg, and I. Kubiszewski, (eds.), Ecological Economics Reviews. Annals of The New York Academy of Sciences, vol 1219, pp. 73–98.

Eto, J.H., Undrill, J., Mackin, P., Illian, H., Martinez, C., O'Malley, M., and Coughlin, K (2010). *Use of frequency response metrics to assess the planning and operating requirements for reliable integration of variable renewable generation*, Lawrence Berkeley National Labs, LBNL-4142E, Berkeley, CA.

Koomey, J., Akbari, H., Blumstein, C., Brown, M., Brown, R., Calwell, C., Carter, S., Cavanagh, R., Chang, A., and Claridge, D., et al. (2010). Defining a standard metric for electricity savings. *Environmental Research Letters*, vol 5. no.1, p. 014017.

Penrose, J.E. (1994). Inventing electrocution. *Invention and Technology*. Spring, pp. 35–44.

第2章　电路、磁路基础

2.1　电路简介

　　物理课已经介绍了电学的基本概念。也知道如何使用器件来构成一个电路。比如，图 2.1 所示，可以使用电池、开关、白炽灯和导线构成一个最简单的电路。电池提供能量驱动电子在电路中移动，加热灯丝，从而使灯泡发光、发热。在这个过程中，能量从源（电池）传递给了负荷（灯泡）。你可能也知道了电池两端的电压以及灯泡的阻值决定了电路中电流值的大小。根据实际经验，你也知道只有开关闭合之后，电路中才有电流流动；也就是说，只有电路形成一个完整的闭合回路，才能保证电子从电池流向灯泡，然后再流回电池。最后你可能也意识到了，连接电池和灯泡的导线长 1cm 还是 2cm 无关紧要，但是如果导线长 1～2km，则会产生不同的影响。

　　图 2.1 也给出了采用理想元件构建的电路模型。电池建模为理想恒压源，输出电压为 V_B，不受输出电流 i 大小的影响。导线视为纯电阻，忽略其电感值。开关动作视为理想状态，即开关打开时，触头之间不考虑电弧影响；开关闭合时，也不考虑任何开关抖动。灯泡视为一个简单电阻，无论其流过多少电流或者受热多少，阻值为 R 均保持不变。

　　一般情况下，图 2.1b 给出的理想模型足以完备地表达电路特性；即当开关闭合后，模型中流过灯泡的电流值足以精确地模拟实际电路中的电流。但在某些特殊情况下，该模型将不够精确。比如，随着输出电流的增多或电

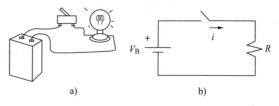

图 2.1　a）简单电路　b）电路理想建模

池的老化，电池端电压将下降。灯泡受热后，其阻值也将变化；而且灯丝不仅有电阻值，也存在一定的电感和电容值，因此当开关闭合时，电流无法从零瞬间阶跃至最终的稳态值。导线的尺寸也可能被低估，因此电流在导线上也会产生部分功率损耗。这些细微的影响重要与否，取决于建模考察的对象需求以及对模型精度的要求。如果必须考虑这些影响，可以根据需要修正模型，再进行仿真分析。

　　本书的主旨是力求问题简单化。电路图中常见的电阻、电容、电感、电压源、电流源等简单元件的组合构成了各实际电路元件的模型，但要获取足够精确的仿真

结果，首先必须进行充分分析来确定电路元件模型的复杂度是否满足要求。在本书中将尽量选取简单模型来分析问题，复杂模型的相关分析请参考其他高级专著。

2.2 重要电气量定义

首先介绍基本的电气量，这些量构成了电路研究的基础。

2.2.1 电荷

原子由一个带正电的原子核和其周围的呈负电性的电子群组成。一个电子的带电量为 $1.602 \times 10^{-19} C$；另一种表达方式为：$1C$ 电量定义为 6.242×10^{18} 个电子的电量之和。原子中大部分的电子紧密地围绕在原子核周围，但是如果是良导体，比如铜，则存在着与原子核保持相当远距离的自由电子，而且周围任何原子核对其引力都非常薄弱。因此，这些具有传导性的电子将很容易从一个原子传向另一个原子，这种移动就形成了电流。

2.2.2 电流

导体中某点每秒通过的电量是 $1C$ 时，其电流值称为 $1A$，它是以 19 世纪物理学家安培（Andre Marie Ampere）来命名的。即电流 i 是电荷数 q 流经某点或某截面的净速率：

$$i = \frac{\mathrm{d}q}{\mathrm{d}t} \tag{2.1}$$

电荷可以为正也可以为负。比如，在氖灯中正离子向一个方向移动，而电子向相反方向移动。任一部分移动都会产生电流，最终电流为两部分之和。按照惯例，无论实际上是否存在正电荷的移动，电流的正方向均取正电荷的移动方向。因此如图 2.2 所示，电子向右侧移动，电流的正方向为向左。

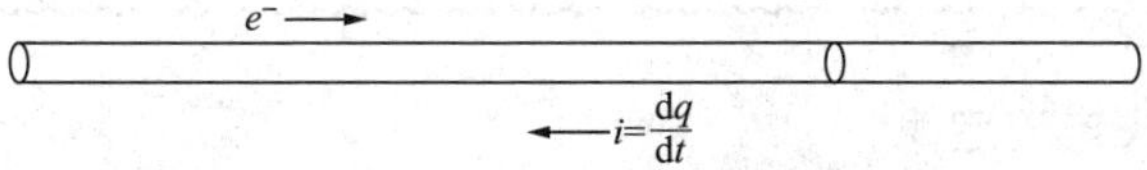

$$e^- \longrightarrow$$

$$\longleftarrow i = \frac{\mathrm{d}q}{\mathrm{d}t}$$

图 2.2 按照惯例，负电荷向某方向流动意味着电流正方向为相反方向

当电荷仅向一个方向保持稳定速率的流动，这种电流称作直流，简写为DC。比如，电池就提供直流电。当电荷保持正弦波形的正反方向交替流动，则成为交流，简写为 AC。在美国，电力公司提供的交流电的频率为 60 周波/s，或者称为 60Hz。图 2.3 所示为交流电和直流电的波形。

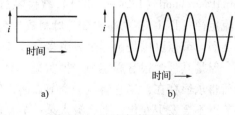

图 2.3 a）稳态直流（DC）
b）交流电（AC）

利用导体当前电流量的一些基本物理性质，加上阿伏伽德罗常数（6.023×10^{23}原子/mol）和电子上的电荷，可以很容易地计算出当电子通过一个电路时，它们沿着导线移动的平均速度。一根电线上有相当多的自由电子，电荷不需要很快地移动就能携带大量的自由电子。

$$移动速度(m/s) = \frac{i(C/s)}{q(C)A(m^2)} \tag{2.2}$$

[例 2.1] **电子在电线中移动的速度有多快？**

一根规格为 12 的铜金属丝的截面积为 $3.31 \times 10^{-6} m^2$。铜的密度为 $8.95 g/m^3$，原子量为 $63.55 g/mol$。且每一个原子都携带一个电子，粗略计算导线中电子携带 20A 电流时的平均移动速度。

解：

$$n = \frac{6.023 \times 10^{23} 原子}{mol} \times \frac{1\,电子}{原子} \times \frac{mol}{63.55\,克} \times \frac{8.95g}{cm^3} \times \frac{10^6 cm^3}{m^3}$$

$$= 8.48 \times 10^{28} 电子/m^3$$

当电流为 20A（20C/s）时，根据式（2.2）：

$$移动量 = \frac{20C/s}{8.48 \times 10^{28}(电子/m^3) \times 1.602 \times 10^{-19}(C/电子) \times 3.31 \times 10^{-6} m^2}$$

$$移动量 = 0.00044m/s = 1.6m/h$$

例 2.1 展示了电子沿导线移动的速度有多么缓慢：大约 2.6m/min。在典型的家庭电流中，它们每秒倒转 60 次，这意味着它们几乎不动。事实上，早上用来烤面包的电子是买面包机时自带的电子。

同时，尽管电子运动的体积速率非常慢，但当一个电子与相邻的电子碰撞并给其注入能量时，能量波可以实现沿着导线接近光速移动。

2.2.3 基尔霍夫电流定律

电路中最重要的两个基本定律是一个半世纪之前由德国的基尔霍夫（Gustav Robert Kirchhoff（1824—1887））教授经过大量试验提出的。第一个称为基尔霍夫电流定律（KCL）：电路中任意时刻流入任意节点的电流总和等于流出该节点的电流总和。节点可以是由两个或更多导线连接而成的导线上的任意点。这个定律很简单，但是其理念很有震撼力。很明显，只要你承认电流就是电荷的流动，那么这些电荷将永恒存在，当它流经一个节点时，既不会新生也不会被消失。既然电荷在一个节点不会发生变化，那么流入某一节点的电荷速率一定等于流出的电荷速率。

还有许多其他的方法表述基尔霍夫电流定律。最通用的表述为：流入某一节点的电流和为零，如图 2.4a 所示，这些电流中部分为正值，部分为负值。等效说法为：流出某一节点的电流和为零，如图 2.4b 所示，这些电流中也是部分为正值，部分为负值。最后可以表达为：流入某一节点的电流和等于流出该节点的电流和，见图 2.4c。实际上，只要理解了电流的方向（一般采用箭头在电路图上标示），以上的说法都是等效的。实际流向与箭头方向一致的电流为正值，而相反的电流为负值。

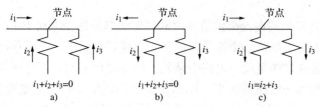

图 2.4　图例说明基尔霍夫电流定律不同的表述方法

a）流入某节点的所有电流和为零　b）流出某节点的所有电流和为零

c）流入某节点的电流和等于流出该节点的电流和

注意：可以随意地确定电流箭头的方向，但是一旦确定，就必须如图 2.4 所示，采用与定义的箭头方向一致的模式书写基尔霍夫定律。求解电路方程的代数解将自动给出随机定义的电流方向是否与实际电流方向一致。

[例 2.2]　使用基尔霍夫电流定律。

如图所示，图中电路某节点，其各支路的电流方向随机定义。基于上述电流方向的定义，有 $i_1 = -5A$，$i_2 = -3A$，$i_3 = -1A$。写出节点的基尔霍夫电流定律表达式，并求出 i_4。

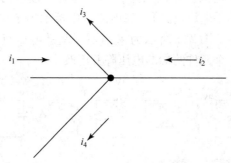

解：根据基尔霍夫电流定律：

$$i_1 + i_2 = i_3 + i_4$$
$$-5 + 3 = -1 + i_4$$

因此，$i_4 = -1A$

也就是说，i_4 实际上为注入节点 1A 的电流。注意 i_2、i_3、i_4 均为流入节点的电流，只有 i_1 为从节点流出的电流。

2.2.4　电压

电子只有在获得一定能量，推动其出发，才能在电路中移动。这种推力采用电压来计量，单位为 V。电压定义为推动单位电荷移动的能量（J）大小：

$$v = \frac{\mathrm{d}W}{\mathrm{d}q} \tag{2.3}$$

因此，一个 12V 的电池提供给其内部存储的单位库伦电荷 12J 的能量。注意电压的含义中并不要求电荷必须移动，而实际上强调的是迫使电荷移动的潜在能量。

电流测量是通过测量流经电路中某元件的电流而实现，而电压测量是通过测量电路中某元件的两端电压而实现。比如，正确的说法是：流过电池的电流为 10A，而电池的两端电压为 12V。另一种表述某一元件电压的做法为视电流流过该元件后电压是否升高或下降。比如，对于图 2.1，电流流经电池后电压升高，而流经灯泡后电压下降。

电压测量必须有一个基准。也就是说，电池正极上的电压是相对于负极而言才有如此数值大小的电压，某一电路中某点的电压值也必须相对于另外某一点而言才有意义。图 2.5 中，电流流过电阻器导致了电压值从 A 点下降到了 B 点，产生了电压值 V_{AB}。其中 V_A、V_B 分别为电阻器两端相对于电路中某一点的电压值。

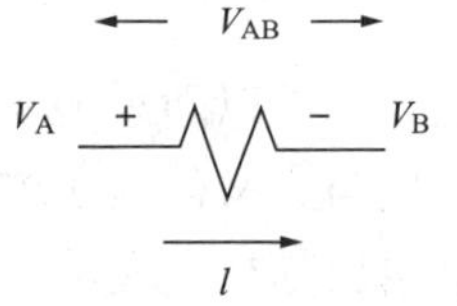

图 2.5　A 点至 B 点的电压降
为 V_{AB}，其中 $V_{AB} = V_A - V_B$

电路中电压的参考点通常定义为地。而实际上许多电路是直接接地的，也就是说，存在一条电流直接流入大地的通路，当然也有不接地的电路（比如电池、导线、开关和灯泡组成的手电筒电路）。当电路图中标示出了接地标志，可以仅将其视为电压为零的参考点。图 2.6 所示为采用不同基准电压点（地）时，电路中不同点的电压值，但每一个元件两端的电压降并不改变。

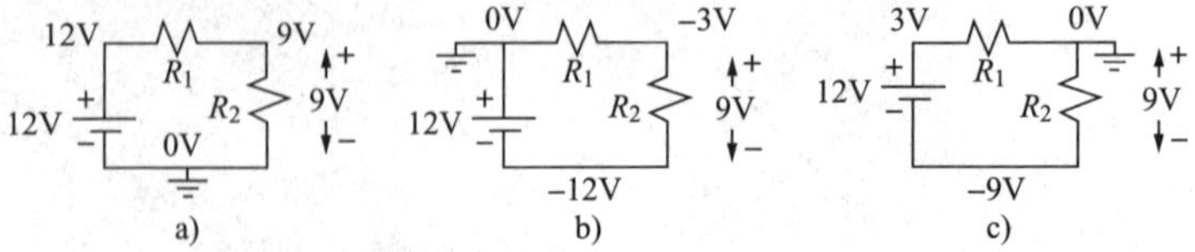

图 2.6　采用不同的基准电压点（地），电路中不同点的电压值，
但每一个元件两端的电压降并不改变

2.2.5　基尔霍夫电压定律

任意时刻电路中任意环路上的电压和为零——这就是基尔霍夫第二定律（KVL）。正如基尔霍夫电流定律一样，基尔霍夫电压定律也有其他的等效说法。

比如说，环路上的电压上升之和等同电压下降之和。参见图 2.6，电池两端有 12V 的电压上升，电阻 R_1 两端有 3V 的电压下降，电阻 R_2 两端有 9V 的电压下降。注意该定律并不关心回路中哪一个节点选定为参考地。与基尔霍夫电流定律一样，必须仔细标注和判别电路图中各电压的符号，从而保证写出正确的基尔霍夫电压定律表达式。电路中某元件一端标注正号（＋），表明元件该端的电势高于对端的电势值。另外，只要撰写基尔霍夫电压定律时保持一致性，则最终的方程代数解将自动判别出电压的正负。

基尔霍夫电压定律可以简单地比喻为一机械过程，其中重量对应着电荷，提升力对应着电压值。如果要将某重量物体从一个高度提升到另一个高度，则需要的能量等于该重量与高度变化量的乘积。类似地，如果同势能等量的电能用来充电，则该能量等于充电电荷量与电压上升量的乘积。如果你决定骑自行车出行，而且起点和终点是同一地点，则无论骑车走哪条路线，当返回出发点时，整个过程中的海拔升高量之和等于海拔降低量之和。类似的，在电路中无论采用哪条路径，只要回到出发点，则基尔霍夫电压定律可以保证在环路中的电压升高之和等于电压降低之和。

2.2.6　功率

功率和功两个术语经常被混淆。功表示用来出力的能量，单位为 J 或 Btu。而功率表示功被产生或被消耗的速率，因此单位是 J/s 或者 Btu/h。功率和功的单位也经常被混淆；功率的单位为 W（1J/s＝1W），是一个速率，而功的单位为瓦特×时间，比如 W·h。注意不要说成瓦特每小时，这是不正确的，但是往往会在报纸、杂志上看到这种错误用法。

当电池向负荷供电时，电池输出功，被负荷消耗。根据式（2.1）和式（2.3），电路中某一元件产生或消耗的瞬时功率的表达式为

$$P = \frac{\mathrm{d}W}{\mathrm{d}t} = \frac{\mathrm{d}W}{\mathrm{d}q} \cdot \frac{\mathrm{d}q}{\mathrm{d}t} = vi \tag{2.4}$$

式（2.4）表明电源某时刻的输出功率或负荷的消耗功率等于流过该负荷元件的电流乘以其两端的电压差。当电流单位取 A，电压单位取 V 时，功率的单位就是 W。因此，12V 电池输出 10A 电流时，实际上为负荷提供了 120W 的功率。

2.2.7　功（能量）

功率是做功的变化率，功为做功的总量，因此功实际上是功率的积分：

$$W = \int p\,\mathrm{d}t \tag{2.5}$$

电路中，功的单位可以用 J 来表示，1W·s＝1J。在发电厂，电能的单位往往采用 W·h，或者更大的单位 kW·h、MW·h。比如，一台 100W 的计算机运行 10h，将消耗 1000W·h，或者 1kW·h 的能量。在美国一个普通家庭每月大约消耗

950kW·h 的电能。按 720h/月算，这就意味着平均每小时使用了约 1.3kW 的电能。

2.2.8　小结

本节给出了重要电气量的定义，表 2.1 总结了它们彼此之间的转换关系。

由于电气量的幅值变化很大，经常会发现使用的电气量的数值很大或者很小。比如，电视天线间的电压幅值大约为几微伏（μV），而大型变电站发出的功率能达到数十亿瓦特。美国所有发电厂的总发电量约为 1000GW，即 1TW。为了合理地表述这些量级，通常采用一套前缀符号配合电气单位使用。常用前缀符号详见表 2.2。

表 2.1　重要电气量单位、标示及之间的转换关系

电气量	文字符号	单位	转换关系
电荷	q	C	$q = \int i \mathrm{d}t$
电流	i	A	$i = \mathrm{d}q/\mathrm{d}t$
电压	U（V）	V	$V = \mathrm{d}W/\mathrm{d}q$
功率	P	J/s 或 W	$P = \mathrm{d}W/\mathrm{d}t$
功	W	J 或 W·h	$W = \int p \, \mathrm{d}t$

表 2.2　通用前缀符号

小量程			大量程		
数值	前缀符号	标示	数值	前缀符号	标示
10^{-3}	milli	m	10^{3}	kilo	k
10^{-6}	micro	μ	10^{6}	mega	M
10^{-9}	nano	n	10^{9}	giga	G
10^{-12}	pico	p	10^{12}	tera	T

2.3　理想电压源、电流源

电路是由少量的电气元件通过不同方式连接而成。这里主要讨论这些电气元件的理想特性，虽然实际上电气元件不可能实现理想特性，但是其实际特性一般也是由这里讨论的电气元件的理想特性组合而成。

2.3.1　理想电压源

理想电压源定义为：无论其所带的负荷为多大，均可以提供给定的已知电压 V_s。也就是说，无论理想电压源的输出电流是多少，其输出电压始终保持不变。注意：理想电压源不一定必须提供恒定不变的电压，比如可以提供一正弦交变电压，但重要的是其输出电压不是输出电流的函数。图 2.7 所示为理想电压源的符号表示。

　　图 2.8 所示为典型的直流理想电压源特性，比如理想电池可以提供恒定的直流输出。

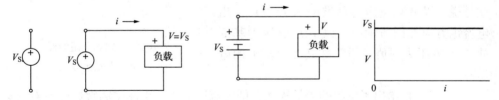

图 2.7　无论输出电流为多少，恒压源
　　　　输出电压始终为 V_S，V_S 的
　　　　幅值可以随时间变化

图 2.8　理想直流电压源

　　电池可以近似地被认为理想电压源，但是随着输出电流的增大，其输出电压也会略微降低。为了计及该电压下降，电池的实际建模中，一般采用理想电压源与电池内阻串联的方式。

2.3.2　理想电流源

　　理想电流源则是无论所带的负荷为多大，均可提供给定的电流 i_s。如图 2.9 所示，常采用圆圈内带箭头的符号来表示电流源，其中箭头方向标明电流方向。电池可以近似地被认为理想的电压源，但是没有任何物品可以很好地模拟理想电流源。某些晶体管的电路特性接近理想电流源，因此经常采用理想电流源来对晶体管建模。

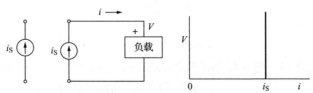

图 2.9　理想电流源的输出电流不受电流源的端电压影响

2.4　电　　阻

　　如图 2.10 所示，对于理想电阻，其两端电压降与流过的电流成正比。

2.4.1　欧姆定律

　　式（2.6）给出了电阻的理想电气特性，其中电压 v 单位是伏特，电流 i 单位是安培，线性比例常数则是电阻 R，其单位是 Ω。这个简单的公式就是欧姆定律，其命名是为了纪念德国物理学家欧姆（Georg Ohm），其原创性的实验造就了这个令人难以想象的重要函数关系。

$$v = Ri \qquad (2.6)$$

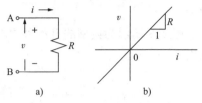

注意电压 v 必须跨接电阻器两端测量。也就是说，以 B 点电压为基准的 A 点电压。当电流正方向如图所示时，以 B 点电压为基准的 A 点电压为正值，通常称其为电阻上的电压降。

图 2.10　a) 理想电阻的标示
b) 电压 – 电流函数关系

式（2.7）给出了电阻的等效表达，即电流用电压与线性比例常数电导 G 来表示，其中电导的单位为 S。在早期文献中，电导的单位是姆欧（mhos）。

$$i = Gv \qquad (2.7)$$

把式（2.4）代入式（2.6），可以很容易得出电阻消耗功率的表达式：

$$p = vi = i^2 R = \frac{v^2}{R} \qquad (2.8)$$

[例 2.3]　白炽灯消耗的功率。

白炽灯的电流 – 电压函数特性基本上呈线性，因此可以将其建模为简单电阻。假设当白炽灯采用 12V 直流电源供电，耗能设计为 60W。则白炽灯灯丝的阻值是多少？其流过的电流是多少？如果电源的实际电压为 11V，那么 100 个小时灯泡消耗多少能量？

解： 根据式（2.8），有

$$R = \frac{v^2}{p} = \frac{12^2}{60} = 2.4\Omega$$

根据欧姆定律，有

$$i = v/R = 12/2.4 = 5A$$

当电源电压为 11V 时，灯泡消耗的功率为

$$P = \frac{v^2}{R} = \frac{11^2}{2.4} = 50.4W$$

当灯亮 100h，其消耗的能量为：

$$W = Pt = 50.4W \times 100h = 5040W \cdot h = 5.04kW \cdot h$$

2.4.2　电阻串联

如图 2.11 所示，下述将使用欧姆定律和基尔霍夫定律推导出电阻串联后（每个电阻上流经的电流相等）的等效阻值。

为了求出两个串联电阻 R_1、R_2 的等效电阻值 R_s，必须保持等效变换后的电压 – 电流特性与变换前保持一致。即对于图 2.11a 所示电路，存在

$$v = v_1 + v_2 \qquad (2.9)$$

根据欧姆定律，

$$v = iR_1 + iR_2 \qquad (2.10)$$

对于图 2.11b 的等效变换电路，电路中的电压、电流保持不变：

$$v = iR_s \qquad (2.11)$$

将式（2.10）代入式（2.11），可以得到

$$R_s = R_1 + R_2 \qquad (2.12)$$

因此，对于 n 个电阻串联，其等效电阻为

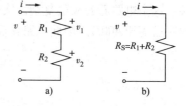

图 2.11 电阻 R_1、R_2 串联后的等效阻值 R_S

$$R_s = R_1 + R_2 + \cdots + R_n \qquad (2.13)$$

2.4.3 电阻并联

当电路中元件按照图 2.12 所示方式连接时，所有元件两端的电压相等，这种接线方式称为并联。

为了求出两个并联电阻的等效电阻，首先将欧姆定律代入基尔霍夫电流定律，有

$$i = i_1 + i_2 = \frac{v}{R_1} + \frac{v}{R_2} = \frac{v}{R_p} \qquad (2.14)$$

因此，

$$\frac{1}{R_1} + \frac{1}{R_2} = \frac{1}{R_p} \quad 或 \quad G_1 + G_2 = G_p$$

$$(2.15)$$

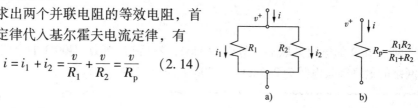

图 2.12 电阻并联后的等效阻值

注意引入"电导"概念的目的就是为了说明：n 个电阻并联后的等效电导等于每一个电导数值之和。

对于两个并联的电阻，从式（2.15）可以得出并联后的等效阻值为

$$R_p = \frac{R_1 R_2}{R_1 + R_2} \qquad (2.16)$$

注意当 R_1、R_2 相等时，两个并联阻值是其原阻值的一半。同时也会观察到，并联后的阻值比两个电阻阻值中的任何一个都小。

[例 2.4] **阻性电路分析**。

请计算下列网络的等效电阻值。

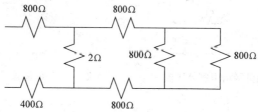

解：这个电路看起来很复杂，实际上口算就能得出答案。最右边的两个 800Ω 电阻并联后等于 400Ω。因此电路化简为

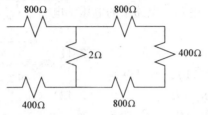

右边的三个电阻串联，因此其等效电阻为 $2k\Omega$（ $=800\Omega+400\Omega+800\Omega$），此时电路化简为

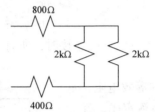

两个 $2k\Omega$ 的电阻并联后，等效为 $1k\Omega$，然后与 800Ω、400Ω 的电阻串联，因此网络的最终等效电阻为 $2.2k\Omega$（ $=800\Omega+1k\Omega+400\Omega$）。

2.4.4　分压器

分压器原理非常简单，但是其作用却非常重要。下图为一双端口网络，如图 2.13 所示，双端口网络具有一对输入端子和一对输出端子。

对分压器原理的分析实际上是对欧姆定律和电阻串联原理的应用拓展。

如图 2.14 所示，当分压器的一端接上电源，则流入的等效电流为

$$i = \frac{v_{\text{in}}}{R_1 + R_2} \tag{2.17}$$

因为 $v_{\text{out}} = iR_2$，可以写出如下的分压方程：

$$v_{\text{out}} = v_{\text{in}}\left(\frac{R_2}{R_1 + R_2}\right) \tag{2.18}$$

式（2.18）非常重要，请牢记。

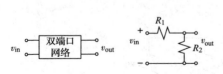

图 2.13　采用双端口网络举例分压器

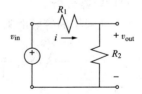

图 2.14　分压器输入端接入理想电压源

[例 2.5]　分析电池用作分压器。

假设汽车电池建模为一个 12V 的理想电压源串联一个 0.1Ω 的内阻。

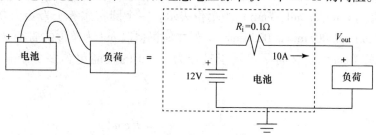

a. 当输出电流为 10A 时，电池的输出电压为多少？

b. 当电池外接 1Ω 的负荷时，其输出电压为多少？

解：

a. 当输出电流为 10A 时，电池的输出电压下降为

$$V_{\text{out}} = V_{\text{B}} - IR_{\text{i}} = 12 - 10 \times 0.1 = 11\text{V}$$

b. 当电池外接 1Ω 的负荷时，电路模型如下所示：

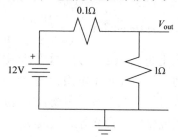

根据（2.18）所示的分压原理，输出电压 V_{out} 为

$$V_{\text{out}} = V_{\text{in}} \left(\frac{R_2}{R_1 + R_2} \right) = 12 \left(\frac{1.0}{0.1 + 1.0} \right) = 10.91\text{V}$$

2.4.5　导线电阻

一般情况下导线都视为理想情况，即忽略导线电阻，线路上无电压降。然而，对于传输功率较大的线路，这种假设将会导致较大的误差。换一种说法，电路设计很重要的一部分，就是如何选择线路的尺寸既能保证传输足够的功率，又不会带来过多的损耗。如果选择的线路尺寸太小，则无法传输足够的功率，极端情况下，导线会过热而被烧毁。

线路电阻值取决于线路长度、半径以及材质等。式（2.19）给出了线路阻值的基本定义：

$$R = \rho \frac{l}{A} \tag{2.19}$$

式中，ρ 为不同材质导线的电阻率；l 为线路长度；A 为导线的截面积。l 的单位为 m，A 的单位为 m^2，电阻率 ρ 的单位在国际单位体系中为 $\Omega \cdot m$，（比如铜的电阻率为 $\rho = 1.724 \times 10^{-8}\Omega \cdot m$）。然而，美国常采用的单位与国际单位不同，其中面积以圆密尔（Circular mil，cmil）为单位表示。一个圆密尔等于直径为 $0.001in$ 的圆面积（$1mil = 0.001in = 0.0254mm$）。但如何根据以 mil 为单位的直径 d 来计算导线的截面积（cmil）？该问题等同于直径为 d mil 的圆能包含多少个直径为 $1mil$ 的圆？

$$A = \frac{\frac{\pi}{4}d^2 mil^2}{\frac{\pi}{4} \cdot 1^2 mil^2/cmil} = d^2 cmil \tag{2.20}$$

[例 2.6] 从密尔到欧姆的转换

20℃ 下软铜线的电阻率为 $10.37\Omega \cdot cmil/ft^{\ominus}$。长度 100ft，直径 80.8mil（$0.0808in$）的导线电阻是多少？

解：

$$R = \rho \frac{l}{A} = 10.37\Omega \cdot cmil/ft \cdot \frac{100ft}{(80.8)^2 cmil} = 0.1588\Omega$$

导线电阻值在一定程度上也与温度有关，主要是由于温度升高，分子活性变强，阻碍了电子的平滑移动，从而导致了电阻值的增加。对于导线材质选择而言，铜很好，但是铝更便宜，有时候会在某些专用场合中应用，但是不会出现在家庭供电系统中。铝会在压力下缓慢变形，最终导致接线松开。通常会在铝线外表镀上一层高电阻率的氧化物，使得复合导线能够承受较高的线路损耗，抵御火灾的发生。

趋肤效应现象会导致线路电阻值随着频率的增加而增大。当频率较高时，导体的内电感会导致电流在导线的外表流动比在导线内芯的流动更顺畅，从而增加了整个导线的平均电阻值。例如，当在 60Hz 时，大部分电流仅在 1in 粗的导线的 1/3 外径中流动，这种现象对于家用线路供电来说并不重要，但是对于电网级的输电线路而言则意义非凡。

在美国，导线直径如果低于 0.5in（1.27cm），那么将采用美国导线分类标准（AWG）。AWG 的各等级按照导线的电阻值来确定，也就是说越大的 AWG 等级意味着导线的电阻越大，导线直径越小。相反，越低等级导线的直径越大，电阻越小。一般家用导线采用 AWG12 号导线，它的直径大约与铅笔中的铅芯尺寸相同。导线 AWG 最大型号是 0000 号，一般写作 4/0 号，导线直径为 0.460in。对于多股导线绞合而成的导线，在美国，其尺寸一般采用千圆密耳（kcmil）来计量。比如，电力输电线路常采用的 1000kcmil 绞合铜导线的直径为 1.15in，导线电阻为

⊖　ft，英尺，1ft = 0.3048m。

$0.076\Omega/mile$。对于使用公有制单位的国家，导线尺寸仅由导线直径为多少毫米来衡量。表 2.3 给出了 68°F 下，不同等级铜导线每百英尺下的电阻值。同时，也给出了铜导线在一般绝缘水平下，允许流过的最大电流值。

表 2.3　铜导线特性

导线 AWG 型号	直径/in	面积/cmil	电阻/（Ω/100ft）	最大电流值/A
000	0.4096	168000	0.0062	195
00	0.3648	133000	0.0078	165
0	0.3249	106000	0.0098	125
2	0.2576	66400	0.0156	95
4	0.2043	41700	0.0249	70
6	0.1620	26300	0.0395	55
8	0.1285	16500	0.0628	40
10	0.1019	10400	0.0999	30
12	0.0808	6530	0.1588	20
14	0.0641	4110	0.2525	15

[例 2.7]　导线损耗。

假设 12V 的理想电池向一个 100W 的白炽灯供电。电池到灯泡的距离为 50ft，导线采用 14 号铜导线。请求出线路上的损耗，以及灯泡消耗的功率。

解：当灯泡两端电压为 12V，消耗功率为 100W 时，灯泡的等效电阻 R_b 可以根据式（2.8）求出：

$$P = \frac{v^2}{R}，因此 R_b = \frac{v^2}{P} = \frac{12^2}{100} = 1.44\Omega$$

根据表 2.3，14 号铜导线的电阻为 $0.2525\Omega/100ft$，由于从电池流向灯泡的导线长 50ft，回流的导线长度也为 50ft，因此导线电阻为 $R_w = 0.2525\Omega$。电路如下所示：

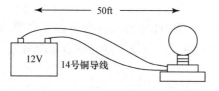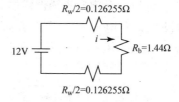

根据欧姆定律，电路中的电流为

$$i = \frac{v}{R_{tot}} = \frac{12V}{(0.12625 + 0.12625 + 1.44)\Omega} - 7.09A$$

因此，流入灯泡的功率为

$$P_b = i^2 R_b = (7.09)^2 \cdot 1.44 = 72.4W$$

导线损耗的功率为

$$P_w = i^2 R_w = (7.09)^2 \cdot 0.2525 = 12.7W$$

注意：灯泡消耗的功率仅为72.4W而不是100W，因此它不会很亮。电池发出的功率为

$$P_{battery} = 72.4 + 12.7 = 85.1W$$

其中大约15%为导线损耗（$12.7/85.1 = 0.15$）。

另外一种解法：使用分压器原理来求解。合并流入和流出负荷两段导线的电阻值，则电路模型简化为

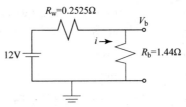

使用式（2.18），则分配到负荷（灯泡）上的电压为

$$v_{out} = v_{in}\left(\frac{R_2}{R_1 + R_2}\right) = 12\left(\frac{1.44}{0.2525 + 1.44}\right) = 10.21V$$

电池提供的12V电压与负荷上的10.21V之间的电压差1.79V称为电压降。

这样，导线消耗的功率为

$$P_w = \frac{V_w^2}{R_w} = \frac{(1.79)^2}{0.2525} = 12.7W$$

例2.7说明了电路中导线连接的重要性。如果认为15%的线损无法接受，可以通过增加导线尺寸来降低损耗，但是导线尺寸越大价格越贵，而且大尺寸导线也不容易施工。如果可能的话，可以采用其他的方法来降低线损，即提高供电电压值。在给定功率情况下，电压越高，所需的电流就越低。低电流也就意味着导线中的功率损耗 $i^2 R$ 越低，详细说明见下一举例。

[**例2.8**] 通过提升电压来降低线损。

假设距离发电机50ft远的负荷需要120W的功率，负荷可以工作在12V或120V下。如果采用14号导线，请计算每一种工作电压下的导线电压降和线损值。

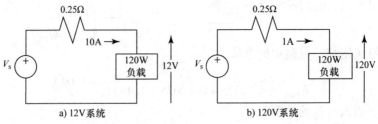

a) 12V系统　　　　　　　　　b) 120V系统

解：总共有100ft的14号导线，其总电阻为0.2525Ω（参见表1.3）。

当工作电压为 12V 时，传输 120W 功率需要 10A 的电流，因此在 0.2525Ω 电阻上的电压降为

$$V_{\text{sag}} = iR = 10\text{A} \times 0.2525\Omega = 2.525\text{V}$$

线损为 $P = i^2 R =$ （10）$^2 \times 0.2525 = 25.25\text{W}$

这也就意味着发电机必须提供 25.25 + 120 = 145.25W 的功率，和 12 + 2.525 = 14.525V 的电压。线损占总功率的 25.25/145.25 = 0.174 = 17.4% 。如此高的线损无法接受。

当工作电压为 120V 时，传输 120W 功率需要 1A 的电流，因此在线路电阻上的电压降为

$$电压降 = iR = 1\text{A} \times 0.2525\Omega = 0.2525\text{V}$$

线损为 $P_{\text{w}} = i^2 R =$ （1）$^2 \times 0.2525 = 0.2525\text{W}$ ，仅占 12V 系统线损的 1% 。

电源只需提供 120W + 0.2525W = 120.2525W 的功率，线损仅占总功率的 0.21% 。

注意到 12V 系统需承载 10A 电流，而 120V 系统仅需承载 1A 电流，因此 12V 系统的线损是 120V 系统的 100 倍。电压升高 10 倍，线损将降低 100 倍，这也就是电力公司采用高压输电的原因了。

2.5   电   容

电容是电路中用来描述电气元件存储电场能的参数。电容是独立的电气元件，可以在当地的电气商店中买到，但是只要导体间相互临近，则就会产生电容效应。如图 2.15 所示，电容结构很简单，可以简化为两个中间带绝缘层，比如空气甚至非常薄的纸张的平行导体板。

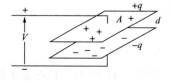

图 2.15   电容器包括两个平行的，被介电介质隔离的充电极板

如果导体板的面积相对于它们之间的绝缘距离而言足够大，则电容值定义为

$$C = \varepsilon \frac{A}{d} \tag{2.21}$$

式中，C 表示电容（F）；ε 是介电常数（F/m）；A 为导体的表面积（m^2）；d 为绝缘距离（m）。

[例 2.9]   求两个导体板之间的电容值。

求出两个面积 0.5m^2 ，绝缘距离 0.001m，绝缘介质为空气，介电常数为 8.8 × 10^{-12}F/m 的导体板之间的电容值。

解：$C = 8.8 \times 10^{-12} \text{F/m} \cdot \dfrac{0.5 \text{m}^2}{0.001 \text{m}} = 4.4 \times 10^{-9} \text{F} = 0.0044 \mu\text{F} = 4400 \text{pF}$

由举例可见，即使导体板的面积很大，其电容值也是很小的。实际中，为了在很小的空间中获取最大的导体面积，电容器往往采用两张柔软的导体面，中间采用某种介电介质隔离，然后卷成筒状，并分别从两个导体面上引出接线。

电子电路中的典型电容值主要为微法（μF）级（$1\mu\text{F} = 10^{-6}\text{F}$）到皮法（pF）级（$1\text{pF} = 10^{-12}\text{F}$）。电力系统中采用的电容器数值较大，主要为毫法（mF）级。稍后将采用另外一种不同的衡量单位 var，来标示电力系统中电容器的容量大小。

式（2.21）从物理特性的角度给出了电容的定义，实际中更关心的是电压、电流以及电容值之间的函数关系。参见图 2.15，当电荷 q 加在电容器极板上，电容器会产生一个电压值 v。因此，电容值的基本定义为：单位电容值等于在两个极板之间产生 1V 电压所需的电荷数。

$$C(\text{F}) = \frac{q(\text{C})}{v(\text{V})} \qquad (2.22)$$

由于电流等于加载到极板上电荷的变化率，因此变换式（2.22）并求导得到：

$$i = \frac{\mathrm{d}q}{\mathrm{d}t} = C\frac{\mathrm{d}v}{\mathrm{d}t} \qquad (2.23)$$

电容器的电气标示一般采用两条平行线，如图 2.16a 所示，但是也会遇到 2.16b 所示的标志。电容器会应用到汽车的点火系统中。

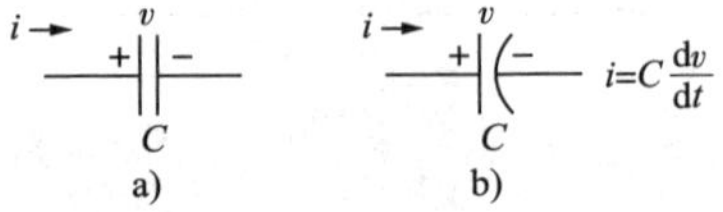

图 2.16 电容器的两种表示符号

根据式（2.23）定义的电压电流函数关系，可以看出，如果电压保持不变，则流入电容器的电流为零。也就是说，在直流的情况下，电容器中无电流流过，意味着开路。

$$\text{直流：} \frac{\mathrm{d}v}{\mathrm{d}t} = 0, \ i = 0 \qquad (2.24)$$

如图 2.17 所示，利用基尔霍夫电压、电流定律可以得出：两个电容器的并联等于两个电容值之和；而两个电容器串联等于两个电容值的乘积除以两个电容值之和。

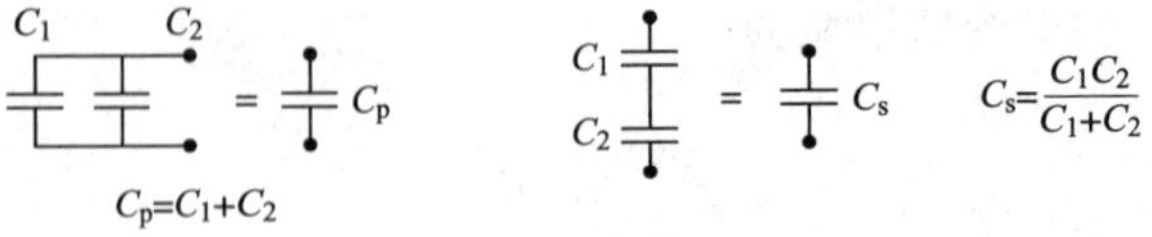

图 2.17 电容器的串联、并联

电容器的另一个重要特征是，它具有在两个极板之间创建电场存储能量的能力。由于功率等于功的变化率，因此可以将功写成功率的积分：

$$W_c = \int P\mathrm{d}t = \int vi\mathrm{d}t = \int vC\frac{\mathrm{d}v}{\mathrm{d}t}\mathrm{d}t = C\int v\mathrm{d}v$$

从而，可以写出存储在电容器中的能量为

$$W_c = \frac{1}{2}Cv^2 \tag{2.25}$$

最后，电容器还有一个属性：电容器的端电压不能突变。如果要使电容器的电压突变，则必须使电荷瞬间（零时间）从电容器的一个极板，通过电路，到达另一个极板。为了从数学上得到这个结论，从能量变化率的角度写出功率的定义：

$$P = \frac{dW}{dt} = \frac{d}{dt}\left(\frac{1}{2}Cv^2\right) = Cv\frac{dv}{dt} \tag{2.26}$$

观察到：如果电压发生突变，则 dv/dt 将为无穷，从而将需要无穷的能量来实现这种突变，自然是不可能的；因此电压无法突变。在整流器将交流电整成直流时经常采用电容器的这一重要属性。电容器的电压无法快速变化，因此常用在直流电压源中来平滑直流电压输出。在电力系统中电容器的其他用途，将在后续章节中讨论。

2.6　磁路简介

在介绍电感线圈和变压器之前，需要了解一些电磁变换的基本概念。这里提到的概念将会在后续章节中讨论电能质量（特别是谐波畸变）、电动机和发电机、镇流器等内容时进一步扩充。

2.6.1　电磁变换

电磁现象最早在 19 世纪早期被观察到，并被量化分析。其中最富有贡献的是欧洲的三位科学家：汉斯·克里斯蒂安·奥斯特（Hans Christian Oersted），安德烈·玛丽·安培（André Marie Ampère）和迈克尔·法拉第（Michael Faraday）。奥斯特观察到一个带电的导线可以使得附近的磁体移动。安培在 1825 年论证了一个带电导体将向另一个承载反向电流的导体施加一个作用力。法拉第在 1831 年，发现了当线圈移动经过一个磁体时，线圈中将有电流流过。这些实验为电磁变换设备的研发，其中最重要的是电动机和发电机，提供了基础理论。

如图 2.18a 所示，早期实验表明了导线中流动的电流在导线周围产生了磁场。磁场一般用磁力线来标示，其中磁通以 Φ 标示。磁场方向可以使用右手定则来确定，右手握住导线，大拇指指向电流的流向，则其余手指的方向指明了磁场的方向。图 2.18b 给出了通电线圈产生的磁场示意图。

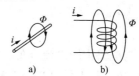

图 2.18　导体上流过电流后产生的磁场

如图 2.19 所示，在铁心上缠绕 N 圈的导线，导线上流经电流值为 i。线圈产生的磁场将以最小磁阻为回路，也就是以铁心为回路，其基本原理有些像电流在铜导体中的流动一样。因此，只要线圈中通有电流，则将会有磁场穿过铁心。

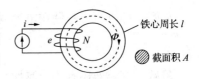

图 2.19　缠绕在铁心上 N 圈的导线上流经电流产生了磁通 Φ；并且线圈中也感应出了正比于磁通变化率的电动势（电压）e

法拉第发现了：流过线圈中的电流不仅在铁心中产生了一个磁场，而且在线圈中也产生了一个与铁心中磁通变化率成正比的电压。这个电压称为"电动势"，以 e 来表示。

假设磁通总量 Φ 穿过所有线圈，则可写出以下公式，也就是著名的法拉第电磁定律：

$$e = N \frac{\mathrm{d}\Phi}{\mathrm{d}t} \tag{2.27}$$

感应出的电动势正方向始终保持着与产生它的电流的方向相反，这一现象也就是楞次定律。

2.6.2　磁路

描述磁现象需要采用大量的专业术语，刚开始很难掌握。一种较好的方法是与已经熟悉的电路理论相对比来描述磁路。与图 2.20a 给出的电路图类似，图 2.20b 给出了对应的磁路图。电路包括了电压源 v，线路电流 i 以及阻值 R 的负荷；其中负荷是长度 l、截面积 A、电阻率 ρ 的长导线。

前文中的式（2.19）给出了电路中负荷的电阻值：

$$R = \rho \frac{l}{A}$$

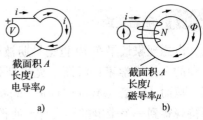

截面积 A
长度 l
电导率 ρ
a)

截面积 A
长度 l
磁导率 μ
b)

图　2.20
a）电路　b）磁路

在图 2.20b 磁路中的驱动力，如同电路中的电动势一样，被称作磁动势，以符号 ξ 标示。磁动势是由电流 i 流过缠绕在环形铁心上的 N 组线圈产生的；因此磁动势定义为电流与线圈匝数 N 的乘积，单位为：安培·匝（A·t）

$$\xi = Ni \tag{2.28}$$

与电路中的电流类似，磁路中与磁动势相对应的是磁通，它的国际单位体系（SI）单位是韦伯（Wb）。磁通正比于磁动势，反比于系数 R，该系数与电路中的电阻类似，被称为磁阻；从而可以得到磁路中的"欧姆定律"：

$$\xi = R\Phi \tag{2.29}$$

根据（2.29），磁阻 R 的单位为：安培·匝/韦伯（A·t/Wb）。

磁阻的大小取决于铁心的尺寸以及材质:

$$磁阻 = R = \frac{l}{\mu A} \quad (\text{A} \cdot t/\text{Wb}) \tag{2.30}$$

注意式(2.30)与式(2.19)给出的电阻计算公式类似。

式(2.30)表明铁心材料承载磁通的能力是由材料的磁导率 μ 决定的。磁导率的单位是韦伯/安培–匝–米(Wb/A·t·m)。大部分材料都具有抗磁性,磁导率与空气的磁导率相近。

$$空气的磁导率\, \mu_0 = 4\pi \times 10^{-7}\text{Wb/A} \cdot t \cdot m \tag{2.31}$$

材料的导磁性一般以相对磁导率 μ_r 来标示,强磁性材料的相对磁导率一般在数百至数十万之间。

$$相对磁导率 = \mu_r = \frac{\mu}{\mu_0} \tag{2.32}$$

但是某一材料的相对磁导率并不固定,它随着磁场强度的变化而变化;具体变化规律后述再分析。这一点,磁场分析与相应的电路分析并不一致,因此在使用时必须特殊考虑。

容易被磁化的强磁性材料,主要有铁、钴、镍。当与某些稀土元素,特别是Nd(钕)和 Sm(钐)形成合金时,可以产生强磁性材料。钕磁体($Nd_2Fe_{14}B$)磁性是最强的,目前常用于无绳动力工具、一些电机、计算机硬盘驱动器和音频扬声器。钐钴磁体($SmCo_5$)磁性不那么强,但是能够承受更高的温度。稀土磁体正成为风力发电机和电动汽车发动机制造的热门材料。

磁路中另一个重要的参数是磁通密度 B,单位是 Wb/m 或 T。如名所示,它表示磁通的密度,定义如下:

$$磁通密度\, B = \frac{\Phi}{A} \tag{2.33}$$

最后需要介绍的磁路参数是磁场强度 H。参见图 2.20b 所示的磁路,磁场强度定义为:单位长度磁回线上的磁动势。

N 匝线圈上流过电流 i,则产生的磁动势为 Ni。以 l 表示磁回线的平均长度,则磁场强度定义为

$$H = \frac{Ni}{l} \tag{2.34}$$

电路中有一个类似的电场强度的概念,即单位长度的电压降。例如,电容器中两个极板间形成的电场强度等于板间电压差除以板间的间距。

最后,综合式(2.28)、式(2.20)、式(2.30)、式(2.33)和式(2.34)分析,可以得到如下磁通密度 B 与磁场强度 H 的函数关系:

$$B = \mu H \tag{2.35}$$

回顾图 2.20 给出的电路与磁路的对比,可以画出图 2.21 所示的等效电路图和磁路图,并且在表 2.4 中给出相关的参数比对。

电路　　　　　　　　磁路　　　　　　　等效电路图　　　　　　等效磁路图

图 2.21　等效电路图和磁路图

表 2.4　电路与磁路参数对比

电路	磁路	磁路参数单位
电压 v	磁动势 $\xi = Ni$	A·t
电流 i	磁通 Φ	Wb
电阻 R	磁阻 R	A·t/Wb
电导 $1/\rho$	磁导率 μ	Wb/A·t·m
电流密度 J	磁通密度 B	T
电场 E	磁场强度 H	A·t/m

2.7　电　感

介绍了基本的电磁知识之后，现在来讲电感。从某种程度意义上来讲，电感与电容互为镜像。

电容存储电场能，而电感存储磁场能。电容能抑制电压的迅速变化，则电感可以抑制电流的迅速变化。

2.7.1　电感的物理特性

首先来分析带电线圈在线圈内部产生的磁场。如图 2.22 所示，线圈的磁心部分为空气，则磁通可以向任意方向流动，可能会出现部分磁通并不穿过全部线圈的情况。为了引导磁通穿过整个线圈，使磁通泄露最小，线圈一般缠绕在如图 2.23 所示的磁棒或环状磁心上。强磁材料为磁通提供了低磁阻回路，从而大大增加了磁通量。

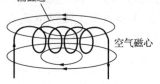

图 2.22　空心线圈将导致相当大的磁通泄漏

在图 2.23a 所示电路中，可以很容易地来分析线圈环绕磁心的磁路。假设磁通全部通过磁心提供的低磁阻通道，应用式（2.29）：

$$\Phi = \frac{\xi}{R} = \frac{Ni}{R} \qquad (2.36)$$

根据式（2.27）的法拉第定律，磁通的变化将在线圈两端产生一个电压 e，称作电动势，$e = N\,(\mathrm{d}\Phi/\mathrm{d}t)$。

将式（2.36）代入式（2.27），得

$$e = N\frac{\mathrm{d}}{\mathrm{d}t}\left(\frac{Ni}{R}\right) = \frac{N^2}{R}\frac{\mathrm{d}i}{\mathrm{d}t} = L\frac{\mathrm{d}i}{\mathrm{d}t}$$

$$(2.37)$$

其中电感 L 定义为

$$电感 \ L = \frac{N^2}{R} \qquad (2.38)$$

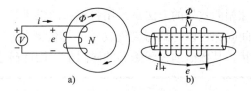

注意在图 2.23a 中，需要区别在线圈两端感应出来的电动势 e 与用来产生磁通而在线圈两端施加的电压 v。如果不考虑在线圈绕组上的电压降，则 $e = v$，从而可以得到电感的电气特性：

图 2.23　线圈缠绕在强磁材料上，强磁材料为磁通提供了低磁阻回路，大大增加了磁通量，减少了磁通泄漏，采用环状磁心比采用棒状磁心的线圈磁通量大

$$v = L\frac{\mathrm{d}i}{\mathrm{d}t} \qquad (2.39)$$

如式（2.38）所示，电感与磁阻呈反比。由于以空气为回路的磁阻值比以强磁材料为回路的磁阻值大很多，因此要获得大数值的电感，需选用强磁性材料而不能选择空气来构成磁通回路。

[例 2.10]　计算带铁心线圈的电感值。

请求出带铁心线圈的电感在不同相对磁导率下的数值变化。参数如下：线圈的有效长度为 $l = 0.1\text{m}$，线圈的截面积 $A = 0.001\text{m}^2$，相对磁导率 μ_r 在 15000 至 25000 之间。线圈匝数为 $N = 10$。

解：

当铁心的磁导率为空气磁导率的 15000 倍时，有

$$\mu_\text{core} = \mu_\mathrm{r}\mu_0 = 15000 \times 4\pi \times 10^{-7} = 0.01885\text{Wb/A} \cdot \text{t} \cdot \text{m}$$

因此，磁阻值为

$$R_\text{core} = \frac{l}{\mu_\text{core}A} = \frac{0.1\text{m}}{0.01885(\text{Wb/A} \cdot \text{t} \cdot \text{m}) \times 0.001\text{m}^2} = 5305\text{A} \cdot \text{t/Wb}$$

计算出电感值为

$$L = \frac{N^2}{R} = \frac{10^2}{5305} = 0.0188\text{H} = 18.8\text{mH}$$

类似地，当铁心的磁导率为空气磁导率的 25000 倍时，有

$$L = \frac{N^2}{R} = \frac{N^2\mu_\mathrm{r}\mu_0 A}{l} = \frac{10^2 \times 25000 \times 4\pi \times 10^{-7} \times 0.001}{0.1} = 0.0314\text{H} = 31.4\text{mH}$$

例 2.10 说明了，实心线圈的电感值随着磁心的磁导率变化而变化。而磁导率取决于施加在线圈两端的磁动势的大小，因此当拿起一个单独的电感元件时，无法直接判断其电感值为多少。为了在磁导率不稳定的情况下，获得准确的电感值，需要在磁心中嵌入一个小气隙，但这也会导致电感值略为下降。另一种获取与添加气

隙相同效果的方法是采用粉末状的强磁材料，主要是因为粉末状颗粒之间存在的空间间隙可以达到与空气气隙一样的效果。空气气隙的磁阻完全取决于它的几何形状，其数值远大于磁心的磁阻值，因此磁心的整体磁阻值变化量将会最小化。

2.7.2 电感的电磁特性

式 (2.39) 中给出的电感的电压电流函数关系表明：如果电流不随时间变化，则线圈两端的电压为零。即在直流电流的情况下，电感可视作短路 (零阻抗导线)：

$$直流：v = L\frac{\mathrm{d}i}{\mathrm{d}t} = L \cdot 0 = 0 \tag{2.40}$$

电感串联时，流过的电流一样，因此电感串联后的电压降为

$$v_{串联} = L_1\frac{\mathrm{d}i}{\mathrm{d}t} + L_2\frac{\mathrm{d}i}{\mathrm{d}t} = (L_1 + L_2)\frac{\mathrm{d}i}{\mathrm{d}t} = L_{串联}\frac{\mathrm{d}i}{\mathrm{d}t} \tag{2.41}$$

其中，$L_{串联}$ 为串联后的等效电感值。且

$$L_{串联} = L_1 + L_2 \tag{2.42}$$

图 2.24 给出了两个电感并联的情况。总电流等于两个支路电流之和：

$$i_{并联} = i_1 + i_2 \tag{2.43}$$

各电感的电压相等，因此对式 (2.39) 积分可以得到

$$\frac{1}{L_{并联}}\int v\mathrm{d}t = \frac{1}{L_1}\int v\mathrm{d}t + \frac{1}{L_2}\int v\mathrm{d}t \tag{2.44}$$

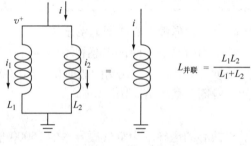

图 2.24 两个电感并联

等式两边分别除以积分项，得到并联后的电感值为

$$L_{并联} = \frac{L_1 L_2}{L_1 + L_2} \tag{2.45}$$

正如电容在电场中存储能量一样，电感也可以存储能量，只不过是存储在磁场中。由于能量等于功率的积分，因此很容易就可得到储能公式：

$$W_{\mathrm{L}} = \int P\mathrm{d}t = \int vi\mathrm{d}t = \int\left(L\frac{\mathrm{d}i}{\mathrm{d}t}\right)i\mathrm{d}t = L\int i\mathrm{d}i \tag{2.46}$$

即电感储存的磁场能为

$$W_{\mathrm{L}} = \frac{1}{2}Li^2 \tag{2.47}$$

代入式 (2.47)，可以得出电感的消耗功率为

$$P = \frac{\mathrm{d}W}{\mathrm{d}t} = \frac{\mathrm{d}}{\mathrm{d}t}\left(\frac{1}{2}Li^2\right) = Li\frac{\mathrm{d}i}{\mathrm{d}t} \tag{2.48}$$

从式（2.48）可以推导出电感的另一重要属性：电感中的电流不能突变！如果电流发生突变，则 $\mathrm{d}i/\mathrm{d}t$ 为无穷大，从式（2.48）可知，这需要无穷大的功率，显然是不可能的。对于存储能量的磁场而言，需要花费一定时间来逐渐耗散。换句话说，电感使电流的流动，如同具有了惯性一样。

但是如果电流流入图 2.25 所示的由电感、电阻和开关组成的电路，当断开开关时，为什么电流不能瞬时为零？当然，断开开关并不需要无穷大的能量。答案是：当开关断开后，电流至少在很短的时间内是存在的。因此，当开关断开时，瞬间的电流必须跨越开关两个触点之间的间隙。这也就是开关"电弧"，出现火花。如果电弧太大，则会烧毁开关。

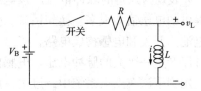

图 2.25　一个简单的带开关的 $R-L$ 电路

给出当图 2.25 所示的 $R-L$ 电路中的开关瞬间闭合时，描述该过程的方程。描述这一过程提供了一个实践基尔霍夫电压定律的机会。开关闭合，电池上的电压上升必须等于电阻和电感上的电压降：

$$V_{\mathrm{B}} = iR + L\frac{\mathrm{d}i}{\mathrm{d}t} \tag{2.49}$$

不涉及式（2.49）详细的求解过程，并考虑到电路的初始条件：$t=0$ 时，$i=0$，可以得到解为

$$i = \frac{V_{\mathrm{B}}}{R}\left(1 - \mathrm{e}^{-\frac{R}{L}t}\right) \tag{2.50}$$

这个解是否正确？来检验一下：在 $t=0$ 时，$i=0$，正确；当 $t=\infty$ 时，$i=V_{\mathrm{B}}/R$，看来这个解是对的。当最终电流达到稳态时，也就是直流的情况下，电感上的电压降为零（$v_{\mathrm{L}} = L\mathrm{d}i/\mathrm{d}t = 0$）。因此，所有的电压降全部发生在电阻上，电流等于 $i=V_{\mathrm{B}}/R$。式（2.50）中以指数形式表示的数值 L/R 被称作时间常数 τ。

在图 2.25 所示电路中打开和闭合开关时，导致的电路中电流相对于电感两端电压的变化关系，如图 2.26 所示。在 $t=0^-$ 时刻开关处于打开状态，这里负号表示在 $t=0$ 时刻之前，电流为零，电感两端电压也为零，主要是因为 $v_{\mathrm{L}} = L\mathrm{d}i/\mathrm{d}t$，$\mathrm{d}i/\mathrm{d}t=0$。

如果在 $t=0$ 时刻开关闭合，则在 $t=0^+$ 时刻（开关刚刚闭合），电流由于不能突变，仍然为零。因此，电阻上的电压降也为零（$v_{\mathrm{R}} = i_{\mathrm{R}} = 0$），这就意味着整个电池电压全部加到了电感上（$v_{\mathrm{L}} - V_{\mathrm{B}}$）。注意电感电压并没有限制不能突变。从开关闭合直到电流达到直流稳定值，在此期间电流始终在增长，最终达到直流状态，即 $\mathrm{d}i/\mathrm{d}t=0$，从而使得 $v_{\mathrm{L}}=0$，此时整个电池的电压将全部加到电阻上。即电流 i 是逐

渐增加逼近到 V_B/R 的。

如果在 $t = T$ 时刻打开开关，由于电弧的存在，电流会很快但不是瞬时衰减为零。电感两端的电压为 $v_L = L di/dt$，由于电流的斜率 di/dt 是一个很大的负数，因此如图 2.26 所示，v_L 表现为跌落的脉冲电压。该电压值比电池提供的电压值大很多。换句话讲，仅使用一个电池、开关和电感构成电路，当打开开关时就可以产生一个大的脉冲电压。电感的该特性被应用到了汽车点火系统中，过去一般是在点火电路中采用某个触点的开断，现在一般采用晶体管开关开断产生大的脉冲电压，使得火花塞能够点燃气缸中的汽油。在实际汽车点火系

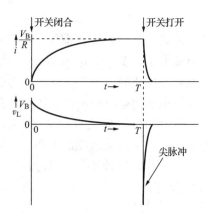

图 2.26　在 $t = T$ 时刻打开开关，将在电感两端产生一个大的脉冲电压

统中，一般首先采用开关的打开产生一个脉冲电压，然后再经过变压器进一步放大至上万伏，足以在火花塞触头间的气隙中产生电弧。该脉冲电压的另一个重要用途是在荧光灯中作启动器用。

2.8 变 压 器

1882 年，爱迪生创建第一个供电系统时，使用的是直流电从发电机向负荷供电。但是很遗憾，当时无法很容易地实现直流电压从一个电压等级变换到另一个电压等级，因此当时输电采用的是电压相对较低的直流发电机供电。正如前述所言，低电压大容量输电意味着需要大电流，从而导致线路上的线损很大，而且从发电机到负荷间的电压降也很高。因此，电厂必须离负荷很近。常见城市中发电厂紧邻着居民街区。

在当时，发生了一场非常著名的两大天才之间的争斗。乔治·威斯汀豪斯采用交流发电，并且使用变压器来提升输电线路上的电压等级，在用户侧再使用降压变压器把电压降低到安全范围，从而解决了长距离输电问题。爱迪生在争斗中失败了，但是仍然固执地坚持直流输电，从而导致了其电力公司的倒闭。

很难概括变压器在现代电力系统中的重要作用。输电线路上的线损与电流的 2 次方成正比，与电压的 2 次方呈反比。将电压提高 10 倍，则线损将下降 100 倍。现代电力系统中发电机机端电压一般在 12~25kV 之间。变压器将电压提升到几百千伏用于长距离输电。在受端，变电站中的变压器将电压降低至 4~25kV，用于当地的配电系统。还有其他变压器将电压进一步降低至安全等级，用于家庭、办公和企业供电。

2.8.1　理想变压器

一个简单变压器结构如图 2.27 所示。两组线圈缠绕在铁心上，变压器的一次侧绕组有 N_1 匝，流过的电流为 i_1，二次侧绕组有 N_2 匝，流过的电流为 i_2。

假设铁心具备理想特性，无磁通泄漏，那么穿过一次侧绕组的磁通 Φ 等于穿过二次侧绕组的磁通。根据法拉第定律，可以写出：

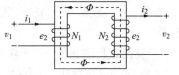

图 2.27　理想双绕组变压器

$$e_1 = N_1 \frac{\mathrm{d}\Phi}{\mathrm{d}t} \qquad (2.51)$$

和

$$e_2 = N_2 \frac{\mathrm{d}\Phi}{\mathrm{d}t} \qquad (2.52)$$

仍然考虑理想变压器，无线损，那么输入端的电压 v_1 等于电动势 e_1，输出端电压 v_2 也等于电动势 e_2。式（2.52）除以式（2.51），得出

$$\frac{v_2}{v_1} = \frac{e_2}{e_1} = \frac{N_2}{N_1} \frac{(\mathrm{d}\Phi/\mathrm{d}t)}{(\mathrm{d}\Phi/\mathrm{d}t)} \qquad (2.53)$$

如果 $\mathrm{d}\Phi/\mathrm{d}t$ 不等于零，则分子分母可以同时约去该项，如式（2.54）所示。但是该函数关系在直流情况下是不成立的。

$$v_2 = \left(\frac{N_2}{N_1}\right)v_1 = （匝数比）\cdot v_1 \qquad (2.54)$$

括号内的部分称作匝数比。如果希望变压器提升电压，则匝数比必须大于 1；如果希望降低电压，则匝数比应当小于 1。

式（2.54）表明变压器可以很容易地将一次侧电压提升至二次侧，但是是否意味着该式不受任何限制？很容易想到，答案是否定的。虽然式（2.54）提供了一个很简单的方法来提升交流电压，但是能量必须守恒。如果将变压器考虑为理想变压器，也就是说不考虑变压器本体损耗，那么流入变压器一次侧的功率一定等于流出变压器二次侧的功率。即

$$v_1 i_1 = v_2 i_2 \qquad (2.55)$$

将式（2.54）代入式（2.55），可以得到

$$i_2 = \left(\frac{v_1}{v_2}\right)i_1 = \left(\frac{N_1}{N_2}\right)i_1 \qquad (2.56)$$

式（2.56）说明了如果变压器的二次侧电压升高，则输出电流将相应地就减少。比如：变压器将电压升高 10 倍，则电流将降低 10 倍。反之，电压降低 10 倍，电流将增大 10 倍。

变压器分析中还有一个重要的问题：当一个电压源通过变压器向负荷供电时，从电压源输出端口看到的等效负荷是多少？比如如图 2.28 所示，一个电压源、变

压器和阻性负荷组成的电路。变压器标示如
图所示，为中间带一对平行线的线圈对，其
中平行线表明线圈缠绕在金属（钢）心，而
不是空心。线圈对上的点表明了线圈的
极性。

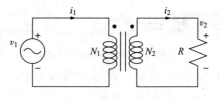

图 2.28　电压源经过变压器向阻性
负荷供电

当线圈上的极性标点在同侧时，如图
2.28 所示，一次绕组上的正电压将在二次绕

组上产生正电压。回到图 2.28 电路中从电压源输出端口所看到的等效负荷是多少
的问题。如果称其为 R_{in}，则有

$$v_1 = R_{in} i_1 \tag{2.57}$$

变换式（2.57），并代入式（2.55）、式（2.56），可以得到

$$R_{in} = \left(\frac{v_1}{i_1}\right) = \frac{(N_1/N_2) v_2}{(N_2/N_1) i_2} = \left(\frac{N_1}{N_2}\right)^2 \cdot \frac{v_2}{i_2} = \left(\frac{N_1}{N_2}\right)^2 R \tag{2.58}$$

其中，$v_2/i_2 = R$ 为变压器的负荷阻抗。

从电压源输出端看到的等效负荷等于变压器的二次负荷电阻值除匝数比的 2 次
方。这也称为电阻变换或者阻抗变换。

［例 2.11］　变压器相关计算。

一台 120V 到 240V 的升压变压器外带 100Ω 负荷。

a. 匝数比是多少？

b. 从 120V 侧看到的负荷电阻是多少？

c. 一次侧和二次侧的电流是多少？

解：

a. 匝数比等于二次电压与一次电压的比值：

$$匝数比 = \frac{N_2}{N_1} = \frac{v_2}{v_1} = \frac{240V}{120V} = 2$$

b. 由式（2.58），可以得到从 120V 侧看到的负荷电阻是

$$R_{in} = \left(\frac{N_1}{N_2}\right)^2 R = \left(\frac{1}{2}\right)^2 100 = 25\Omega$$

c. 一次侧电流等于：

$$i_{一次} = \frac{v_1}{R_{in}} = \frac{120V}{25\Omega} = 4.8A$$

二次侧电流等于：

$$i_{二次} = \frac{v_2}{R_{load}} = \frac{240V}{100\Omega} = 2.4A$$

注意：功率是守恒的：

$$v_1 \cdot i_1 = 120\text{V} \cdot 4.8\text{A} = 576\text{W}$$
$$v_2 \cdot i_2 = 240\text{V} \cdot 2.4\text{A} = 576\text{W}$$

2.8.2　励磁损耗

到目前为止，在变压器分析中没有考虑任何损耗。实际线圈中存在着电阻，因此电流流过时将产生电压降和功率损耗；同样也存在着与铁心磁化相关的损耗，以下详细分析。

铁磁材料，特别是铁、镍、钴以及一些稀有金属中原子的排列方向受磁场作用。这一现象被称为原子的不平衡自旋——当原子位于磁场中，将被施加一作用磁矩。

铁磁金属存在着一种晶态结构，使得材料中某一特定区域所有原子保持规律性排列。该区域被称为亚晶态磁畴。任一磁畴中所有原子的自旋轴均排列一致，然而，邻近的磁畴自旋轴排列并不一致。在一块未被磁化的磁铁中，各部分磁畴随机排列彼此抵消，整体表现为无磁性，如图 2.29a 所示。

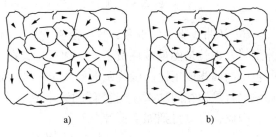

图 2.29　磁畴表象示意图
a) 未被磁化的磁体　b) 磁化后的磁体

当强磁场 H 施加到磁畴上，原子的自旋轴将依照磁场方向排列，最终如图 2.27b 所示达到饱和。此后磁化力的增加将不会再导致磁通密度 B 的增大。因此，磁场强度 H 与磁通密度 B 不呈线性关系，在式（2.35）已经有所体现，而是呈 S 形的函数关系；也就是说磁导系数 μ 不为常数。

图 2.30 给出了施加磁场 H 至铁磁材料上产生的磁通密度 B。磁场在每一块磁畴上都会产生磁矩使得原子开始排列。当磁场力 H 消失后，磁畴上失去外加强制力，但是磁畴将无法返回原始的随机状态，而是有剩余磁通 B_r。因此，该材料也就成为了"永磁体"。使材料去磁的一种方法是加热至足够高的温度（居里温度），可以使磁畴重新回到随机状态。铁的居里温度是 770°C，这和钐钴磁铁的情况差不多。对于钕磁体，虽然居里温度相对较低（300～400°C），但是成本较低，磁化强度较高，是目前最常用的磁体材料。

以下分析当施加交流铁磁力，磁畴的往复运动是如何产生磁滞回线的。在图 2.30 的磁滞回线上，循环过程可描述为由 o-a 路径出发，然后经过 a-b 路径。如果磁动力变为负值，由于施加了矫磁力 H_c，则磁通密度将变为零（c 点）；进一步加强负磁动势，磁滞回线将返回至 d 点。磁动势变为正值，则磁滞回线将经由路径 d-e-a。

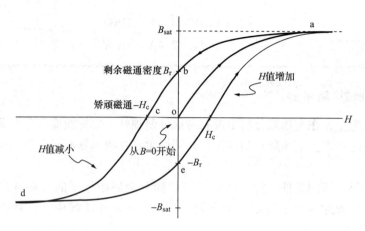

图 2.30　施加磁动势至铁磁材料上产生的磁滞回线

$B - H$ 曲线所示的现象，称为磁滞现象。铁磁材料的循环磁滞现象，将导致磁体发热，也就是能量被耗费了。由图可见，在一个循环周期损耗的能量与磁滞回线所包围的面积成正比。围绕磁滞回线走一圈，将导致一次能量的损失，因此能量损耗率也就是损耗的功率，与循环的频率成正比，也与磁滞回线所包围的面积成正比。因此，可以得到如下方程：

$$\text{磁滞引起的功率损耗} = k_1 f \tag{2.59}$$

式中，k_1 是正比例系数；f 是频率。

铁心损耗的另一个来源是由被称为涡流的弱电流引起的，涡流是磁体在磁滞回线循环过程中产生的。如图 2.31a 所示，考虑一铁心截面其轴向穿过 Φ 的磁通，依据法拉第定律，当回路内部的磁通发生变化时，回路上产生的感应电动势同总磁通 Φ 的时间变化率成正比。感应电动势在回路中将产生电流。在铁心中，铁磁材料是导体，因此如图所示，可以认为铁磁材料自身构成了回路，并穿过变化的磁通，导致了涡流的产生。

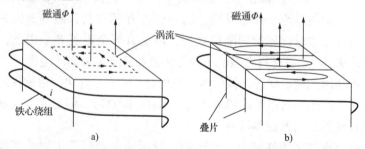

图 2.31　位于交变磁链中的铁磁铁心中的涡流

a) 实心铁心导致的大量涡流损耗　b) 叠片铁心中较小的涡流损耗

为了分析涡流导致的损耗，假设磁通为一正弦时变函数：

$$\Phi = \sin(\omega t) \tag{2.60}$$

交变磁通产生的感应电动势与磁通的变化率成正比：

$$e = k_2 \frac{\mathrm{d}\Phi}{\mathrm{d}t} = k_2 \omega \cos(\omega t) \tag{2.61}$$

式中，k_2 是正比例系数。在导体自环中由于磁通的交变导致的损耗正比于电压的 2 次方与自环电阻的比值。

$$涡流功率损耗 = \frac{e^2}{R} = \frac{1}{R}\left[k^2 \omega \cos(\omega t)\right]^2 \tag{2.62}$$

式（2.62）表明涡流引起的损耗与涡流流经回路的电阻呈反比。因此，为了降低损耗，可以采用两种方法：①增加铁心材料的电阻值；②使涡流回路变小。紧密的回路使得电阻增加（因为电阻与电流流经导体的截面积呈反比），并且包含较少的磁通 Φ（电动势与磁通的变化率成正比，而不是与磁通密度成正比）。

实际变压器设计中要考虑同时限制以上两种导致涡流损耗的因素，比如钢心添加硅增加电阻值；另外被称为铁素体的高阻磁性陶瓷材料也经常用来替代传统的合金材料。为了使回路变小，铁心通常由厚度很薄、彼此绝缘的叠片构成，如图 2.31b 所示。

式（2.62）给出的另一个重要结论是涡流损耗与频率的 2 次方成正比：

$$涡流功率损耗 = k_3 f^2 \tag{2.63}$$

在后续分析考虑电路中的谐波时，将看到某些负荷导致电流包含基波频率（60Hz）的倍频分量。由于涡流损耗与频率的 2 次方成正比，因此高频谐波将可能导致变压器铁心烧毁。

一台实际变压器可以用一个包含理想变压器、理想电阻、理想电感的电路来建模，如图 2.32 所示。电阻 R_1、R_2 表示一次绕组、二次绕组电阻。L_1、L_2 表示与一次绕组、二次绕组中穿越空气的漏磁通相关的电感。励磁电感 L_m 使得即使二次回路开路，无电流流过时，模型中的一次绕组也有电流流过。

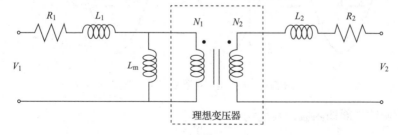

图 2.32　考虑绕组电阻、漏磁通以及励磁电感的实际变压器模型

第3章 电力系统基础

3.1 电压和电流有效值

"一个9V的电池"这种说法表达的含义很明确,因为9V所表达的是波形良好、数值恒定的直流电压值。但是墙上电源插座输出的120V交流,是什么含义?因为是交流电,电压始终在变,那么这个120V又是指的什么?

首先给出一个简单的正弦电流表达式:

$$i = I_{\mathrm{m}}\cos(\omega t + \theta) \tag{3.1}$$

式中 i 指电流,是时间的函数; I_{m} 是电流的幅值或者大小; ω 是角频率(rad/s); θ 是相位角(rad)。一般使用小写字母来表示时变的电压、电流变量(比如 i、v),而用大写字母来表示常数或常量(比如 I_{m}、V_{rms})。一般也使用正弦函数而非余弦函数来表示电流。图3.1给出了式(3.1)所示的电流波形。

式(3.1)中角频率 ω 用 rad/s 来表示。与其对应的是频率 f 用 Hz 来表示。由于每周期对应着 2π rad,因此

$$\omega = 2\pi f \tag{3.2}$$

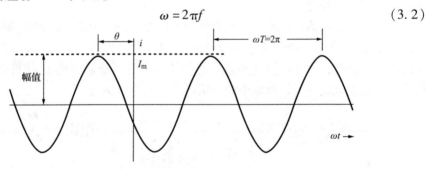

图 3.1 正弦函数各参数定义示意图

正弦函数是周期函数,其周期 T 可表示为

$$T = 1/f \tag{3.3}$$

因此正弦函数可以写成如下的等效表达式:

$$i = I_{\mathrm{m}}\cos(\omega t + \theta) = I_{\mathrm{m}}\cos(2\pi f t + \theta) = I_{\mathrm{m}}\cos(\frac{2\pi}{T}t + \theta) \tag{3.4}$$

假设有如图3.2所示的电路,电流 i 流过电阻 R,则电阻消耗的瞬时功率为

$$p = i^2 R \tag{3.5}$$

式(3.5)中,瞬时功率因为是时变值,所以用小写字母来表示。电阻消耗的

功率平均值为

$$P_{avg} = (i^2)_{avg} R = I_{eff}^2 R \qquad (3.6)$$

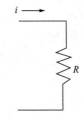

根据式（3.6）可以定义电流有效值 I_{eff}。采用这种方式定义电流有效值的优点在于，电阻消耗的功率平均值表达式与式（3.5）定义的瞬时功率表达式很相似。因此，电流有效值可定义为

图 3.2　时变电流 i 流过电阻 R

$$I_{eff} = \sqrt{(i^2)_{avg}} = I_{rms} \qquad (3.7)$$

可以看到，电流有效值等于电流瞬时值平方后的平均值再开方；也就是说电流有效值等于电流的方均根值，简写为 rms。式（3.7）给出的定义不仅适用于正弦波电流信号，而且适用于其他任意函数形式的电流信号。

为了求出某函数的有效值，可采用如下计算公式：

$$I_{rms} = \sqrt{(i^2)_{avg}} = \sqrt{\frac{1}{T}\int_0^T i^2(t)\,dt} \qquad (3.8)$$

更简单的方法是计算待分析函数中各数值的平方值，然后画出对应的波形图，再通过观察来计算平均值，如下例所示。

[例 3.1] 计算方波的有效值。

计算如下所示幅值从 $0\sim2A$ 依次跳变的方波有效值：

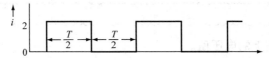

解： 需要计算电流信号瞬时值平方后数值的平方根。电流信号平方后的波形为

通过观察可见，平方后电流的平均值为 2，其中一半时间内波形值为 0，另一半时间内波形值为 4，因此

$$I_{rms} = \sqrt{(i^2)_{avg}} = \sqrt{2}\,A$$

以下采用简单的画图方法计算正弦波有效值，设正弦电压为

$$v = V_m \cos\omega t \qquad (3.9)$$

电压有效值为

$$V_{rms} = \sqrt{(v^2)_{avg}} = \sqrt{(V_m^2 \cos^2\omega t)_{avg}} = V_m \sqrt{(\cos^2\omega t)_{avg}} \qquad (3.10)$$

由于需要计算正弦波平方后的平均值，因此画出 $y = \cos^2\omega t$ 的波形如图 3.3 所示。

观察图 3.3，$\cos^2\omega t$ 的平均值为 1/2。因此根据式（3.10），可以计算出正弦电压的有效值为

$$V_{rms} = V_m\sqrt{\frac{1}{2}} = \frac{V_m}{\sqrt{2}} \tag{3.11}$$

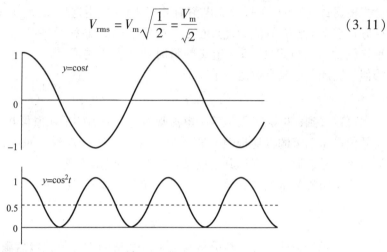

图 3.3　正弦波瞬时值平方后的均值为 1/2

这是一个非常重要的结论：

正弦信号的有效值等于其幅值除以 $\sqrt{2}$。注意：此结论仅适用于正弦信号。一般描述交流电流、电压信号时，采用有效值来描述。

[例 3.2]　墙上插座上的电压值。

请用与式（3.1）类似的方程来描述家用 120V、60Hz 交流电。

解：根据式（3.11），电压信号的峰值为

$$V_m = \sqrt{2}V_{rms} = 120\sqrt{2} = 169.7V$$

角频率 ω 为

$$\omega = 2\pi f = 2\pi 60 = 377 rad/s$$

因此所描述的电压信号方程为

$$v = 169.7\cos 377t$$

一般把电压的初始相位设为零，电流的相位依据电压的初始相位来相对确定。

3.2　正弦电压激励下的理想元件

3.2.1　理想电阻

如图 3.4 所示，分析在理想电阻上施加正弦电压激励后的响应。

电阻两端的电压降等于电源提供的电压值：

$$v = V_{\mathrm{m}}\cos\omega t = \sqrt{2}V_{\mathrm{rms}}\cos\omega t = \sqrt{2}V\cos\omega t$$

(3.12)

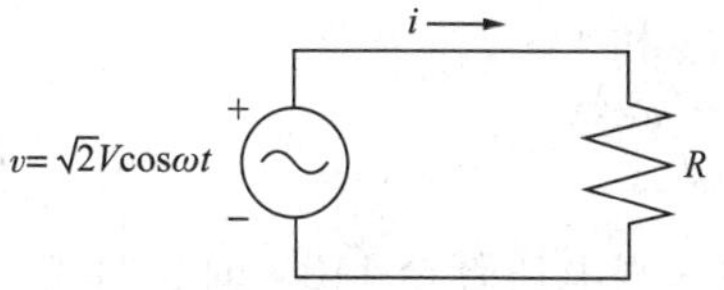

图 3.4　正弦电压施加在理想电阻上

注意上式使用了三种符号来描述电压值：电压幅值 V_{m}，有效值 V_{rms}，以及符号 V（在本书中也用来表示有效值）。以下分析统一使用 I、V（大写字母，无角标）来表示电流和电压有效值。

流过电阻的电流为

$$i = \frac{v}{R} = \frac{V_{\mathrm{m}}}{R}\cos\omega t = \frac{\sqrt{2}V_{\mathrm{rms}}}{R}\cos\omega t = \frac{\sqrt{2}V}{R}\cos\omega t$$

(3.13)

计算出的电流相位等于电压相位（零），所以称它们为同相。因此电流有效值为

$$I_{\mathrm{rms}} = I = \frac{I_{\mathrm{m}}}{\sqrt{2}} = \frac{\sqrt{2}V/R}{\sqrt{2}} = \frac{V}{R}$$

(3.14)

电流有效值等于电压有效值除以电阻值。这也就是交流欧姆定律：

$$V = RI$$

(3.15)

式中，V、I 表示有效值。

可进一步计算出电阻上损耗的平均功率为

$$P_{\mathrm{avg}} = (vi)_{\mathrm{avg}} = \left[\sqrt{2}V\cos\omega t \cdot \sqrt{2}I\cos\omega t\right]_{\mathrm{avg}} = 2VI(\cos^2\omega t)_{\mathrm{avg}}$$

(3.16)

$\cos^2\omega t$ 的平均值为 $1/2$。因此

$$P_{\mathrm{avg}} = 2VI \cdot \frac{1}{2} = VI$$

(3.17)

类似地，可以很容易地得到平均功率的另一种表达方式：

$$P_{\mathrm{avg}} = VI = I^2R = \frac{V^2}{R}$$

(3.18)

由上述分析可知，采用电压和电流有效值来分析交流问题非常简单。同时也得出了式（3.18）所表达的功率为平均功率，而不是有效值。因为交流功率总是用平均功率来表示，因此 P_{avg} 的角标通常被省略。

[例 3.3] 灯泡消耗的交流功率。

假设一个普通的白炽灯泡在 120V 供电时功率为 60W。可以采用电阻来等效该灯泡，请计算流过该灯泡的电流值并计算当电压降至 110V 时，灯泡消耗的功率是多少？

解：根据式（3.18），有

$$R = \frac{V^2}{P} = \frac{(120)^2}{60} = 240\Omega$$

和

$$I = \frac{P}{V} = \frac{60}{120} = 0.5\,\mathrm{A}$$

当电压降至 110V 时，灯泡消耗的功率为：

$$P = \frac{V^2}{R} = \frac{(110)^2}{240} = 50.4\,\mathrm{W}$$

3.2.2 理想电容

回想下电容的定义方程——电流与电容两端的电压变化率成正比。假设在电容两端施加一个有效值为 V 的交流电压，如图 3.5 所示，则流过电容的电流为

$$i = C\frac{\mathrm{d}v}{\mathrm{d}t} = C\frac{\mathrm{d}}{\mathrm{d}t}\sqrt{2}V\cos\omega t = -\omega C\sqrt{2}V\sin\omega t \tag{3.19}$$

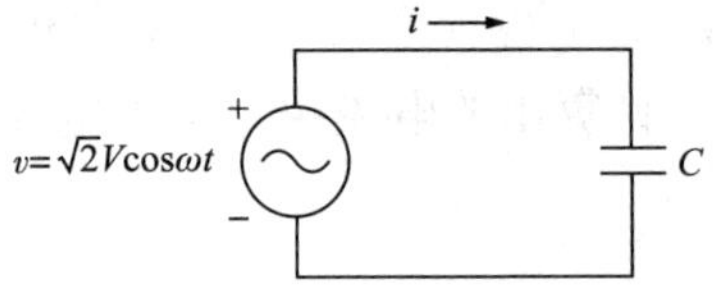

图 3.5 交流电压 V 施加在电容上

使用三角函数恒等式 $\sin x = -\cos(x + \pi/2)$，则式（3.19）可变为

$$i = \sqrt{2}\omega CV\cos\left(\omega t + \frac{\pi}{2}\right) \tag{3.20}$$

式（3.20）提供了如下信息：首先电流波形是与电压波形同频率的正弦波；其次电压与电流之间存在 90° 的相位差（π/2），即电流超前电压 90°。电流相位超前电压相位现象与理论分析是一致的，因为电荷必须在电容有电压之前传递到电容上。从图 3.6 所示的波形上也可以看出电流峰值超前了电压峰值 90°。

最后，将式（3.20）写成式（3.1）所示的形式，有

$$i = \sqrt{2}\omega CV\cos\left(\omega t + \frac{\pi}{2}\right) = I_{\mathrm{m}}\cos(\omega t + \theta) = \sqrt{2}I\cos(\omega t + \theta) \tag{3.21}$$

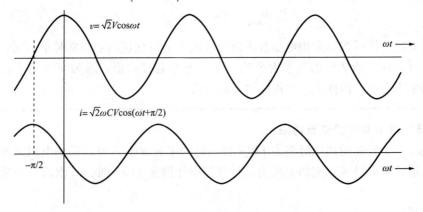

图 3.6 流过电容的电流在电容两端产生的电压

即电流有效值为

$$I = \omega CV \tag{3.22}$$

电流与电压之间的相位差为

$$\theta = \pi/2 \tag{3.23}$$

也就是说，电流超前电压 π/ 2rad 或 90°。整理式（3.22），可得

$$V = \left(\frac{1}{\omega C}\right)I \tag{3.24}$$

式（3.24）给出了电容的交流欧姆定律，其中电压 V 和电流 I 有效值与电容值以及频率呈函数关系。这种以电容值及频率构成的电气量称为容抗 X_C，单位为 Ω。

$$容抗 X_C = \frac{1}{\omega C} \tag{3.25}$$

式（3.24）和式（3.25）省略了两个标量有效值 V 和 I 之间存在的 90° 相位差。事实上，这里采用容抗，而不是电阻，就是为了表明两个标量之间有 90° 的相位差。

式（3.26）引入了一种简单的相量表示方法。注意电流用粗体表示，表明该变量同时具有与其相关的幅值大小和相位角度。

$$\boldsymbol{I}_C = \frac{V}{X_C} \angle 90° \tag{3.26}$$

图 3.7a 采用了两个正交向量来表示式（3.26）所示关系，其中假设了电压向量具有零相位角。想象这些向量间的旋转（逆时针）关系，有助于清楚地理解电容器中的电流相位领先电压 90°。这些旋转向量称为相量。

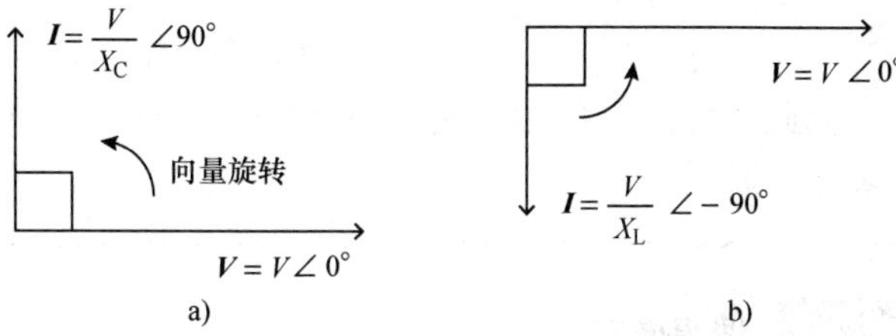

图 3.7 相量图
a）电容 b）电感

式（3.26）也可写成滞后电流 90° 的电压相量形式：

$$\boldsymbol{V}_C = X_C I \angle -90° \tag{3.27}$$

[例3.4] 电容电流。

一个 120V、60Hz 的交流电源向一个 10μF 的电容充电。请计算充电电流有效值，并写出电流对时间的函数关系式。

解：根据式（3.25），计算容抗为

$$X_C = \frac{1}{\omega C} = \frac{1}{2\pi \times 60 \times 10 \times 10^{-6}} = 265\Omega$$

计算电流有效值为

$$I = \frac{V}{X_{\mathrm{C}}} = \frac{120}{265} = 0.452\mathrm{A}$$

写出电流的完整表达式为

$$i = \sqrt{2} \cdot 0.452 \times \cos\left(2\pi \times 60t + \frac{\pi}{2}\right) = 0.639 \times \cos\left(377t + \frac{\pi}{2}\right)$$

另外，电容消耗的平均功率与正弦电压的变化保持一致。由于瞬时功率等于电压和电流的乘积，因此可以得到

$$p = vi = \sqrt{2}V\cos\omega t \cdot \sqrt{2}I\cos\left(\omega t + \frac{\pi}{2}\right) \tag{3.28}$$

使用三角恒等式 $\cos A \cdot \cos B = \frac{1}{2}\left[\cos(A+B) + \cos(A-B)\right]$ 化简式（3.28），可以得到

$$p = 2VI \cdot \frac{1}{2}\left\{\cos\left(\omega t + \omega t + \frac{\pi}{2}\right) + \cos\left[\omega t - \left(\omega t + \frac{\pi}{2}\right)\right]\right\} \tag{3.29}$$

因为 $\cos(-\pi/2) = 0$，因此式（3.29）可进一步简化为

$$p = VI\cos\left(2\omega t + \frac{\pi}{2}\right) \tag{3.30}$$

由于整周期内正弦信号的平均值为零，所以式（3.30）表明电容消耗的平均功率为零。

$$电容：P_{\mathrm{avg}} = 0 \tag{3.31}$$

因此，可知电容在充电时吸收功率，在放电时释放功率，但是其平均功率为零。

3.2.3　理想电感

如图 3.8 所示，将正弦电压源施加到电感电路上，欲求出流过电感的电流值，根据电感的基本特性，有

$$v = L\frac{\mathrm{d}i}{\mathrm{d}t} \tag{3.32}$$

从而计算出电流为

$$i = \int \mathrm{d}i = \int \frac{v}{L}\mathrm{d}t = \frac{1}{L}\int v\mathrm{d}t \tag{3.33}$$

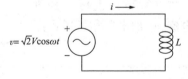

图 3.8　正弦电压源施加至理想电感电路

将电压表达式代入式（3.33），得到

$$i = \frac{1}{L}\int \sqrt{2}V\cos\omega t\,\mathrm{d}t = \frac{\sqrt{2}V}{L}\int \cos\omega t\,\mathrm{d}t = \frac{\sqrt{2}V}{\omega L}\sin\omega t \tag{3.34}$$

根据三角恒等式 $\sin x = \cos(x - \pi/2)$，式（3.34）可变换为

$$i = \left(\frac{1}{\omega L}\right)\sqrt{2}V\cos\left(\omega t - \frac{\pi}{2}\right) = \sqrt{2}I\cos(\omega t + \theta) \tag{3.35}$$

由式（3.35）可知：①流过电感的电流与施加在电感两侧的电压频率 ω 相同；②电流滞后电压的相位角为 $\theta = \pi/2$；③电流的有效值为

$$I = \left(\frac{1}{\omega L}\right) V \tag{3.36}$$

整理式（3.36）成交流欧姆定律的表达形式为

$$V = (\omega L) I \tag{3.37}$$

式中，V 和 I 是有效值。它们之间的系数称为感抗 X_L，单位为 Ω。

$$X_L = \omega L \tag{3.38}$$

与理想电容类似，可以将电感两端电压及流过的电流 I 作为相量处理，则电流滞后电压的相位角为 $-90°$（见图 3.7b）。

$$I = \frac{V}{X_L} \angle -90° \tag{3.39}$$

或

$$V = I X_L \angle 90° \tag{3.40}$$

式（3.40）表示电压相量比电流相量超前 $90°$。综上所述，电感首先应施加电压才能产生电流；而电容应首先需要提供电流才能产生电压。有一种帮助记忆的方法是：

"ELI the ICE man"

即对于电感 L，电压 E（电动势）在电流 I 之前出现；而对于电容 C，电流 I 在电压 E 之前出现。

最后，电感消耗的功率可表示为

$$p = vi = \sqrt{2}V\cos\omega t \cdot \sqrt{2}I\cos\left(\omega t - \frac{\pi}{2}\right) \tag{3.41}$$

对式（3.41）做与式（3.29）、式（3.30）中相同的三角函数变换，很容易可以证明电感的平均功率为零。

也就是说，当电流增大时，电感吸收能量并存储在磁场中；当电流减小时，电感释放能量且磁场消失。电感两端施加交流电压时，整周期内其消耗的净功率为零。

3.2.4　阻抗

用三角函数变换的方法来分析 R、L 和 C 元件构成的交流电路会非常复杂。虽然有时候使用向量图法会有所帮助，但是随着电路变得越来越复杂，学习利用复数（包含实部和虚部的数字）来分析电路将是较好的方法。

首先从向量分析开始。如图 3.9a 所示的简单 $R-L$ 电路。基于基尔霍夫电压定律可以写出

$$V_s \angle \phi = RI \angle 0° + X_L I \angle 90° \tag{3.42}$$

图 3.9b 绘出了式（3.42）所示关系的向量图。

计算图 3.9b 中三角形的斜边，可以很容易得出：

$$V_S = I \sqrt{R^2 + X_L^2} \angle \phi \ （其中 \ \phi = \arctan \frac{X_L}{R}） \tag{3.43}$$

这又类似于欧姆定律，但是式（3.43）中 V 和 I 之间的系数是一个被称为阻抗 Z 的量。其单位为 Ω，并且是具有幅度和相位的相量。

$$Z = \sqrt{R^2 + X_L^2} \angle \arctan \frac{X_L}{R} \tag{3.44}$$

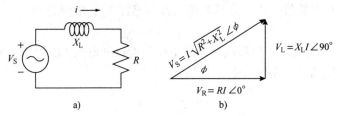

图 3.9 使用向量图来简化分析 $R - L$ 电路

a）电路 b）向量图

[例 3.5] 使用向量进行电路分析。

假设一台 120V 交流发电机，工作频率 60Hz，其内部电感为 0.01H，向 12Ω 的电阻负荷供电，请计算：

a. 电路中的电流有效值。

b. 传递到负荷的电压和功率值。

c. 内部电感上的电压降。

解:

a. 由图 3.9 和式（3.38）可知，电感的感抗为

$$X_L = \omega L = 2\pi \times 60 \times 0.01 = 3.77\Omega$$

由式（3.44）得知，阻抗可计算为

$$Z = \sqrt{12^2 + 3.77^2} \angle \arctan \frac{3.77}{12} = 12.52 \angle 17.44°$$

由式（3.43）可计算出电流有效值 I 为

$$I = \frac{V}{Z} = \frac{120}{12.58} = 9.54A$$

b. 传递到电阻负荷的电压和功率值为

$$V = IR = 9.54 \times 12 = 114.48V$$

$$p = I^2 R = (9.54)^2 \times 12 = 1092W$$

c. 内部电感上的电压降为:

$$V_L = X_L I = 3.77 \times 9.54 = 35.97V$$

下图给出了两种展示上述结果的方法。观察相量逆时针方向旋转构成的相量图，显然电流相量滞后于电压相量。

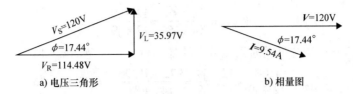

a) 电压三角形　　　　　　　　　b) 相量图

由例 3.5 所示采用向量法来分析简单的交流电路可见，不会遇到三角变换等复杂问题。然而，对于更复杂的交流电路，建议使用复平面中的向量来分析。随便一本电路书中都可以找到对复数的详细解释，但这里仅涉及基本的应用，不探讨复杂的理论分析和计算。

表示复数需要引入符号 j，其代表 –1 的平方根（数学上用 i 来表示一个虚数，但为了避免与电路中电流的表示符号相混淆，因此在电学中使用 j 来表示虚数）。然后可计算得到

$$j = \sqrt{-1} \quad j^2 = -1 \quad j^3 = -j \quad j^4 = 1 \tag{3.45}$$

j 可以简单表述为将与其相乘的向量逆时针旋转 90°。因此，当旋转运算符 j 与电容或电感（标量）相乘时，表示既有幅度又有相位的阻抗相量。对相量乘以 j^2 表示对该相量逆时针旋转两个 90° 的角度，也就是相量幅值不变，相位反向，即对该相量增加一个负号。因此可以写出

$$Z_L = \omega L \angle 90° = j\omega L = jX_L \tag{3.46}$$

$$Z_C = \frac{1}{\omega C} \angle -90° = -j\frac{1}{\omega C} = -jX_C \tag{3.47}$$

对电压、电流和阻抗量相量的幅值和相位计算可采用如下公式：

$$\boldsymbol{Z}_1 \cdot \boldsymbol{Z}_2 = Z_1 \angle \phi_1 \cdot Z_2 \angle \phi_2 = Z_1 Z_2 \angle (\phi_1 + \phi_2) \tag{3.48a}$$

$$\frac{\boldsymbol{Z}_1}{\boldsymbol{Z}_2} = \frac{Z_1 \angle \phi_1}{Z_2 \angle \phi_2} = \frac{Z_1}{Z_2} \angle (\phi_1 - \phi_2) \tag{3.48b}$$

$$\boldsymbol{Z} = A + jB = \sqrt{A^2 + B^2} \angle \arctan\frac{B}{A} \tag{3.48c}$$

$$\boldsymbol{Z} = Z \angle \phi = Z\cos\phi + j\sin\phi \tag{3.48d}$$

[例 3.6]　发电机向负荷供电。

发电机电动势为 E，电流 i 流过发电机内部电感，电感阻抗为 j1Ω。如下图所示，发电机提供 120V 的出口电压施加到了 $R-L$ 电路中。请计算发电机的电动势 E。

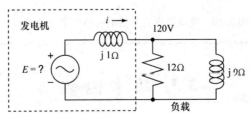

解：首先计算负荷阻抗：

$$Z_{负载} = \frac{Z_R \cdot Z_L}{Z_R + Z_L} = \frac{12 \cdot j9}{12 + j9}$$

化简上式，即分子和分母同时乘以分母的复共轭（并注意$j^2 = -1$）：

$$Z_{负载} = \frac{j108}{12 + j9} \times \frac{12 - j9}{12 - j9} = \frac{972 + j1296}{144 + 81} = 4.32 + j5.76$$

采用极坐标形式表示上式：

$$Z_{负载} = \sqrt{4.32^2 + 5.76^2} \angle \arctan \frac{5.76}{4.32} = 7.2 \angle 53.1° \Omega$$

根据第 2 章介绍的电阻分压原理，可以得出

$$V_{负载} = E_{发电机} \cdot \frac{Z_{负载}}{Z_{总}}$$

$$Z_{总} = j1 + 4.32 + j5.76 = 4.32 + j6.76$$

$$= \sqrt{4.32^2 + 6.76^2} \angle \arctan\left(\frac{6.67}{4.32}\right) = 8.02 \angle 57.42° \Omega$$

假设发电机提供的 120V 出口电压的参考相位为 0°，则发电机电动势可计算为

$$E_{发电机} = 120 \angle 0°\left(\frac{Z_{总}}{Z_{总}}\right) = 120 \angle 0°\left(\frac{8.02 \angle 57.42°}{7.2 \angle 53.13°}\right) = 133.67 \angle 4.29° V$$

发电机输出的电流为

$$I_{发电机} = \frac{E_{发电机}}{Z_{总}} = \frac{133.67 \angle 4.29°}{8.02 \angle 57.42°} = 16.67 \angle -53.13° A$$

　　本例中，发电机电动势为 133.67V，该电动势以 4.29°超前相位驱动了 120V 的电压施加到了负荷上。发电机内部电流滞后 120V 输出电压 53.13°，发电机内部电流流经电感后电压下降了 16.67V，相位滞后了电压 90°。由举例可知，基尔霍夫电压定律在相量分析中非常重要。如图 3.10 所示，负荷上的电压降 120V，加上发电机内部感抗上的电压降（IX_L），等于发电机的内部电动势 E。

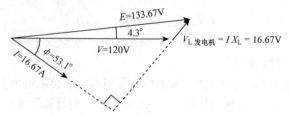

图 3.10　发电机向负荷供电的相量图（例 3.6）

3.3　功 率 因 数

　　交流电压分别施加到电阻、电感、电容两端时，经过上述分析可以得到三个简

单但很重要的结论：①流过上述三个元件上的电流始终与驱动该电流的电压保持同频率；②电压与电流之间可能存在相位移；③电阻元件是唯一消耗净功率的元件。基于上述结论来分析如图 3.11 所示的普通"黑匣子"系统。

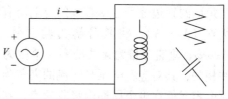

图 3.11　由理想电阻、电感、电容组成的黑匣子系统

黑匣子可包含任何数量、任意接线形式的理想电阻、电感、电容元件。假定施加在黑匣子上的电压有效值为 V，且相位角 $\phi = 0$。

$$v = \sqrt{2}V\cos\omega t \tag{3.49}$$

由于黑匣子中的电流与两端施加的电压同频率，因此可以写出如下电流的一般表达式：

$$i = \sqrt{2}I\cos(\omega t + \phi) \tag{3.50}$$

电压源提供的瞬时功率，或黑匣子中电路消耗的瞬时功率为

$$p = vi = \sqrt{2}V\cos\omega t \cdot \sqrt{2}I\cos(\omega t + \phi) = 2VI[\cos(\omega t) \cdot \cos(\omega t + \phi)] \tag{3.51}$$

使用三角恒等式 $\cos A \cdot \cos B = \dfrac{1}{2}[\cos(A + B) + \cos(A - B)]$，可得

$$p = 2VI\left\{\frac{1}{2}\cos(\omega t + \omega t + \phi) + \cos[\omega t - \omega t - \phi]\right\} \tag{3.52}$$

因此

$$p = VI\cos(2\omega t + \phi) + VI\cos(-\phi) \tag{3.53}$$

式（3.53）中第一项整周期内的均值为零，由于 $\cos x = \cos(-x)$，因此黑匣子中电路消耗的平均功率为

$$P_{\text{avg}} = VI\cos(\phi) = VI \times \text{PF} \tag{3.54}$$

式（3.54）的结论很重要。它说明了黑匣子中电路消耗的平均功率等于电压有效值与电流有效值以及电压与电流夹角余弦的乘积。参数 $\cos\phi$ 被称为功率因数（PF）

$$\text{PF} = \cos\phi \tag{3.55}$$

为什么功率因数那么重要？使用普通的电度表计量时，电力用户通常只支付其在工厂、商业或家庭内消耗电能的有功功率数。电力公司需要承担为用户供电时在输电和配电线路上的 i^2R 阻性功率损耗。当用户电压和电流相位不一致时（即功率因数远低于 1.0）时，完成用户所需的相同数量的功比功率因数为 1 时需要更多的电流，从而会带来系统侧更多的 i^2R 功率损耗，系统输电线路上更多的 iR 电压下降，以及变压器的额外发热等后果。

3.3.1　功率三角形

式（3.54）定义了一个非常重要的概念：功率三角形。如图 3.12 所示，功率

三角形的斜边等于电压有效值与电流有效值的乘积。它被称为视在功率 S，单位为伏安（V·A）。将其分解为两部分，水平分量为有功功率（单位为 W）$P = VI\cos\phi$；垂直分量为无功功率（单位为 var）$Q = VI\sin\phi$。无功功率与电感、电容元件相关，其对应着电压与电流的夹角为 90° 的情况，在这种情况下一个周期内电感或电容元件在半个周期内吸收功率，在另半个周期内释放功率。

当用复数 j 来表示 90° 相位移时，可以写出如下的视在功率公式：

$$S = VI\cos\phi + jVI\sin\phi = P + jQ$$

$$(3.56)$$

图 3.12 中横轴称为实轴，纵轴称为虚轴。

对电阻、电感和电容消耗的有功功率 P 和无功功率 Q 进行以下总结：

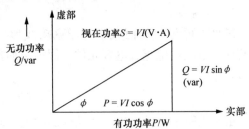

图 3.12　视在功率（V·A）分解为有功功率（W）和无功功率（var）

1）电阻消耗的有效功率为 $P_R = V^2/R$，无功功率为 $Q_R = 0$。

2）电感消耗的有效功率为 $P_L = 0$，无功功率为 $Q_L = V^2/X_L$。电感会导致功率因数滞后。

3）电容消耗的有效功率为 $P_C = 0$，无功功率为 $Q_C = V^2/X_C$。电容会导致功率因数超前。

当设计发电机时，必须尽量满足任何负荷所需的有功功率 P 和无功功率 Q。

[例 3.7] 电动机功率三角形。

效率为 85%、240V、60Hz 的单相感应电动机输入为 25A 的电流，同时输出有功功率 3.5kW。试绘出它的功率三角形。

解：

以 85% 的效率输出 3.5kW 的有功功率，则输入功率为

$$输入功率：P_{输入} = \frac{3.5\text{kW}}{0.85} = 4.12\text{kW}$$

$$视在功率：S = 25\text{A} \times 240\text{V} = 6000\text{V·A} = 6.00\text{kV·A}$$

$$功率因数：\text{PF} = \frac{4.12\text{kW}}{6.00\text{kW}} = 0.69$$

$$相位角：\phi = \arccos 0.69 = 46.7°$$

$$无功功率：Q = S\sin\phi = 6.00 \times \sin 46.7° = 4.36\text{kvar}$$

因此，绘出功率三角形为

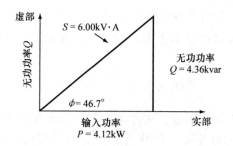

3.3.2 功率因数调整

供电公司非常关心用户吸收了多少无功功率，即用户的功率因数是多少。由上述例子得知，无功功率会导致供电公司的线损增加，但不会影响用户的耗电量。为了防止大电力用户的功率因数很低，供电公司一般会对低功率因数的用户罚款，或者对无功也收费。

很多电力大用户的主要负荷为电动机，因此负荷主要以感性为主。有关调查表明：功率因数偏低主要是由感应电动机负荷引起的，能占美国全国网损的 1/5，大约占全美国发电总量的 1.5%，合 20 多亿美元/年。另一个关心功率因数的原因是因为其涉及变压器的发热问题；变压器（两边都配装测量表计）容量以 kV·A 为单位而不是 W，主要是因为流过变压器的电流会导致发热，进而会诱发变压器故障。提高功率因数，变压器可以向负荷提供更多的有功功率。当负荷增加到变压器必须过热运行时，很可能会导致变压器被烧毁。所以提高功率因数，可以避免增加额外的变压器容量。

问题是功率因数如何才能提高到接近理想的 1.0 呢？最典型的方法就是如果负荷主要为感性时，那么在负荷侧增加电容来抵消电感，如图 3.13 所示。其原理为：由电容器给电感提供电流，而不是从变压器汲取电流，同样电容器也将从电感得到电流。也就意味着，两个无功元件：电感和电容谐振运行，彼此之间交换电流。

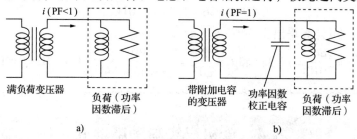

图 3.13 通过并联电容来调整感性负荷的功率因数

用来提高功率因数的电容容量以 var 为单位，并且按照系统额定电压值来计算电容容量值。当以此为单位时，标定修正功率因数的电容器就很直观，一般以 kvar

为单位来补偿功率三角形的部分或全部无功分量。

电容的无功功率可以通过以下关系式表示。无功功率 Q_C、容抗 X_C 和电容 C 之间的关系为

$$Q_C = \frac{V^2}{X_C} = \frac{V^2}{1/\omega C} = \omega C V^2 \tag{3.57}$$

请注意，电容的无功功率 Q_C 额定值取决于电压的平方。例如，一个在 120V 时额定功率为 100var 的电容接上 240V 电压时，其无功功率容量为 400var。也就是说，如果电容两端的电压未知，则单纯的谈论无功功率额定值 Q_C 是没有意义的。

[例 3.8] 通过增加容抗提高功率因数。

例 3.7 中 240V、60Hz 电动机的功率因数为滞后 0.69，电动机在这种情况下运行对电动机本身而言并不好。请问需要多大的电容才能将功率因数提高到 0.95？请以 var、Ω 和 F 为单位来表示计算结果。

解： 由题可知，绘制功率因数调整前后两种情况下的功率三角形如下：

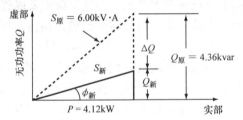

相位角从原来的 46.7° 变为

$$\cos\phi_{新} = \frac{P}{S} = PF = 0.95 \qquad \phi_{新} = \arccos 0.95 = 18.19°$$

保持原来有功功率 $P = 4.12\text{kW}$ 不变，则无功功率 Q 需要变为

$$Q = P\tan\phi_{新} = 4.12\tan 18.19° = 1.35\text{kvar}$$

因此，需要增加的无功功率 ΔQ 为

$$\Delta Q = 4.36 - 1.35 = 3.01\text{kvar}$$

由式（3.57）可计算得出

$$X_C = \frac{V^2}{Q} = \frac{240^2}{3010} = 19.1\Omega \quad 和 \quad C = \frac{Q}{\omega V^2} = \frac{3010}{2\pi \times 60 \times 240^2} = 0.000139\text{F} = 139\mu\text{F}$$

3.4　单相三线制居民供电

在美国，家庭中墙上插座提供的是单相、60Hz、额定电压为 120V（实际电压一般在 110～125 伏）的交流电。该电压对于一般的小功率用电而言足够了，诸如照明、电子设备供电、烤面包机及电冰箱供电等。而对于那些大功率电器，诸如电

烘干机或电热器等，会单独提供 240V 的电源插座。大功率设备运行时采用 240V 电压供电比采用 120V 电压时，流过的电流值会减半，因此会使得电线的发热量降低为原来的 1/4；在家庭布置线路时，120V 和 240V 电压均可采用相同型号的 12 号电线。但是怎样才能得到 240V 的供电电压呢？

在家庭附近的某个地方，一般在电线杆上或者在就地安装的配电箱中，会有降压变压器把配电系统的供电电压从 4.16kV（有的会是 34.5kV）降到家庭使用的 120V 或 240V。图 3.14 所示为简单的单相三线制电压转换系统，包括变压器、电度表以及开关接线盒等设备。

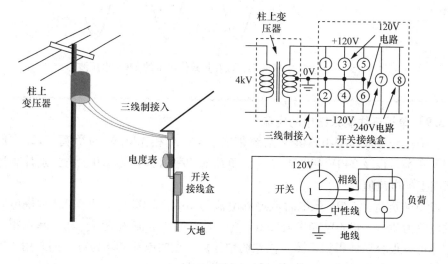

图 3.14　单相三线制配电降压示意图，其中包括在开关接线盒中产生
120V 和 240V 家庭用电的接线电路图

如图 3.14 所示，变压器低压侧的中间抽头接入了大地，这也就是所谓的地线，往往采用白色导线标示，而低压侧绕组上下抽头的等效电压分别为 +120V 和 -120V，则电路中两个带电抽头（一般采用红色导线和黑色导线标示）之间的电压差就为 240V。采用这种接线方式的优点是安全性好，家庭配线系统中任何一点对地电压均不超过 120V。

±120V 接线也就是两个接线之间相角差 180°。实际上可认为这是一个两相系统，但一般都不这样讲。

很多方法可以用来分析电路中两个抽头之间的 240V 电压。其中一个方法是使用数学推导，可能会稍微复杂一点：

$$v_1 = 120\sqrt{2}\cos(2\pi \cdot 60t) = 120\sqrt{2}\cos 377t \qquad (3.58)$$

$$v_2 = 120\sqrt{2}\cos(377t + \pi) = -120\sqrt{2}\cos 377t \qquad (3.59)$$

$$v_1 - v_2 = 240\sqrt{2}\cos 377t \qquad (3.60)$$

另一种方法是绘出实际波形图来计算分析，如图 3.15 所示。

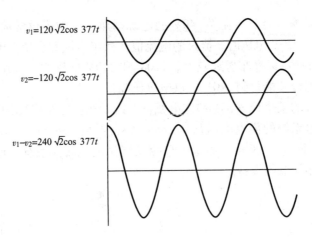

图 3.15　±120V 电压波形，以及其差值产生的 240V 电压波形

[例 3.9]　单相三线制系统中的电流。

　　一个三线制 120/240V 供电系统带有 120V A 相 1200W 的负荷、120V B 相 2400W 负荷，以及 240V 4800W 负荷。负荷的功率因数均为 1.0。请分别计算这三条线路上的电流值。

解：1200W 负荷在 120V 供电时流过的电流为 10A；2400W 负荷在 120V 供电时流过的电流为 20A；4800W 负荷在 240V 供电时流过的电流为 20A。基于基尔霍夫电流定律可以很容易地得到下图。注意图中任意一点的电流和均为零；同时由于电压电流同相位，电流数值为有效值，可以直接加减。

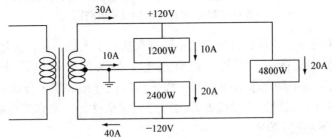

　　当然，用电也是具有一定危险性的。浴室和厨房的危险性特别高，因为这两个地方更容易接触到水，潮湿的环境下用电的危险性更大。所以在这些房间中，建筑规范要求使用带有接地故障断路器（GFI）的墙壁插座（如图 3.16 所示）。在正常的 GFI 安装中，所有电流均会从相线流经用电设备，然后通过中性线返回，而不是通过地线返回。相同大小的相线和中性线电流流过环形线圈时，它们产生的磁场会相互抵消。但是，如果相线与电器外壳之间存在着电流泄漏或短路故障时，则中性线电流将会降低或为零，此时相线和中性线之间的磁场将不能再彼此抵消，从而会产生磁通突变，可以由比较器检测电路检测出，并瞬时向断路器发送动作信号断开

电路。

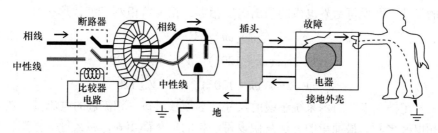

图 3.16　采用接地故障断路器（GFI）检测并跳闸来防止触电故障危险，其动作原理
是通过检测相线和中性线之间的不平衡电流值来启动断路器跳闸

3.5　三相供电系统

商业用电大多是用三相同步发电机发出的电，并且大多沿着三相输电线路输送。采用三相供电系统有很多优点。首先，三相发电机的单位功效更高，并且比单相发电机运行更平稳，振动更小。另一个优点是电动机和发电机定子中的三相电流产生旋转磁场，使得电机可以以正确的方向、正确的转速旋转。最后，三相输电和配电系统有效地配合使用，可以降低线路上的损耗。

3.5.1　对称性Y联结供电系统

为了便于理解三相输电的优点，首先对比图 3.17a 所示的三个独立单相系统与图 3.17b 所示的三相系统。两个系统的三台发电机相同，因此两个系统的传输功率也相等。但是图 3.17b 所示系统中三台发电机共用一条线路将电流传回发电机，即共用中线。因此只需要四根线就可以传输等量功率；而图 3.17a 中三个独立的系统需要六根线。因此，三相输电在输电线路的建设成本上就能节省很多。

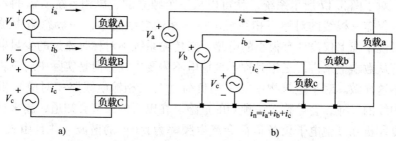

图 3.17　把电路中的三根电流回线合并，从而使用四根线就可输送原来六根线的
输送功率，但会导致合并后电流回线上的电流比相电流大

如果只采用一条中线来传回图 3.17a 中所示三台发电机的输出电流，那么带来的问题是需要合理地计算中线的承载能力，使其能够承受三个电流之和。因此，这

种做法在采用电缆输电时可能并不节省资金，关键是在选择发电机时如何降低中线电缆的尺寸。假设每台发电机的输出电压相等，相位角相差120°，那么有

$$v_a = V\sqrt{2}\cos(\omega t) \quad \boldsymbol{V}_a = V\angle 0° \tag{3.61}$$

$$v_b = V\sqrt{2}\cos(\omega t - 120°) \quad \boldsymbol{V}_b = V\angle -120° \tag{3.62}$$

$$v_c = V\sqrt{2}\cos(\omega t + 120°) \quad \boldsymbol{V}_c = V\angle 120° \tag{3.63}$$

要标定图3.17b所示系统中线的尺寸，必须核对每一相流过的电流值，然后计算三相电流之和。最简单的方法是假设每一相的负荷都相等，那么每一相流过的电流也相等，但是相位不同。此时称为对称系统。在对称系统中，三相电流可表示为

$$i_a = I\sqrt{2}\cos(\omega t) \quad \boldsymbol{I}_a = I\angle 0° \tag{3.64}$$

$$i_b = I\sqrt{2}\cos(\omega t - 120°) \quad \boldsymbol{I}_b = I\angle -120° \tag{3.65}$$

$$i_c = I\sqrt{2}\cos(\omega t + 120°) \quad \boldsymbol{I}_c = I\angle 120° \tag{3.66}$$

因此，中线电流为

$$i_n = i_a + i_b + i_c = I\sqrt{2}\left[\cos(\omega t) + \cos(\omega t + 120°) + \cos(\omega t - 120°)\right] \tag{3.67}$$

式（3.67）看起来复杂，但通过三角恒等变换化简后，会发生明显变化。由于：

$$\cos(A) \cdot \cos(B) = \frac{1}{2}\left[\cos(A + B) + \cos(A - B)\right] \tag{3.68}$$

因此

$$\cos(\omega t) \cdot \cos(120°) = \frac{1}{2}\left[\cos(\omega t + 120°) + \cos(\omega t - 120°)\right] \tag{3.69}$$

将式（3.69）代入式（3.67），可得

$$i_n = I\sqrt{2}\left[\cos(\omega t) + 2\cos(\omega t) \cdot \cos(120°)\right] \tag{3.70}$$

由于$\cos(120°) = -1/2$，因此

$$i_n = I\sqrt{2}\left[\cos(\omega t) + 2\cos(\omega t) \cdot (-1/2)\right] = 0 \tag{3.71}$$

从而对于三相对称系统，中线上并没有电流流过；实际上三相对称系统并不需要中线。对于图3.17所示系统，就可以从三个独立的、单相系统所需的六根线简化成一个仅需三根线的对称三相系统。在三相输电线路中，一般忽略中线的电感值，或者说中线上仅设计有很小的电感，来传输系统不对称时流过的少量电流。

尽管从数学上来讲，三相对称系统输电不需要中线，但是实际中对三相负荷供电一般不这样做。对于建筑物中的三相负荷（与三相输电线路相对应）供电，如果减少中线的尺寸，会导致无法预知的危险。在以后的章节会知道，越来越多的计算机、复印机和其他电子设备负荷会产生频率为60Hz的谐波，并且由式（3.71）可知，这些谐波不会抵消基频。其结果是建筑物中尺寸过小的中线可能会流过比预期承载量更大的电流，从而使得中线因过热而损毁，可能导致危险。而且，谐波也会对建筑物中的变压器造成严重破坏。

在图3.18中以更常用的方式重新绘制了图3.17b。如图3.18所示，系统接线

为三相四线制Y联结。在后面将会简述另一种接线方式——△联结系统。

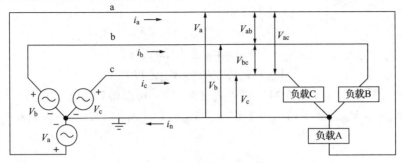

图 3.18   三相四线制Y联结电路示意图

[例 3.10] 三相不平衡系统。

小型农村电网一般是不平衡的三相星形配电网。三相电流值如下:

$$I_a = 100 \angle 0° \text{A} \quad I_b = 80 \angle -120° \text{A} \quad I_c = 40 \angle 120° \text{A}$$

试计算中线电流值。

解:由相量运算可知

$I_a = 100$

$I_b = 80[\cos(-120°) + j\sin(-120°)] = -40 - j69.28$

$I_c = 40[\cos(120°) + j\sin(120°)] = -20 + j34.64$

所以有 $I_n = I_a + I_b + I_c = 100 - 40 - 20 - j(-69.28 + 34.64) = 40 - j34.64$

$$I_n = \sqrt{40^2 + (-34.64)^2} \angle \arctan\left(-\frac{34.64}{40}\right) = 52.9 \angle -40.9° \text{A}$$

绘出相量图如下:

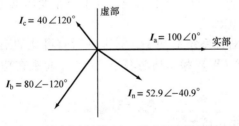

图 3.18 也给出了三相四线制Y联结(又称星形联结)系统中不同电压的定义方式。单相导线对中线的测量电压(V_a、V_b、V_c)称为相电压。不同相别导线之间的测量电压,比如 a、b 相间电压标记为 V_{ab},被称为线电压(V_{ab}、V_{bc}、V_{ca})。对输电线路或变压器电压标定时,习惯上采用线电压。

来看一下相电压和线电压之间的关系。为了规范、清楚地标记电压,采用角标来准确表示相电压和线电压,例如 V_{an} 表示"a"相导线相对于中线"n"的电压;而"a"相导线和"b"相导线之间的线电压为

$$V_{ab} = V_{an} + V_{nb} = -V_{na} + V_{nb} \tag{3.72}$$

对于对称性系统，不同相别的相电压的幅值相同，标记为相电压 $V_相$。因此，可以写出

$$V_{na} = V_相 \angle 0° \tag{3.73}$$

$$V_{nb} = V_相 \angle -120° \tag{3.74}$$

$$V_{nc} = V_相 \angle 240° = V_相 \angle 120° \tag{3.75}$$

将式（3.73）和式（3.74）代入式（3.72），可以得到线电压 V_{ab} 为

$$V_{ab} = -V_相 \angle 0° + V_相 \angle -120° = -V_相 + V_相 [\cos(-120°) - j\sin120°] \tag{3.76}$$

$$V_{ab} = V_相 \left(-\frac{3}{2} - j\frac{\sqrt{3}}{2} \right) = \sqrt{3}V_相 \angle -150° \tag{3.77}$$

绘出上述相量图，如图 3.19 所示。

$$V_线 = \sqrt{3}V_相 \tag{3.78}$$

在三相相量计算中，因数 $\sqrt{3}$ 会经常出现（这与单相系统相量计算中 $\sqrt{2}$ 经常出现一样）。

为了说明式（3.78），以建筑物中的三相四线制供电设备常采用 208V 线电压为例。如果以中线电压作为参考电压，则相电压为

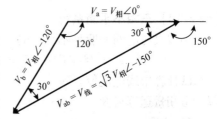

图 3.19　相量图中 $V_线 = \sqrt{3}V_相$

$$V_相 = \frac{V_线}{\sqrt{3}} = \frac{208V}{\sqrt{3}} = 120V \tag{3.79}$$

对于大容量需求场合，比如大型电动机，一般采用 480V 线电压供电，对应的相电压为 $V_相 = 480/\sqrt{3} = 277V$。大商场中通常采用 277V 电压为荧光照明系统供电。图 3.20 所示为一个 480V/277V 供电系统，其中单相变压器将 480V 线电压降压为 120V/240V 为负荷供电。

为了计算某三相对称系统的功率，需考虑所有可能的三种功率：视在功率 S（V·A），有功功率 P（W）和无功功率 Q（var）。总视在功率等于单相视在功率的 3 倍：

$$S_{3\phi} = 3V_相 I_相 \tag{3.80}$$

类似地，可求出无功功率：

$$Q_{3\phi} = \sqrt{3}V_相 I_相 \sin\phi \tag{3.81}$$

其中，ϕ 为相电流、相电压之间的夹角；由于三相系统负荷对称，可认为三相的 ϕ 都相等。因此三相对称系统的有功功率为

$$P_{3\phi} = \sqrt{3}V_相 I_相 \cos\phi \tag{3.82}$$

由式（3.78）可知，由于相电流和线电流相等，因此也可以用线电压和电流来表示 S、Q 和 P：

$$S = \sqrt{3}V_线 I_线 \quad Q = \sqrt{3}V_线 I_线 \sin\phi \quad P_{3\phi} = \sqrt{3}V_线 I_线 \cos\phi \tag{3.83}$$

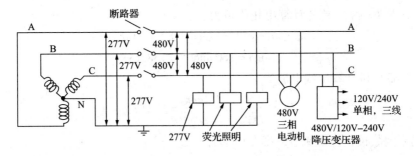

图 3.20　图示某三相 480V 大型建筑物电路接线；分别为 480V、277V、240V 和 120V 的
用电设备供电，其中系统中的电压源采用为建筑物供电的三相变压器二次绕组表示

式（3.82）和式（3.83）给出了有功功率的平均值，可见实际上输出的有功
功率是不随时间变化的常数。图 3.21 也展示了三相功率叠加后为一常数。三相输
出功率为常量是三相供电系统的重要优点，可以保证三相发电机、电动机的运行更
平稳。而对于单相系统来说，由于瞬时功率保持正弦变化，因此电动机的运行性能
会较差。

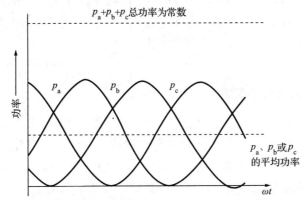

图 3.21　三相对称丫联结或△联结负荷功率之和为常数（不随时间变化）

[例 3.11]　**校正三相系统的功率因数。**

假设商店有一台三相星形联结的 480V 变压器，为功率因数为 0.5 的电动机提
供 80kW 有功功率（见图 3.20）。

a. 试计算该电动机所需的总视在功率 S，无功功率 Q 和线电流。

b. 如果功率因数提高到 0.9，则变压器能释放多少无功功率？

解：

a. 在功率因数校正前，当有功功率 $P = 80kW$ 时，视在功率 S 为

$$S = \frac{P}{\cos\phi} = \frac{P}{PF} = \frac{80}{0.5} = 160 kV \cdot A$$

为了计算无功功率，首先计算出相位角为

$$\phi = \arccos PF = \arccos(0.5) = 60°$$

$$Q = S\sin\phi = 160\sin60° = 138.6\text{var}$$

由式（3.83）可计算出线电流为

$$I_{线} = \frac{S}{\sqrt{3}V_{线}} = \frac{160000}{480\sqrt{3}} = 192.5\text{A}$$

b. 将功率因数校正到0.9后，视在功率为

$$S = \frac{P}{PF} = \frac{80}{0.9} = 88.9\text{kV} \cdot \text{A}$$

则视在功率变化量为

$$\Delta S = 160 - 88.9 = 71.1\text{kV} \cdot \text{A}$$

校正功率因数不仅能降低网损（如例3.11所示），而且可以降低变压器容量，减少建设成本。变压器绕组中流过电流会导致其发热，将决定其容量大小。变压器容量由电压值和千伏安容量值来标定，而不是由其提供给负荷的有功功率千瓦来决定。在例3.11中，容量从160kV·A降低到了88.9kV·A，降低了44%。从而实现了工厂未来负荷增长时，无需换装大容量的变压器，或者如果要替换现有的变压器，直接购买较小容量的变压器即可满足需求。

3.5.2　△联结三相供电系统

到目前为止，分析三相系统均采用了Y联结方式，实际系统中还有另外一种连接三相发电机、变压器、输电线路和负荷的接线方式——△联结，其只使用三条线，虽然三条线中的一条经常接地，但是△联结中并没有接地线或中线。图3.22采用了△联结方式连接三相对称性电源和负荷。表3.1给出了三相系统采用Y联结和△联结时电流、电压之间的换算公式。

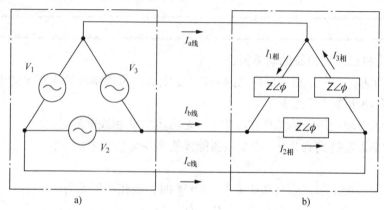

图3.22　三相对称性△联结电源和负荷

a）三相对称性△联结电源　b）三相对称性△联结负荷

表 3.1 Y联结和△联结电流、电压、功率之间的换算公式

参数	Y联结	△联结
电流（有效值）	$I_\text{线} = I_\text{相}$	$I_\text{线} = \sqrt{3}I_\text{相}$
电压（有效值）	$V_\text{线} = \sqrt{3}V_\text{相}$	$V_\text{线} = V_\text{相}$
有功功率/kW	$P_{3\phi} = 3V_\text{相}I_\text{相}\cos\phi = \sqrt{3}V_\text{线}I_\text{线}\cos\phi$	
视在功率/V·A	$S_{3\phi} = 3V_\text{相}I_\text{相} = \sqrt{3}V_\text{线}I_\text{线}$	
无功功率/var	$Q_{3\phi} = 3V_\text{相}I_\text{相}\sin\phi = \sqrt{3}V_\text{线}I_\text{线}\sin\phi$	

注意，Y联结和△联结的 S、P 和 Q 表达式是相同的。

3.6 同步发电机

除了少量使用内燃机、燃料电池或光伏发电方式等产生电力外，电力工业主要是采用流体（蒸汽、燃烧气体、水或空气）推动气轮机叶片，使得气轮机轴旋转，将气轮机的旋转动能转换为电能。实现了发电。

发电机的产生是基于 1831 年法拉第提出的电磁感应定律。法拉第发现，磁场中导体的移动会在导体上感应出电磁力（电动势）或电压。发电机的设计实际上就是对导体部件的排列布局，使得能感应出电磁力的导体与电磁场之间做出相对运动。感应出电流的导体也就是所谓的电枢。大多数大型发电机的电枢绕组采用固定安装（称为定子）方式，其相对运动是由旋转电磁场引起的（见图 3.23a）。

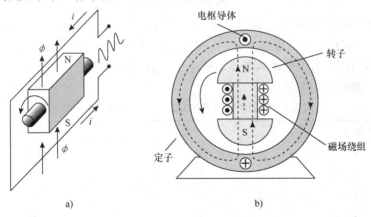

图 3.23 转子磁场可以由永磁铁或流过磁场中绕组的电流产生。绕组 "+" 端表示电流流入页面，以 "●" 表示从页面流出（"+" 也可以表示远离你视线的箭尾羽毛；"●" 表示射向你的箭头）

如图 3.23a 所示，发电机转子中的磁场可以使用永磁铁来产生，但是大多数发电机采用转子绕组产生磁场，外部电源提供直流电流，通过电刷和滑环接触注入到

安装在转子上的绕组中（见图 3.23b）。如图 3.24a 所示，绕组可嵌入圆柱体转子表面的凹槽中，也可以缠绕在转子凸极上，如图 3.24b 所示。凸极转子制造成本较低，常用于慢转速的水力发电机中，大多数火电厂采用的是凹极转子，这种结构更适用于高转速的情况。

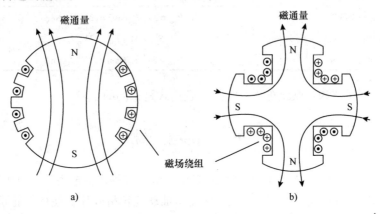

图 3.24　a）两极圆柱体凹极转子　b）四极凸极转子

凹极和凸极转子都可以缠绕出多个磁极。多极结构可以使得输出同等功率的情况下，发电机的转速更慢。一般来说，极数 p 和输出频率 f 与转子转速 N 之间的函数关系由下式给出：

$$N = \frac{1}{p/2} \times f \times 60 = \frac{120f}{p} \tag{3.84}$$

美国使用的电源频率为 60Hz，但欧洲和日本的部分地区使用的是 50Hz。表 3.2 为同步发电机分别运行在 50Hz 和 60Hz 下时所需要的转子转速。多极永磁发电机由于可以应用在大型低速风力发电机中，并且可以取消需要高维护量的齿轮箱，从而得到行业的密切关注。

表 3.2　极数和输出频率对应的转子转速（r/min）

极数	50Hz	60Hz
2	3000	3600
4	1500	1800
6	1000	1200
8	750	900
10	600	720
12	500	600

3.6.1　旋转磁场

大多数大型常规发电厂都采用三相同步发电机将机械能转化为电能。要理解其工作原理，必须搞清楚两个场之间的相互作用关系——一个是由电枢绕组中电流产生的，另一个是由转子绕组中电流产生的。图 3.25 所示为凸极转子及其磁轴和电枢绕组及其磁轴。请注意，电枢 A 和 A′ 是同一个绕组线圈——也就是说它们在发电机后部连接在一起。当电枢电流处于交流信号周期的正半部分时，它在 A 处方向标示为 "●"，在 A′ 处方向标示为 "+"，表示电流在 A′ 处正远离你，

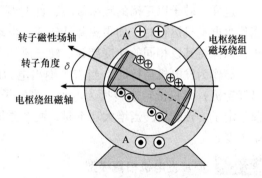

图 3.25 转子励磁绕组产生的磁场与单相电枢绕组电流产生的磁场之间的相互作用

而在 A 处正指向你。而在交流信号周期的负半部分时，A′ 和 A 处的电流方向将分别为 "●" 和 "+"。

如果发电机没有负荷——也就是说，不输出任何功率，则转子和电枢磁场将排成一列，一个在另一个的上面。然而，一般来说，两个磁场之间会存在一个角度 δ。

并网运行的发电机转子转速与电网上其他所有发电机的转速完全相同。为了实现并网同步，则需要保证电枢有三组绕组而且从电网中汲取三相功率。如图 3.26 所示，发电机内部旋转磁场将切割定子绕组而产生电流。转子磁场将保持对旋转的电枢磁场相对静止，保证转子准确地以所需的转速旋转。

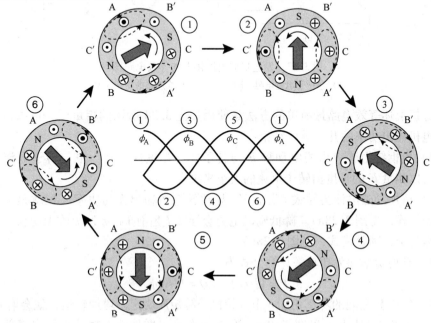

图 3.26 三相电枢电流产生的旋转磁场

　　这样，转子以正确的频率旋转，此时既可以用作电动机，也可以用作发电机。当作为电动机运行时，如果想降低转速，电动机会将电能转换为旋转轴上的额外扭矩，以保持其以相同的速度旋转。转子磁场稍滞后定子旋转磁场。

　　当作为发电机运行时，当需要输出电力时，它可以将任何驱动发电机（通常是气轮机）的机械转矩转换为电力。当转子以相同的速度旋转时，转子磁场稍超前于定子旋转磁场。当增大功率时，两个磁场之间的角度称为转子转角或增加的功率角度 δ。

3.6.2　同步发电机相量模型

　　当发电机轴旋转时，转子磁场在切割三个电枢绕组时都会产生感应电动势 E。同时，电网将电压 V 施加到相同的三个电枢绕组上。所以 E 和 V 都具有相同的频率 60Hz，但是它们的相位不同，其中 E 超前转子电压 V 角度 δ。发电机的简化等效电路由电源 E 和感抗 X_L、电枢电阻 R 组成，其往电网中注入电流 I（如图 3.27a 所示）。如图 3.27b 对等效模型进行了两部分的简化：一个是由于电枢中的感抗远大于电阻，因此忽略 R；另一个电网采用"无穷大母线"来表示电网，其具有恒压 V 和零相位角。

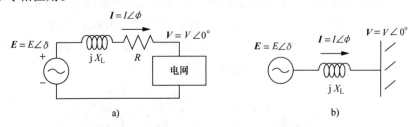

图 3.27　发电机向电网供电的等效电路图

a）包括了电枢电阻　b）与无穷大母线连接的简化模型

　　分析上述等效电路最简单的方法是使用如图 3.28 所示的相量图，可以得出同步发电机输出功率的几个重要结论：

　　1）电枢绕组感应出的电动势 E 与转子磁场强度成正比，也与转子电流成正比。所以相量 E 的长度由转子电流的大小来决定。

　　2）增加励磁电流会导致 I 滞后 V，导致发电机输出无功功率（也就是运行于过励磁模式，见图 3.28a）。降低励磁电流会导致 I 超前 V，导致吸收无功功率（也就是运行于欠励磁模式，见图 3.28b）。

　　3）有功功率和无功功率计算公式为

$$P = VI\cos\phi \text{ 和 } Q = VI\sin\phi \tag{3.85}$$

　　4）E 和 V 之间的功率角度 δ 由气轮机的转矩所决定。增加转矩，就会增大 δ。

　　在过励磁模式下（见图 3.28a）有功功率输出增加而无功功率输出降低。在欠励磁模式下增加 δ 会使得有功功率输出降低而无功功率输出增加（见图 3.28b）。

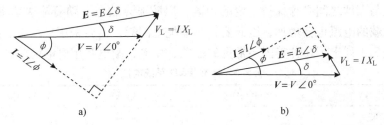

图 3.28　并网三相同步发电机的相量图（其中 ϕ 是功率因数角, δ 是转子转角）

a) 过励磁模式 I 滞后 V, 导出 Q　b) 欠励磁模式 I 超前 V, 导入 Q

同步发电机的优点是可以控制有功功率 P 和无功功率 Q 的值。通过改变传递到发电机轴的转矩可以改变有功功率 P。通过改变转子的励磁电流值, 也可以调整输出的无功功率值。当然, 有功功率和无功功率的调整范围是有限的。例如, 输出的无功功率值会受到转子能承受的最大电流值的限制; 而输送的有功功率值将受到发电机轴的转矩以及电枢的电流容量限制。

[**例 3.12**] **发电机输出有功功率和无功功率。**

由例 3.6 可知某过励磁发电机向阻抗型负荷输送功率的相量图如下:

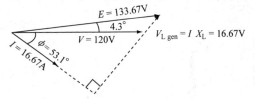

试计算输出到此负荷的有功功率值和无功功率以及功率因数。

解: 由式（3.85）可知, 有

$$P = VI\cos\phi = 120 \times 16.67\cos53.1° = 1200\text{W}$$

$$Q = VI\sin\phi = 120 \times 16.67\sin53.1° = 1600\text{var}$$

因此, 功率因数为

$$PF = \cos\phi = \cos53.1° = 0.6 \text{（这个值非常小）}$$

3.7　输电和配电

如第 1 章所述, 传统的输电、配电首先采用高压线路实现大容量远距离电力输送, 然后再由复杂的配电线路连接用户实现供电。目前这种供电方式正伴随着越来越多的分布式电源并网而发生改变, 本章将介绍这种变化过程。

3.7.1　输配电网损

采用何种输配电模式很大程度上取决于电力输送的电压等级。高压线路或电缆

之间以及与大地之间必须保持一定的距离，以防弧光放电。随着输送功率的提高，线路上承载的电流也会增加，因此要控制输配电网耗，需要采用尺寸大、阻值小的导体。表3.3列出了几种美国最常见的输电、变电、配电及用电电压等级。

表3.3 标准 T&D 系统电压

输电/kV	变电/kV	配电/kV	用电/V
765	138	24.94	600
500	115	22.86	480
345	69	13.8	240
230	46	13.2	208
161	34.5	12.47	120
		8.32	
		4.16	

图3.29所示为典型的不同电压等级输电杆塔示意图。其中，500kV 杆塔有三个悬垂用于悬接三相输电线路，还有第四根线用作地线。该地线既用作三相不平衡时的回流路线，也可以提供一定程度上的雷电防护。

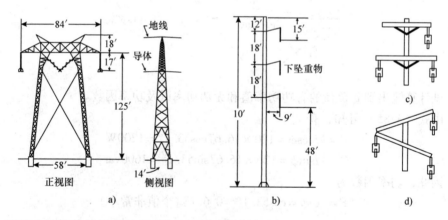

图3.29 输电杆塔示例
a) 500kV b) 230kV 钢柱 c) 69kV 木塔 d) 46kV 木塔

输电线路通常采用铝或铜等导体，同时一般采用多股铝或铜线缠绕在钢芯上以增加线路强度（如图3.30所示）。导线中存在电阻，因此会有 i^2R 大小的功率损耗；由于在输电过程中，电流可以达到数百安培，因此电缆电阻值的大小非常关键。表3.4列出了不同型号电缆的阻抗、直径和载流量数值。

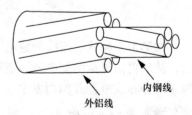

图3.30 钢芯铝导线（ACSR）

表 3.4 导线参数特性

导线材质	直径/in	阻抗/(Ω/mile)	载流量/A
钢芯铝绞线	0.502	0.7603	315
钢芯铝绞线	0.642	0.4113	475
钢芯铝绞线	0.858	0.2302	659
钢芯铝绞线	1.092	0.1436	889
钢芯铝绞线	1.382	0.0913	1187
铜	0.629	0.2402	590
铜	0.813	0.1455	810
铜	1.152	0.0762	1240
铝	0.666	0.3326	513
铝	0.918	0.1874	765
铝	1.124	0.1193	982

来源为 Bosela 的数据（1997）。

[例 3.13] 高压输电线路损耗。

一直径为 0.502in，长 40mile 的钢芯铝绞线电缆，用于 230kV 三相（线电压）输电系统，为三相 Y 联结 100MW 负荷供电，功率因数为 0.90。试计算输电线路的网损及效率是多少？如果功率因数调整到 1.0，会节省多少网损？

解：由表 3.4 可知，电缆阻抗为 0.7603Ω/mile，则 40mile 长的总阻抗值为

$$R = 40 \times 0.7603 = 30.41\Omega$$

线路相电压由式（3.78）可计算得出

$$V_{相} = \frac{V_{线}}{\sqrt{3}} = \frac{230\text{kV}}{\sqrt{3}} = 132.79\text{kV}$$

100MW 负荷的有功功率是单相有功功率的 3 倍。根据式（3.82）有

$$P = 3 V_{相} I_{相} \times 0.9 = 100 \times 10^6 \text{W}$$

因此，相电流（与线电流相同）可计算出

$$I_{相} = \frac{100 \times 10^6}{3 \times 132790 \times 0.9} = 278.9\text{A}$$

由表 3.4 可知，相电流小于电缆的额定载流量 315A（在 25℃ 下）。因此，三相线路的总线损为

$$P = 3I^2R = 3 \times (278.9)^2 \times 30.41 = 7.097 \times 10^6 \text{W} = 7.097\text{MW}$$

输电线路的总效率为

$$\eta = \frac{100}{100 + 7.097} = 0.9337 = 93.37\%$$

也就是说，输电线路线损为 6.63%。计算结果如下图所示。

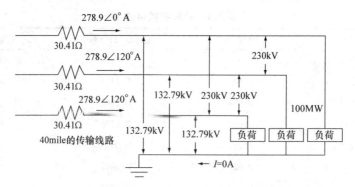

由式（3.82）可知，如果功率因数调整到 1.0，则线路损耗将减少到：

$$P_{损} = 3(I_{线})^2 R_{线} = 3 \times \left(\frac{100 \times 10^6}{3 \times 132790 \times 1} \right)^2 \times 30.41 = 5.75MW$$

也就是说，线损减少了 19%。

线损会导致线路发热温升。铜或铝线温度每升高 10℃，其电阻值约增加 4%，从而使得 I^2R 线路损耗更高。在夏季用电高峰时，大功率空调的使用会导致电线膨胀下垂，从而会增加弧光接地或短路的概率。这也就是夏季最炎热的时候，当电网运行在接近额定功率时，停电事故多发的主要原因。

3.7.2　输配电系统中的无功功率 Q

根据第 1 章所述，发电机输入电网的瞬时功率 P 与负荷所需的瞬时功率（包括输电和配电的功率损耗）之间保持着平衡。即使供需之间的微小差异也会影响到系统频率的大小，为了保持电网稳定，系统频率必须保持在额定的范围内。到此，本书还没有分析影响无功功率 Q 的因素。但是对于电网稳定性，有功功率 P 和无功功率 Q 都必须保持平衡。

图 3.31 所示为电力系统中无功功率 Q 的产生和传输示意图。无功功率也来自于同步发电机。前述已经分析过，同步发电机的一个优点是可以调节无功功率 Q 的大小。通过调整其输出电流的相位，发电机可以发出或消耗无功功率 Q，具体应用取决于电网对瞬时无功功率的需求。

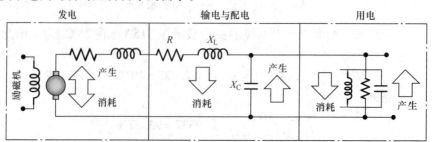

图 3.31　电力系统中无功功率 Q 的产生和消耗示意图

　　如图 3.31 所示，负荷也可以产生或消耗无功功率。但是，用户负荷大部分是感性的电动机负荷，因此用户负荷一般是消耗无功功率。也就是说，用户的电流相位一般滞后于电压相位。

　　发电厂和用户负荷之间通过输电和配电线路连接。输配电线路中存在着固有的电阻、电容和电感，因此会产生与消耗无功功率。

　　线路电阻根据 I^2R 的函数关系损耗有功功率 P，线路电感和电容则影响无功功率 Q。线路电感值 X_L 是导体间距和线路长度的函数。X_L 随着线路长度的增加而增大，由此导致的电压下降是远距离输电必须考虑的问题。如果线路长度确定，感抗值就是常量，不会随着所承载的电流值的变化而变化。感抗的存在，会导致其流过的电流相位滞后电压相位，因此电感消耗无功功率 Q。

　　如图 3.31 所示，电容与线路并联。因此，电容值会随着线路长度的增加而增大，但是对应的容抗值（$X_C = 1/\omega C$）却会减小。因此，远距离输电会由于分布电容的分流，而导致送到负荷侧的电流变少，因此线路上的容抗可以等效为负荷。减少的电流称为线路的充电电流：

$$I_C = \frac{V_{相}}{X_C} \tag{3.86}$$

　　电容是导体之间介质的介电常数以及导体之间间距的函数，因此具有高介电常数的同轴电缆的单位长度容抗值会比置于空气中的杆塔对地容抗值小。同轴电缆通常用于地下或海底输电，由于其对充电电流的需求，会大大限制其输电的距离。

　　综合考虑输配电线路上的电容和电感，虽然线路电感会使得电流相位滞后电压相位，但线路电容恰恰相反会使得电流相位超前电压相位。也就是说，电感会消耗无功功率 Q，而电容会产生无功功率 Q。

$$Q_C = \frac{V^2}{X_C} = \omega C V^2 \tag{3.87}$$

$$Q_L = I^2 X_L = \omega L I^2 \tag{3.88}$$

　　如式（3.87）和式（3.88）所示，输配电线路上容性无功功率 Q_C 和感性无功功率 Q_L 之间的平衡受下述因素的影响而有些复杂：容性无功功率 Q_C 的大小取决于电压值（基本恒定），而感性无功功率 Q_L 的大小取决于负荷电流值（变化较大）。在低负荷电流的情况下，输电线路可以产生无功功率 Q，而在用电高峰阶段，输电线路将会消耗无功功率。这意味着同步发电机在用电高峰时需要运行为无功功率源，而在轻载时需要运行为无功负荷源。

3.7.3　有功功率和无功功率对线路压降的影响

　　视在功率 S 分量有功功率 P 和无功功率 Q 不仅需要平衡，而且其大小也会决定线路的沿线电压值。随着视在功率（V·A）沿线路传输到负荷，线路上的电阻分量 R 会随着负荷电流 I 的大小而导致 IR 大小的电压下降，线路上的电感和电容分量对电压分布的影响不像电阻分量这么明显。事实证明，沿线路向负荷输送的无功功率 Q 大小通常比输送的有功功率 P 的大小对线路沿线电压分布影响更大。

注意图 3.31 中感抗与电阻串联。即使电感中没有净功率损耗，但是 IX_L 上的电压降可能会很大，特别是当线路重载时。虽然感抗会导致线路电压下降，但是前述提到的电容充电电流会使得电压升高，尤其是在轻载线路上几乎没有电压下降时，容抗导致的电压升高现象则更明显。

一个简单的问题：当传输有功功率 P 和无功功率 Q 时，采用如图 3.22 所示电感和电阻串联模型来模拟输电线路，则电源和负荷之间的电压变化幅度是多少？

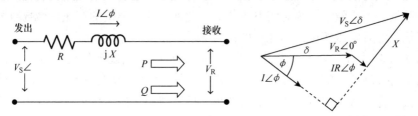

图 3.32　有功功率 P 和无功功率 Q 传输导致的线路电压降

假设负荷是感性的，即消耗无功功率 Q，由此可得出如图 3.32 所示的相量图。为了简化分析，假设可以独立分析电抗分量 X 和电阻分量 R 对电压的影响。只包含电抗分量 X 的相量图如图 3.33 所示。

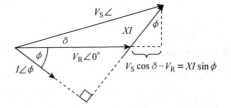

图 3.33　仅由感抗分量引起的电压降

由图 3.33 可以写出

$$V_S\cos\delta - V_R = XI\sin\phi \qquad (3.89)$$

根据负荷消耗的无功功率 Q 的定义，可以写出

$$Q = V_R I\sin\phi \qquad (3.90)$$

因此，根据式（3.89）和式（3.90）有

$$V_S\cos\delta - V_R = \frac{XQ}{V_R} \qquad (3.91)$$

忽略 R 并假设角度 δ 足够小使得满足 $\cos\delta \approx 1$，那么可以得到以下重要公式：

$$\Delta V = V_S - V_R = \frac{XQ}{V_R} \qquad (3.92)$$

由式（3.92）可知，如果忽略线路电阻，则输配电线路中的电压下降与传递给负荷的无功功率 Q 成正比。该结论特别适用于线路电抗 X 值远大于线路电阻 R 值的高压输电线路（见表 3.5）。

如果单纯地讨论线路电阻分量造成的电压降 $V = IR$，则可以得到

$$\Delta V_R = I_R = \frac{(V_R I)R}{V_R} = \frac{PR}{V_R} \qquad (3.93)$$

表 3.5   输电线路参数示例

kV	X/R 比率
500	19.8
230	9.6
138	6.2
46	2.7
13.2	1.5
4.16	1.2

来源为基于 Ferris 和 Infield 文献数据（2008）。

尽管线路电阻分量 R 和电感分量 X 导致的电压下降的相位角不同，但是通常还是直接将式（3.92）和式（3.93）相加来估计输电线路传输有功功率 P 和无功功率 Q 时导致的电压下降的幅值：

$$\Delta V = \frac{PR + QX}{V_R} \tag{3.94}$$

注意，式（3.94）是假设负荷消耗无功功率 Q 而得出的。如果负荷不是消耗而是产生无功功率 Q，那么式（3.94）中无功功率 Q 之前的符号应改为负号。

[例 3.14] 估算输电线路中的电压降。

某小型可再生发电系统以 480V（277V 相电压）将 60kW 三相电力输送到功率因数为 0.9 的负荷上。如果每相线路上都有感抗 $X = 0.3\Omega$、电阻 $R = 0.4\Omega$，请问单相线路上的电压降为多少？

解：单相线路在 277V 时输出有功功率 $P = 20\text{kW}$，由此得出系统的单相电路图：

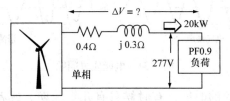

为了计算无功功率 Q，首先计算负荷的相位角为

$$\phi = \text{arccosPF} = \arccos(0.9) = 25.842°$$

所以

$$Q = P\tan\phi = 20000\tan(25.842°) = 9686\text{var}$$

$$\Delta V = \frac{PR + QX}{V_R} = \frac{20000 \times 0.4 + 9686 \times 0.3}{277} = 39.4\text{V}$$

所以电源出口处的相电压应为 $277 + 39.4 \approx 316\text{V}$。

由例 3.14 可见，在为高无功功耗的负荷供电时，电源侧的电压比负荷侧电压高很多才能实现功率的正常输送。如果输电线路沿线上有负荷馈出时，其馈出的功率也会导致输电线路沿线电压幅值的变化。许多位于农村偏远地区的风电场，由于需要流经高阻抗输电线路长距离输电，经常会遇到过电压问题。在这种情况下，过电压问题会导致配电线路并网分布式电源容量的受限。

3.8　电　能　质　量

电流、电压波形的不规则问题始终是电力系统所关注的重要问题，这些问题被称为电能质量问题。图 3.34 所示为典型的电压扰动波形图。当电压幅值低于或高于可接受的水平时，且持续时间达到秒级，则称为电压偏高或电压偏低。对于持续时间小于 1s 的短时电压幅值偏低或偏高，可能是由雷击或汽车撞击电力杆塔等导致的电压波形畸变，这种情况称为电压跌落或骤升。暂态电压扰动或脉冲持续时间在微秒到毫秒级，这往往是由雷击原因造成的，但也可能是由系统中其他地方的投切操作等因素造成的。输电线路故障会导致熔断器熔断或断路器跳开，使得供电中断或停电。

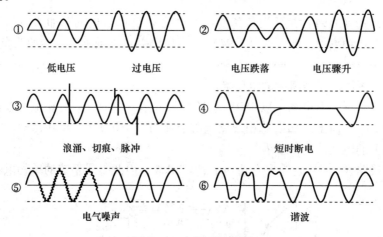

图 3.34　电能质量问题

供电中断即使很短的时间，有时候只有几个周期，或者电压幅值跌落 30%，也会导致工厂的流水线停止工作，主要原因是由于可编程逻辑控制器和可调速驱动设备的复位，导致了电动机误动作而引起的。流水线重启会导致生产的延误以及废品的产生，一次事故可能导致几十万美元的损失。对于数字服务公司而言，造成的损失可能更大。

图 3.34 所示的大部分电能质量问题是由系统侧扰动引起的，但是其中两例是由用户负荷引起的。如图 3.34 中的⑤所示，电路接地不良将导致正弦信号上叠加波动的噪声信号。图 3.34 中的⑥所示为标准正弦波的连续畸变现象。合理地解决电能质量问题需要从系统侧和用户侧同时入手。系统侧可以采用滤波器、大容量避雷器、故障限流器、动态电压补偿器等技术。用户可以购买安装不间断电源

（UPS）、稳压器、浪涌抑制器、滤波器以及其他应用到线路上的电能质量治理设备。在制作设计电气设备时应考虑具备更强的抵御不规则供电的能力，同时其本身也必须为低电力污染源。

3.8.1　谐波简介

负荷一般由基本电阻、电感、电容元件来建模表示，当由正弦电压源、电流源供电时，负荷上的电压电流将与电路中的电压电流同频率。然而，如前所说，非线性电子元器件，例如仅允许电流在一个方向上流动的二极管和用作开关的晶体管会产生称为谐波的严重波形失真。这种大量突发性电流汲取导致的谐波畸变，在供电效率要求较高的场合尤为严重；主要是因为目前提高供电效率的措施，包括照明系统的镇流器、电动机的调速系统等都是谐波畸变的主要污染源。矛盾的是，任何电子设备既是主要的谐波污染源，同时也是对谐波污染供电最敏感的元件。

为了便于理解谐波畸变及其影响，首先分析一下复杂的周期函数特性。任何周期函数都可以表示成一个由频率为基波频率倍数的无穷正弦和余弦叠加而成的傅里叶级数。频率为基波频率倍数的信号称为谐波，比如基波 60Hz 的 3 次谐波的频率为 180Hz。

周期函数定义为：$f(t) = f(t+T)$，其中 T 为周期。任一周期函数的傅里叶级数或谐波分析，均可表示为

$$f(t) = \left(\frac{a_0}{2}\right) + a_1\cos\omega t + a_2\cos2\omega t + a_3\cos3\omega t + \cdots +$$
$$b_1\sin\omega t + b_2\sin2\omega t + b_3\sin3\omega t + \cdots \tag{3.95}$$

其中，$\omega = 2\pi f = 2\pi/T$，系数定义为

$$a_n = \frac{2}{T}\int_0^T f(t)\cos n\omega t dt, n = 0,1,2\cdots \tag{3.96}$$

$$b_n = \frac{2}{T}\int_0^T f(t)\sin n\omega t dt, n = 0,1,2\cdots \tag{3.97}$$

在特定条件下可以简化式（3.95）。

比如当波形中没有直流分量时，公式的第一项 a_0 变为

$$a_0 = 0：当平均值也就是直流分量等于 0 时 \tag{3.98}$$

对于 Y 轴对称的函数，其级数展开式中只包含余弦分量，即

$$只有余弦：当 f(t) = f(-t) 时 \tag{3.99}$$

当级数中只包含正弦分量时，函数肯定满足

$$只有正弦：当 f(t) = -f(-t) 时 \tag{3.100}$$

当函数被称为半周波对称时，它肯定不包含偶次谐波，即

$$无偶次谐波：当 f\left(t+\frac{T}{2}\right) = -f(t) 时 \tag{3.101}$$

图 3.35 所示为上述特征函数的示意图。

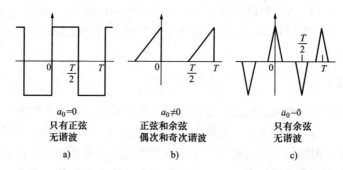

图 3.35　周期函数举例，并标示出了对应的傅里叶级数特性

[例 3.15]　方波的谐波分析。

试计算图 3.35a 中所示方波的傅里叶级数表达式，假设其幅值为 1V。

解：基于式（3.91）~式（3.98），根据观察可知级数将只有正弦分量，没有偶次谐波。因此，只需根据式（3.97）计算系数 b_n：

$$b_n = \frac{2}{T}\int_0^T f(t)\sin n\omega t \, \mathrm{d}t = \frac{2}{T}\Big[\int_0^{T/2} 1 \cdot \sin n\omega t \, \mathrm{d}t + \int_{T/2}^T (-1) \cdot \sin n\omega t \, \mathrm{d}t\Big]$$

由于正弦函数的积分等于符号相反的余弦函数，因此有

$$b_n = \frac{2}{T}\Big[\frac{-1}{n\omega}\cos n\omega t\,\big|_{t=0}^{t=T/2} + \frac{1}{n\omega}\cos n\omega t\,\big|_{t=T/2}^{t=T}\Big]$$

$$= \frac{2}{n\omega T}\Big\{(-1)\Big[\cos n\omega \frac{T}{2} - \cos n\omega \cdot 0\Big] + \cos n\omega T - \cos n\omega \frac{T}{2}\Big\}$$

将 $\omega = 2\pi f = 2\pi/T$ 代入，得

$$b_n = \frac{T}{2\pi}\cdot\frac{2}{nT}\Big\{-\cos\Big(\frac{2\pi}{T}\cdot\frac{nT}{2}\Big) + 1 + \cos\Big(\frac{2\pi}{T}\cdot nT\Big) - \cos\Big(\frac{2\pi}{T}\cdot\frac{nT}{2}\Big)\Big\}$$

$$= \frac{1}{n\pi}\big[-2\cos n\pi + 1 + \cos 2n\pi\big]$$

由于其为半周波对称，没有偶次谐波；即 n 为奇数。因此

$$\cos n\pi = \cos\pi = -1 \quad 且 \quad \cos 2n\pi = \cos 0 = 1$$

从而得出结论：

$$b_n = \frac{4}{n\pi}(n = 1,3,5,7\cdots)$$

因此傅里叶级数表达为

$$幅值为 1 的方波 = \frac{4}{\pi}\Big[\sin\omega t + \frac{1}{3}\sin 3\omega t + \frac{1}{5}\sin 5\omega t + \cdots\Big]$$

为了展示方波的傅里叶级数能够快速逼近方波，图 3.36 所示为采用方波傅里叶级数前两项之和来拟和方波的示意图，以及采用前三项之和来拟和方波的示意

图。当然如果能叠加更多的傅里叶级数展开项，则可以更准确地逼近方波。

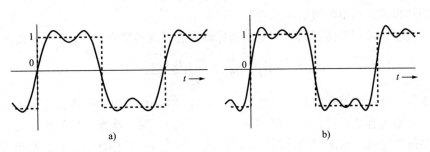

图 3.36　a）采用方波傅里叶级数前两项之和拟合方波示意图　b）采用前三项之和拟合方波示意图

图 3.37 所示为例 3.15 中方波的谐波项以及早期电子镇流器紧凑型荧光灯（CFL）的实际谐波频谱图。请注意 CFL 谐波分布到了很高次。

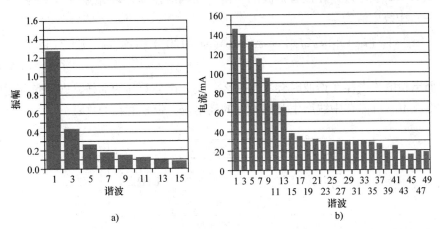

图 3.37　a）例 3.15 中分析的方波的谐波频谱　b）早期的电子镇流器 18W 紧凑型荧光灯实际谐波频谱

3.8.2　总谐波畸变

周期信号的傅里叶级数包含了原始信号的全部信息，因此使用不方便；但可以使用多种方法进一步简化分析信号。比如某 Y 轴对称电流波形的傅里叶级数表达式为

$$i = \sqrt{2}(I_1\cos\omega t + I_2\cos 2\omega t + I_3\cos 3\omega t + \cdots) \tag{3.102}$$

式中，I_n 为 n 次谐波电流的有效值。那么电流有效值为

$$I_{\text{rms}} = \sqrt{(i^2)_{\text{avg}}} = \sqrt{\left[\sqrt{2}(I_1\cos\omega t + I_2\cos 2\omega t + I_3\cos 3\omega t + \cdots)\right]^2_{\text{avg}}} \tag{3.103}$$

经过式（3.103）代数化简后，得出简单的结论为

$$I_{\text{rms}} = \sqrt{I_1^2 + I_2^2 + I_3^2 + \cdots} \tag{3.104}$$

　　因此，谐波电流有效值，等于其各次谐波有效值平方和的方均根。虽然这一结论是从只包含余弦函数项的傅里叶级数推导而来的，但是其对于任何由正弦和余弦函数累加构成的傅里叶级数都成立。

　　在美国，常用来标定谐波畸变的指标称作总谐波畸变率（THD），定义为

$$THD = \frac{\sqrt{I_2^2 + I_3^2 + I_4^2 + \cdots}}{I_1} \tag{3.105}$$

　　注意，总谐波畸变率是一个比值，因此式（3.105）中的电流为峰值或有效值都可以。当为有效值时，可以把式（3.105）记为：除去基波以后的信号有效值与基波幅值的比值。当没有谐波时，总谐波畸变率为 0；当存在谐波时，总谐波畸变率值无上限，经常会超过 100% 。

3.8.3　谐波与中线过载

　　从 3.5.1 节得知，在没有谐波的平衡三相四线制星形联结系统（如图 3.38 所示）中，中线电流为零。

$$i_n = i_A + i_B + i_C = \sqrt{2}I_{相}\left[\cos\omega t + \cos(\omega t + 120°) + \cos(\omega t - 120°)\right] = 0$$

$$\tag{3.106}$$

　　而当相电流中存在谐波时会发生什么？正如将会看到的那样，即使负荷是平衡的，谐波也有可能在中线产生意想不到的高电流，带来潜在的危险。

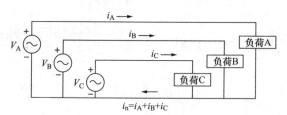

图 3.38　三相四线制星形联结电路中线电流示意图

　　假设各相电流幅值相等，相位相差 120°，其中包含 3 次谐波，即

$$i_A = \sqrt{2}\left[I_1\cos\omega t + I_3\cos3\omega t\right]$$

$$i_B = \sqrt{2}\left\{I_1\cos(\omega t + 120°) + I_3\cos\left[3(\omega t + 120°)\right]\right\}$$

$$i_C = \sqrt{2}\left\{I_1\cos(\omega t - 120°) + I_3\cos\left[3(\omega t - 120°)\right]\right\} \tag{3.107}$$

　　由于基频中的三相电流之和为零，因此式（3.107）中的三相电流之和为

$$i_n = \sqrt{2}\left[I_3\cos3\omega t + I_3\cos(3\omega t + 360°) + I_3\cos(3\omega t - 360°)\right] \tag{3.108}$$

但由于 $\cos(3\omega t \pm 360°) = \cos3\omega t$，中线上的总电流简化为

$$i_n = 3\sqrt{2}I_3\cos3\omega t \tag{3.109}$$

以有效值表示为

$$I_n = 3I_3 \tag{3.110}$$

因此，中线电流有效值等于单相线路上 3 次谐波电流有效值的 3 倍。因此，谐波负荷很可能使中线电流值比相电流值大。

同样结论适用于 3 倍数次的所有次谐波；因为 $3 \times n \times 120° = n360° = 0°$。即 3 次、6 次、9 次、12 次等谐波均会使得中线电流增加相谐波电流的 3 倍。注意，不能被 3 整除的三相谐波将会彼此抵消，其原理与三相基波彼此抵消相同。

[例 3.16] 中线电流。

三相四线制 Y 联结对称系统中，单相电流中包含如下谐波：

谐波	频率/Hz	电流有效值/A
1	60	100
3	180	50
5	300	20
7	420	10
9	540	8
11	660	4
13	780	2

a. 计算相电流中的总谐波畸变率。

b. 计算中线电流有效值，并与相电流有效值比较。

解：

a. 由式 (3.105) 可知，相电流中的总谐波畸变率为

$$\text{THD} = \frac{\sqrt{50^2 + 20^2 + 10^2 + 8^2 + 4^2 + 2^2}}{100} = 0.555 = 55.5\%$$

b. 只有能被 3 整除的谐波会引起中线电流增加，因此只需考虑 3 次和 9 次谐波。

假设基波频率为 60Hz，则谐波引起的中线电流增加为

$$3 \text{ 次谐波：} 3 \times 50 = 150\text{A （频率 180Hz）}$$
$$9 \text{ 次谐波：} 3 \times 8 = 24\text{A （频率 540Hz）}$$

中线电流有效值等于各次谐波电流有效值平方和的方均根，因此等于

$$I_n = \sqrt{150^2 + 24^2} = 152\text{A}$$

相电流有效值等于

$$I_n = \sqrt{100^2 + 50^2 + 20^2 + 10^2 + 8^2 + 4^2 + 2^2} - 114\text{A}$$

在本例中，中线电流值远远不是零，而是实际上比相电流值大了 1/3！在大量电子设备负荷产生大多数谐波的情况出现之前，美国建筑规范中允许使用比相线路

尺寸更小的电线用作中线，但是这可能会导致旧建筑物出现过热的危险。自 20 世纪 80 年代中期以来，该规范已经改为了要求中线成必须使用额定全尺寸的电线。

3.8.4　变压器内部谐波

回忆第 2 章，磁化铁磁材料将引起材料中各个磁畴的排列转动。因此，在任一磁化周期内，铁磁材料中都将产生铁磁损耗，导致铁心发热，其发热率与频率成正比：

$$磁滞损耗 = k_1 f \tag{3.111}$$

同样在第 2 章中讲过，铁心中穿过正弦交变磁通将在铁心自身中感应出环流。为了减少环流，一般采用硅钢合金或被称为"铁氧体"的粉末陶瓷材料用作磁心，来提高对电流的阻尼；也可以对铁心采用叠片工艺，使电流在较小的空间流动来增加阻尼。最重要的是环流与磁通变化率成正比，因此 $i^2 R$ 引起的发热将与磁通变化率的平方成正比：

$$涡流损耗 = k_2 f^2 \tag{3.112}$$

变压器绕组中的谐波电流可能频率很高，铁心损耗与频率相关，特别是涡流损耗与电流的平方成正比，因此谐波很容易导致变压器过热。变压器绕组的绝缘寿命与温度有关，即使谐波导致绕组发热没有即刻烧毁变压器，也将缩短变压器的使用寿命。

谐波畸变特别是企业或建筑物中的电压谐波畸变，将影响同一母线上的其他用户，因此电气电子工程师学会（IEEE）制定了 IEEE 512 - 1992 标准，规定了一系列总谐波畸变率（THD）指标，来限制企业降压变压器馈出母线上的电压总谐波畸变率，防止对其他用户的影响。

3.9　电力电子学

前述曾经介绍过在电力系统早期爱迪生和西屋的交直流之争。爱迪生由于坚持使用直流输电，无法实现高压远距离电力传输，从而落败。而西屋采用变压器提升输电电压，实现了从发电厂到用户间的远距离、低网损输电。而现在，固态电子设备已经能够实现交流到直流、直流到交流、不同直流电压等级之间的灵活变换。本节将讨论这些功率变换器。

3.9.1　交流 - 直流变换

将交流（AC）转换为直流（DC）的设备称为整流器。整流器一般配合滤波器来实现平滑输出，两者组合使用通常被称为直流电源。而将直流转换为交流的设备称为逆变器。

　　将交流整流为直流的关键器件是二极管。二极管是一个电流单向导通器件：它能实现电流在单方向上流通，而在相反方向上截止。在正方向上，理想二极管可认为是零电阻通路，因此二极管的两端电压相同。在反方向上，电流截止，因此理想二极管可视为开路。图 3.39 给出了理想二极管的工作特性，以及电流、电压函数特性。在后续章节将详细介绍二极管的相关实际工作特性，而不是图中所示的理想特性。

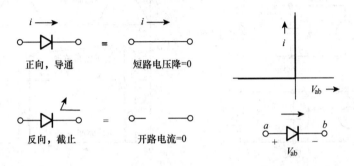

图 3.39　理想二极管特性：在正方向可视为短路，在反方向可视为开路

　　如图 3.40 所示，最简单的整流器就是单个二极管。将其放在交流电源和负荷之间，当输入正向电压时，二极管正向偏置，电流流过，输入电压加载在负荷两端；而当输入电压变为负值时，电流反向截止，此时二极管视为开路；负荷上没有电压降，使得输入与输出电压波形如图 3.40b 所示。

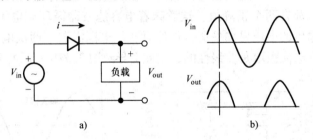

图 3.40　半波整流器

a）电路　b）输入和输出电压波形

　　图 3.40b 的输出电压波形看起来不像直流，它的平均值不是零。波形的直流分量定义为波形的平均值，因此上图所示波形确实包含着直流分量，但是还包含了一系列的波动，这种波动称为"纹波"。一般采用加装滤波器来消除纹波。最简单的滤波器就是在电压出口并接大电容，如图 3.41 所示。当输入电压上升时，电流通过二极管流向负荷和电容，为电容充电。当输入电压下降时，二极管开路，电容向负荷放电。与没有加装电容的整流器相比，带滤波器的整流器输出电压纹波减少。请注意，在每个周期中，从电源输入电流的时间非常接近输入电压达到峰值的时

间，这一段时间很短。

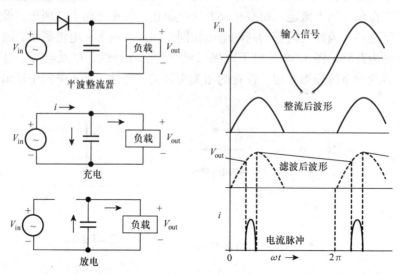

图 3.41　带电容滤波的半波整流器，在电容充电的短时间内产生的电流波形

　　使用全波整流器时，可以大大降低输出电压纹波。图 3.42 中给出了两种实现全波整流器的方案：一种是采用两个二极管和带中间抽头的变压器一起构成的整流器；另一种是采用四个二极管来构成的桥式整流器。变压器将电压降至合适的电平。电容滤波实现平滑的整流输出至负荷。如图所示，在每个周期内，两种全波整流器的输出电压都有两个正峰值。这意味着电容滤波器循环充电了两次而不是一次，从而使得输出的电压更加平滑。请注意，从电源汲取了两次电流：一次正向，一次反向。这种电流汲取是非线性的，因此会导致图 3.37b 所示的大量谐波。

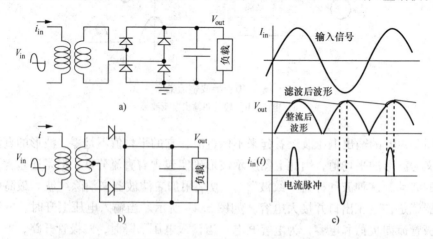

图 3.42　基于带电容滤波器的全波整流器电路来分析从电源汲取的电流波形

a）四个二极管构成的桥式整流器　b）两个二极管、带中间抽头的变压器构成的整流器

　　三相电路也可采用二极管整流来产生直流输出。图 3.43a 所示为三相半波整流器。在任意时刻，只有电压值的最高相别才能正向偏置二极管，输出电压。三相半波整流器比单相全波整流器的输出电压要平滑得多。

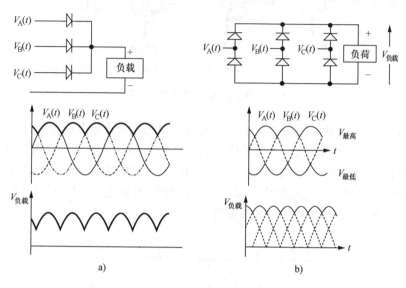

图 3.43　a）三相半波整流器　b）三相全波整流器

　　图 3.43b 所示的三相全波整流器效果更好。任意时刻输出的电压是三个输入电压中最高电压与最低电压之差，因此它的输出电压均值会比三相半波整流器的输出电压更高，而且波形以两倍的频率达到峰值，因此即使在没有滤波器的情况下也只会产生相对较低的纹波。为了获得平滑的直流输出，有时候也可采用电感（有时称为"扼流器"）与负荷串联来用作滤波器。

3.9.2　直流-直流变换

　　变压器可以实现交流电压不同电压等级的变换。随着功率晶体管技术的发展，现在不同直流电压等级的变换也变得简单了。

　　晶体管为三端器件，可用作电控开关。当开关导通时，该设备对流过的电流阻抗很小；而当开关断开时，其相当于开路。开关的断开和关闭由控制端控制。开关本体一般是双极结型晶体管（BJT），金属氧化物半导体场效应晶体管（MOSFET）或两者的组合，称为绝缘栅双极型晶体管（IGBT）。IGBT 具有很多理想特性，包括简单的电压开关控制、高功率大电流承载能力以及快速的开关响应时间等。图 3.44 所示为不同类型晶体管的表示符号，其中最后一个简单的开关符号，通常称为 Chopper 开关。

　　实际的直流-直流电压变换电路非常复杂（详细参见 Power Electronics，MH Rashid，2004），但可以通过简单分析图中所示的简单降压变换电路来了解其原理。

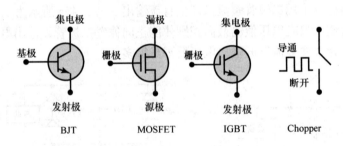

图 3.44　不同类型的晶体管表示符号

　　在图 3.45 中，整流后的输入（高）电压由理想化的直流电压源 V_{in} 表示。采用 Chopper 开关控制直流输入电压或者施加到二极管两端，以便于向电感和负荷提供电流，或者断开电路。开关本体是晶体管，其开/关控制由相关的数字控制电路完成，这里没有绘出。电压控制信号可以考虑两种状态 0 或 1。当控制信号为 1 时，开关导通（短路）；当为 0 时，开关断开。

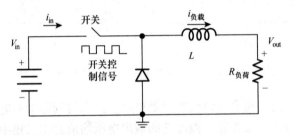

图 3.45　直流—直流电压降压变换器（或称为降压变换器）

　　降压变换器的基本原理是：快速断开和导通开关，使得短时汲取的电流快速通过电感流向负荷（这里用电阻表示）。当开关导通时，二极管反向偏置（开路），电流直接从电源流向负荷（如图 3.46a）。当开关断开时，如图 3.46b 所示，电感中的电流流过负荷电阻和二极管（注意，电感充当"电流动量"器件——电流不能突变）。如果开关的开关频率足够高，则负荷上的电流就不会剧烈变化或衰减，也就是说，能输出一个相对稳定的直流电压。

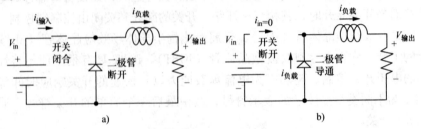

图 3.46　降压变换器

a）开关导通状态　b）开关断开状态

剩下需要考虑的是降压变换器
直流输入电压 V_{in} 和输出电压 V_{out} 之
间的变换关系。事实证明，其是开
关占空比的函数。占空比 D 的定义
为：当控制电压为"1"、开关导通
时的时间占一个周期中全部时间的
比值。图 3.47 给出了占空比的
解释。

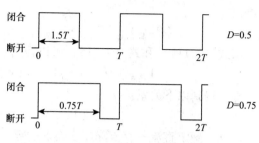

图 3.47　举例说明直流—直流降压变换器中开关的
时间比，导通时间占一个周期内时间的
比值称为占空比 D

　　图 3.48 所示为流过负荷和从
电源中流出的电流波形图。当开关
导通时，两个电流相等并且呈上升状态。当开关断开时，电源输出电流立即降为
零，而负荷电流开始下降。如果开关频率足够高，则电流波形呈线性上升和下降，
如图中的直线所示。T 代表开关周期，在每个周期内开关导通的时间为 DT 秒。

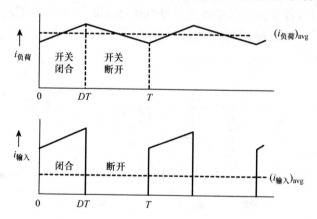

图 3.48　当开关导通时，电源输出电流和负荷电流相等且呈上升状态；
当开关断开时，电源输出电流变为零，而负荷电流开始下降

　　现在讨论开关电路中输入电压和输出电压之间的关系。首先用图 3.48 确定输
入电流平均值和输出电流平均值之间的关系。开关导通时，输入电流与负荷电流围
成的曲线面积相等：

$$(i_{输入})_{avg} \cdot T = (i_{负荷})_{avg} \cdot DT, \quad 所以 \quad (i_{输入})_{avg} = D \cdot (i_{负荷})_{avg} \quad (3.113)$$

用输入功率来确定电压，即写出输入电压提供给电路的平均功率为：

$$(P_{输入})_{avg} = (V_{输入} \cdot i_{输入})_{avg} = V_{输入}(i_{输入})_{avg} = V_{输入} \cdot D \cdot (i_{负荷})_{avg}$$

$$(3.114)$$

　　电路消耗的总平均功率等于开关、二极管、电感和负荷的平均功耗之和。如果
二极管和开关是理想元件，则不消耗功率，此外，理想电感的平均功率也为零。所
以电路中的输入功率平均值等于负荷消耗的平均功率。负荷消耗的平均功率由下式

给出：

$$(P_{负荷})_{avg}(V_{输出} \cdot i_{负荷})_{avg} = (V_{输出})_{avg} \cdot (i_{负荷})_{avg} \qquad (3.115)$$

由式（3.114）和式（3.115）可以得出

$$V_{输入} \cdot D \cdot (i_{负荷})_{avg} = (V_{输出})_{avg} \cdot (i_{负荷})_{avg} \qquad (3.116)$$

即可得到以下关系：

$$(V_{输出})_{avg} = D \cdot V_{输入} \qquad (3.117)$$

因此，确定直流—直流降压变换器的唯一参数是开关的占空比。

只要开关周期足够快，直流电压就可以精确的加载在负荷的两端。那么降压变换器本质上就是一个直流降压变压器。由于输出电压的大小由"导通"脉冲的宽度决定，因此这种控制方式称为脉宽调制（PWM），电路本身称为开关或开关变换器。

降压变换器最重要的用途之一是将典型的 120V 交流电压转换为大多数电子产品工作所需的低压直流电源。如图 3.42 所示，传统电源（有时称为"线性"电源）依靠常规变压器在整流和滤波之前降低电压。而开关变换器将输入电源整流为原始直流电压，然后使用降压变换器降低该电压，从而减少了变压器的损耗（如图 3.49 所示）。

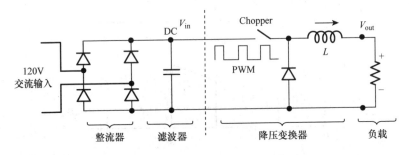

图 3.49　使用降压变换器简化开关电源设计

传统电源的功率效率范围在 50% ~60%，而开关电源的效率超过了 80%。图 3.50 所示为无线电话用 9V 线性电源和开关电源的效率对比。两者电流相等时，开关电源效率更高。需要注意，即使不向负荷供电，线性电源也会耗电。当用电设备停止工作时或者没有执行主要功能时，供电回路仍然耗电，此时的损耗功率称为待机功率（或称吸收功率）。大部分的美国家庭大约有 20 个这种用电设备，在待机模式下总共消耗大约 500kW·h/年，大约占所有住宅用电的 5% ~8%，每年花费约 40 亿美元（Meier，2010）。

与降压变换器降低直流电压相对应，图 3.51 所示为直流—直流升压变换器电路。当开关导通时，电流从电源出发流过电感和开关。当开关断开时，电感通过二极管向电容和负荷提供电流。由于电感的续流特性，即使电容两端的电压高于输入电压，它也可以通过二极管传输电流。当断路器开关再次导通时，充电电容有助于

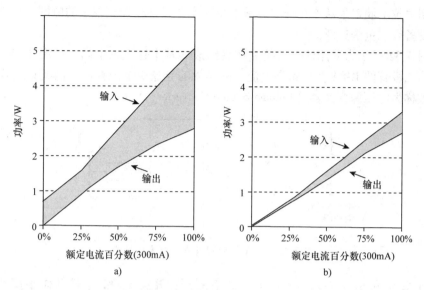

图 3.50 无线电话用 9V 线性电源和开关电源的功耗对比（来自 Calwell 和 Reeder，2002）

a）无线电话用 9V 线性电源 b）开关电源

保持负荷两端的电压。

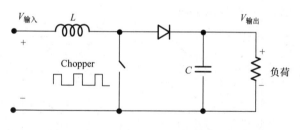

图 3.51 升压变换器用于提升直流电压

类似于上述降压变换器的分析，占空比 D 与输入电压和输出电压之间有以下关系：

$$\left(V_{输出}\right)_{平均} = \frac{1}{1-D} \cdot V_{输入} \tag{3.118}$$

由式（3.118）可知，改变占空比可以提高输出电压。当开关处于断开状态（$D=0$）时，最小电压等于输入电压。随着占空比的增加，开关导通时间更长，电感中的电流逐渐增大，输出电压随电流的增大而增加。然而，如式（3.118）所示，由于电源不可能提供无穷大的电流，因此无法实现整周期内开关始终保持导通（$D=1$）。

3.9.3 直流–交流逆变

随着晶体管和相关控制技术的快速发展，直流–交流逆变器技术也随之不断改进。相关技术涵盖了从产生简单方波的低功率单相逆变器到复杂的电网级功率因数可控设备等，范围广泛。

图 3.52 所示为采用四个可控晶体管组成的基本逆变器电路。如图 3.52 所示，带旁路二极管的 IGBT 提供瞬态电流。晶体管的导通由电压控制，因此这类逆变器通常被称为电压源变换器（Voltage Source Converter，VSC）。

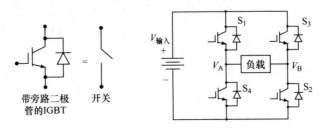

图 3.52　简单的单相直流－交流逆变器

开关 S_1 和 S_2 为一对，一起导通或者断开；开关 S_3 和 S_4 是动作相反的另一对。如图 3.53 所示，当 S_1 和 S_2 导通（S_3 和 S_4 断开）时，输入电压 V_{in} 施加到负荷两端；当 S_1 和 S_2 断开（S_3 和 S_4 导通）时，输出电压 V_{AB} 变成 $-V_{in}$。也就是说，产生了幅度为 V_{in} 的方波输出。与期望的平滑的正弦输出近似，而且如例 3.15 所示，波形中也会包含类似的大量谐波。

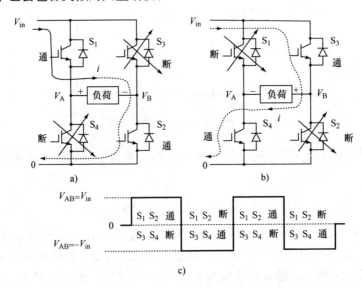

图 3.53　a）S_1 和 S_2 导通，S_3 和 S_4 断开 b）导通/断开相互切换以后 c）产生的方波输出电压

逆变器若采用脉宽调制来控制开关的导通/断开，则可以大大改善输出的电压波形。脉宽调制是将所需输出频率的正弦调制波与具有更高频率的载波相比较

（如图 3.54 所示），只要调制波信号幅值大于载波信号幅值，则输出控制状态 1 导通开关 S_1 和 S_2。同时也会通过反相器输出控制状态 0 关闭开关 S_3 和 S_4。

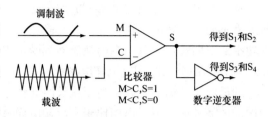

图 3.54　采用脉宽调制（PWM）驱动开关（基于 Jenkins 等人的专著：Distributed Generation，2010）

图 3.55 所示为调制波、载波波形以及 PWM 输出结果。可见，输出电压 V_{AB} 等于正或负的直流输入电压 V_{in}。对 PWM 驱动输出的矩形波傅里叶分析可知，其包含一系列的非常小的谐波，以及与载波同频率的大谐波（详见 P. Klein，Elements of Power Electronics，1997）。相对来说，由于载波频率相当高，很容易滤除。因此，无论是负荷的固有电感还是在电路上添加额外的电感都很容易使得波形平滑，最终得到振幅和功率因数都易于控制的正弦波形。

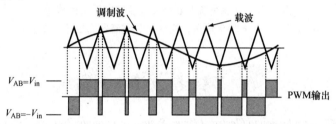

图 3.55　包含了矩形电压序列输出的原始 PWM 波形

3.10　背靠背电压源变换器

大多数情况下，交流电源的频率和输出电压与供电负荷的频率、相位和电压需求并不一致。例如，控制感应电动机的转速需要改变其输入功率的频率，这可以通过背靠背电压源变换器来实现。如图 3.56 所示，该变换器包含了交流 - 直流变换器模块，并接直流滤波电路后，再接有直流 - 交流逆变器模块。如图所示，通过计算可以灵活控制不同的输出电压、功率因数和频率。也就是说，背靠背电压源变换器与同步逆变器一样，能给负荷提供可控的有功功率 P 和无功功率 Q。

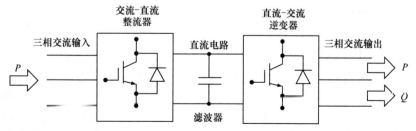

图 3.56　同时提供有功功率 P 和无功功率 Q 的背靠背电压源变换器简化原理图

　　背靠背电压源变换器最重要的用途之一是高压直流（HVDC）输电，它可以方便地将不同的区域电网连接在一起。高压直流输电线路两端都需要换流器，为了实现功率的双向输送，每一端的换流器都既可以用作整流器，也可以用作逆变器。图 3.57 所示为简单的高压直流输电系统接线图。高压直流输电是 500mile 以上长距离输电的最经济的输电方式。由于是长距离输电，因此建设直流输电线路两端换流器而增加的额外成本可以由相比于交流输电而减少的输电线路和杆塔抵消掉。

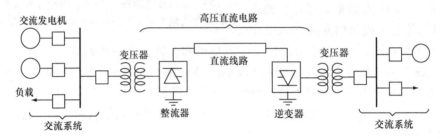

图 3.57　交流系统互联高压直流输电系统接线图
（为了实现双向功率输送，逆变器和整流器需要相互切换）

参 考 文 献

Bosela, T.R. (1997). *Introduction to Electrical Power System Technology*, Prentice Hall, Upper Saddle River, NJ.

Calwell, C., and T Reeder (2002). *Power Supplies: A Hidden Opportunity for Energy Savings*, Ecos Consulting, May.

Ferris, L., and D. Infield (2008). *Renewable Energy in Power Systems*. Wiley, Hoboken, NJ.

Jenkins, N., Ekanayake, J.B., and G. Strbac (2010). *Distributed Generation*, The Institute of Engineering and Technology Press, Stevenage, UK.

Meier, A. (2002). *Reducing Standby Power: A Research Report*, Lawrence Berkeley National Labs, April.

第4章 太阳能资源

来源于距地球 9300 万 mile 的太阳的能量，使地球保持着合适的温度，令水循环井然有序，产生了风和不同的天气，提供了地球上必需的食物和纤维素。而为太阳提供能量的是氢原子聚变成氦原子的核聚变反应。在此过程中，如爱因斯坦著名的质能方程 $E = mc^2$ 描述的那样，每秒钟大约 40 亿 kg 的质量转化为了能量。在过去的四五十亿年里，这种核聚变一直稳定持续，预计在以后的四五十亿年里，这种核聚变还将继续保持稳定。

为了设计和分析将太阳光转化为电能的太阳能系统，需要使用一系列虽然看起来复杂但实际上可直接求解的计算方程来预测任意时间太阳在天空中的位置以及日照强度。

4.1 太阳光谱

任何物体的辐射能量都是其自身温度的函数。通常描述物体辐射能量的方法是与所谓的黑体相对比。黑体定义为一种理想的辐射体和理想的吸收体。作为理想的辐射体，在相同温度下，其单位表面积的辐射能比任何实际物体的辐射能都多；作为理想的吸收体，它能全部吸收照射到其表面的辐射能，也就是说，照射到其表面的能量没有反射也没有透射。根据普朗克法则，黑体的辐射波长取决于它的温度：

$$E_\lambda = \frac{3.74 \times 10^8}{\lambda^5 \left[\exp\left(\frac{14400}{\lambda T}\right) - 1 \right]} \tag{4.1}$$

式中，E_λ 是黑体单位面积上的辐射功率 $[W/(m^2 \cdot \mu m)]$；T 是黑体的绝对温度（K），λ 是波长（μm）。

普朗克曲线下任意两波长之间的面积等于两波长之间的辐射功率。因此曲线下的总面积等于总辐射功率。总辐射功率可以根据斯特潘 – 玻耳兹曼辐射定理方便地得出：

$$E = A\sigma T^4 \tag{4.2}$$

式中，E 是黑体的总辐射功率（W）；σ 是斯特潘 – 玻耳兹曼常数 $[5.67 \times 10^{-8} \ W/(m^2 \cdot K^4)]$；$T$ 是黑体绝对温度（K）；A 是黑体表面积（m^2）。

维恩位移定理给出了黑体辐射曲线的另一个特征，即功率谱在波长多大时达到最大值：

$$\lambda_{最大} = \frac{2898}{T} \tag{4.3}$$

式中，$\lambda_{最大}$为波长（μm）；T为绝对温度（K）。

图 4.1 所示为黑体辐射的关键属性。

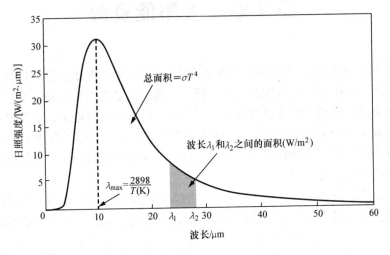

图 4.1 288K 黑体的辐射功率谱

尽管太阳的内部温度能够达到大约 1.5×10^7K，但太阳表面的辐射光谱分布与普朗克法则预测的 5800K 黑体的光谱分布非常接近，如图 4.2 所示。黑体曲线包围下的总面积为 $1.37 kW/m^2$，这正是地球大气层外的日照强度。同时可见，实际光

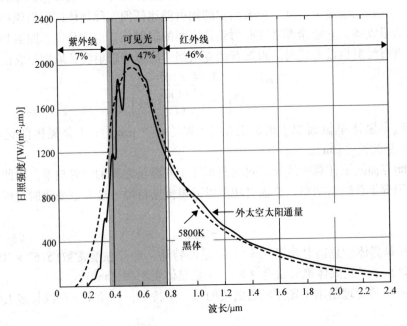

图 4.2 外太空太阳光谱与 5800K 黑体光谱的对比

谱包围面积所对应的波长，其中紫外线占 7%，可见光占 47%，红外线占 46%。位于紫外线（UV）和红外线（IR）之间的可见光谱波长在 0.38μm（紫色）至 0.78μm（红色）之间。

[**例 4.1**] **地球功率谱。**

考虑地球是表面平均温度为 15℃的黑体，表面积为 $5.1 \times 10^{14} m^2$。试求地球的能量辐射率，及最大辐射功率对应的波长大小。并将此波长与 5800K 黑体（太阳）的峰值波长相对比。

解：应用式（4.2），计算地球辐射功率为

$$E = A\sigma T^4 = [5.67 \times 10^{-8} W/(m^2 \cdot K^4)] \times (5.1 \times 10^{14} m^2) \times (15 + 273K)^4$$
$$= 2.0 \times 10^{17} W$$

由式（4.3）得出最大辐射功率对应的波长为

$$\lambda_{最大}（地球）= \frac{2898}{T} = \frac{2898}{288} = 10.1 \mu m$$

对于 5800K 的黑体（太阳），最大辐射功率对应的波长为

$$\lambda_{最大}（太阳）= \frac{2898}{5800} = 0.5 \mu m$$

值得注意的是，相比于来自于太阳的短波（见图 4.2），地球大气层对来自地球表面辐射的较长波长的波的反射是不同的（见图 4.1）。这种不同也是导致温室效应的根本原因。

在太阳光辐射至地表的过程中，一部分被大气层中的不同成分吸收，导致地表的光谱呈现出不规则、不稳定的状态。地表光谱特性也取决于太阳光辐射至地表所经过的大气层路径的长短。太阳光线通过大气层时的路径长度 h_2，除以太阳光通过大气层的最小可能路径长度（当太阳直射头顶时）h_1，被称作空气质量比值 m，如图 4.3 所示，最简单的地表空气质量比值可由下式求出：

$$空气质量比值 \quad m = \frac{h_2}{h_1} = \frac{1}{\sin\beta} \tag{4.4}$$

式中，h_1 是正上方太阳直射时，光线经过大气层的路径长度；h_2 是光线到达地表某一位置时所通过大气层的路径长度；β 为太阳的高度角（见图 4.3）。因此，空气质量比值为 1（记为 AM1）意味着太阳直射头顶。习惯上，AM0 意味着没有大气层，即外太空的太阳光谱。一般地表的平均光谱均为基于空气质量比值为 1.5 时的数据。当 AM1.5 时，入射太阳能量中 2% 位于紫外线（UV）光谱部分，54% 位于可见光部分，44% 位于红外线（IR）部分。

不同空气质量比值下大气层对于入射太阳辐射的影响如图 4.4 所示。太阳光线通过的大气层路径越长，到达地球表面的太阳能量就越少，光谱的波长也将越长。

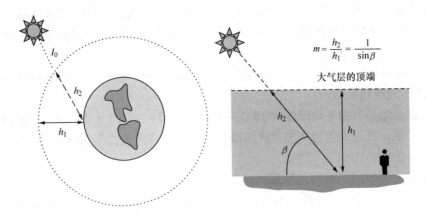

$$m = \frac{h_2}{h_1} = \frac{1}{\sin\beta}$$

大气层的顶端

图 4.3　空气质量比值 m 用于表征太阳光线到达地球表面必须通过的
大气层的路径长度；当太阳直射头顶时，空气质量比值 m 为 1

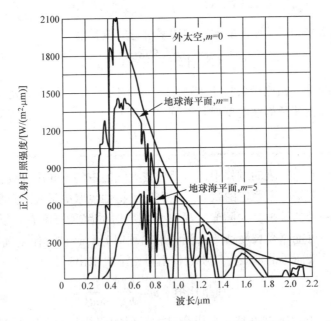

图 4.4　外太空（$m=0$）、太阳直射头顶（$m=1$）、和太阳位于低空（$m=5$）时的光谱
（数据来自 Kuen 等，1998）

4.2　地球轨道

地球沿椭圆形轨道围绕着太阳运转，每 365.25 天为一周期。椭圆的偏心率很小，轨道实际上很接近圆形。地球最接近太阳的那一点（近日点）出现在 1 月 2

日，该点距太阳约 1.47×10^8 km。地球运动到对端的远日点时在 7 月 3 日，该点距太阳约 1.52×10^8 km。距离（km）的变化由下式表示：

$$d = 1.5 \times 10^8 \left\{ 1 + 0.017 \sin\left[\frac{360(n-93)}{365} \right] \right\} \tag{4.5}$$

式中，n 表示天数，其中 1 月 1 日定义为第一天，12 月 31 日为第 365 天。表 4.1 示出了每月第一天对应一年中的具体天数。注意：式（4.5）及本章中所有其他涉及三角函数的角度单位使用的都是度（°），而不是弧度（rad）。

　　每天地球除了绕自身轴线自转外，还沿椭圆轨迹绕太阳运行。假设地球一天只旋转 365°，那么六个月后，时钟将延后 12h；也就是说，如果第一天中午时刻是一天的正中，那么六个月后中午时刻将刚好出现在一天的午夜。为了保持同步，地球每年需多转一圈，也就是意味着在 24h 的一天时间内，地球实际转动 360.99°，这多少出乎大多数人的意料。

表 4.1　每月第一天对应的天数

1 月	$n = 1$	7 月	$n = 182$
2 月	$n = 32$	8 月	$n = 213$
3 月	$n = 60$	9 月	$n = 244$
4 月	$n = 91$	10 月	$n = 274$
5 月	$n = 121$	11 月	$n = 305$
6 月	$n = 152$	12 月	$n = 335$

　　如图 4.5 所示，地球轨道扫过的平面称为黄道平面。地球的自转轴线相对黄道平面有 23.45° 的倾斜夹角。正是这个倾斜角使得地球上有了四季的变化。在 3 月 21 日和 9 月 21 日，太阳中心与地球中心的连线通过赤道，地球各处都有 12h 白昼和 12h 黑夜，即昼夜平分（昼夜等长）。在 12 月 21 日（北半球的冬至），北极轴偏离太阳偏角达到最大值（23.45°），而 6 月 21 日正好相反，偏角为最小值。简单

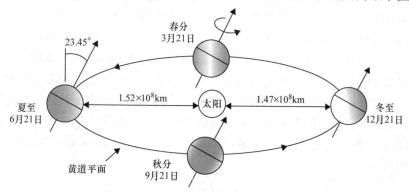

图 4.5　地球的自转轴线相对黄道平面的倾斜夹角使地球上有了
四季的变化；冬至和夏至是针对北半球而言的

起见，尽管每年的实际天数会稍微不同，但一般仍采用 12 月第 21 天作为冬至及昼夜平分点。

一般分析太阳能应用时，地球的运动轨道被认为是不变的；但是在以千年计的较长时间中，地球运动轨道的变化尤其重要，特别是对气候的影响。轨道的形状在 10 万年时间里由椭圆到近似圆振荡变化（偏心率）。地球对黄道平面的倾角在 4 万 1 千年时间内由 21.5° 到 24.5° 之间波动（倾斜度）。目前的地球自转轴是经过 2 万 3 千年的变化后得到的。该过程决定了在地球轨道上夏季将发生在何处。轨道变化影响太阳照射地球的日照总量，也影响了太阳光的地面和季节性分布。这些变化被认为是影响冰河世纪及冰川时期的出现及消失的关键因素。实际上，仔细分析地球温度变化的历史记录，可以看出冰川时期的基本周期大约为 10 万年；次级振荡周期大约在 2 万 3 千年和 4 万 1 千年；这与轨道变化一致。轨道变化与气候的关联关系是在 20 世纪 30 年代由天文学家米卢廷·米兰科维奇提出的，轨道周期如今被称为米兰科维奇旋回。考虑自然规律变化，如米兰科维奇旋回，整理出人类活动对气候的影响，是当今讨论气候变化的重要内容。

4.3　正午太阳高度角

大家都知道太阳东升西落，在一天的某一时刻将达到最高点。许多情形下，如果能够准确地预测出一年中任何一天、任何时刻、地球任何位置上太阳的确切位置将会有很大的用处。比如，可以设计一个窗帘在冬天使阳光透过窗户加热房屋，而在夏天又能遮蔽阳光。在光伏发电一章，将会了解到如何根据太阳的高度角设计光伏电池模块的最佳倾斜角来获取最大的日照量，也可以采取措施防止一组光伏电池模块遮挡另一组光伏电池模块。

尽管图 4.5 给出了地球绕太阳旋转的过程，但要准确判断地球表面的太阳高度角也是很困难的。图 4.6 所示为另一种替代的（也是古代的）方法，地球固定围绕南北轴自转；太阳位于空间某处，随季节变化缓慢升降。在 6 月 21 日（夏至），太阳到达最高点，此时太阳中心与地球中心的连线与赤道夹角 23.45°。在两个昼夜平分点，太阳直射赤道；在 12 月 21 日，太阳在南纬 23.45°，即南回归线。

如图 4.6 所示，赤道平面与太阳中心和地球中心的连线所成的夹角称为太阳赤纬 δ，它在 ±23.45° 之间变化。假设一年 365 天且春分位于第 81 天，则采用一个简单的正弦函数即可以表征太阳赤纬 δ 的变化特性。赤纬角每年都有细微的变化，确切值可以从《美国天文及航海年鉴（The American Ephemeris and Natatical Almanac）》年刊中查到。

$$\delta = 23.45 \sin\left[\frac{360}{365}(n-81)\right] \tag{4.6}$$

图 4.6 中并没有考虑地球轨道的细微变化，但是足以形象地表示不同的纬度和

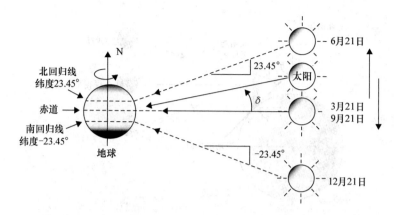

图 4.6　另一种替代方法：地球固定，太阳随季节变化升降。
赤道与太阳之间的夹角称为太阳赤纬 δ

太阳角度。例如，很容易理解昼长的季节变化。如图 4.7 所示，在夏至，地球纬度高于 66.55°的所有地区都处于 24h 白昼，而南半球 66.55°以下地区则整天都处于夜晚。当然，这些纬度对应着北极圈和南极圈。

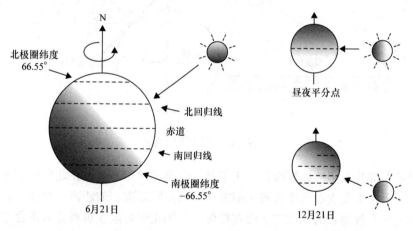

图 4.7　定义地球上的关键纬度可以简化分析地球 – 太阳系的季节变化特性

根据图 4.6，可以很容易得到太阳能采集板的最佳倾斜角度。图 4.8 所示为地表某南向太阳能采集板的倾斜角度等于当地的纬度 L 的情况。可见，按照该倾斜角度，太阳能采集板与地球轴线平行。在昼夜平分点那天，当太阳直射当地子午线（经线）即太阳正午时，阳光以最佳角度照射太阳能采集板，即光线垂直入射采集板表面。一年中的其他时间，太阳都略高或者略低于垂直入射，但平均来讲，还是处于较好的倾斜角度。

图 4.9 中，L 是观察地的纬度。注意：图中指向"顶点"的方向线，是指向观察地正上方的射线。

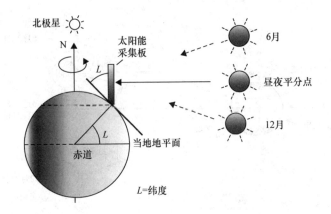

图 4.8　某南向太阳能采集板的倾斜角度等于当地的纬度 L，
在昼夜平分点那天太阳正午时，光线将垂直入射采集板表面

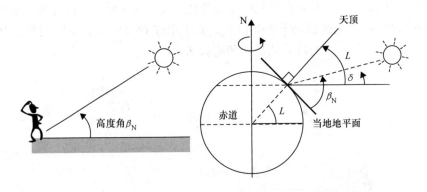

图 4.9　正午时太阳的高度角

对绝大部分太阳能计算而言，正午是一个重要的参考点。在北半球，北回归线以北，太阳正午发生在观测者的正南方；南回归线以南，如新西兰和澳大利亚，太阳正午发生在观测者的正北方。而在热带，太阳正午可能在观测者的正北方或者正南方，也可能在正上方。

平均来说，将太阳能采集板面向赤道（对于主要在北半球的我们来说，意味着朝南）并向上倾斜与当地纬度相同的角度，会得到较好的年均运行性能。当然如果想增强冬季的太阳能采集量，可以调高一点角度，反之则会增加夏季的能量采集功效。

绘出图 4.6 所示的地球 – 太阳系可以很容易地确定一个关键的太阳角，称为正午时太阳的高度角 β_N。高度角是太阳与太阳正下方当地水平线之间的夹角。根据图 4.9，可以得出如下关系：

$$\beta_N = 90° - L + \delta \tag{4.7}$$

式中，L 是观察点的纬度。注意：图中指向"顶点"的方向线，是指向观察地正上方的射线。

[例 4.2] 光伏电池模块的倾斜角。

计算位于图森（纬度 32.1°）的南向光伏电池模块在 3 月 1 日正午的最佳高度角是多少？

解：由表 4.1 知，3 月 1 日是一年中的第 60 天，因此太阳赤纬角（式 4.6）等于

$$\delta = 23.45\sin\left[\frac{360}{365}(n-81)\right] = 23.45°\sin\left[\frac{360}{365}(60-81)°\right] = -8.3°$$

带入式（4.7），得出太阳高度角等于

$$\beta_N = 90° - L + \delta = 90° - 32.1° - 8.3° = 49.6°$$

倾斜角应使正午时太阳光垂直入射光伏电池模块表面，因此

$$倾斜角 = 90° - \beta_N = 90° - 49.6° = 40.4°$$

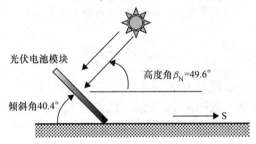

4.4 一天中任意时刻的太阳位置

一天中任意时刻的太阳位置可以根据太阳高度角 β 和方位角 ϕ_S 采用如图 4.10 所示方法来确定。根据惯例，北半球的方位角以偏离正南方向的角度来标记，而南半球的方位角以偏离正北方向的角度来标记。一般来说，按照太阳的运行轨迹，方位角在早上太阳在东时为正，下午太阳在西时为负。使用下角标 S 标示这是太阳的方位角。后面还将引入太阳能采集板的方位角，用下角标 C 标注。

太阳方位角和高度角取决于纬度、天数和更为关键的：一天中不同的时刻。现在把时间描述为太阳正午之前或之后的小时数。例如，太阳时（Solar Time，ST）上午 11 点是太阳穿过观察者所在子午线（对于大部分人而言，为正南）的前 1 个小时。稍后将学习如何在太阳时（ST）和当地时间（Clock Time，CT）之间等价转换。下列两个等式用来计算太阳高度角和方位角（引自 1998 年 T. H. Kuen 等人的研究成果）：

$$\sin\beta = \cos L\cos\delta\cos H + \sin L\sin\delta \tag{4.8}$$

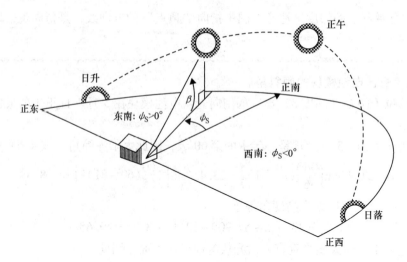

图 4.10　太阳的位置可以根据高度角 β 和方位角 ϕ_S 来描述

（一般来说，方位角在正午之前记为正）

$$\sin\phi_S = \frac{\cos\delta\sin H}{\cos\beta} \qquad (4.9)$$

注意：式中的时间以时角 H 来表示。时角指太阳到达当地子午线（经线）之前地球需转过的角度数。如图 4.11 所示，任意时刻太阳将会位于某条经线的正上方，则该经线称为太阳子午线。太阳子午线与当地子午线的区别是时角不同，当处于太阳穿过当地子午线前的上午时，时角为正值。

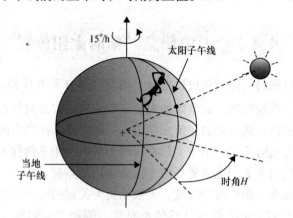

图 4.11　时角指太阳到达当地子午线之前地球需转过的角度数，

其值等于太阳子午线和当地子午线之间的差值

考虑地球 24h 转 360°（15°/h），时角可如下描述：

$$时角 \ H = (15°/h) \cdot (太阳正午之前的小时数) \qquad (4.10)$$

因此，太阳时（ST）上午 11 点，时角 H 应是 +15°（即地球需再转 15°或 1h

才会到达太阳正午）。在下午，时角为负，例如，下午 2 点，太阳时（ST）时角 H 应为 $-30°$。

根据式（4.9）计算太阳的方位角过程稍微有点复杂。在春夏的清晨和傍晚，太阳方位角偏离正南的角度会大于 $90°$（这在秋冬不会出现）。由于反正弦函数值具有二义性，$\sin x = \sin(180° - x)$，因此，需要经过测试来看方位角偏离正南是否大于或者小于 $90°$。可根据下式来测试：

$$如果 \cos H \geq \frac{\tan\delta}{\tan L}, \qquad 那么 |\phi_S| \leq 90°；否则 |\phi_S| > 90° \qquad (4.11)$$

[例 4.3]　太阳位于何处？

计算夏至太阳时下午 3 点，位于美国科罗拉多州（纬度 $40°$）波尔得地区的太阳高度角和方位角。

解：

由于是在夏至这一天，不需要计算，就知道太阳的倾斜角 δ 等于 $23.45°$。下午 3 点意味着太阳正午之后的 3h，根据式（4.10），可得：

$$H = (15°/h) \cdot (太阳正午之前的小时数) = (15°/h) \cdot (-3h) = -45°$$

根据式（4.8），太阳高度角等于：

$$\sin\beta = \cos L\cos\delta\cos H + \sin L\sin\delta$$

$$= \cos 40° \times \cos 23.45° \times \cos(-45°) + \sin 40° \times \sin 23.45° = 0.7527$$

$$\beta = \arcsin(0.7527) = 48.8°$$

根据式（4.9），方位角的正弦值等于

$$\sin\phi_S = \frac{\cos\delta\sin H}{\cos\beta} = \frac{\cos 23.45° \times \sin(-45°)}{\cos 48.8°} = -0.9848$$

但是反正弦函数值存在二义性，可能存在两个解：

$$\phi_S = \arcsin(-0.9848) = -80°（西南 80°）或 \phi_S = 180° - (-80°) = 260°（西南 100°）$$

为了确定哪一个解是正解，应用式（4.11）：

因为 $\cos H \geq \dfrac{\tan\delta}{\tan L}$，因此可以得出结论：方位角为 $\phi_S = -80°$（西南 80°）。

对于给定纬度的情况，太阳高度角和方位角可方便地从类似于图 4.12 所示的图表中查到。可见春夏时太阳升落稍偏北，需要根据式（4.11）来准确测试方位角；但在昼夜平分日的地球上任何地点，太阳都会准确地东升西落。而在秋冬时方位角不会大于 $90°$。

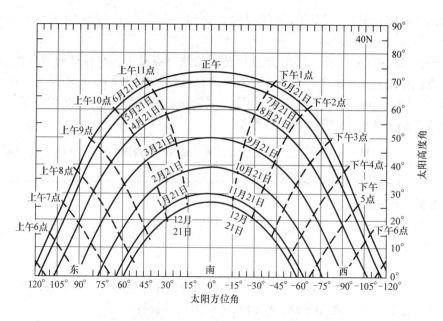

图 4.12　太阳路径图显示出了纬度 40°地区的太阳高度角和方位角

4.5　用于遮蔽分析的太阳轨迹图

太阳轨迹图（见图 4.12）不仅可以直观地显示出任意时刻的太阳位置，而且也可用于预测某个位置上的阴影形状。这对于对阴影遮蔽很敏感的光伏发电而言很重要。概念很简单，只需要在太阳轨迹图顶部画出南向地平面上的树木、建筑及其他障碍物的方位角和高度角草图即可。太阳轨迹图中被障碍物遮盖的部分展示了太阳位于障碍物之后导致光伏电池安装地被遮蔽的时间周期。

市场上有几种评估分析软件，可以方便快捷地将障碍物影响叠加到太阳轨迹图上。有些可以直接借助手机 GPS 和相机来看到阴影的影响。也可以借助简单的指南针、塑料量角器、铅锤来做这些简单的工作，但这需要些工夫。指南针用来测障碍物的方位角，而量角器和铅锤用于测量高度角。

首先将铅锤系到量角器上，当目视量角器顶部时，使铅锤垂直，从而得出障碍物顶端的高度角。图 4.13 所示为该测量过程。站在观测点观察南部地平线，可以准确快捷地得到主要障碍物的高度角。障碍物方位角随高度角的变化，可用指南针来测量。但应记住，指南针指向的磁场北极不是真正的北极；该差别称为磁偏角或磁偏差，应当纠正。在美国，磁偏角各地有所不同，西雅图为东经 16°（指南针指向北偏东 16°）；到缅因州北部则是西经 17°。

图 4.14 示例解释了如何分析叠加上障碍物之后的太阳轨迹图。该位置假设为

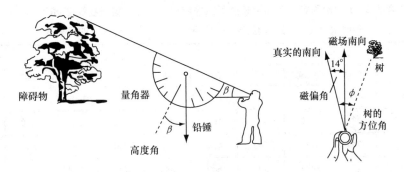

图 4.13　使用量角器和铅锤目测南向障碍物的高度角，举例说明了旧金山的测量偏角纠正

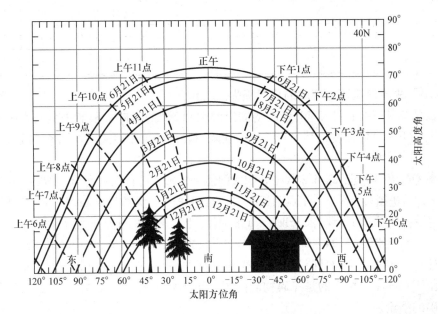

图 4.14　基于叠加上了障碍物的太阳轨迹图，可以很容易得出某地区被遮蔽的时间周期

某光伏发电建筑，东南方向有两棵树、西南方向有一个小型房屋。由图可见，该处从 2 月到 10 月接受全光照；从 11 月到 1 月由于树的遮蔽使得早上 8：30 到 9：30 的 1h 无日照，在下午 3 点后小型房屋将遮蔽光伏电池安装点。

　　将叠加障碍物后的太阳轨迹图与小时日照强度数据相结合，就能够估计出遮蔽导致的能量损失。表 4.2 给出了 1 月份南向倾斜角固定安装和带单轴或双轴轨迹跟踪的太阳能采集板在纬度 40° 地区晴朗天气下的小时日照强度数据。本章后续内容将给出计算该表的方程式。

表 4.2　1 月份固定安装和带轨迹跟踪的南向太阳能采集板在纬度 40°地区的逐时值（W/m^2）和整天（$kW \cdot h/m^2$）的晴朗天气下的日射量

太阳时	轨迹追踪		固定南向的倾斜角						
	单轴	双轴	0	20°	30°	40°	50°	60°	90°
7，5	0	0	0	0	0	0	0	0	0
8，4	439	462	87	169	204	232	254	269	266
9，3	744	784	260	424	489	540	575	593	544
10，2	857	903	397	609	689	749	788	803	708
11，1	905	954	485	722	811	876	915	927	801
12	919	968	515	761	852	919	958	968	832
$kW \cdot h/m^2$/天	6.81	7.17	2.97	4.61	5.24	5.71	6.02	6.15	5.47

[例 4.4]　由于遮蔽阴影造成的日照损失。

试估算某安装在纬度 40°地区的固定倾斜角 30°的南向太阳能采集板在 1 月份晴朗天气下的日照强度，其中安装地叠加障碍物后的太阳轨迹图如图 4.14 所示。

解：

不考虑障碍物时，表 4.2 数据表明太阳能采集板上的日照强度为 5.24kW · h/m^2/天。太阳轨迹图表明在上午 9 点附近有 1h 的日照损失，大约为 0.49kW · h。下午 4 点之后将没有日照，将导致约 0.20kW · h 的损耗；因此剩余的日照强度约为

日照强度 ≈ 5.24 – 0.49 – 0.20 = 4.55kW · h/m^2 ≈ 4.6kW · h/m^2/天

注意：表 4.2 中的日照强度数值假设日照在 1h 中的前后各 0.5h 的分布是均匀的。由于在图中叠加上的是障碍物的简图（更不要说树还在长高），因此无法得到更精确的结论。

4.6　利用阴影图进行遮蔽分析

在建设光伏电站时，为了使光伏采集板不互相遮挡，光伏阵列布局设计很重要。简单的图形分析方法，是通过绘图对垂直桩的投影来进行分析的。首先设定水平面，然后即可以利用式（4.8）和式（4.9）来预测出一天中任意位置、任意时刻的垂直桩的阴影长度和方位角。如图 4.15 所示，如果能够测得一天中多时刻的阴影长度数值，就可以会绘出一天的阴影长度变化曲线。

按月逐一绘制出阴影长度变化曲线，就可以为任意给定的纬度地区生成如图 4.16 所示的阴影图。下一步的分析阴影图的关键是挖掘其中的定量信息，因此选

取阴影图中网格线的间距与垂直桩的高度一致。因此,例如 12 月下午 4 点垂直桩的阴影长度大约朝北有六个垂直桩高度大小,朝东有八个垂直桩高度的大小。以下举例说明如何根据阴影图来选择光伏采集板的间距。

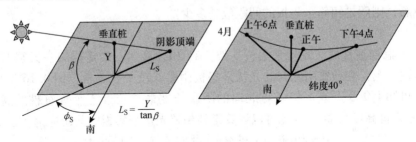

图 4.15 某地点一年中某一天的阴影长度变化曲线

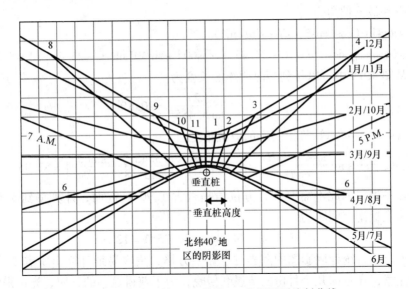

图 4.16 每个月的 21 日北纬 40°的阴影图绘制曲线

[例 4.5]光伏采集板的行间距选择。

已知在北纬 40° 某地点沿东西方向安装了长光伏采集板。光伏采集板支架高 2ft。

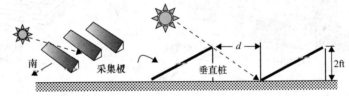

a. 为了确保在上午 9 点到下午 3 点之间不会出现一排光伏采集板对另一排采

集板的阴影遮蔽。请使用图 4.16 中的阴影图来分析两排相邻光伏采集板的间距应为多少？

b. 使用式（4.8）和式（4.9），如果为了在上午 8 点到下午 4 点之间避免产生阴影遮蔽，则两排相邻采集板的间距应是多少？

解：

a. 考虑到垂直桩（光伏采集板支架）高 2ft，显然，最糟糕的一天是 12 月 21 日冬至这一天，会导致南北向的光伏采集板阴影长度最长。根据图 4.16 所示的阴影图，可知上午 9 点或下午 3 点北向的阴影长度最长接近 3 个垂直桩的高度（3 格），垂直桩高度为 2ft，因此可以计算得到相邻光伏采集板的间距应为

$$d = 2\text{ft}/桩 \times 1\ 桩/格 \times 北向\ 3\ 格 = 间距\ 6\text{ft}$$

b. 根据式（4.8），利用 $\delta = -23.45°$ 和小时角 $H = 60°$（正午前 4h 数值），可以计算得到最低偏角为

$$\beta = \arcsin\left(\cos L \cos\delta\cos H + \sin L \sin\delta\right)$$

$$= \arcsin\left[\cos 40°\cos\left(-23.45°\right)\cos 60° + \sin 40°\sin\left(-23.45°\right)\right] = 5.485°$$

从而，从图 4.15 中可以得到当时阴影的长度为

$$L_S = \frac{Y}{\tan\beta} = \frac{2}{\tan 5.485°} = 20.8\text{ft}$$

根据式（4.9），可以计算出阴影的方位角是

$$\phi_S = \arcsin\left(\frac{\cos\delta \cdot \sin H}{\cos\beta}\right) = \arcsin\left[\frac{\cos\left(-23.45°\right) \cdot \sin 60°}{\cos 5.485°}\right] = 52.95°$$

由于是在冬季，因此不需要检查方位角是否大于 $90°$。进而，计算得到支架高 2ft 的光伏采集板南北间距为

$$d = L_S\cos\phi = 20.8\cos\left(52.95°\right) = 12.5\text{ft}$$

也可以通过统计阴影图中阴影占了几个方格，更容易地计算出所需要的间距。另外请注意，在冬季几个月份的清晨和傍晚，为了获得足够的日照，光伏采集板行间距需要从日常的 6ft 增加到 12ft 以上。

当对实际模型进行求解时，使用阴影图表示将非常直观。如图 4.17 所示，首先将一个垂直桩固定在图上（回形针就可以），将这个阴影图和垂直桩放到实际模

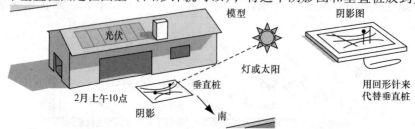

图 4.17　在实际模型中使用阴影图有助于预测阴影数值（请注意烟囱投影到光伏采集板上的阴影）

型的底面上，使用人工灯光或太阳光，让垂直桩投下阴影，使得阴影顶端落到所关注的月份和时间上，则该灯光将在模型上产生出该时间对应的正确阴影。

4.7　太阳时与时钟时

对于大多数的太阳能利用，一般采用太阳时（ST）为基准，也就是所有的测量均以太阳正午（太阳处于经线）为基准。但有时也需要采用当地时间，称为民用时或时钟时（CT）。在当地时与太阳时之间换算时需要考虑两个换算：第一是经度换算，一般是通过将世界分成时区来实现；第二则需考虑地球绕太阳运动时的特殊因素。

显然，当太阳处于观测所在经度时，将手表调为正午并不对地球上每个人都适用。因为地球每小时转 15°［4min/（°）］，经线每差 1°地区的太阳时差 4min。而地球转动时，相同时间的地区只有南极和北极。

为了处理经度带来的复杂性，地球被分为了 24 个时区，每个时区占 15°。将同一时区的所有时钟调为相同时间，每个时区由当地的时钟子午线（理想情况下位于该时区的中心）确定。该时间系统起始将穿过位于 0°经线上的英国格林尼治地区。世界各地的时区表示为过去被称为格林尼治标准时间（GMT）的正偏差或负偏差，但现在更精确地定义为协调世界时（UTC）。美国的当地时钟子午线见表 4.3。

表 4.3　美国标准时区的当地时钟子午线（西格林威治度）**和标准时间的偏移**

时区	地方时子午线	标准时间
东部	75°	UTC－5：00
中部	90°	UTC－6：00
山区	105°	UTC－7：00
太平洋	120°	UTC－8：00
东阿拉斯加	135°	UTC－9：00
阿拉斯加和夏威夷	150°	UTC－10：00

当地时与太阳时换算需要调整的经度数值取决于太阳从当地时钟子午线到达观测所在经线时所需的时间。如果当地时钟子午线正好处于太阳正午，则观测者在子午线以西每单位经度都将比太阳正午晚 4min；例如，太平洋时区的旧金山处于 122°经线，太阳穿过 120°当地时钟子午线将比太阳正午晚 8min。

当地时与太阳时的第二个转换是需要考虑地球运动的椭圆轨迹。地球运动的椭圆轨迹引起太阳日（太阳正午至下一个太阳正午）长度在一年内不断变化。随着地球绕轨道运行，24h 制的一天与太阳日之间的差别按下列方程式（时差）变化：

$$E = 9.87\sin 2B - 7.53\cos B - 1.5\sin B(\min) \tag{4.12}$$

其中

$$B = \frac{360}{364}(n - 81)(°) \tag{4.13}$$

如前所述，n 是天数。式（4.12）可表示为如图 4.18 所示。

将经度调整与时差组合到一起，可以得出当地标准时钟时与太阳时的最终换算关系：

太阳时（ST）= 时钟时（CT）+ [4min/(°)]（当地计时子午圈 - 当地经度）° + E（min） (4.14)

而在实行夏令时的期间，则需在当地时钟时的基础上加 1h（春加，秋减）。

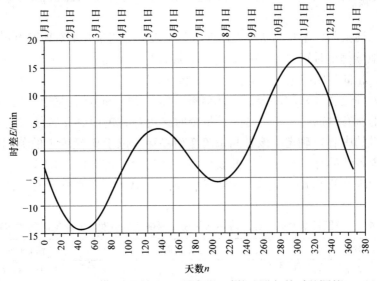

图 4.18 针对地球倾斜角和非圆形运动轨迹进行的时差调整

[例 4.6] 太阳时对时钟时。

计算 7 月 1 日位于东部时区波士顿（西经 71.1°）太阳正午的夏令时时间是多少？

解：

根据表 4.1，7 月 1 日是第 182 天。将式（4.12）代入式（4.14）求取当地时间为

$$B = \frac{360}{364}(n - 81) = \frac{360}{364}(182 - 81) = 99.89°$$

$E = 9.87\sin 2B - 7.53\cos B - 1.5\sin B$

   $= 9.87\sin(2 \times 99.89°) - 7.53\cos 99.89° - 1.5\sin 99.89° = -3.5\text{min}$

由于波士顿位于东部时区的西经 71.1°，当地时钟子午线为 75°，因此

时钟时（CT）= 太阳时（ST）- [4min/(°)]（当地计时子午圈 - 当地经度）- E（分钟）

$$\text{时钟时}(CT) = 12:00 - 4(75 - 71.1) - (-3.5) = 12:00 - 12.1\text{min}$$
$$= 11:47.9\text{A. M. EST}$$

夏令时时间加1h，因此太阳正午时间大约在12：48 P. M. EDT。

4.8　日升日落

前面的图4.12所示的太阳轨迹图可用来定位方位角和日升日落的大致时间。日升日落的准确估算可根据式（4.8）简单计算得到。在日升日落时刻，高度角 β 为0°，可写出

$$\sin\beta = \cos L\cos\delta\cos H + \sin L\sin\delta = 0 \tag{4.15}$$

$$\cos H = -\frac{\sin L\sin\delta}{\cos L\cos\delta} = -\tan L\tan\delta \tag{4.16}$$

求出日升的时角 H_{SR}，得

$$H_{SR} = \arccos(-\tan L\tan\delta)\ (\text{日升为} +) \tag{4.17}$$

注意式（4.17）中，由于反余弦函数可正可负，所以需要使用符号函数来保证日升时得到正值（日落时为负值）。

由于地球转速为15°/h，时角可由下式转换为日升日落的时刻：

$$\text{几何日升} = 12:00 - \frac{H_{SR}}{15°/h} \tag{4.18}$$

式（4.15）和式（4.18）之间存在着与太阳中心角相关的几何关系，因此式（4.18）中标注为：几何日升。这对于日常的太阳能利用已足够，但并不能给出如报纸报道一般的日升日落的准确时间。气象部门的日升时间和由式（4.18）计算得到的几何日升时间的区别由两个因素决定。首先是大气折射；大气将太阳光线弯曲，使太阳实际日升比几何日升快2.4min；同理实际日落也比几何日落晚2.4min。第二个因素是气象部门对日升日落定义为：太阳上边缘（顶部）越过地平线，而人们日常一般定义日升日落是以太阳中心越过地平线为准。

[例4.7] 波士顿日升。

试计算7月1日（ $n = 182$ ）波士顿（纬度42.3°）的几何和传统的日升时间，并计算传统的日落时间。

解：

根据式（4.6），太阳赤纬等于

$$\delta = 23.45\sin\left[\frac{360}{365}(n-81)\right] = 23.45\sin\left[\frac{360}{365}(182-81)\right] = 23.1°$$

根据式（4.17），日升时的时角为

$$H_{SR} = \arccos(-\tan L \tan \delta) = \arccos(-\tan 42.3° \tan 23.1°) = 112.86°$$

根据式（4.18），几何日升的太阳时为

$$日升(几何) = 12:00 - \frac{H_{SR}}{15°/h}$$

$$= 12:00 - \frac{112.86°}{15°/h} = 12:00 - 7.524h$$

$$= 4:28.6 A.M.（太阳时）$$

根据例 4.6，波士顿的相同日期下，当地时钟比太阳时早 12.1min，因此日升时间为

$$日升 = 4:28.6 - 12.1min = 4:16 A.M.（东部标准时间）$$

事实证明，考虑到折射和以太阳顶部越过地平线为日升标准等因素影响，实际日升时间将会提前约 5min。

轨道运行需很多角度来确定，总结所有术语及等式如方框 4.1 所示。

方框 4.1　太阳角小结

δ	=	太阳赤纬
n	=	天数
L	=	纬度
β	=	太阳高度角，β_N = 太阳正午高度角
H	=	时角
H_{SR}	=	日出时角
Φ_S	=	太阳方位角（正午之前为正，之后为负）
Φ_C	=	太阳能采集板方位角（东南为正，西南为负）
ST	=	太阳时
CT	=	时钟时间或当地时间
E	=	时差
Q	=	折射和太阳半径为因素的日升日落调整因数
Σ	=	太阳能采集板的倾斜角
θ	=	太阳能采集板上光线的入射角

$$\delta = 23.45 \sin\left[\frac{360}{365}(n-81)\right] \tag{4.6}$$

$$\beta_N = 90° - L + \delta \tag{4.7}$$

$$\sin\beta = \cos L \cos\delta \cos H + \sin L \sin\delta \tag{4.8}$$

$$\sin\phi_S = \frac{\cos\delta \sin H}{\cos\beta} \tag{4.9}$$

如果 $\cos H \geq \dfrac{\tan\delta}{\tan L}$，那么 $|\phi_S| \leq 90°$；否则 $|\phi_S| > 90°$

$$时角\ H = (15°/h) \cdot (太阳正午之前的小时数) \tag{4.10}$$

$$E = 9.87\sin2B - 7.53\cos B - 1.5\sin B \quad (min) \tag{4.12}$$

$$B = \frac{360}{364}(n - 81) \quad (°) \tag{4.13}$$

$$太阳时(ST) = 时钟时(CT) + [4min/(°)](当地计时子午圈 - 当地经度)° + E(min) \tag{4.14}$$

$$H_{SR} = \arccos\ (-\tan L\tan\delta) \quad (日出为 +) \tag{4.17}$$

4.9 晴天太阳直射

太阳能采集板上的太阳辐射流包括如下几部分：直线穿过大气层到达采集板上的直射光；由大气层中的分子和浮尘颗粒消散导致的散射光；以及来自地面或者采集板前的其他表面的反射光（如图 4.19 所示）。建议在光伏应用中采用的单位是 W（或 kW）/m²，其他单位包括 Btu、kcal、Langley 等也有应用，各单位间的换算见表 4.4。

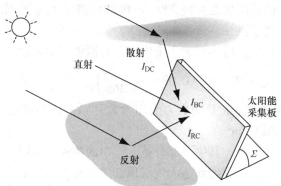

图 4.19 射入到太阳能采集板上的太阳辐射 I_C 包括直射光 I_{BC}、散射光 I_{DC}、反射光 I_{RC}

表 4.4 不同日照强度单位的转换关系

1kW/m²	=	316.95Btu/(h · ft²)
	=	1.433Langley/min
1kW · h/m²	=	316.95Btu/ft²
	=	85.98 Lang ley
	=	3.60×10^6 J/m²
1Lang ley	=	1cal/cm²
	=	41.856kJ/m²
	=	0.01163kW · h/m²
	=	3.6878Btu/ft²

聚光太阳能采集板通常仅采集入射光线，因为只有这部分光线的来向一致。但大多数光伏系统，并不使用聚光元件，因而同时采集三种光线——直射光、散射光和反射光用于发电。本节的目的是估算在晴朗天气下穿过大气层到达地表的直射光的比率。稍后，散射光和反射光会考虑晴天模型的影响，最后会得到整个计算流程，该流程通过某些给定位置得出的经验值，可以对特别位置进行更符合实际的平均日射量计算。

晴天日照强度的计算从估算垂直照射到假想中的如图 4.20 所示的大气层外表面的外太空日照强度 I_0 开始。该日照强度值取决于地球和太阳之间的距离，每年都变化；同时也取决于按可预知循环规律变化的太阳日照强度值。在太阳磁场活动频繁时期，太阳表

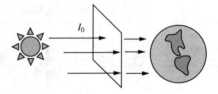

图 4.20　外太空的太阳辐射流

面有大量的阴暗区域，本质上阻碍着太阳辐射，称其为太阳黑子。此外还伴随有部分区域比周围表面更明亮，称为太阳耀斑。黑子使太阳暗淡，耀斑使太阳明亮；这种混合效果使太阳黑子数目增多时太阳的日照强度也增大。太阳黑子活动每十一年为一周期，其最近的活跃期发生在 2001 年和 2013 年，太阳黑子的变化可以改变日均日照强度的百分之零点几。

忽略太阳黑子作用，描述每天宇宙中太阳日照强度的表达式如下：

$$I_0 = SC \cdot \left[1 + 0.034 \cos\left(\frac{360n}{365} \right) \right] \quad (\text{W/m}^2) \quad (4.19)$$

式中，SC 称为太阳常数；n 是天数。太阳常数是宇宙日照强度年均值的估计。但现在更多采用 1.367kW/m^2。

当光线穿过大气层时，其中一部分被大气中的各种气体吸收，或被空气分子或颗粒散射掉。实际上，一年内到达大气层顶部的日照量只有不到一半的能到达地球表面，成为直射光。但在晴天艳阳高照时，地表的直射光能够达到总地外日照量的 70% 以上。

日照强度的降低是光线穿越大气层的距离的函数，很容易计算；但是某些因素，如大气粉尘、大气污染、水蒸气、云层和含沙量等，难以考虑。通常使用的模型认为日照强度呈指数衰减。

$$I_B = Ae^{-km} \quad (4.20)$$

式中，I_B 是到达地表的直射光部分；A 是地外日照量；k 是无量纲系数，称为光学深度。

式（4.4）中空气质量比值 m 是在假设"地表平整"的前提下引入的，如果要考虑地球的球形特性，则需要根据下式来取值：

$$m = \sqrt{(708\sin\beta)^2 + 1417} - 708\sin\beta \quad (4.21)$$

式中，β 是太阳高度角。

表 4.5 给出了美国加热冷冻及空调工程师协会（ASHRAE）晴天太阳辐射流模型采用的 A 和 k 值。该模型是基于 Threlkeld 和 Jordan（1958）针对中等灰尘、水蒸气量等于美国每月均值的条件下，给出的经验值。同时还包括一个大气层散射因数 C，稍后会介绍。

表 4.5　每个月第 21 天的光学深度 k、地外日照量 A、大气层散射因数 C 数值

月份	1 月	2 月	3 月	4 月	5 月	6 月	7 月	8 月	9 月	10 月	11 月	12 月
A（W/m^2）:	1230	1215	1186	1136	1104	1088	1085	1107	1151	1192	1221	1233
k	0.142	0.144	0.156	0.180	0.196	0.205	0.207	0.201	0.177	0.160	0.149	0.142
C	0.058	0.060	0.071	0.097	0.121	0.134	0.136	0.122	0.092	0.073	0.063	0.057

数据来自：ASHRAE（1993）

为了便于计算，最好能有个方程式而不仅仅是图表。拟合表 4.5 给出的光学深度 k 和地外日照量 A，可以得出如下方程：

$$A = 1160 + 75\sin\left[\frac{360}{365}(n-275)\right] \quad (\text{W/m}^2) \tag{4.22}$$

$$k = 0.174 + 0.035\sin\left[\frac{360}{365}(n-100)\right] \tag{4.23}$$

式中，n 为天数。

[例 4.8] **地表的直射日照量。**

计算 5 月 21 日晴朗天气下亚特兰大（纬度 33.7°）太阳正午时的直射日照强度。根据式（4.22）和式（4.23），检验与表 4.5 的逼近程度。

解：

根据表 4.1，5 月 21 日是第 141 天。根据式（4.22），地外日照量 A 等于

$$A = 1160 + 75\sin\left[\frac{360}{365}(n-275)\right] = 1160 + 75\sin\left[\frac{360}{365}(141-275)\right]$$

$$= 1104\text{W/m}^2$$

与表 4.5 一致。

由式（4.23），光学深度等于

$$k = 0.174 + 0.035\sin\left[\frac{360}{365}(n-100)\right]$$

$$= 0.174 + 0.035\sin\left[\frac{360}{365}(141-100)\right] = 0.197$$

与表 4.5 的数据很接近。

根据式（4.6），5 月 21 日的太阳赤纬等于

$$\delta = 23.45\sin\left[\frac{360}{365}(141-81)\right] = 20.14°$$

根据式（4.7），太阳正午时的太阳高度角等于

$$\beta_N = 90° - L + \delta = 90° - 33.7° + 20.1° = 76.4°$$

根据式（4.21），空气质量比值等于

$$m = \sqrt{(708\sin\beta)^2 + 1417} - 708\sin\beta$$

$$= \sqrt{(708\sin76.4°)^2 + 1417} - 708\sin76.4° = 1.029$$

最后，根据式（4.20），晴朗天气下地表的直射日照强度估算值等于

$$I_B = Ae^{-km} = 1104e^{-0.197 \times 1.029} = 902\,W/m^2$$

4.10　晴天日照强度

晴朗天气下，太阳的直射日照强度很容易算出，剩下的是需要知道太阳能采集板上的直射日照强度。由于反射和散射光占总能量的比例相对较小，因此比较难计算得到，一般应用较简化的模型即可。

4.10.1　直射辐射

太阳直射辐射 I_B 与太阳能采集板上直射日照强度 I_{BC} 之间的关系是入射角 θ 的函数。入射角是太阳能采集板表面法线与入射光线之间的夹角（如图 4.21 所示）。因此可得到

$$I_{BC} = I_B\cos\theta \tag{4.24}$$

对于直射光入射于水平表面的特殊情况 I_{BH}，有

$$I_{BH} = I_B\cos(90° - \beta) = I_B\sin\beta \tag{4.25}$$

入射角 θ 是太阳能采集板方位以及太阳在特定时刻高度角和方位角的函数。图 4.22 示出了这些重要的角度。太阳能采集板倾斜角度 Σ 并面向方位角 ϕ_C（南向，

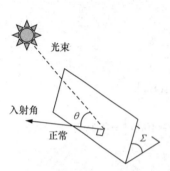

图 4.21　入射角 θ 是太阳能采集板
表面法线与入射光线间的夹角

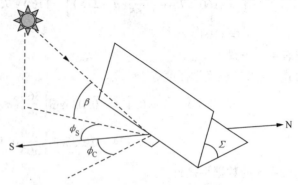

图 4.22　举例说明太阳能采集板的方位角 ϕ_C，
倾斜角 Σ、以及太阳方位角 ϕ_S 和高度角 β；
东南方向方位角为正，西南方向为负

东南方向为正，西南方向为负）。入射角定义如下：

$$\cos\theta = \cos\beta\cos(\phi_S - \phi_C)\,\sin\Sigma + \sin\beta\cos\Sigma \tag{4.26}$$

[例 4.9]　太阳能采集板的直射日照强度。

在例 4.8 中，5 月 21 日亚特兰大（纬度 33.7°）太阳正午时的太阳高度角为 76.4°，晴朗天气下的直射日照强度为 902W/m²。计算东南向 20°，倾斜角 52°的太阳能采集板此时的直射日照强度是多少？

解答：

根据式（4.26），入射角的余弦等于：

$$\begin{aligned}
\cos\theta &= \cos\beta\cos(\phi_S - \phi_C)\,\sin\Sigma + \sin\beta\cos\Sigma \\
&= \cos76.4° \times \cos(0 - 20°) \times \sin52° + \sin76.4° \times \cos52° = 0.7725
\end{aligned}$$

根据式（4.24），太阳能采集板上的直射日照强度等于：

$$I_{BC} = I_B\cos\theta = 902W/m^2 \times 0.7725 = 697W/m^2$$

4.10.2　散射辐射

太阳能采集板上的散射辐射比起直射更难准确估计。导致散射辐射的各种成分如图 4.23 所示。入射辐射可以被大气微粒和水蒸气等耗散，也可能被云层反射。部分从地表反射回天空的光线，会再次被散射回大地。散射辐射的最简化模型假设某地来自各个方向上的散射日照强度相等；也就是说天空是各向同性的。显然，当处于雾天或阴天，天空

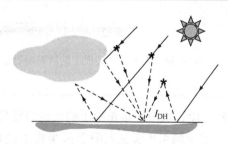

图 4.23　散射辐射可以被大气微粒和水蒸气等耗散，也可能被云层反射，多层散射也有可能

仍然足够亮能看清楚太阳时，测量结果与晴天时的结果会差不多，但是这种复杂情况一般不考虑。

Threlkeld 和 Jordan 提出的模型（1958），应用到了 ASHRAE 晴天太阳能辐射流模型中，该模型表明水平面的散射辐射 I_{DH} 正比于直射辐射 I_B，而与太阳在天空中位置无关。

$$I_{DH} = I_B C \tag{4.27}$$

式中，C 是天空散射因子。C 的月平均值参见表 4.5，并且可采用下式来简单估算：

$$C = 0.095 + 0.04\sin\left[\frac{360}{365}(n - 100)\right] \tag{4.28}$$

应用式（4.27）计算晴天全天的日照情况，可得出大约 15%的总日照量被散射。

希望知道的是，有多少水平散射辐射到了太阳能采集板上，从而可以考虑进采

集板的入射日照强度中。首先，假设某地点上来自各个方向上的散射日照强度相等；这意味着太阳能采集板将其表面暴露于面向的天空，如图 4.24 所示。当太阳能采集板倾斜角 Σ 为 0，即采集板与地面平行，采集板将全部面向天空，因此将接受全部水平散射辐射 I_{DH}。当太阳能采集板垂直，它仅能看到一半天空并接受一半水平散射辐射，依此类推。当为理想散射时，太阳能采集板上的散射漫辐射表达式 I_{DC} 为

$$I_{DC} = I_{DH}\left(\frac{1+\cos\Sigma}{2}\right) = CI_{B}\left(\frac{1+\cos\Sigma}{2}\right) \tag{4.29}$$

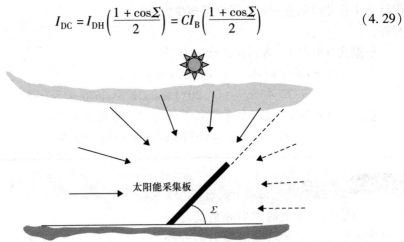

图 4.24　太阳能采集板上的散射辐射假设与采集板暴露于天空的部分面积成正比

[例 4.10]　太阳能采集板上的散射日照量。

　　继续例 4.9 求取太阳能采集板上的散射辐射。回想起：5 月 21 日（$n = 141$）亚特兰大太阳正午时，太阳能采集板东南向 20°，倾斜角 52°。晴天下的太阳直射日照强度为 902W/m²。

解：

首先根据式（4.28）计算天空散射因子 C：

$$C = 0.095 + 0.04\sin\left[\frac{360}{365}(n-100)\right]$$

$$C = 0.095 + 0.04\sin\left[\frac{360}{365}(141-100)\right] = 0.121$$

根据式（4.29），太阳能采集板上的散射能量为

$$I_{DC} = CI_{B}\left(\frac{1+\cos\Sigma}{2}\right)$$

$$= 0.121 \cdot 902 \cdot \left(\frac{1+\cos52°}{2}\right) = 88\text{W/m}^2$$

加上例 4.9 中的总直射日照强度 697W/m²，则太阳能采集板上的总日照强度

（直射 + 散射）为 $785 \mathrm{W/m}^2$。

4.10.3 反射辐射

太阳能采集板上的入射光线中的最后一部分来自于采集板前方的地面反射光。反射光可能使得光伏发电系统的性能大幅提高，例如在太阳能采集板前面有水注或雪的晴天，当然，反射光的作用也可能小到被忽略。考虑反射光作用的需求很多，但实际的估计效果却比较粗略。最简化的模型假设太阳能采集板前有大块的平面区域，反射率为 ρ，且各个方向的反射率相同，如图 4.25 所示。显然这种假设模型很粗略，尤其是假设平面为光亮的这一条件是比较苛刻的。

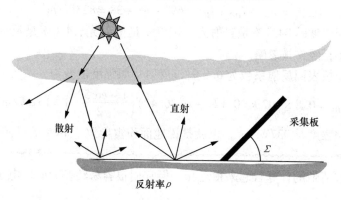

图 4.25　假设地面对各个方向光线的反射率

地表反射系数大约从初雪时的 0.8 至沥青地面的 0.1 之间变化，而普通地面或玻璃的典型默认值为 0.2。反射日照量用总水平日射量（直射光 I_{BH}，加上散射光 I_{DH}）乘以地表反射率 ρ 来建模。太阳能采集板吸收的地表反射能量的大小取决于采集板的斜度 Σ；太阳能采集板吸收反射光大小 I_{RC} 的计算公式如下：

$$I_{\mathrm{RC}} = \rho(I_{\mathrm{BH}} + I_{\mathrm{DH}})\left(\frac{1-\cos\Sigma}{2}\right) \tag{4.30}$$

对于水平的太阳能采集板（$\Sigma = 0$），式（4.30）正确指出了并没有反射光照在采集板上；对于垂直安装的太阳能采集板，该式表明采集板只吸收了一半的反射光，也是正确的。

将式（4.25）和式（4.27）代入式（4.30），可以得到采集板吸收的反射光为

$$I_{\mathrm{RC}} = \rho I_{\mathrm{H}}\left(\frac{1-\cos\Sigma}{2}\right) = I_{\mathrm{B}}\rho(C + \sin\beta)\left(\frac{1-\cos\Sigma}{2}\right) \tag{4.31}$$

[例 4.11]　太阳能采集板上的反射日照量。

继续例 4.9 和例（4.10），计算当太阳能采集板表面反射系数为 0.2 时，采集

板的反射日照强度是多少？回想：5月21日亚特兰大太阳正午时，太阳高度角 β 为76.4°，太阳能采集板东南向20°，倾斜角52°，天空散射因子 C 为0.121，晴天下的太阳直射日照强度为902W/m²。

解：

根据式（4.31），晴天太阳能采集板上的反射日照强度为

$$I_{RC} = \rho I_B (\sin\beta + C) \left(\frac{1 - \cos\Sigma}{2} \right)$$

$$= 0.2 \cdot 902 \times (\sin76.4° + 0.121) \left(\frac{1 - \cos52°}{2} \right) = 38 \, W/m^2$$

因此太阳能采集板上的总日照强度等于

$$I_C = I_{BC} + I_{DC} + I_{RC} = 697 + 88 + 38 = 823 \, W/m^2$$

其中，总日照强度的84.7%是直射光、10.7%是散射光、4.6%是反射光。反射光所占份额较小，经常被忽略。

当太阳能采集板表面反射系数为0.8时，反射日照强度值变为

$$I_{RC} = 0.8 \times 902 \times (0.121 + \sin76.4°) \left(\frac{1 - \cos52°}{2} \right) = 152 \, W/m^2$$

因此总的日照强度是937W/m²，也就是说地面积雪导致了14%的日照强度增加。

虽然这些清晰的计算看起来很乏味，但它们很容易转换为简单电子表格，如图4.26所示。

4.10.4　太阳跟踪系统

到目前为止，一直假设太阳能采集板固定不动。但在很多情况下，太阳能采集板置于架上以跟踪太阳的移动具有很高的成本经济性。跟踪器分为双轴跟踪器，可以从方位角和高度角跟踪太阳，以使太阳能采集板始终正朝向太阳；或是单轴跟踪器，仅跟踪其中的一个量。

计算双轴太阳能采集板上的直射与散射日照强度过程很直观（如图4.27所示）。其中直射日照强度等于采用式（4.21）计算出的垂直入射光线日照强度 I_B。散射和反射日照强度可采用式（4.29）和式（4.31）来计算，其中太阳能采集板倾角等于太阳高度角，即 $\Sigma = 90° - \beta$。

双轴跟踪：

$$I_{BC} = I_B \tag{4.32}$$

$$I_{DC} = I_B C \left(\frac{1 + \sin\beta}{2} \right) \tag{4.33}$$

$$I_{RC} = I_B \rho (\sin\beta + C) \left[\frac{1 - \sin\beta}{2} \right] \tag{4.34}$$

图4.28所示为四种用于太阳能采集板单轴跟踪的方法。有两种方法沿水平轴

旋转采集板，或者是南北向或者是东西向。另外两种方法采用固定倾斜角，一个绕垂直轴旋转而另一个绕倾斜轴旋转。

图 4.29 所示为南北向水平轴（HNS）太阳能采集板的晴空日照强度几何分析。从图中可以容易地推导出采集板的倾斜角度是太阳高度角 β 和入射光线与采集板法线之间的入射角的函数 θ：

晴朗天气的日照计数			月份	n
天数 n	141	输入	1 月 1 日	1
纬度	33.7	输入（对于北半球为 +）	2 月 1 日	32
采集极方位角	20	输入（本初子午线以东为 +）	3 月 1 日	60
采集极倾斜角	52	输入	4 月 1 日	91
太阳时（ST, 24h）	12	输入	5 月 1 日	121
时角 H	0	$H = 15°/h \times (12 - ST)$ (4.10)	6 月 1 日	152
下倾角 δ	20.14	$\delta = 23.45\sin(360/365(n-81))$ (4.7)	7 月 1 日	182
高度角 β	76.44	$\beta = \arcsin(\cos L\cos\delta\cos H + \sin L\sin\delta)$ (4.8)	8 月 1 日	213
空气质量比 m	1.03	$m = \sqrt{708 \cdot \sin\beta^2 + 1417} - 708\sin\beta$ (4.21)	9 月 1 日	244
$A/(W/m^2)$	1104	$A = 1160 + 75\sin(360/365(n-275))$ (4.22)	10 月 1 日	274
k	0.197	$k = 0.174 + 0.035\sin(360/365(n-100))$ (4.23)	11 月 1 日	305
$I_b(W/m^2)$	902	$I_b = A\exp(-km)$ (4.21)	12 月 1 日	335
太阳方位角 > 90°	否	如果 $\cos H > \tan\delta/\tan L$ (4.11)		
太阳方位角 $\phi_S/(°)$	0.00	如果（"否" $\phi_S = \arcsin\left(\dfrac{\cos\delta\sin H}{\cos\beta}\right)$，$180 - \arcsin\left(\dfrac{\cos\delta\sin H}{\cos\beta}\right)$ (4.9)		
$I_{BC}/(W/m^2)$	697	$I_{BC} = I_C(\cos\beta\cos(\phi_S - \phi_C)\sin(\Sigma) + \sin\beta\cos(\Sigma))$ (4.24,4.26)		
C	0.121	$C = 0.095 + 0.04\sin(360/365(n-100))$ (4.28)		
$I_{DC}/(W/m^2)$	88	$I_{DC} = CI_B[(1+\cos\Sigma)/2]$ (4.29)		
反射率 β	0.2	输入：无 = 0，默认 = 0.2，雪 = 0.8		
$I_{RC}/(W/m^2)$	38	$I_{RC} = \rho I_B(C + \sin\beta)[(1-\cos\Sigma)/2]$ (4.31)		
日照 $I_C/(W/m^2)$	823	$I_C = I_{BC} + I_{DC} + I_{RC}$		
本地时间转换器				
经度	84.4	输入		
当地时间子午线	75	输入		
B	59.34	$B = 360/364(n-81)$ (4.13)		
时间方程 E/min	3.53	$E = 9.87\sin 2B - 7.53\cos B - 1.5\sin B$ (4.12)		
添加 CT/min	34.07	$CT - ST = -4(LTM - LL) - E$ (4.14)		
当地时间/h	下午 12:34	$CT -$ 时间（h, min, 0）		

图 4.26 用于计算晴天日照强度的简单电子表格。数据条目对应于例 4.8-4.11

图 4.27 双轴跟踪的角度关系

$$\Sigma = A\cos\left(\frac{\sin\beta}{\cos\theta}\right) \tag{4.35}$$

使用式（4.35）得到的倾斜角、南北向水平轴太阳能采集板与 Boes（1979）提供的入射日照射线[式(4.36)]之间的入射角，以及式（4.33）和式（4.34）中的散射和反射关系，可以计算出日照强度为

南北向水平轴单轴跟踪太阳能采集板：

$$\cos\theta = \sqrt{1 - (\cos\beta\cos\phi_S)^2} \tag{4.36}$$

$$I_{DC} = I_B C \left[\frac{1 + \left(\dfrac{\sin\beta}{\cos\theta}\right)}{2}\right] \tag{4.37}$$

$$I_{RC} = I_B \rho (C + \sin\beta) \left[\frac{1 - \dfrac{\sin\beta}{\cos\theta}}{2}\right] \tag{4.38}$$

图 4.28 中所示的所有四种跟踪方式所对应的类似方程详见表 4.2。

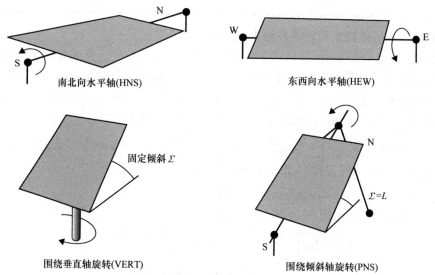

南北向水平轴(HNS)　　　东西向水平轴(HEW)

固定倾斜 $\varSigma$

围绕垂直轴旋转(VERT)　　　$\varSigma=L$　围绕倾斜轴旋转(PNS)

图 4.28　单轴跟踪系统的四种方法

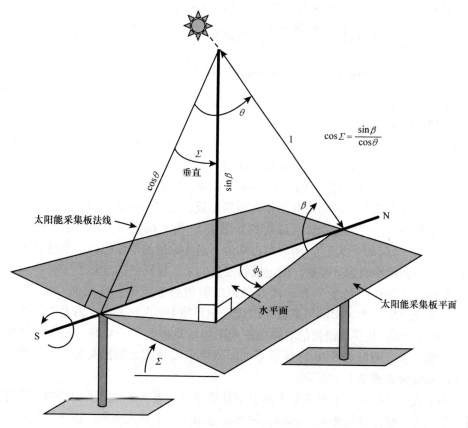

$$\cos\varSigma=\frac{\sin\beta}{\cos\theta}$$

太阳能采集板法线

太阳能采集板平面

水平面

图 4.29　南北向水平单轴跟踪太阳能采集板获取最佳倾角分析

~~~~~~

[例 4.12] 单轴跟踪太阳能采集板上的日照强度。

继续前例，计算 5 月 21 日正午在亚特兰大（纬度 33.7°）某南北向水平轴跟踪太阳能采集板上的日照强度。可供利用的前例计算结果详见图 4.26 中的表格。

解： 首先计算入射日照部分，$I_{BC} = I_B\cos\theta$，根据式（4.36），考虑到太阳高度角 $\beta = 76.44°$（见图 4.26），太阳中午的方位角为 0°，因此可以计算得到：

$$\text{HNS：}\cos\theta = \sqrt{1 - (\cos\beta\cos\phi_S)^2} = \sqrt{1 - (\cos76.44°\cos0)^2} = 0.972$$

由于 I_B 为 902W/m² ，因此太阳能采集板上的直射日照强度为

$$I_{BC} = I_B\cos\theta = 902 \times 0.972 = 877\text{W/m}^2$$

使用式（4.37），又由图 4.26 知的大气层分散系数 $C = 0.121$ ，因此有

$$I_{DC} = I_{DH}\left[\frac{1 + \sin\beta/\cos\theta}{2}\right] = I_{BC}C\left[\frac{1 + \sin\beta/\cos\theta}{2}\right]$$

$$= 902 \times 0.121\left[\frac{1 + \sin76.44/0.972}{2}\right] = 109\text{W/m}^2$$

最后根据式（4.38），计算反射日照强度（假设反射系数 ρ 为 0.20）为

$$I_{RC} = \rho I_H\left[\frac{1 - \sin\beta/\cos\theta}{2}\right] = I_B\rho(C + \sin\beta)\left[\frac{1 - \sin\beta/\cos\theta}{2}\right]$$

$$= 902 \times 0.2(0.121 + \sin76.44)\left[\frac{1 - \sin76.44/0.972}{2}\right] = 0$$

由于太阳能采集板在太阳中午时直接朝向天空，所以从地面反射到收集器面上的日照量可以忽略不计。

~~~~~~

因此跟踪型太阳能采集板上的总日照强度为

$$I_C = I_{BC} + I_{DC} + I_{RC} = 877 + 109 + 0 = 986\text{W/m}^2$$

对所有 5 种按小时自动跟踪型太阳能采集板，还有一个南向极倾斜固定安装的太阳能采集板，进行数据统计可以得到如图 4.30 所示的结果。图中给出的是总日照强度 [kW·h/(m²·天)]。稍后可以知道，这些数值的单位也可以被解释为一天中的全日照强度小时数。可见，固定倾斜安装的采集板日照强度相当于亚特兰大地区接受晴天下全日照强度 7.3h，而双轴跟踪型相当于接受了日照 11.2h，提高了 53%。南北向水平轴太阳能采集板（对应着全日照 11.0h）和垂直轴太阳能采集板（对应着 10.5h）几乎与昂贵的双轴跟踪太阳能采集板效果一样好。而东西向单轴太阳能采集板（对应着 8.0h）甚至不如倾斜固定安装的太阳能采集板，因此，这种东西向安装方式基本不可取。

为了便于清晰晴天下日照强度的整个计算过程，表 4.2 总结了相关的术语和方程。事实上，这些计算是很乏味的，除非能总结在一个数据表中。该表可以满足主要的需求，但如必要，也可以修改增加内容。表 4.6 给出了部分示例。

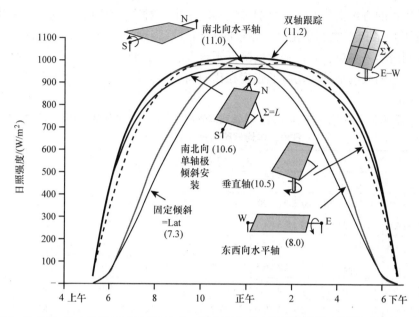

图 4.30　5 月 21 日，北纬 33.7°亚特兰大，晴空下的固定倾斜安装及不同类型跟踪型太阳能采集板的日照强度对比，括号中数字单位是 kW·h/(m²·天)

表 4.6　6 月 21 日北纬 40°的晴空日照强度小时数（W/m²），其中反射系数考虑为 0.2

太阳时	跟踪系统		倾斜角度，纬度 40°						
	单轴	双轴	0	20	30	40	50	60	90
6, 6	496	542	189	130	97	62	60	58	51
7, 5	706	764	387	333	295	250	199	146	84
8, 4	816	878	572	541	506	459	400	334	109
9, 3	877	939	731	726	696	649	586	510	220
10, 2	910	973	853	870	846	800	734	650	318
11, 1	924	989	929	961	940	895	828	740	381
12	928	993	955	992	973	928	860	771	403
kW·h(m²·天)	10.39	11.16	8.28	8.12	7.73	7.16	6.48	5.64	2.73

4.11　月均晴天日照强度

　　前述的瞬时日照方程可写出日均、月均和年均日照强度值，从而可以直观地观察到太阳能采集板受方位因素的影响。例如，表 4.7 给出了北纬 40°，不同固定方向安装、单轴或双轴跟踪式的太阳能采集板在晴天下的日均、年均日照强度。数值只考虑了直射光和散射光之和，忽略了反射光。如图 4.31 所示，不带跟踪器的太阳能采集板的方位变化对年均日照强度影响很小。对这个纬度，南向固定采集板在倾斜角从10°到60°之间变化时，导致的年均日照强度波动低于10%，此外，对于非正南朝向的采集板，日照强度的降低不很大。对于45°方位角（东南、西南）的采集板，晴朗天气下的年均日照强度相比南向类似倾斜角的采集板的日照强度下降量低于10%。

表4.7　不同固定方向安装、单轴或双轴跟踪式的太阳能采集板在晴天下的日均、年均日照强度（直射＋散射）

北纬40°，晴朗天气下的日照量（kW·h/m²）

倾角/°	0	20	30	40	50	60	90	20	30	40	50	60	90	20	30	40	50	60	90	轨迹追踪 单轴	双轴
一月	3.0	4.6	5.2	5.7	6.0	6.2	5.5	4.1	4.5	4.7	4.9	4.9	4.0	2.9	2.8	2.7	2.6	2.4	1.7	6.8	7.2
二月	4.2	5.8	6.3	6.6	6.7	6.7	5.4	5.3	5.6	5.7	5.7	5.5	4.2	4.1	3.9	3.7	3.5	3.3	2.2	8.2	8.3
三月	5.8	6.9	7.2	7.3	6.8	6.8	4.7	6.5	6.6	6.6	6.4	5.5	5.0	5.0	4.6	4.3			2.8	9.5	9.5
四月	7.2	7.7	7.7	7.4	6.8	6.2	3.3	7.5	7.4	7.1	6.6	6.1	3.7	6.9	6.6	6.2	5.7	5.2	3.3	10.3	10.6
五月	8.1	8.0	7.7	7.1	6.4	5.5	2.3	8.0	7.6	7.2	6.6	5.6	2.7	7.3	6.8	6.2	5.5	5.5	3.5	10.2	11.0
六月	8.3	8.1	7.6	7.0	6.2	5.2	1.9	8.0	7.6		6.4	6.4	3.0	7.8	7.4	6.9	6.3	5.6	3.4	9.9	11.0
七月	8.0	7.9	7.6	7.0	6.3	5.2	2.2	7.9	7.6	7.2	6.6	5.5	2.7	7.2	6.7	6.1	5.5	5.4	3.4	10.0	10.7
八月	7.1	7.5	7.5	7.2	6.6	6.0	3.2	7.3	7.2	6.9	6.5		3.6	6.7	6.4	6.0	5.5	5.0	3.2	9.8	10.1
九月	5.6	6.7	7.0	7.0	6.5	6.5	4.4	6.4									4.5	4.1	2.7	9.0	9.0
十月	4.1	5.5	6.0	6.3	6.4	6.4	5.1	5.0	5.3	5.4	5.4	5.2	4.0	3.9	3.7	3.6	3.3	3.1	2.1	7.7	7.8
十一月	2.9	4.5	5.1	5.5	5.8	5.9	5.3	3.9	4.3	4.6	4.7	4.7	4.0	2.8	2.7	2.6	2.5	2.3	1.6	6.5	6.9
十二月	2.5	4.1	4.7	5.2	5.7	5.7	5.2	3.6	3.9	4.2	4.4	4.4	3.8	2.4	2.3	2.2	2.1	2.0	1.4	6.0	6.5
共计	2029	2352	2415	2410	2342	2208	1471	2231	2249	2216	2130	1991	1357	1938	1848	1738	1612	1467	960	3167	3305

　　尽管图4.31表明安装方位并不关键，但是注意其绘出的是年日照强度，而没有考虑月分布。例如，光伏系统并网就是一种很好地考虑了安装方位的光伏发电系统设计模式。冬天发电量短缺可通过从公网中购买补充，而在夏天发出的多余的电量可以出售给公网。但对于电池或发电机提供备用能量的独立光伏系统，尽量平滑月均发电量非常重要，这样可以使低发电量月份对备用容量的需求最小化。

　　图4.31是年均日照强度图，根据不同的倾斜角，年均日照强度图可以表示出太阳日照强度的月动态变化特性。如图4.32所示，在纬度40°，三个不同倾斜角下的年均日照强度基本相同。图中20°倾斜角的太阳能采集板夏天工作良好，但冬天输出能量较少，因此不适于独立式光伏系统。而在倾斜角40°或60°，月均日照强度的分布更均匀，因此较适合独立式光伏系统。

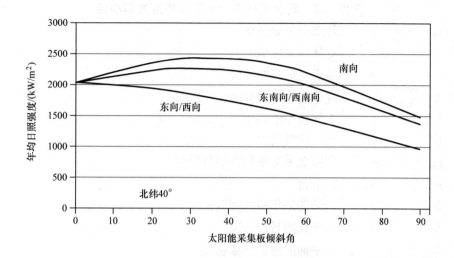

图 4.31 假设全年均为晴天，太阳能采集板在不同方位角和倾斜角下的年均日照强度：
在很大方位角和倾斜角变化范围内，年均值变化很小

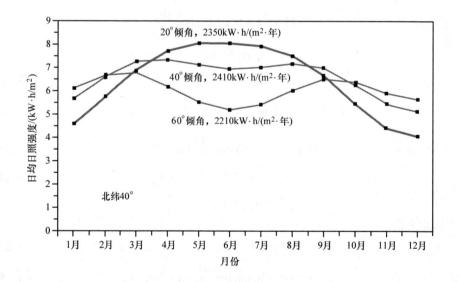

图 4.32 晴朗天气下，固定安装太阳能采集板与单轴极化固定跟踪和
双轴跟踪太阳能采集板的日照强度比对

	方框 4.2	**晴朗天气下太阳日照强度方程小结**

I_0 = 外太空日照强度

m = 空气质量比值

I_B = 地表直射日照强度

A = 视外太空日照强度

k = 大气层光学深度

C = 大气的散射因子

I_{BC} = 太阳能采集板的直射日照强度

θ = 入射角

Σ = 太阳能采集板的倾斜角

I_H = 水平面的日照强度

I_{DH} = 水平面的散射日照强度

I_{DC} = 太阳能采集板的散射日照强度

I_{RC} = 太阳能采集板的反射日照强度

ρ = 地表反射率

I_C = 太阳能采集板的日照强度

$$I_0 = 1370\left[1 + 0.034\cos\left(\frac{360n}{365}\right)\right] \tag{4.19}$$

$$m = \sqrt{(708\sin\beta)^2 + 1417} - 708\sin\beta \tag{4.21}$$

$$I_B = Ae^{-km} \tag{4.20}$$

$$A = 1160 + 75\sin\left[\frac{360}{365}(n - 275)\right](\text{W/m}^2) \tag{4.22}$$

$$k = 0.174 + 0.035\sin\left[\frac{360}{365}(n - 100)\right] \tag{4.23}$$

$$I_{BC} = I_B\cos\theta(\text{可用于各种方向}) \tag{4.24}$$

$$I_C = I_{BC} + I_{DC} + I_{RC}$$

固定方向：

$$\cos\theta = \cos\beta\cos(\phi_S - \phi_C)\sin\Sigma + \sin\beta\cos\Sigma \tag{4.26}$$

$$C = 0.095 + 0.04\sin\left[\frac{360}{365}(n - 100)\right] \tag{4.28}$$

$$I_{DC} = I_{DH}\left(\frac{1 + \cos\Sigma}{2}\right) = I_B C\left(\frac{1 + \cos\Sigma}{2}\right) \tag{4.29}$$

$$I_{RC} = \rho I_H\left(\frac{1 - \cos\Sigma}{2}\right) = I_B\rho(C + \sin\beta)\left(\frac{1 - \cos\Sigma}{2}\right) \tag{4.31}$$

双轴追踪：

$$\cos\theta = 1$$

$$I_{DC} = I_{DH}\left(\frac{1 + \sin\beta}{2}\right) = I_B C\left(\frac{1 + \sin\beta}{2}\right) \tag{4.33}$$

$$I_{RC} = \rho I_H\left(\frac{1 - \sin\beta}{2}\right) = I_B \rho(C + \sin\beta)\left(\frac{1 - \sin\beta}{2}\right) \tag{4.34}$$

单轴，水平安装，南北方向（HNS）：

$$\cos\theta = \sqrt{1 - (\cos\beta\cos\phi_S)^2} \tag{4.36}$$

$$I_{DC} = I_{DH}\left[\frac{1 + (\sin\beta/\cos\theta)}{2}\right] = I_B C\left[\frac{1 + (\sin\beta/\cos\theta)}{2}\right] \tag{4.37}$$

$$I_{RC} = \rho I_H\left[\frac{1 - (\sin\beta/\cos\theta)}{2}\right] = I_B \rho(C + \sin\beta)\left[\frac{1 - (\sin\beta/\cos\theta)}{2}\right] \tag{4.38}$$

单轴，水平安装，东西方向（HEW）：

$$\cos\theta = \sqrt{1 - (\cos\beta\sin\phi_S)^2} \tag{4.39}$$

$$I_{DC} = I_{DH}\left[\frac{1 + (\sin\beta/\cos\theta)}{2}\right] = I_B C\left[\frac{1 + (\sin\beta/\cos\theta)}{2}\right] \tag{4.40}$$

$$I_{RC} = \rho I_H\left[\frac{1 - (\sin\beta/\cos\theta)}{2}\right] = I_B \rho(C + \sin\beta)\left[\frac{1 - (\sin\beta/\cos\theta)}{2}\right] \tag{4.41}$$

单轴，极倾斜安装，南北方向（PNS）：

$$\cos\theta = \cos\delta \tag{4.42}$$

$$I_{DC} = I_{DH}\left[\frac{1 + \sin(\beta - \delta)}{2}\right] = I_B C\left[\frac{1 + \sin(\beta - \delta)}{2}\right] \tag{4.43}$$

$$I_{RC} = \rho I_H\left[\frac{1 - \sin(\beta - \delta)}{2}\right] = I_B \rho(C + \sin\beta)\left[\frac{1 - \sin(\beta - \delta)}{2}\right] \tag{4.44}$$

单轴，垂直安装（VERT），倾斜 Σ：

$$\cos\theta = \sin(\beta + \Sigma) \tag{4.45}$$

$$I_{DC} = I_{DH}\left(\frac{1 + \cos\Sigma}{2}\right) = I_B C\left(\frac{1 + \cos\Sigma}{2}\right) \tag{4.46}$$

$$I_{RC} = \rho I_H\left[\frac{1 - \cos\Sigma}{2}\right] = I_B \rho(C + \sin\beta)\left[\frac{1 - \cos\Sigma}{2}\right] \tag{4.47}$$

4.12 太阳辐射测量

太阳能数据库于 20 世纪 70 年代在美国最东部由美国海洋大气管理局（NOAA）及后来的美国可再生能源实验室（NREL）建立。在 1995 年，NREL 在美国 239 个地方设立了国家太阳辐射数据库（NSRDB）站；其中仅有 56 个进行长期太阳辐射测量，其余 183 个观测点的数据是基于考虑了气象条件，如云层覆盖的模型估计得出的。世界气象组织（WMO）通过其在俄罗斯的世界太阳辐射数据中心，编辑处理来自全球数百个观测点的数据。后来，基于地球静止轨道环境业务卫星（GOES）实现了远程图像传输，实现了对云层顶反射的辐射与地表测得的辐射数据的比较。现在，基于上述卫星数据，可是实现以 10km 为单位对美国所有 50 个州按小时进行网格状辐射强度估值扫描运算。

1991—2005 年 NSRDB 包含 1454 个细分为三个分类的地点。Ⅰ级站在太阳能和关键气象领域有一个完整的记录周期（1991—2005）所有时间，并且具有最高质量的太阳模拟数据（221 个站点）。Ⅱ类（637 个地点）和Ⅲ类地点（596 个地点）的质量数据集质量较低。这些电台的地图如图 4.33 所示。

国家太阳辐射数据库(NSRDB)站

1991—2005更新
● 类型Ⅰ
● 类型Ⅱ
● 类型Ⅲ
◎ 测量太阳能
1961—1990NSRDB
☆
美国能源部
国家可再生能源实验室

06-MAR-2007 1.1.1

图 4.33　239 个太阳辐射测量基站分布图（数据来自 NREL（1998））

主要有两类设备用来测量太阳辐射。应用最广泛的叫做日射强度计，能够测量来自于各个方向的总太阳辐射量，包括直射光和散射光；也就是说它可以测量施加至太阳光采集系统上的所有日辐射量。另一种称为直射强度计，其通过一个窄准直管来观测太阳，因此仅能够测量直射日照强度。直射强度计的测量数据对聚光型太阳能采集板非常重要，因为聚光型太阳能采集板仅能利用直射日照部分。

日射强度计和直射强度计也可调整来获得其他有用数据。如将在下节中看到，从散射光中滤出直射光的能力是从水平面日照强度测量转换为倾斜采集板上日照强度估算的关键一步。通过临时加装阴阳环来阻止直射光，日射强度计可用来测量散射光（如图 4.34 所示），通过从总量中减去散射光就可知道直射光部分。在某些条件下，不仅需要知道太阳提供的日辐射量，还需要知道太阳提供的某些波段的日辐射量。例如，报纸中报道光谱中紫外线的部分来提醒我们预防皮肤癌。这类数据可通过安装带有过滤器的日射强度计或直射强度计来获得。安装过滤器可对指定波长数据进行测量。

图 4.34　日射强度计加装阴阳环来测量散射日照强度

　　日射强度计或直射强度计最重要的部分是入射光线检测器。精确的检测器采用一组热电偶，称为热电堆，来测量暴露于阳光下的黑色表面会变得多热。其中最准确的日射强度计还有一个传感器表面，由交替的黑白两部分组成（如图 4.35 所示）。黑色部分吸收光，白色部分反射光，热电堆测量出两者的温度差，并产生出

a)　　　　　　　　　　　　　　　　b)

图 4.35　a）热电偶型黑白交替日射强度计　b）Li – Cor 公司的硅电池日射强度计

与辐射量成正比的电压值。其他热电堆日射强度计的传感器全为黑，温度差测量的是靠近周围环境的日射强度计与黑色传感器间的温差。

另一种方法是使用光电传感器输出电流流过校准电阻，产生正比于日照强度的电压。日射强度计比热电堆便宜但不如热电堆准确。热电堆传感器能测量太阳辐射中的所有波段，而光电传感器仅能测量光谱中的一部分。最常用的是硅光电传感器，这意味着任何波长大于 1100μm 带隙的光子都不能得到输出量。光电日射强度计可以被校准，从而能在晴天下产生准确的结果，但如果太阳光谱发生了改变，例如当光线通过玻璃或云层，其就不能像应用热电堆传感器的日射强度计一样准确。它们也无法对人造光进行准确测量。

4.13 正常环境下日照强度

到目前为止，只考虑了晴天情况下的日照辐射，这显然有一定的实用局限性。准确估计真实环境下的太阳能采集板上的日照强度更为重要。

在本节，将描述两种方法来解决上述问题。第一种是将 NSRDB 提供的直射、散射日照小时数据转换成太阳能采集板上日照强度的小时估算值。考虑到一年有 8760h，因此，这种换算不适合手工计算，建议采用计算机来快速实现。另一种从更基本的数据—月均水平日照强度入手，将其转换成南向太阳能采集板上的月均水平日照强度估算值。

4.13.1 太阳能采集板上的典型气象年日照强度

NSRDB 提供了指定地点的日照强度和天气小时数据，可用于创建所谓的典型气象年（Typical Meteorological Year, TMY）数据库。这些数据可用于表征该地区的气候现象变化范围，但是会保持原始数据的年均值保持不变。第三代 TMY 数据（称为 TMY3）可以从 NREL 网站下载得到。

TMY 日照数据既提供了法线方向又提供了水平方向（相对于地球表面）的外太空日照强度（ETRN 和 ETR）、全球水平日照照度（Global Horizontal Irradiance, GHI）、直接法线方向日照强度（Direct Normal Irradiance, DNI）和水平散射日照强度（Diffuse Horizontal Irradiance, DHI）的小时估计数值，同时也提供了风、温度、湿度、照度和降水等数据。这些数据不仅对于可再生能源系统重要，而且也是建筑能源系统能效性能建模分析所需的基础数据。

使用前述已经提到的方程，可以简单直接地将 DNI 和 DHI 转换成图 4.30 所示的任何一种跟踪型或固定倾角安装的太阳能采集板小时日照强度数据。如下给出了基本分析所需的相关方程：

$$I_{BC} = I_B \cos\theta = DNI \cos\theta \tag{4.48}$$

$$I_{DC} = I_{DH}\left[\frac{1+\cos\Sigma}{2}\right] = DHI\left[\frac{1+\cos\Sigma}{2}\right] \tag{4.49}$$

$$I_{RC} = \rho I_{BH}\left[\frac{1-\cos\Sigma}{2}\right] = \text{GHI}\cdot\rho\left[\frac{1-\cos\Sigma}{2}\right] \tag{4.50}$$

需要计算出入射角系数、$\cos\theta$ 和与太阳能采集板倾角相关的数值等。表 4.2 已经给出了在晴空情况下、固定安装或带跟踪功能的太阳能采集板相关系数的计算过程。

[例 4.13] 将 TMY 数据转换为太阳能采集板日照强度数据。

继续之前研究过的亚特兰大地区的例子（北纬 33.7°，5 月 21 日 $n=141$，太阳正午，倾斜角 $=52°$），东南向太阳能采集板方位角 $\phi_C=20°$，太阳高度角 $\beta=76.44$，太阳方位角 $\phi_S=0°$），得知晴天总日照强度为 823W/m²。

根据亚特兰大 5 月 21 日的 TMY 数据可知，GHI $=880$W/m²，DNI $=678$ W/m²，DHI $=242$ W/m²。请计算太阳能采集板上的日照强度。再请计算南北向单轴跟踪型太阳能采集板的日照强度。

解：根据方框 4.2 中的式（4.26），有

$$\cos\theta = \cos\beta\cos(\phi_S-\phi_C)\sin\Sigma + \sin\beta\cos\Sigma$$

$$= \cos76.44°\cos(0-20°)\sin52° + \sin76.44°\cos52° = 0.772$$

固定安装：

根据式（4.48），有 $I_{BC} = \text{DNI}\cos\theta = 678\times0.772 = 524$W/m²

根据式（4.49），有 $I_{DC} = \text{DHI}\left(\frac{1+\cos\Sigma}{2}\right) = 242\left(\frac{1+\cos52°}{2}\right) = 195$W/m²

根据式（4.50），有

$$I_{RC} = \text{GHI}\cdot\rho\left(\frac{1-\cos\Sigma}{2}\right) = 880\times0.2\left(\frac{1-\cos52°}{2}\right) = 34$$W/m²

总日照强度为 $I_C = 524+195+34 = 753$W/m²

南北向水平安装：

根据方框 4.2 中的式（4.36）~式（4.48），有

$$\cos\theta = \sqrt{1-(\cos\beta\cos\phi_S)^2} = \sqrt{1-(\cos76.44°\cos0°)^2} = 0.972$$

$$I_{BC} = \text{DNI}\cos\theta = 678\times0.972 = 659\text{W/m}^2$$

$$I_{DC} = \text{DHI}\left[\frac{1+(\sin\beta/\cos\theta)}{2}\right] = 242\left[\frac{1+(\sin76.44°/0.972)}{2}\right]$$

$$= 242\text{W/m}^2$$

由于南北向安装的太阳能采集板将在正午时与地面平行，因此所有的水平散射日照强度将均落在太阳能采集板上。也就是说，由于太阳能采集板与地面平行，没有来自地面反射的日照强度。

$$I_{RC} = \rho \cdot \text{GHI}\left[\frac{1 - (\sin\beta/\cos\theta)}{2}\right] = 0.2 \times 880\left[\frac{1 - (\sin76.44/0.972)}{2}\right]$$
$$= 0\,\text{W/m}^2$$

总日照强度为 $I_C = 659 + 242 + 0 = 901\,\text{W/m}^2$

$\text{GHI} = 880\,\text{W} \cdot \text{h/m}^2$ 测量值与计算值 $901\,\text{W/m}^2$ 之间的微小差异可以解释为 GHI 在全天测量的平均值，而计算值是在太阳正午时刻的瞬时值。

可见，上述方程计算还是很繁琐的，但是这些公式还是很容易在电子表格中实现的。图 4.36 展示了如何实现这种电子表格，并给出了如何基于该表格利用方框 4.2 的方程和 TMY 数据来估算太阳能采集板上的小时日照强度值。

天数 n			141				
纬度 L			33.7				
采集板方位角 ϕ_C			20				
采集板倾斜角 Σ			52				
倾斜 δ（°）			20.14	$\delta = 23.45\sin(360/365(n-81))$			
反射率 ρ			0.2				
TMY 时间	TMY GHI	TMY DNI	TMY DHI	β (4.8)	ϕ_S (4.9)	$\cos\theta$ (4.26)	I_C（W/m²）
5.00	0	0	0	−0.64	114.92	0.000	—
6.00	11	13	10	11.01	106.97	0.159	11
7.00	109	303	55	23.15	99.49	0.374	162
8.00	317	667	64	35.56	91.83	0.558	436
9.00	425	329	237	48.02	82.97	0.697	437
10.00	567	339	319	60.17	70.67	0.783	545
11.00	865	830	151	71.00	48.27	0.808	826
12.00	880	678	242	76.44	0.00	0.772	753
13.00	864	577	303	71.00	−48.27	0.677	669
14.00	842	608	265	60.17	−70.67	0.530	568
15.00	897	718	269	48.02	−82.97	0.339	495
16.00	539	405	235	35.56	−91.83	0.120	259
17.00	470	418	185	23.15	−99.49	0.000	168
18.00	321	519	110	11.01	−106.97	0.000	101
19.00	126	340	57	−0.64	−114.92	0.000	51

图 4.36 将 TMY 数据转换成太阳能采集板上的小时日照强度数据：该数据对应着例 4.8 ~ 例 4.13，TMY 数据对应着亚特兰大

4.14　月均日照强度

历史上来看，大部分收集的现场实测数据都是水平测量数据。将这些数据转换成辐射到倾斜表面上的日照强度数据取决于如何确定水平测量的总日照强度 $\overline{I}_H$ 数据中哪一部分是散射部分 $\overline{I}_{DH}$，哪一部分是直射部分 $\overline{I}_{BH}$。

$$\overline{I}_H = \overline{I}_{DH} + \overline{I}_{BH} \tag{4.51}$$

一旦完成了上述分解，根据前述方程，将很容易将水平测量数据转换成倾斜太阳能采集板上的散射和反射。同样对于垂直测量数据的分解和转换也是类似的。

总水平面日照强度分解成散射和直射光部分，首先定义晴朗指数 K_T，它等于某处平均水平面日照强度 $\overline{I}_H$ 与该处正上方的外太空水平面日照强度 $\overline{I}_0$ 的比值。

$$晴朗指数\ K_T = \frac{\overline{I}_H}{\overline{I}_0} \tag{4.52}$$

通常晴朗指数是基于月平均，而式（4.52）是按天来计算的；因此一般以该值的月均值或者月中间一天的数值来表示月均情况。

高晴朗指数对应于大多太阳辐射是直射光的晴朗天空；而低晴朗指数对应的是大多太阳辐射是散射光的情况。

水平面的日均外太空日照强度 $\overline{I}_0$［kW·h/(m²·天)］可以通过对正常太阳辐射(式(4.19))和从日出到日落太阳高度角的正弦(式(4.8))乘积均一化计算得出：

$$\overline{I}_0 = \left(\frac{24}{\pi}\right)SC\left[1 + 0.034\cos\left(\frac{360n}{365}\right)\right](\cos L\cos\delta\sin H_{SR} + H_{SR}\sin L\sin\delta) \tag{4.53}$$

式中，SC 是太阳常数，且日出时角度 H_{SR} 单位为弧度。

许多人尝试过将晴朗指数和部分由于散射而导致的水平日照强度关联起来，其中包括 Liu 和 Jordan（1961）、Collares - Pereira 和 Rabl（1979）等人。Liu 和 Jordan 关联式如下：

$$\frac{\overline{I}_{DH}}{\overline{I}_H} = 1.390 - 4.027K_T + 5.531K_T{}^2 - 3.108K_T{}^3 \tag{4.54}$$

根据式（4.54），可以估算出水平日照强度中的散射部分，然后调整式（4.29）和式（4.30）给出全天平均值，则倾斜安装的太阳能采集板的平均散射和反射日照量可由下式得到：

$$\overline{I}_{DC} = \overline{I}_{DH}\left(\frac{1 + \cos\Sigma}{2}\right) \tag{4.55}$$

$$\overline{I}_{RC} = \rho\,\overline{I}_H\left(\frac{1+\cos\Sigma}{2}\right) \tag{4.56}$$

式中，Σ 是太阳能采集板相对于水平面的夹角。式（4.45）和式（4.46）足以说明问题，但应注意，更复杂的模型不假设天空为均质（Perezet, 1990）。

水平表面的平均直射光可由总量 $\overline{I}_H$ 中减去散射部分 $\overline{I}_{DH}$ 得到。为了将水平直射光转化成太阳能采集板上的直射光 $\overline{I}_{BC}$，需先合并式（4.25）和式（4.24）：

$$I_{BH} = I_B\sin\beta \tag{4.25}$$

$$I_{BC} = I_B\cos\theta \tag{4.24}$$

得到式

$$I_{BC} = I_{BH}\left(\frac{\cos\theta}{\sin\beta}\right) = I_{BH}R_B \tag{4.57}$$

式中，θ 是太阳能采集板和光束间的入射角；β 是太阳高度角；括号中的量称为光束倾斜因数 R_B。

方程（4.57）针对瞬时值是正确的，由于需要月均值，因此需要的是光束倾斜因数的月均值。在 Liu 和 Jordan 方案的流程中，光束倾斜因数通过简单地均分一天中太阳照射太阳能采集板的那段时间的 $\cos\theta$ 值，再除以一天中太阳处于地平线之上时间里的 $\sin\beta$ 的均值。对于倾角 Σ 南向太阳能采集板，可以得到这些均值的解析解，最终的平均光束倾斜因数变为

$$\overline{R}_B = \frac{\cos(L-\Sigma)\cos\delta\sin H_{SRC} + H_{SRC}\sin(L-\Sigma)\sin\delta}{\cos L\cos\delta\sin H_{SR} + H_{SR}\sin L\sin\delta} \tag{4.58}$$

式中，H_{SR} 是日出时角（弧度），定义如（4.17）所示：

$$H_{SR} = \arccos(-\tan L\tan\delta) \tag{4.17}$$

H_{SRC} 是太阳能采集板日出时角（当太阳首次照射太阳能采集板表面时，$\theta = 90°$）：

$$H_{SRC} = \min\{\arccos(-\tan L\tan\delta),\arccos[-\tan(L-\Sigma)\tan\delta]\} \tag{4.59}$$

回顾一下，L 是纬度，Σ 是太阳能采集板倾角，δ 是太阳赤纬。

总结该方法，一旦水平日照强度被分成直射部分和散射部分，其可由下式合并成照射到太阳能采集板的日辐射量：

$$\overline{I}_C = \overline{I}_H\left(1-\frac{\overline{I}_{DH}}{\overline{I}_H}\right)\cdot\overline{R}_B + \overline{I}_{DH}\left(\frac{1+\cos\Sigma}{2}\right) + \rho\,\overline{I}_H\left(\frac{1+\cos\Sigma}{2}\right) \tag{4.60}$$

其中，南向太阳能采集板的 $\overline{R}_B$ 可由式（4.58）得到。

[例 4.14] 倾斜安装太阳能采集板的月均日照强度。

加州奥克兰（北纬 37.73°）7 月份的平均水平日照强度为 7.32kW·h(m²·天)。估算倾斜角 30° 南向安装的太阳能采集板的日照强度。假设地面反射系数为 0.2。

解：

首先计算月中 7 月 16 号（$n = 197$），的太阳赤纬和日出时角：

$$\delta = 23.45\sin\left[\frac{360}{365}(n-81)\right] = 23.45\sin\left[\frac{360}{365}(197-81)\right]$$

$$= 21.35° \tag{4.6}$$

$$H_{SR} = \arccos(-\tan L\tan\delta)$$

$$= \arccos(-\tan37.73°\tan21.35°) = 107.6° = 1.878\text{rad} \tag{4.17}$$

利用太阳常数为 1.37kW/m^2。根据式（4.53），水平日照强度等于：

$$\overline{I}_0 = \left(\frac{24}{\pi}\right)SC\left[1+0.034\cos\left(\frac{360n}{365}\right)\right](\cos L\cos\delta\sin H_{SR} + H_{SR}\sin L\sin\delta)$$

$$= \left(\frac{24}{\pi}\right)SC\left[1+0.034\cos\left(\frac{360\cdot197}{365}\right)°\right](\cos37.73°\cos21.35°\sin107.6° +$$

$$1.878\sin37.73°\sin21.35°)$$

$$= 11.34\text{kW}\cdot\text{h/(m}^2\cdot\text{天)}$$

根据式（4.52），晴朗指数为

$$K_T = \frac{\overline{I}_H}{\overline{I}_0} = \frac{7.32\text{kW}\cdot\text{h/(m}^2\cdot\text{天)}}{11.34\text{kW}\cdot\text{h/(m}^2\cdot\text{天)}} = 0.645$$

根据式（4.54），分散光部分为

$$\frac{\overline{I}_{DH}}{\overline{I}_H} = 1.390 - 4.027K_T + 5.531K_T^2 - 3.108K_T^3$$

$$= 1.390 - 4.027\times(0.645) + 5.531\times(0.645)^2 - 3.108\times(0.645)^3 = 0.259$$

因此，散射水平日照量为

$$\overline{I}_{DH} = 0.258\times7.32 = 1.89\text{kW}\cdot\text{h/(m}^2\cdot\text{天)}$$

太阳能采集板上的散射日照量可由式（4.55）给出：

$$\overline{I}_{DC} = \overline{I}_{DH}\left(\frac{1+\cos\Sigma}{2}\right) = 1.89\times\left(\frac{1+\cos30°}{2}\right) = 1.76\text{kW}\cdot\text{h/(m}^2\cdot\text{天)}$$

太阳能采集板上的反射日照量可由式（4.56）给出：

$$\overline{I}_{RC} = \rho\overline{I}_H\left(\frac{1+\cos\Sigma}{2}\right) = 0.2\times7.32\times\left(\frac{1+\cos30°}{2}\right) = 0.10\text{kW}\cdot\text{h/(m}^2\cdot\text{天)}$$

由式（4.51），水平面上的直射日照强度为

$$\overline{I}_{BH} = \overline{I}_H - \overline{I}_{DH} = 7.32 - 1.89 = 5.43\text{kW}\cdot\text{h/(m}^2\cdot\text{天)}$$

考虑太阳能采集板的倾斜角，首先根据式（4.59）计算日出时角：

$$H_{SRC} = \min\{\arccos(-\tan L\tan\delta), \arccos[-\tan(L-\Sigma)\tan\delta]\}$$

$$= \min\{\arccos(-\tan37.73°\tan21.35°), \arccos[-\tan(37.73-30)°\tan21.35°]\}$$

$$= \min\{107.6°, 93.0°\} = 93.0° = 1.624\text{rad}$$

由式（4.58）计算光束倾斜因数为

$$\overline{R}_{\mathrm{B}} = \frac{\cos(L-\varSigma)\cos\delta\sin H_{\mathrm{SRC}} + H_{\mathrm{SRC}}\sin(L-\varSigma)\sin\delta}{\cos L\cos\delta\sin H_{\mathrm{SR}} + H_{\mathrm{SR}}\sin L\sin\delta}$$

$$= \frac{\cos(37.73-30)^{\circ}\cos21.35^{\circ}\sin93^{\circ} + 1.624\sin(37.73-30)^{\circ}\sin21.35^{\circ}}{\cos37.73^{\circ}\cos21.35^{\circ}\sin107.6^{\circ} + 1.878\sin37.73^{\circ}\sin21.35^{\circ}}$$

$$= 0.893$$

因此，太阳能采集板上的直射日照强度为

$$\overline{I}_{\mathrm{BC}} = \overline{I}_{\mathrm{BH}}\overline{R}_{\mathrm{B}} = 5.43 \times 0.893 = 4.85\mathrm{kW}\cdot\mathrm{h}/(\mathrm{m}^2\cdot\text{天})$$

太阳能采集板上的总日照强度为

$$\overline{I}_{\mathrm{C}} = \overline{I}_{\mathrm{BC}} + \overline{I}_{\mathrm{DC}} + \overline{I}_{\mathrm{RC}} = 4.85 + 1.76 + 0.10 = 6.7\mathrm{kW}\cdot\mathrm{h}/(\mathrm{m}^2\cdot\text{天})$$

月均日照强度相关计算		
日数 n	197	输入
纬度 L（°）	37.73	输入（对北半球为 +）
太阳能采集板方位角 ϕ_{C}（°）	20	输入（对本初子午线以东为 +）
太阳能采集板倾斜角 $\varSigma$（°）	30	输入
水平总平均日照强度 I_{H}/[kW·h/(m²·天)]	7.32	输入：每月平均值
反射率 ρ	0.2	输入：无 = 0，默认 = 0.2，雪地情况下 = 0.8
太阳常数 SC/(kW/m²)	1.37	假设
太阳赤纬 δ	21.35	$\delta = 23.45\sin[(360/365)(n-81)]$
日出时角 H_{SR}/rad	1.878	$H_{\mathrm{SR}} = \arccos(-\tan L\tan\delta) + C10 + C10$
外太空平均日照强度 $I_{0\mathrm{avg}}$/[kW·h/(m²·天)]	11.34	$I_{0\mathrm{avg}} = (24/\pi)\mathrm{SC}[1 + 0.034\cos(360n/365)]$ $(\cos L\cos\delta\sin HSR + HSR\sin L\sin\delta)$
晴朗指数 K_{T}	0.645	$K_{\mathrm{T}} = I_{\mathrm{Havg}}/I_{0\mathrm{avg}}$
散射系数	0.259	$I_{\mathrm{DH}}/I_{\mathrm{o}} = 1.390 - 0.4027K_{\mathrm{T}} + 5.531K_{\mathrm{T}}^2 - 3.108K_{\mathrm{T}}^3$
水平散射日照强度/[kW·h/(m²·天)]	1.90	$I_{\mathrm{DH,avg}} = I_{\mathrm{H}} \times (I_{\mathrm{DH}}/I_{\mathrm{H}})$
太阳能采集板上散射日照强度/[kW·h/(m²·天)]	1.77	$I_{\mathrm{DC}} = I_{\mathrm{DH}}(1 + \cos\varSigma)/2$
太阳能采集板上反射日照强度/[kW·h/(m²·天)]	0.10	$I_{\mathrm{RC}} = \rho I_{\mathrm{H,AVG}}(1 - \cos\varSigma)/2$
水平入射直射光日照强度 I_{BH}/[kW·h/(m²·天)]	5.42	$I_{\mathrm{BH}} = I_{\mathrm{H}} - I_{\mathrm{DH}}$
太阳能采集板日出时角 H_{SRC}/rad	1.62	$H_{\mathrm{SRC}} = \min[(\arccos(-\tan L\tan\delta),$ $\arccos(-\tan(L-\varSigma)\tan\delta)]$
光束倾斜因数 R_{B}	0.893	$R_{\mathrm{B}} = [\cos(L-\varSigma)\cos\delta\sin H_{\mathrm{SRC}} + H_{\mathrm{SRC}}\sin(L-\varSigma)\sin\delta]/$ $(\cos L\cos\delta\sin H_{\mathrm{SR}} + H_{\mathrm{SR}}\sin L\sin\delta)$
太阳能采集板上直射日照强度 I_{BC}/[kW·h/(m²·天)]	4.84	$I_{\mathrm{BC}} = I_{\mathrm{BH}}R_{\mathrm{B}}$
太阳能采集板总日照强度/[kW·h/(m²·天)]	6.7	$I_{\mathrm{C}} = I_{\mathrm{BC}} + I_{\mathrm{DC}} + I_{\mathrm{RC}}$

图 4.37　根据测量的水平日照强度数据来确定月均日照强度示例（数据对应于例 4.14）

　　显然，计算过程很单调乏味，因此最好制成数据表或其他计算机分析工具，最好应用网上预先计算出的数据，或应用像平面及集中太阳能采集板太阳辐射数据年刊（NREL，1994）一样的出版物中的数据。NREL 的一个示例数据见表 4.8。给出了南向不同倾斜角的固定安装太阳能采集板，和单轴、双轴跟踪的采集板的平均总辐射量数据。另外，图中也列出了月日照量的范围幅度，从而可清晰地认识到实测时太阳辐射的多变性。同时也包括了聚光型太阳能采集板（不能会聚散射光）的直射辐射光部分。也给出了带南北轴向或东西轴向跟踪器的水平太阳能采集板，以及固定倾斜安装采集板的直射日照数据。

　　来自 NREL 日照辐射手册中的数据举例见表 4.9。

表 4.8　科罗拉多州波尔得地区不同太阳能采集板配置下的平均日照强度[kW·h/(m²·天)]

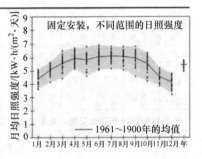

Boulder, CO
WBAN NO.940158

北纬:40.02°
西经:105.25°
海拔:1634m
平均压力:836Mbar

平板型太阳能采集板以固定倾斜角南向安装情况下的日照强度[kW·h/(m²·天)]，不确定性 ±9%

倾斜/°		1月	2月	3月	4月	5月	6月	7月	8月	9月	10月	11月	12月	年
0	平均	2.4	3.3	4.4	5.6	6.2	6.9	6.7	6.0	5.0	3.8	2.6	2.1	4.6
	最小/最大	2.1/2.7	2.8/3.5	3.7/5.0	4.8/6.1	5.1/7.2	5.7/7.8	5.6/7.4	5.2/6.6	4.0/5.5	3.1/4.2	2.3/2.8	1.9/2.3	4.3/4.8
纬度 −15	平均	3.8	4.6	5.4	9.1	6.2	6.6	6.6	6.3	5.9	5.1	4.0	3.5	5.4
	最小/最大	3.2/4.4	3.8/5.1	4.3/6.2	5.3/6.8	4.9/7.3	5.5/7.6	5.6/7.4	5.3/7.1	4.6/6.7	4.0/5.8	3.4/4.6	2.8/4.1	4.9/5.7
纬度	平均	4.4	5.1	5.6	6.0	5.9	6.1	6.1	6.1	6.0	5.6	4.6	4.2	5.5
	最小/最大	3.6/5.1	4.2/5.7	4.4/6.5	5.2/6.7	4.6/6.8	5.1/6.9	5.2/6.8	5.1/6.8	4.6/6.6	4.2/6.4	3.9/5.2	3.2/4.8	5.0/5.8
纬度 +15	平均	4.8	5.3	5.6	5.6	5.2	5.2	5.3	5.5	5.7	5.7	4.6	4.2	5.3
	最小/最大	3.9/5.6	4.3/5.9	4.4/6.5	4.8/6.2	4.1/6.0	4.4/6.1	4.5/6.2	4.6/6.6	4.4/6.6	4.2/6.4	4.1/5.3	3.5/5.3	4.8/5.6
90	平均	4.5	4.6	4.3	3.6	2.8	2.6	2.7	3.2	4.0	4.6	4.4	4.3	3.8
	最小/最大	3.6/5.4	3.7/5.2	3.5/5.0	3.0/4.0	2.3/3.1	2.2/2.8	2.3/2.9	2.7/3.6	3.1/4.6	3.4/5.3	3.7/5.1	3.4/5.2	3.4/4.1

（续）

平板型南北向单轴跟踪太阳能采集板的日照强度[kW·h/(m²·天)]，不确定性±9%														
倾斜（°）		1月	2月	3月	4月	5月	6月	7月	8月	9月	10月	11月	12月	年
0	平均	3.7	4.9	6.2	7.6	8.2	9.1	9.0	8.2	7.1	5.7	4.0	3.3	6.4
	最小/最大	3.0/4.4	4.1/5.5	4.6/7.4	6.2/8.7	6.2/10.0	7.4/10.9	7.1/10.2	6.7/9.3	5.3/8.3	4.2/6.6	3.4/4.4	2.6/3.9	5.7/6.9
纬度－15	平均	4.8	5.9	7.0	8.1	8.4	9.1	9.1	8.6	7.9	6.7	5.0	5.4	7.1
	最小/最大	3.8/5.6	4.8/6.7	5.1/8.4	6.6/9.2	6.3/10.2	7.4/10.9	7.1/10.3	7.0/9.8	5.8/9.2	4.8/7.8	4.2/5.7	3.3/5.2	6.2/7.6
纬度	平均	5.2	6.2	7.2	8.0	8.1	8.8	8.7	8.4	7.9	7.1	5.5	4.9	7.2
	最小/最大	4.2/6.2	5.1/7.1	5.2/8.6	6.6/9.2	6.1/9.9	7.1/10.4	6.8/10.0	6.8/9.6	5.8/9.3	5.0/8.2	4.6/6.3	3.6/5.8	6.3/7.8
纬度＋15	平均	5.5	6.4	7.1	7.7	7.7	8.2	8.2	8.0	7.8	7.1	5.7	5.2	7.1
	最小/最大	4.4/6.6	5.2/7.3	5.2/8.6	6.3/8.9	5.8/9.4	6.6/9.8	6.4/9.3	6.5/9.2	5.6/9.1	5.8/8.3	4.8/6.6	3.8/6.2	6.1/7.6

平板型双轴跟踪太阳能采集板的日照强度[kW·h/(m²·天)]，不确定性±9%														
跟踪型		1月	2月	3月	4月	5月	6月	7月	8月	9月	10月	11月	12月	年
双轴	平均	5.6	6.4	7.2	8.1	8.5	9.4	9.2	8.6	8.0	7.1	5.7	5.3	7.4
	最小/最大	4.5/6.7	5.2/7.3	5.2/8.6	6.7/9.3	6.4/10.4	7.6/11.1	7.2/10.5	7.0/9.8	5.8/9.3	5.1/8.3	4.8/6.6	3.9/6.3	6.5/8.0

直射聚光型太阳能采集器的日照强度[kW·h/(m²·天)]，不确定性±8%														
跟踪		1月	2月	3月	4月	5月	6月	7月	8月	9月	10月	11月	12月	年
东西向水平单轴	平均	3.5	3.7	3.7	4.0	4.2	5.0	4.9	4.5	4.4	4.3	3.6	3.4	4.1
	最小/最大	2.3/4.6	2.8/4.5	2.1/4.8	2.9/5.0	2.9/5.7	3.5/6.4	3.8/6.1	3.4/5.4	2.8/5.5	2.5/5.2	2.7/4.7	2.0/4.3	3.4/4.5
南北向水平单轴	平均	2.6	3.4	4.2	5.3	5.4	6.6	6.5	6.0	5.4	4.3	2.8	2.3	4.6
	最小/最大	1.6/3.4	2.5/4.2	2.2/5.7	2.2/6.4	3.8/7.6	4.8/8.5	4.8/8.1	4.5/7.1	3.4/6.7	2.4/5.3	2.2/3.6	1.3/3.0	3.7/5.1
南北向垂直单轴	平均	3.9	4.5	5.0	5.6	5.5	6.2	6.2	6.1	6.0	5.5	4.1	3.6	5.2
	最小/最大	2.5/5.1	3.4/5.5	2.7/6.6	3.8/6.8	4.7/7.5	4.5/8.0	4.7/7.7	4.6/7.3	3.8/7.6	3.1/6.7	3.1/5.3	2.0/4.6	4.2/5.7
双轴	平均	4.1	4.6	5.0	5.7	5.7	6.8	6.7	6.3	6.1	5.6	4.3	4.0	4.4
	最小/最大	2.7/5.4	3.5/5.7	2.7/6.6	3.9/6.9	4.0/7.9	4.9/8.7	4.9/8.3	4.8/7.5	3.8/7.6	3.2/6.8	3.3/5.6	2.2/5.0	4.3/6.0

表 4.9 某地部分日照强度实测数据

加利福尼亚，洛杉矶：北纬 33.93°

倾斜角	1 月	2 月	3 月	4 月	5 月	6 月	7 月	8 月	9 月	10 月	11 月	12 月	年
纬度 − 15	3.8	4.5	5.5	6.4	6.4	6.4	7.1	6.8	5.9	5.0	4.2	3.6	5.5
纬度	4.4	5.0	5.7	6.3	6.1	6.0	6.6	6.6	6.0	5.4	4.7	4.2	5.6
纬度 + 15	4.7	5.1	5.6	5.9	5.4	5.2	5.8	6.0	5.7	5.5	5.0	4.5	5.4
90	4.1	4.1	3.8	3.3	2.5	2.2	2.4	3.0	3.6	4.2	4.3	4.1	3.5
单轴 Lat	5.1	6.0	7.1	8.2	7.8	7.7	8.7	8.4	7.4	6.6	5.6	4.9	7.0
温度/℃	18.7	18.8	18.6	19.7	20.6	22.2	24.1	24.8	24.8	23.6	21.3	18.8	21.3

波尔得的太阳辐射数据如图 4.38 所示。正如前述介绍的，晴天情况下，南向固定安装的太阳能采集板倾角大范围变化时，其年均日照强度几乎不变；但季节性的变化却很明显。单轴跟踪的增强作用很明显，大约为 30%。

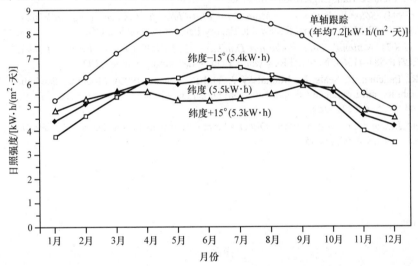

图 4.38 科罗拉多州波尔得，南向、倾角等于纬度和纬度 ±15°时、固定安装太阳能采集板的日照强度，括号中数据为年均值，倾角等于纬度的单轴跟踪器使得年发电量多大约 30%

（数据来自 NREL（1994））

世界各地太阳辐射季节变化很容易在网上找到。这些提供了太阳能资源的一个粗略的指示，并且当更多特定的本地数据不便利时是有用的。图中平均日照强度的单位采用 kW·h/（m² · 天），当然还有其他的单位可用。艳阳高照的天气下，地表的日照强度大约为 1kW·h/m²，实际上，1kW·h/m² 方便性地定义为单位日照强度。例如，日均日照强度 5.5kW·h/m² 相当于 1kW·h/m²（单位日照强度）日照 5.5h；即相当于 5.5h 的全日照。因此，图中的太阳辐射单位可认为是"全日照下的小时数"。在下章光伏发电中将看到，全日照下的小时数分析方法对设计光伏系统很关键。

参 考 文 献

The American Ephemeris and Nautical Almanac, published annually by the Nautical Almanac Office, U.S. Naval Observatory, Washington, D.C.

ASHRAE, (1993), *Handbook of Fundamentals*, American Society of Heating, Refrigeration and Air Conditioning Engineers, Atlanta.

Boes, E.C. (1979). *Fundamentals of Solar Radiation*. Sandia National Laboratories, SAND79-0490, Albuquerque, NM.

Collares-Pereira, M., and A. Rabl (1979). The Average Distribution of Solar Radiation–Correlation Between Diffuse and Hemispherical, *Solar Energy*, vol. 22, pp. 155–166.

Liu, B.Y.H., and R.C. Jordan (1961). Daily Insolation on Surfaces Tilted Toward the Equator, *Trans. ASHRAE*, vol. 67, pp. 526–541.

Kuen, T.H., Ramsey, J.W., and J.L. Threlkeld, (1998), *Thermal Environmental Engineering*, 3rd ed., Prentice-Hall, Englewood Cliffs, NJ.

NREL, (1994). *Solar Radiation Data Manual for Flat-Plate and Concentrating Collectors*, NREL/TP-463-5607, National Renewable Energy Laboratory, Golden, CO.

NREL, (2007). *National Solar Radiation Database 1991–2005 Update: User's Manual*, NREL/TP-581-41364, National Renewable Energy Laboratory, Golden, CO.

Perez, R., Ineichen, P., Seals, R., Michalsky, J., and R. Stewart (1990). Modeling Daylight Availability and Irradiance Components from Direct and Global Irradiance, *Solar Energy*, vol. 44, no. 5, pp. 271–289.

Threlkeld, J.L., and R.C. Jordan (1958). Direct solar radiation available on clear days. *ASHRAE Transactions*, vol. 64, pp. 45.

第 5 章　光伏材料及电气特性

5.1　简　介

将光线中光子的能量转换成电流和电压的作用，称为光电效应。波长足够短而且所含能量足够高的光子能够使光伏材料中的电子脱离原子的束缚。如果附近存在电场，则这些电子将会被驱动向着金属触点移动，从而产生电流。光电转换的驱动能量实际上是来自太阳，值得一提的是，地球表面接收到的太阳能量是地球总能量需求的 6000 倍。

光伏转换的历史可追溯到 1839 年，19 岁的法国物理学家埃德蒙·贝克勒尔（Edmund Becquerel）在弱电解液中用光照射金属电极时，产生了电压。大约 40 年后，亚当斯（Adams）和戴（Day）率先开展了固体光生伏特效应研究，并成功制造出了效率为 1%～2% 的硒电池。硒电池很快被新兴的摄影工业作为光度曝光计所采用；实际上，直至今天它们仍然在被使用。

作为量子理论研究的一部分，阿尔伯特·爱因斯坦（Albert Einstein）在 1904 年发表论文从理论上解释了光伏效应，并因此荣获了 1923 年的诺贝尔奖。与此同时，波兰科学家切克劳斯基（Jan Czochralski）发明了生产高纯度硅晶体的方法，这成为现代电子学，尤其是光伏技术的奠基石。到了 20 世纪四五十年代，切克劳斯基工艺开始用于制造第一代单晶硅光伏材料，这一技术持续主导着光伏工业直至今天。

20 世纪 50 年代，多次有人尝试将光伏材料商业化，但是问题是成本太高。1958 年，光伏发电首次作为可实用能源使用于太空中的先驱者 1 号卫星。对于太空设施，成本相对于重量和可靠性而言并不重要；因此光伏电池在为卫星及其他空间航天器提供能源方面发挥了重要作用。受 20 世纪 70 年代能源危机的影响，一直得到太空项目支持的光伏发电研究工作开始从太空应用转向地面应用。到了 20 世纪 80 年代末，具备了较高效率、较低成本的光伏发电技术越来越接近地面实际应用，其可用于多方面，比如便携式计算器、海岸浮标、高速公路信号灯、信号及紧急呼救箱、农村水泵以及小型家用供电系统等。到了 21 世纪初，光伏发电系统的发展速度迅速加快，涵盖了从发展中国家的离网手机充电和家用太阳能系统的几十瓦特小容量，到全球各地日照丰富地区的数百兆瓦大容量公用光伏发电系统等不同容量、不同并网方式的多种类型。

随后光伏发电成本持续下降，直到 2003 年截止，原因是光伏电池板的主要原材料多晶硅出现了短缺。但仅仅几年后，这一瓶颈就被打破了，如图 5.1 所示，光伏发电成本迅速恢复了下降趋势。正如本章将要阐述的那样，传统技术上晶体硅（c－Si）一直占据着市场的主导地位，但近年来出现的薄膜光伏材料正影响着这种变化趋势。图 5.1 给出了晶体硅和薄膜光伏发电模块的经验成本对比曲线。图中拟合得到的直线特性表明，生产规模每增加一倍（称为学习率），晶体硅光伏发电模块成本将会下降 24.3%，而相对较新的薄膜光伏发电模块成本将会下降 13.7%。

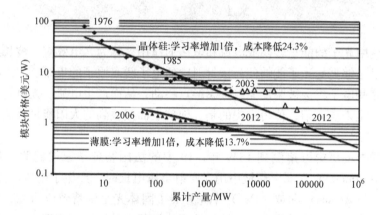

图 5.1　光伏模块成本和晶体硅（c－Si）和薄膜累计产量关系图（根据 NREL 数据，2012）

随着光伏模块成本的迅速下降，市场开始将成本控制的关注度转移到了光伏系统中的其他组件。2010 年，美国能源部（DOE）实施了 SunShot 计划，该计划的目标是到 2020 年使整个光伏发电系统成本上相比于传统发电技术具有竞争力，并且不需要后续补贴。这意味着电网规模系统的光伏发电系统安装成本为 1 美元/W_p，商业屋顶光伏系统的安装成本为 1.25 美元/W_p，住宅屋顶系统的安装成本为 1.5 美元/W_p。注意，W_p（峰瓦）指在理想标准测试条件（Standard Test Conditions，STC）下提供的直流峰值功率，理想标准测试条件的具体参数将在后述章节介绍。

5.2　半导体基本原理

光伏发电技术利用半导体材料的本质特性将太阳能转换为电能。该技术同固态技术紧密联系，主要用于制造晶体管、二极管以及目前广泛应用的其他半导体器件。同大多数半导体器件一样，目前绝大部分光电器件都源自纯硅晶体。硅处于元素周期表的第四列，定义为第Ⅳ主族（见表 5.1）。锗是另一个第Ⅳ主族元素，它也作为半导体材料在某些电子器件中应用。另一些元素同样在光电领域有着重要作用，比如，第Ⅲ主族的硼及第Ⅴ主族的磷，可以掺杂到硅晶体中生成目前广泛应用的光伏电池；镓和砷用于砷化镓光伏电池；碲化镉用于碲化镉电池。

硅原子核内有 14 个质子，因此有 14 个核外电子，如图 5.2a 所示。其最外层轨道有 4 个可自由移动的价电子。在电子学中，通常将硅原子画作一个 +4 价核，核外包围四个价电子，如图 5.2b 所示。

在纯硅晶体中，每个原子都与周围的四个原子紧密结合，形成三维四面体结构，如图 5.3a 所示。通常采用如图 5.3b 所示的平面结构来简化表示。

表 5.1　光电技术中最重要部分的元素周期表，包括硅、硼、磷、镓、砷、碲、镉等元素

I	II	III	IV	V	VI
		5 B	6 C	7 N	8 O
		13 Al	**14 Si**	**15 P**	16 S
29 Cu	30 Zn	31 Ga	32 Ge	**33 As**	**34 Se**
47 Ag	**48 Cd**	**49 In**	50 Sn	51 Sb	**52 Te**

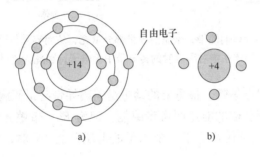

图 5.2　a) 硅有 14 个质子和 14 个电子　b) 简化后：只画出一个 +4 价核，核外包围四个价电子。

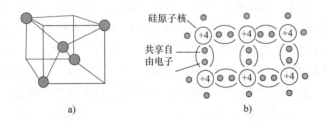

图 5.3　a) 晶体硅形成一个三维四面体结构　b) 简化后的二维平面结构

5.2.1　带隙能

在绝对零度下，晶体是完全绝缘体，没有电子在晶体中自由移动。随着温度升高，一部分电子获得了足够的能量后从原子核中逃逸出来，自由移动形成电流。温度越高，载流电子越多，因此导电性能随着温度升高而增强（与金属相反，金属的导电性能随着温度升高而降低）。利用导电性能的变化可制造精密的温度传感器。而通过加入其他微量元素，纯半导体的导电性将会极大提高。

量子理论基于带隙能理论，解释了导体（如金属）和半导体（如硅）之间的

差异，如图 5.4 所示。电子具有的能量必须符合某一允许的能带。最高能带称为导带，正是这一范围的电子运动将构成电流。如图 5.4 所示，金属的导带被部分填充，而绝对零度下半导体的导带是空的。在室温下，硅仅有 $1/10^{10}$ 的电子位于导带中。

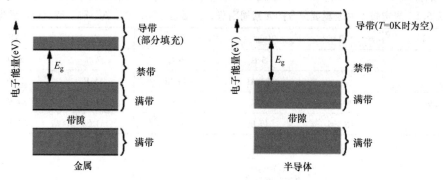

图 5.4 金属和半导体的能带，金属的导带部分填充，从而容易传递电子形成电流；
而半导体在绝对零度时的传导带中无电子，因此为绝缘体

能带间的带隙叫做禁带。最重要的禁带是隔离导带与最高满带之间的区域。电子从禁带阶跃到导带获取的能量叫做带隙能，记为 E_g。带隙能的单位为电子伏特（eV），一个单位的电子伏特等于一个电子的电压升高 1V 时，所需要获取的能量（$1eV = 1.6 \times 10^{-19}J$）。

硅的带隙能 E_g 为 1.12eV，意味着一个电子需要获取如此多的能量才能克服原子核对其的静电束缚，阶跃到传导带。但这些能量从哪里来？已知可得，一部分电子通过加热获取能量；对光伏材料，能量来自具有太阳电磁能的光子。当一个大于 1.12eV 能量的光子被光伏单元吸收，就可使一个电子可能阶跃到传导带。则将会产生一个 +4 价的原子核，而核外仅有 3 个电子，即多余一个正电荷，称为空穴，如图 5.5a 所示。除非自由电子远离空穴，否则电子将会与空穴合并，从而消除自由

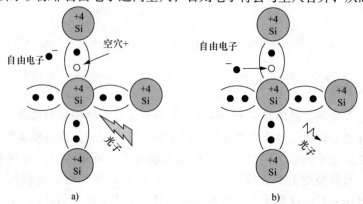

图 5.5 a）带有充足能量的光子将产生空穴电子对 b）电子与空穴合并将释放出光子能量

电子及空穴的存在，如图 5.5b 所示。一旦合并，传导带中电子所带的能量将以光子形式释放，这就是发光二极管的原理。然而，硅是间接带隙材料，即复合能以晶格振动的形式发射能量，称为声子而不是光子。

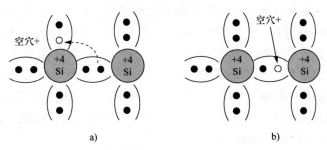

图 5.6 某空穴由邻近的电子填充，则会在邻近产生新的空穴

a) 电子移动填充空穴 b) 空穴移动

导带中带负电荷的电子在晶体中自由移动，剩下的带正电的空穴也会自由移动。如图 5.6 所示，一个位于满带中的价电子填充到相近原子的空穴中而不必改变能带。这实际上是空穴移向了电子原来所在的原子核，这类似于一个学生离开座位去喝水，产生了一个自由移动的学生（电子）和一个座位（空穴）。另一个已经坐下的学生可能决定去坐那个空出来的座位，于是他起身离开自己的座位。空座位移动就像半导体中的空穴移动一样。需要注意的是：半导体中电流可以由负电荷电子移动产生，也可以由带正电荷的空穴移动产生。

因此，带足够能量的光子将在半导体中产生空穴—自由电子对。光子除了可通过能量大小来区分外，还可以通过波长或频率来区分；三者之间的联系如下所示：

$$c = \lambda v \tag{5.1}$$

式中，c 是光速（$3 \times 10^8 \text{m/s}$），v 是频率（Hz），λ 是波长（m），并且有

$$E = hv = \frac{hc}{\lambda} \tag{5.2}$$

式中，E 是光子能量（J），h 是普朗克常量（$6.626 \times 10^{-34} \text{J} \cdot \text{s}$）。

[例 5.1] **光子在硅中产生空穴 – 电子对。**

计算在硅中产生空穴 – 电子对的光子最大波长是多少？最小频率是多少？硅的带隙能为 1.12eV，$1\text{eV} = 1.6 \times 10^{-19} \text{J}$。

解：

根据式（5.2）可知，波长至少为

$$\lambda \leqslant \frac{hc}{E} = \frac{6.626 \times 10^{-3} \text{J} \cdot \text{s} \times 3 \times 10^8 \text{m/s}}{1.12\text{eV} \times 1.6 \times 10^{-19} \text{J/eV}} = 1.11 \times 10^{-11} \text{m} = 1.11 \mu\text{m}$$

根据式（5.1）可知，频率至少为

$$v \geqslant \frac{c}{\lambda} = \frac{3 \times 10^8\,\mathrm{m/s}}{1.11 \times 10^{-6}\,\mathrm{m}} = 2.7 \times 10^{14}\,\mathrm{Hz}$$

对于硅光伏单元来说，波长大于 $1.11\,\mu m$ 的光子能量，低于能激发电子所需的 $1.12\mathrm{eV}$ 带隙能。这部分光子无法产生能载流的空穴－电子对，但是会导致光伏单元发热，实现能量耗散。另一方面，波长大于 $1.11\,\mu m$ 的光子具有多余的可激发电子的能量。由于（至少对于传统光伏电池）一个光子仅能激发一个电子，大于 $1.12\mathrm{eV}$ 的多余能量将以热的形式耗散在光伏单元中。表 5.2 为其他重要的光伏（PV）材料，包括砷化镓（GaAs），碲化镉（CdTe），铜铟二硒化物（CuInSe$_2$），二硒化铜镓（CuGaSe$_2$），非晶硅（a－Si）和常规晶体硅的带隙能。这些所有的材料将在本章后面进行更详细地介绍。

表 5.2　不发生电子激发的带隙能和临界波长

光子单元	Si	a－Si	CdTe	CuInSe$_2$	CuGaSe$_2$	GaAs
带隙能/eV	1.12	1.7	1.49	1.04	1.67	1.43
临界波长/μm	1.11	0.73	0.83	1.19	0.74	0.87

5.2.2　带隙能对光伏效率的影响

光伏电池的理论最大效率与光子具备的可能高于或低于带隙能的能量值有关。为了加深理解，需要引入太阳光谱。

由上一章可知，太阳表面的辐射光谱特性与 5800K 黑体发出的辐射光谱特性类似。地球大气层外部的平均辐射量为 $1.37\mathrm{kW/m^2}$，即为太阳常数。当太阳光穿越大气层时，会被大气中的各种成分所吸收，因此当到达地球表面时，太阳光谱已经发生显著变化了。

正如光谱分布一样，到达地面的太阳能的数量取决于其到达地面时穿越了多厚的大气层。回顾前面，太阳光线通过大气层到达地面某点的路径长度，除以太阳从头顶垂直入射时的路径长度，比值称为大气质量比 m。因此，大气质量比为 1（记为 "AM1"）意味着太阳正处于头顶。通常，AM0 表明没有大气层，即外太空中的太阳光谱。对于大多数的光电转换分析，一般假设太阳在地平线上 42°，对应着大气质量比为 1.5。在 AM1.5 时太阳光谱如图 5.7 所示，其中 2% 的太阳入射能位于紫外线（UV）部分，54% 位于可见光部分，44% 位于红外线（IR）部分。

现在对硅光伏电池转换效率的上限做一个简略估算。硅的带隙能为 $1.12\mathrm{eV}$，波长 $1.11\,\mu m$，表明太阳光谱中波长大于 $1.11\,\mu m$ 的任何能量都不能使电子阶跃至传导带；而任何波长小于 $1.11\,\mu m$ 的光子都会浪费其多余的能量。如果已知太阳光谱分布，则根据这两个基本条件就可以计算出损失的能量值。假设处于标准大气质量比 AM1.5，图 5.7 给出了分析结果，如图所示，20.2% 的光谱能量由于光子能量小于硅的带隙能而被浪费（$hv < E_g$），另外 30.2% 的光谱能量由于光子的 $hv > E_g$ 而被损失掉，剩余的 49.6% 光谱能量是可被硅光伏电池单元采集的最大占比太阳能。因此，硅带隙能限制条件使硅光伏电池的转换效率低于 50%。

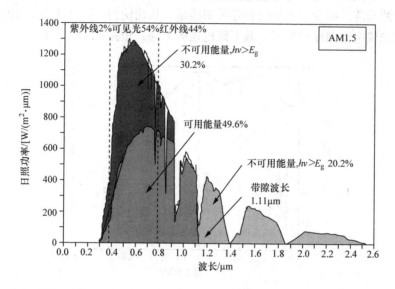

图 5.7　大气质量比为 AM1.5 下的太阳光谱。波长大于 1.11μm 的光子能量不足以激发电子
（占入射太阳能的 20.2%）；波长较短，但能量没有完全利用的占 30.2%
（光谱来源于 ERDA/NASA，1977）。

　　光伏材料效率还受其他因素限制，其中最重要的是黑体辐射损失和重组。日照下光伏组件将会发热，光伏组件表面的辐射能量与其温度的四次方成正比，这大约占损失能量的 7% 左右。电池中重组与缓慢移动的空穴堆积有关，这使得电子难以穿过而无法填充空穴。这种空穴饱和效应可能会造成另外 10% 左右的损失。1961 年威廉·肖克利（William Shockley）和汉斯·奎伊瑟（Hans Queisser）首次提出了太阳光谱下的黑体辐射和重组约束，称为肖克利－奎伊瑟极限，对于单结光伏电池在正常（未增强）日照下的最大效率为 33.7%。如图 5.8 所示为半导体材料肖克利－奎伊瑟极限对带隙能的函数。

　　上述简单的讨论对于选择小带隙能还是大带隙能材料给予了启发。带隙能小，将有更多的太阳光子具备激发电子的能量，能够产生电流，视为有益。但小带隙能意味着更多光子具有多于产生空穴－电子对的能量，这部分能量将会浪费。大带隙能则相反，大带隙能意味着很少光子有足够能量产生载流电子和空穴，限制了电流的产生；但高带隙能使得电荷获得高电压并残留较小的多余能量。

　　考虑带隙能影响的另一种方法是考虑到带隙能实际上是单位电荷所具备的能量，也就是电压。因此，带隙能越大，则日照下光伏电池产生的电压也就越高。另一方面，带隙能越大意味着越少的电子具备足够的能量越过间隙，也就意味着产生的电流越小。功率是电流和电压的乘积，因此在中间带隙，大约在 1.2 ~ 1.6eV，会产生最高的功率和效率。

最后，要注意半导体材料的带隙能与温度之间的关系。随着温度升高，价电子获得更多的动能，减少了光子带到导带的能量，从而使得带隙能下降。如图 5.9 所示，随着光伏电池温度的升高，其开路电压会下降，短路电流会上升。

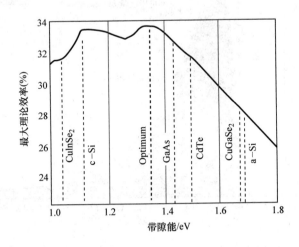

图 5.8　最大光伏电池效率的肖克利 – 奎伊瑟极限（单结，未增强日照）是其带隙能的函数

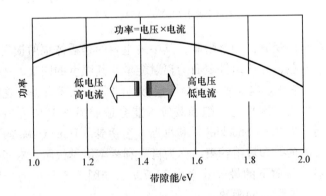

图 5.9　光伏电池的最大效率是其带隙能的函数

5.2.3　PN 结

当光伏电池单元暴露于能量大于带隙能的光子中时，就会产生空穴 – 电子对。当然，电子可能会恰好落入空穴而使这两种载流子都消失。为了避免空穴、电子两者重新组合，传导带中的电子必须持续地远离空穴。对于光伏材料，可以在半导体材料内部产生电场使电子和空穴向两个不同的方向移动来实现。为了产生电场，晶体内部需要划分为两块区域。以硅为例，在两个区域的分界线的一边，纯（本征）

硅中加入微量元素周期表第三列的元素，而另一边则加入了周期表第五列的五价元素。

假设半导体材料的一侧加入五价元素，比如磷。最常见的是每 1000 个硅原子中加入 1 个磷原子。如图 5.10 所示，一个五价杂质原子与四个相邻的硅原子形成共价键。五个电子中的四个紧密连接，但第五个电子则被剩下来在晶体中自由移动。当该电子离开其施主原子的作用域，就将生成一个仅有四个负价电子的 +5 价离子。也就是说，如图 5.10b 所示，施主原子可被看作是一个独立的固定正电荷附加上一个自由移动的负电荷。正五价元素贡献出了电子，因此称其为施主原子。由于存在负电荷在晶体内移动，因此掺入施主原子的半导体又被称为 N 型材料。

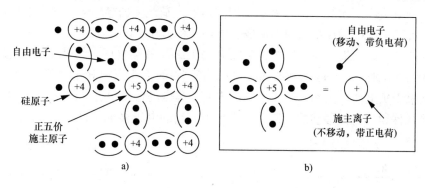

图 5.10　N 型材料

a）正五价施主原子　b）施主原子为移动的负电荷与不移动的正电荷

在半导体材料的另一侧，硅中掺入三价元素如硼。掺入物也很少，约每千万个硅原子中有一个硼原子。这些掺入物加入晶体后，与临近的硅原子形成共价键，如图 5.11 所示。由于每个这样的杂质原子仅有三个电子，因此共价键中仅有三个被填充，这意味着在原子核附近产生了一个正价空穴。相邻硅原子的一个电子可以很容易地移向空穴，这些掺入物原子由于接受电子因此称之为受主电子。被填充的空

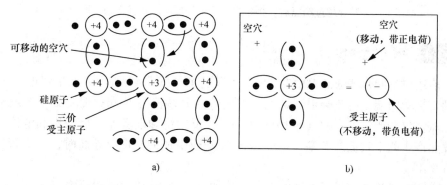

图 5.11　在 P 型材料中，三价受主原子提供可移动的带正电荷的空穴，离开晶体结构的刚性不可移动的负电荷；施主原子为移动的负电荷与不移动的正电荷

穴意味着存在着四个负电荷围绕一个 +3 价的原子核。受主原子中所有的四个共价键都充满着负电荷而构成了稳固的连接。同时，每个受主原子产生一个正价空穴，并可以在晶体中自由移动，因此半导体材料的这一侧称为 P 型材料。

假设使用 N 型材料与 P 型材料形成一个结。在 N 型材料中，自由移动的电子由于扩散作用会通过结移向另一侧。在 P 型材料中，自由移动的空穴也会由于扩散作用而通过结移向对侧。如图 5.12 所示，当一个电子通过结填充到一个空穴中，就会在 N 区留下一个不可移动的正电荷；同样会在 P 区留下一个不可移动的负电荷。这些留在 P 区及 N 区的不可移动的带电原子将会产生一个电场，该电场将会阻止电子及空穴持续穿越 PN 结。随着持续的扩散运动，阻止穿越的电场也会逐渐增强，直至最终（实际上，几乎是瞬间）所有电荷载体的穿越运动都将停止。

不可移动的电荷在结的周围形成了电场，称为耗尽区，而可移动的电荷在该区域将会被耗尽、消失。耗尽区的宽度仅有约 $1\mu m$，其端电压大约是 1V，这意味着场强大约是 10000V/cm！按照惯例，图 5.12b 中的箭头方向表示电场开始于正电荷，结束于负电荷。因此，箭头所指的方向就是电场作用于正电荷的方向，即电场会在 P 区保留可自由移动的空穴，而把自由移动的电子移至 N 区。

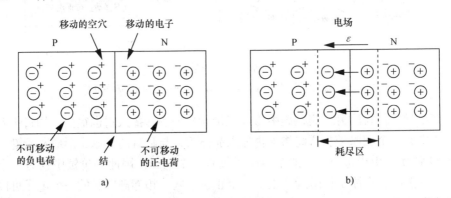

图 5.12 a) 当 PN 结首次形成时，在 P 侧存在着可移动的空穴，在 N 侧存在着可移动的电子 b) 当其穿越过结以后，将建立一个电场反向阻止其运动，形成耗尽区

5.2.4 PN 结二极管

前述讨论的是普通的 PN 结二极管，其特征如图 5.13 所示。如果将电压 V_d 施加到二极管两端，电流会很容易地从二极管的 P 端流向 N 端；但是如果要反向传输电流，仅会产生很小的（$\approx 10^{-12} A/cm^2$）反向饱和电流 I_0。反向饱和电流是由于发热产生的空穴流向 P 端，电子流向 N 端而生成的。正向导通时，二极管压降只有 0.1V。

实际二极管的符号是涂黑的三角形前加一条横线；三角形表示箭头，因此可以清晰地表征出电流的流向。三角形加黑是为了区别于理想二极管。理想二极管正向

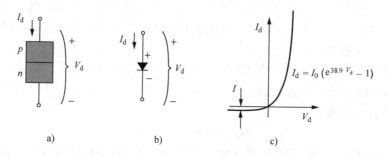

图 5.13　PN 结二极管允许电流很容易从 P 端流向 N 端，但不允许反向流动

a) PN 结　b) 二极管符号　c) 二极管特性曲线

导通无压降，反向电流完全截止。

PN 结二极管的电压—电流特性通过下面的肖克利二极管方程来描述：

$$I_d = I_0(e^{qV_d/kT} - 1) \tag{5.3}$$

式中，I_d 是箭头方向的二极管电流（A）；V_d 是 P 端至 N 端的二极管端电压（V）；I_0 是反向饱和电流（A）；q 是电子电荷（1.602×10^{-19} C）；k 是玻尔兹曼常数（1.381×10^{-23} J/K）；T 是 PN 结温度（K）。

将上述常数带入式（5.3）中，可得

$$\frac{qV_d}{kT} = \frac{1.602 \times 10^{-19}}{1.381 \times 10^{-23}} \cdot \frac{V_d}{T} = 11600 \frac{V_d}{T} \tag{5.4}$$

结温 25℃ 通常作为标准温度，从而可得到下列二极管方程：

$$I_d = I_0(e^{38.9V_d} - 1) \quad (25℃) \tag{5.5}$$

[例 5.2] **PN 结二极管。**

考虑 PN 结二极管在 25℃ 时反向饱和电流为 10^{-9} A，求其导通时的二极管电压降：a. 无电流（开路电压）b. 流过 1A 电流时；c. 流过 10A 电流时；

解：

a. 开路情况下，$I_d = 0$，因此根据式（5.5）可得二极管电压降为 $V_d = 0$。

b. 当流过 $I_d = 1$A 电流时，整理式（5.5）可得二极管电压降为 V_d

$$V_d = \frac{1}{38.9}\ln\left(\frac{I_d}{I_0} + 1\right) = \frac{1}{38.9}\ln\left(\frac{1}{10^{-9}} + 1\right) = 0.532V$$

c. $I_d = 10$A 电流时，二极管电压降为

$$V_d = \frac{1}{38.9}\ln\left(\frac{10}{10^{-9}} + 1\right) = 0.592V$$

注意：随着二极管流过的电流越来越大，压降的变化却很小。电流增加 10 倍，电压降仅变化了 0.06V。一般在分析电子电路时，二极管导通时的电压降被认为是 0.6V，这与上述结果一致。

在使用肖克立二极管方程（5.3）时，应注意在某些情况下，需通过理想因子 A 对方程中的指数系数进行调整，以考虑运动的载流子通过结时的不同过程。此时，方程将会变为

$$I_d = I_0 \left(e^{qV_d/AkT} - 1 \right) \tag{5.6}$$

式中，如果传递过程仅仅是扩散运动，则 A 等于 1；如果在耗尽区电子和空穴大部分重新结合，则 A 约等于 2。

5.2.5 通用光伏电池

考虑 PN 结暴露于太阳光下时，PN 结的附近将发生什么变化。随着光子被吸收，将产生空穴 - 电子对。如果这些移动的电荷载体到达 PN 结附近区域，如图 5.14 所示，耗尽区的电场将会把空穴移至 P 区，而会把电子移至 N 侧。P 区将累积空穴，N 区将累积电子，最终将产生一个电压，驱动着电流流向负荷。

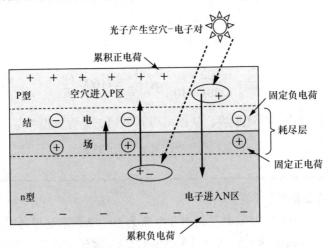

图 5.14 当光子在结点附近形成空穴 - 电子对时，耗尽区中的电场会将空穴移至 P 区，而把电子移至电池的 N 区

如果电池的顶端及底端连接有电触头时，则电子将会从 N 区流出，经导线、负荷返回至 P 区，如图 5.15 所示。由于导线不能传输空穴，因此仅有电子围绕电路运动。当电子到达 P 区时，与空穴重新结合并完成回路。通常，电流的正方向与电子的流向相反，因此图中电流的箭头方向是由 P 区出发，返回 N 区。

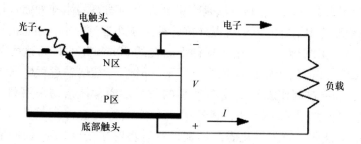

图 5.15　电子从 N 区侧触头流出经过负荷返回到 P 区，在 P 区电子与空穴重新结合，
通常电流 I 的方向与电子的流动方向相反

5.3　光伏材料

　　光伏材料有很多分类方法。简单地说，第一代光伏电池基于单个相对较厚（如 $200\mu m$）的 PN 结半导体材料。第二代光伏电池大多采用薄膜光伏材料，其中所谓的"薄"是指 $1\sim10\mu m$。第三代光伏材料采用多结串联单元，即能够为每个光子创建多个空穴 – 电子对。其中一些能够突破肖克利 – 奎伊瑟的理论效率限制。

　　虽然硅是目前光伏产业的主要材料，但现今由两种或两种以上元素的复合物制成的薄膜材料形成了新的光伏材料市场。回顾表 5.1 中所示的部分元素周期表，硅在第四列，称为第Ⅳ主族元素。通过第三和第五列（Ⅲ – Ⅴ主族元素）或第二和第六列（Ⅱ – Ⅵ主族元素）的成对元素化合可以获得与Ⅳ主族元素类似的特性，从而用作新的光伏材料。实例显示，Ⅲ族主族元素镓与Ⅴ族主族元素砷化合可用于制造砷化镓（GaAs）光伏电池，而镉（Ⅱ主族）和碲（Ⅵ主族）化合可用于制造碲化镉（CdTe）光伏电池。

5.3.1　晶体硅

　　硅是地球上含量第二丰富的元素，约占地球地壳元素的 20%。当置于空气中时，纯硅几乎会在其表层上立即形成一层 SiO_2 层，因此硅主要以 SiO_2 的形式存在于矿物中，如石英岩或云母、长石、沸石等硅酸盐。

　　光伏或其他应用所需要的硅材料可来自普通的沙子，但是一般采用的是经过自然纯化的高纯度的硅或石英（二氧化硅）矿石。硅的纯化过程一般首先在高温电弧炉中将硅石与碳反应，将硅石还原成冶金级的硅，其纯度高达 99%。高纯度的冶金级硅（UMG – Si）成为了具有最高光伏效率的单晶硅（sc – Si）材料的有力竞争者。这种纯度为 99.9999% 的半导体多晶硅（称为多晶硅）呈多面闪亮的金属块状。

　　在坩埚中熔融硅形成 sc – Si 最常用的技术是切克劳斯基（Czochralski）法或称

为 Cz 法（如图 5.16 所示），该方法是将铅笔大小的固态晶体硅种插入坩埚中，然后采用拉动和旋转相结合的方法缓慢外拉硅种。在外拉过程中，熔融的硅原子与晶体硅种中的原子相结合，并固化在硅种上。在约 50mm/h 的拉动速度下，经过约 30h，会形成长 1.5m 的圆柱状硅锭或 sc-Si"晶锭"。在熔融过程中通过加入一定量的掺杂物，硅锭被制作成 P 型或者 N 型的材料。通常掺杂物采用硼，因此硅锭一般是 P 型半导体。除了 Cz 法，还有另一种方法称为悬浮区熔法（Float Zone，FZ）法。在 FZ 法中，首先熔化固态硅锭，然后将射频场（RF）缓慢地通过熔融的硅使其凝固。

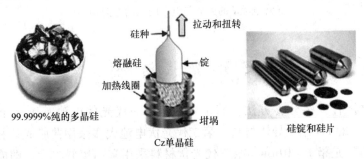

图 5.16　用于生产 sc-Si 的切克劳斯基（Czochralski）法

　　在形成圆柱形硅锭之后，会进一步将其切或锯成薄的硅片。在这一步骤中，多达 20% 的硅会变为锯末，称为切口。然后再对晶片进行蚀刻，目的是去除硅片的表面损伤并在光伏电池的顶部形成微观的正四面体结构，从而有助于将光线反射到晶体中。抛光之后，掺杂了原子的薄片晶圆就形成了 PN 结。

　　在上述晶片制造过程中，晶体硅通常掺杂有受体原子，使薄片晶圆表现为 P 型。为了形成 PN 结，需要将足够的供体原子扩散到电池的顶部代替已经存在的受体原子，形成 $0.1\sim0.5\mu m$ 厚的 N 型薄层。对于大多数 sc-Si，供体原子一般是磷化氢气体（PH_3）中的磷，而受体原子一般是磷硼（来自乙硼烷，B_2H_3）。

　　由于硅晶片对太阳光的反射能力很强，因此需要对其表层进行处理降低反射。一般采用抗反射（AR）透明涂层（如氮化硅），可以很容易地透过绿光、黄光和红光，但是会反射波长较短的蓝光，从而使得光伏电池模块呈现特有的深蓝色。

　　下一步是在光伏电池模块上连接电触点。电池底部通常采用全金属触点，一般采用铝触点。而光伏电池模块顶部一般是在高温下将银浆粘合到电池上形成银触点及导线。当然，银触点及导线会遮蔽太阳光，使得电池效率降低。对于具有玻璃覆盖层的光伏电池，可以用沉积在玻璃底面上的透明导电氧化物（TCO）[例如氧化锡（SnO_2）]来代替这些导线。避免导线遮蔽的更好的方法是不采用前端金属触点，而是将所有触点及相关接线都放到电池的背部，如图 5.17 所示。SunPower 公司研发的后接触式电池效率已经超过了 24%。

　　切片和抛光晶片的成本占了光伏材料成本的主要部分，因此，人们一直尝试着

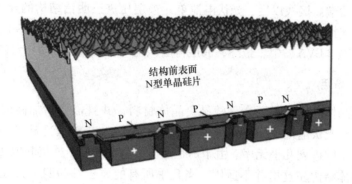

图 5.17　电池背面的光伏电池触点及相关接线

寻找其他制造晶体硅的方法。比如有方法从硅熔体中形成一条长而薄的连续带状晶体硅，然后将带状晶体硅划线并分割成矩形单元，这种技术不会形成对硅锭的浪费并且也不需要单独的抛光处理。

为了避免采用 Cz 法，另一种方法是使用坩埚充分冷却和固化熔融冶金级硅，产生大的实心矩形硅锭。这些硅锭体积大约为 $40cm \times 40cm \times 40cm$，重量超过 100kg，使用切割技术将块料锯或线切割切成硅晶片。虽然切割会浪费很大一部分的原料，但是由于熔融方法本省很便宜，而且它使用的是比 Cz 法所需的更便宜、精度也较低的硅原料，因此这时候的损耗不是很重要。

用模具铸造硅时，即使精确控制其凝固速率，但是也会生成大型的、非单晶的晶块。该晶块由很多单晶体颗粒组成，彼此之间存在着垂直于光伏电池表面的晶粒边界。边界处欠缺的原子连接使得重组合增多，电流减小，导致电池效率低于切克劳斯基电池效率几个百分点。由于每个晶粒区域对光线的反射能力不同，所以这些晶粒边界会使得多晶硅电池呈现出独特的外观特性，图 5.18 所示为多晶硅（mc - Si）电池的铸造，切割，切片和晶界结构。

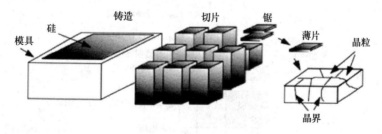

图 5.18　硅的铸造、切割和锯切形成单独晶界晶粒的硅晶体薄片

至此描述的光伏材料技术可以实现生产出厚的光伏电池单元，但是还需要对光伏电池单元进行接线连接，组成光伏电池模块，输出期望的电流电压特性。采用自动焊接机即可实现对多个光伏电池单元进行串联接线，即一个电池的前端连接到另

一个电池的后端。接线以后，光伏电池单元被层压进三明治结构的外包装材料中，以提供结构支撑和天气保护。顶层一般是钢化玻璃，电池单元封装在两层乙烯 - 醋酸乙烯共聚物（EVA）中。最终，底层再层压上一层聚合物以防止水汽渗透。

5.3.2 非晶硅

传统的晶体硅技术需要大量的昂贵晶体材料，并且需要附加高成本的复杂接线，才能生成光伏电池单元。另一种技术是无定形（玻璃状）硅（a - Si）；也就是说，硅原子的排列几乎无序。由于不是晶体，一个硅原子连接其他四个相邻原子构成的四面体结构在这里并不适用。当几乎所有的原子都和四个其他的硅原子结合，将产生大量的"悬挂键"，即其中的一个价电子没有任何连接。这些悬挂键缺陷就像重组的中心，以至于光生电子在远距离移动之前就和空穴重组了。将非晶硅（a - Si）转换为优质光伏材料的关键方法是被意外发现的，1969 年，英国的一个研究团队在用电子流轰击硅烷时发现了辉光（Chittick，1969）；从而得到了重要的发现：通过加成非晶体硅和氢可以将该缺陷的程度减小 3 个数量级。在该加成过程中，氢的密度大约是每 10 个原子中就有一个氢原子，因此化学组成大概是 $Si_{0.9}H_{0.1}$。而且硅氢加成，称之为 a - Si：H，使得很容易用来制成 N 型和 P 型的光伏材料。

如何从非晶体材料中极少的原子结构形成 PN 结？图 5.19 所示为简单 a - Si：H 光伏电池的截面结构图，该结构以玻璃作支撑。玻璃下面有 SiO_2 缓冲层，是为了防止其他层的原子渗透至玻璃中。接下来的就是电池顶层的电气触点，一般采用透明的导电氧化物，比如说氧化锡、氧化铟锡或者氧化锌。实际 PN 结的目的是在电池中产生内部电场来隔离电子和空穴。它由三层组成：P 区、N 区和不掺杂（本征区）的 a - Si：H 区。如图所示，P 区仅仅有 10nm 厚，本征区或称 i 区是 500nm

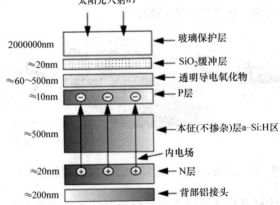

图 5.19　a - Si：H 光伏电池的截面结构图。举例的厚度是以纳米计量，
图中标注大小并不对于实际尺寸

厚，N 区是 20nm 厚。注意，N 区正电荷和 P 区负电荷产生的电场几乎涵盖了整个电池。说明电池中几乎全部无处不在的光生电子—空穴对将在内部电场的作用下沿着本征层运动。这些非晶硅光伏元件一般都是 p – i – n 结构的电池。

a – Si：H 的带隙能是 1.75eV，这比晶体硅的 1.1eV 要高一点。先回忆一下，较高的带隙能可以在较低电流（只有一小部分太阳能光子具有足够能量来制造空穴—自由电子对）下提高电压。由于功率是电压和电流的乘积，单结光伏电池将存在着最优带隙能，理论上可实现最大效率。如图 5.8 所示为最优带隙能大约是 1.35eV。因此，晶体硅的带隙能太低，而 a – Si 的带隙能太高，都不是最优值。然而非晶硅却具有很好的特性，比如与第三主族元素结合将改变带隙能。作为一般规律，在周期表中上移一行将增加带隙能，而降低一行将会减小带隙能。由表 5.1 可知，该规律意味着碳（硅正上方）将有比硅高的带隙能，而锗（硅正下方）将有较低的带隙能。为了将 1.75eV 的非晶硅带隙能降至 1.35eV 就意味着要将硅和适当的锗合成，从而会提高电池的效率。

上述对 a – Si 合成的讨论给出了一个更重要的机遇。例如，当 a – Si 与碳合成时，带隙能将增加（大约到 2eV），而当和锗合成时，带隙能将减小（大约到 1.3eV）。这意味着多质结光伏器件可以通过更换 PN 结的不同合成材料来生成。在多质结电池生成之后，应制造出随着光子的逐步深入渗透而电池的带隙能逐步降低的结。如图 5.20a 所示，顶层结应捕捉最具能量的光子，而允许能量较少的光子传至其下的下一个结，以此递推。图 5.20b 给出了一个三结非晶硅光伏器件，其中锗和碳被用来增加或者减小 a – Si：H 的带隙能。

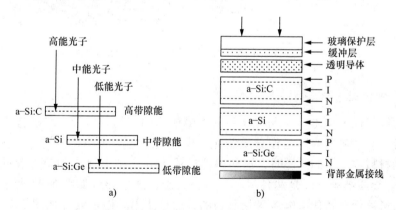

图 5.20　多质结非晶硅光伏电池单元可以采用 a – Si：H（带隙能是 1.75eV）与顶层的碳 a – Si：C（带隙能是 2.0eV）合成来吸收高能光子，而与底层的锗 a – Si：Ge（带隙能是 1.3eV）来合成吸收低能光子

5.3.3　砷化镓

砷化镓称为化合物半导体，这类晶体结构由多种元素混合组成。晶体的生成采

用外延工艺，在这个工艺中，薄膜材料逐层叠加在一起。每一层都可以进行适当的掺杂，以生成 P 型和 N 型材料，同时也可以实现多质结、高效率的性能。如图 5.8 所示，砷化镓带隙能是 1.43eV，接近最优值。因此，不难发现砷化镓电池是效率最高的光伏电池。实际上，在没有光线增强的情况下，单晶砷化镓光伏电池的最大理论效率是 29%，而当存在光线增强时效率将升至 39%（Bube，1998）。截至 2012 年，多质结砷化镓光伏电池已实现了单一光照下效率 29% 和增强光照下效率 43%。

与硅电池相比，砷化镓电池对温度的增加不是很敏感，这使得其在聚焦太阳光下具有比晶体硅更佳的性能。宇宙辐射对其影响也较小，作为薄膜很轻，这使得其在空间应用中优势很大。但是，镓在地壳中储量不多，非常昂贵。砷化镓电池的制造工艺困难，在过去，对于单结、单一日照、平板光伏电池而言，砷化镓电池成本过高。但是，现今对于日照增强下多质结光伏电池而言，情况则不用（见图 5.21）。将廉价的日照增强聚光器件与单位面积下昂贵但整体尺寸较小的砷化镓电池配合使用，可以实现其光伏系统整体成本与其他类型的光伏系统基本相当。

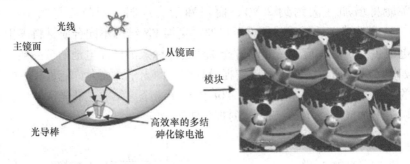

图 5.21　日照增强聚光下使用的多质结砷化镓电池

5.3.4　碲化镉

碲化镉（CdTe）是 Ⅱ - Ⅵ 光伏材料中最成功的一例。尽管它可被掺为 P 型或 N 型组成，但最常用的还是作异质结光伏电池的 P 层，而 N 层则采用其他材料。当不同的材料构成结的两侧时，这些电池被称为异质结电池（与单材料同质结电池不同）。异质结的难题是两种材料的晶格失配，这会导致如图 5.22 所示的悬挂键。分析最适用于碲化镉电池 N 层材料的方法是使用晶格常数（如图 5.22 所示的 a1，a2）来表示晶格的不匹配度。最常用于 N 层的化合物是硫化镉（CdS），其与碲化镉（CdTe）的晶格失配度相对适中，大约为 9.7%。

碲化镉的带隙能是 1.44eV，这使得它很接近陆地光伏电池的最优值。N 区采用硫化镉，P 区采用碲化镉的薄膜光伏电池的实验室效率已经超过了 17%，而光伏模块样品的效率则超过了 12%。尽管该效率值相比于晶体硅而言低很多，但是碲化镉薄膜光伏电池更适合批量生产，而且由于采用的薄膜工艺，其对原材料的需求

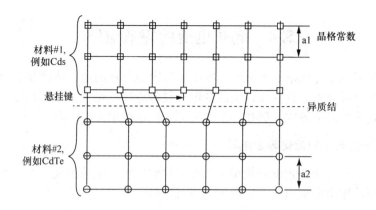

图 5.22　异质结材料的不匹配导致产生了悬挂键

更少。因此，以美元/瓦为单位来考虑的话，这种电池实际上并不贵。对于安装场地不是问题的情况，虽然这种光伏电池效率较低，但是其成本也低，因此即使相比于晶体硅电池，也具有一定的竞争性。

硫化镉（CdS）/碲化镉（CdTe）电池需仔细考虑的一个方面是其对人类健康和环境的潜在威胁。镉是有毒物质，也被归类为致癌物。与大多数光伏技术一样，在制造过程中需要采取特殊的预防措施。电池和它们所含的镉需要被封装在两层玻璃板中是当前模块的标准，即使发生着火，对外部环境也没有危险。

5.3.5　铜铟镓硒

探索多种元素合成化合物的目标是使得其带隙能接近最优值，同时使得晶格失配导致的效率低下最小化。铜铟硒化物 $CuInSe_2$（俗称"CIS"）是三元化合物，由元素周期表第一列的元素铜，第三列的元素铟和第六列的硒化合而成。因此称为 Ⅰ - Ⅲ - Ⅵ 材料。考虑这种复杂组合的简化方法是将第一列铜和第三列铟的特性平均，等价为第二列元素的特性，因此整个分子特性与 Ⅱ - Ⅵ 化合物碲化镉相似。

铜铟硒化物（CIS）电池的带隙能为 1.0eV，远低于图 5.8 所示约 1.4eV 的理想带隙能。当使用镓作为三元化合物而不是铟时，所得化合物具有 1.7eV 的带隙能，其高于理想值。在 CIS 材料中用镓代替一些铟，硒化铜铟相对较低的带隙能增加，效率得到提高。这与周期表中的解释一致，表中较高行中的元素的带隙能较高（镓高于铟）。通过两者化合，理论上可以提供 1.0eV 至 1.7eV 之间任意的带隙能。由此产生的 $CuIn_{1-x}Ga_xSe_2$，简称为铜铟镓硒（CIGS），其中"x"和"（$1-x$）"是指铟和铟的相对百分比。N 型层使用了非常薄的硫化镉（CdS）层，目前实验室效率已经达到了 20%，光伏模块样品效率已经达到了 14%，可见比碲化镉（CdTe）的效率更高；此外，它使用了比碲化镉更少的有毒金属镉。

5.4 光伏电池的等效电路

建模仿真单个光伏电池单元以及整个光伏电池阵列的运行特性非常有用。工程师一般喜欢分析由理想独立元件组成的电气设备等效电路来预测其性能。注意，这里采用的是理想表征方式，例如，没有考虑光伏电池单元的内阻。

5.4.1 光伏电池的简化等效电路

光伏电池的简化等效电路模型由二极管并联理想电流源组成，如图 5.23 所示。理想电流源的输出电流与其太阳辐射流量成比例。

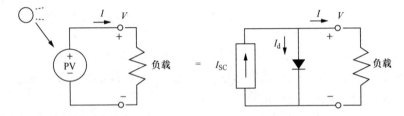

图 5.23 光伏电池电路简化等效于一个二极管并联电流源

实际中光伏电池及其等效电路有两种特殊情况需要注意：如图 5.24 所示，1）电池端点短接时流出的电流，称为短路电流 I_{SC}；2）电池两端点连接导线断开时的端口电压，称为开路电压 V_{OC}。当光伏电池等效电路中的出口端子短接时，由于 $V_d = 0$，将没有电流流过二极管；因此理想电流源的所有电流都将流过短接的端子。由于短路电流必须等于 I_{SC}，因此理想电流源的幅值应等于 I_{SC}。

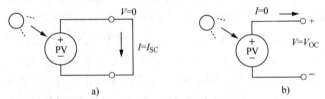

图 5.24 光伏电池两个重要参数：短路电流 I_{SC}、开路电压 V_{OC}

从而，可以得出图 5.23 所示的光伏电池等效电路的电压与电流方程。首先有

$$I = I_{SC} - I_d \tag{5.7}$$

然后将式（5.3）代入式（5.7）可以得到

$$I = I_{SC} - I_0(e^{qV_d/kT} - 1) \tag{5.8}$$

注意：式（5.8）的第二项为带负号的二极管电气特性表达式，即式（5.8）表示的曲线可将图 5.13c 所示的二极管曲线纵向翻转后再叠加到 I_{SC} 得到。如图 5.25 所示为式（5.8）表示的光伏电池在黑暗（无日照强度）和光照（日照下）对应的电流–电压函数特性。

当光伏电池电路开路时，电流 $I = 0$，求解式（5.8）可以得出开路电压 V_{OC}：

$$V_{OC} = \frac{kT}{q}\ln\left(\frac{I_{SC}}{I_0} + 1\right) \qquad (5.9)$$

当在 25℃时，式（5.8）和式（5.9）为

$$I = I_{SC} - I_0(e^{38.9V} - 1) \qquad (5.10)$$

$$V_{OC} = 0.0257\ln\left(\frac{I_{SC}}{I_0} + 1\right) \qquad (5.11)$$

在上述两个等式中，短路电流 I_{SC} 正比于太阳辐射流量；因此，容易得出不同太阳辐射量下的电流 – 电压曲线。实验室检测光伏电池特性时，一般以每平方厘米的结面积为单位来衡量，电流以电流密度来表示。这两点通过下例说明。

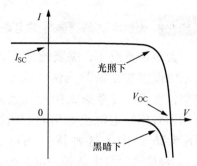

图 5.25   光伏电池在黑暗（无日照）和光照下的电流 – 电压函数特性。黑暗特性曲线即二极管特性曲线的纵向翻转。光照特性曲线等于黑暗特性曲线叠加上短路电流 I_{SC}

［例 5.3］某光伏电池的电流 – 电压曲线。

考虑某 $150cm^2$ 的光伏电池板，其反向饱和电流 $I_0 = 10^{-12} A/cm^2$。在 25℃满日日照强度照射下，其短路电流为 $40mA/cm^2$。试分别计算满日照下和 50% 日照下电池的短路电流和开路电压，并绘制 $I – V$ 曲线。

解：

反向饱和电流 $I_0 = 10^{-12} A/cm^2 \times 150cm^2 = 1.5 \times 10^{-10} A$。

在满日日照强度下，短路电流 $I_{SC} = 0.040A/cm^2 \times 150cm^2 = 6.0A$。由式（5.11）可知，开路电压等于

$$V_{OC} = 0.0257\ln\left(\frac{I_{SC}}{I_0} + 1\right) = 0.0257\ln\left(\frac{6.0}{1.5 \times 10^{-10}} + 1\right) = 0.627V$$

由于短路电流正比于日照强度，因此在半日照下 $I_{SC} = 3A$，开路电压等于

$$V_{OC} = 0.0257\ln\left(\frac{3.0}{1.5 \times 10^{-10}} + 1\right) = 0.610V$$

绘制式（5.10）曲线如下所示。注意，半日照曲线就是向下移动了 3A 的满日照曲线。

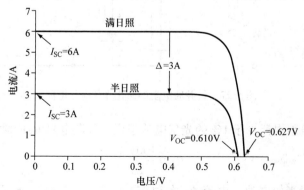

5.4.2　光伏电池的精确等效电路

大多数情况下，需要比图5.23所示的模型更复杂的光伏电池等效电路，比如，要考虑太阳光被遮蔽后阴影对串联电池组作用时的情况（图5.26给出了这种情况的电池组）。串联电池组中的任一电池被遮蔽，该电池将不会输出电流。基于前述的简化等效电路模型，光伏电池被遮蔽，该电池模型中的电流源输出电流为0，二极管反向偏置，将不会流过任何电流（除了少量的反向饱和电流）。这就是说，基于简化电路模型，任一电池被遮蔽后，电池串联将不会输出电流给负荷。尽管光伏发电模块对遮蔽很敏感，但事实上并非如此。因此需要考虑更复杂的模型，能够处理譬如遮蔽等实际问题。

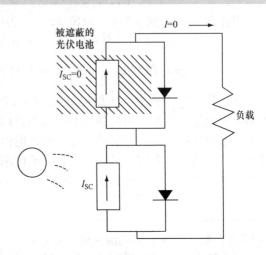

图5.26　电池串联的简化等效电路表明：如果任一电池被遮蔽，将无电流输出给负载。因此需要更复杂的模块来处理该问题

如图5.27所示为包含并联泄漏电阻 R_P 的光伏（PV）等效电路。在这种情况下，由太阳驱动的理想电流源 I_{SC} 输出电流至二极管、并联电阻和负荷：

$$I = (I_{SC} - I_d) - \frac{V}{R_P} \tag{5.12}$$

式（5.12）中的圆括号部分与原来的简化光伏电池模型的输出电流相同。因此，式（5.12）表明在任意给定电压下，并联电阻使得负荷电流相对于理想模型减小了 V/R_P，如图5.28所示。

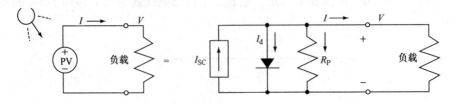

图5.27　带并联电阻的简化光伏等效电路

对于并联电阻损耗少于1%的光伏电池来说，并联电阻 R_P 应满足

$$R_P > \frac{100 V_{OC}}{I_{SC}} \tag{5.13}$$

对于大容量光伏电池，电流 I_{SC} 大约在6A左右，开路电压 V_{OC} 大约为0.6V，

并联电阻应大于 10Ω。

更精确的等效电路除了包括并联电阻还应包括串联电阻。在完善模型之前，首先考虑图 5.29 中在基本光伏等效模型中仅包括串联电阻 R_S 的情况。这部分电阻可能是电池与导线接口的接触电阻，也可能是半导体自身的电阻。

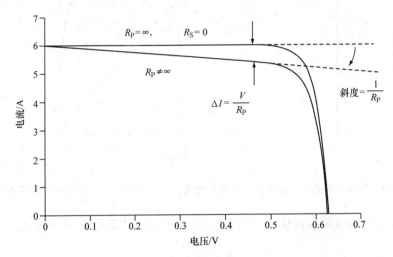

图 5.28　附加并联电阻支路后的改进理想光伏电池等效电路，在给定电压下，电流将下降 V/R_P

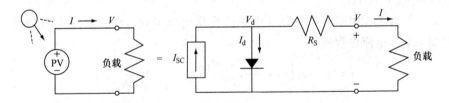

图 5.29　带串联电阻的光伏等效电路

为了分析图 5.29，首先分析式（5.8）所示的简化等效电路：

$$I = I_{SC} - I_d = I_{SC} - I_0\left(e^{qV_d/kT} - 1\right) \tag{5.8}$$

然后考虑 R_S 的影响：

$$V_d = V + I \cdot R_S \tag{5.14}$$

即

$$I = I_{SC} - I_0\left\{\exp\left[\frac{q(V + IR_S)}{kT}\right] - 1\right\} \tag{5.15}$$

由式（5.15）可知：在给定电流值下，基本光伏电池 $I-V$ 曲线中对应的电压左移 $\Delta V = IR_S$，如图 5.30 所示。

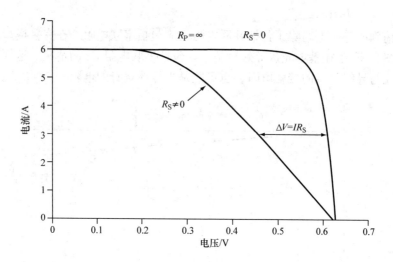

图5.30 附加串联电阻后的光伏电池等效电路，在给定电流下，电压将将左移 $\Delta V = IR_S$

对于并串联电阻损耗少于1%的光伏电池来说，串联电阻 R_S 应满足

$$R_S < \frac{0.01V_{OC}}{I_{SC}} \tag{5.16}$$

其中对于短路电流大约在6A左右，开路电压大约为0.6V的大电池，串联电阻 R_S 应小于0.001Ω。

最后综合考虑串联电阻和并联电阻的光伏电池等效电路，如图5.31所示。可写出如下电压电流方程式：

$$I = I_{SC} - I_0\left\{\exp\left[\frac{q(V + IR_S)}{kT}\right] - 1\right\} - \left(\frac{V + IR_S}{R_P}\right) \tag{5.17}$$

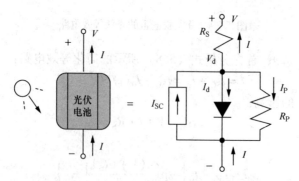

图5.31 综合考虑串联电阻和并联电阻的更复杂的光伏电池等效电路：
涂黑的二极管表示为实际二极管，而不是理想二极管

式（5.17）为超越方程，无法求出电压或电流的解析解。但是，可以使用直

观的查表法方便得到电流 – 电压曲线。该方法是通过在表格中，依次增加二极管电压 V_d 的数值来计算得到的。对于每一个 V_d 值，都可以很容易地得到对应的电流和电压值。例 5.4 可以解释如何计算。

应用图 5.31 所示的传统标示符号，并对二极管节点应用基尔霍夫电流定律，可以得到

$$I_{SC} = I + I_d + I_P \tag{5.18}$$

整理表达式，并代入 25℃ 下的肖克利二极管方程（5.5）式，可得

$$I = I_{SC} - I_0 (e^{38.9V_d} - 1) - \frac{V_d}{R_P} \tag{5.19}$$

对于表格中的某假设二极管电压 V_d，通过式（5.19）即可求出电流 I。则单一电池的电压即可通过下式得到

$$V = V_d - IR_S \tag{5.20}$$

如图 5.32 所示为 $R_S = 0.05\Omega$ 和 $R_S = 1\Omega$ 时式（5.17）对应的曲线图。正如上述理论分析可知，该图兼有图 5.28 和图 5.30 的特征。

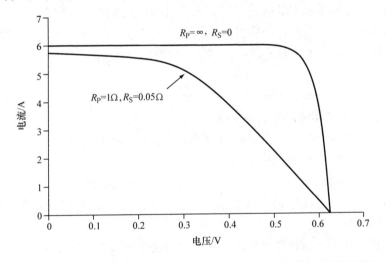

图 5.32　光伏电池等效电路中的串并联电阻使得输出电压和电流均下降，
为了改善电池的运行特性，设计电池需要具有较高的 R_P 和较低的 R_S

5.5　从电池单元到模块、阵列

由于单个光伏电池单元仅能产生 0.5V 电压，因此单个电池的用处极少。实际上光伏应用的基础单位是光伏电池模块，光伏电池模块由一定数量有内置导线的电池单元串联组成；然后由外表坚硬、具有抗腐蚀性能的外包装整体封装。典型的光伏电池模块由 36 个电池单元串联组成，尽管模块的输出电压可能会更高一些，但

一般称其为"12V 光伏电池模块"。随着市场向着更大型的光伏系统发展，72 个、96 个和 128 个光伏电池单元构成的电池模块如今也很常见。每个模块的电池单元数量越多意味着模块数越少，它们之间的互连越少，这对于大型光伏系统来说是一个主要优势。

同样，多个光伏电池模块也可以串联来增加电压、并联来增加电流，从而提高输出功率。光伏发电系统设计中一个重要的因素是要考虑需要多少光伏电池模块串联，多少个光伏电池模块并联来满足功率需求，模块的这种组合称为阵列。如图 5.33 所示为光伏电池单元、模块、阵列之间的区别。

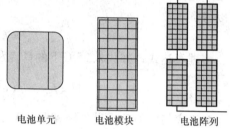

电池单元　　　电池模块　　　电池阵列

图 5.33　光伏电池单元、模块、阵列

5.5.1　从电池单元到电池模块

当光伏电池单元采用串联连接时，其通过的电流相同，且如图 5.34 所示，在任意给定电流下，电压值将串联叠加。因此，可基于式（5.19）和式（5.20）查表得到的解，乘以电池个数 n 即可得到整个模块的电压 $V_{模块}$。

$$V_{模块} = n(V_d - IR_S) \tag{5.21}$$

[例 5.4]　光伏电池模块的电压和电流。

某光伏电池模块由 72 个相同的光伏电池单元串联组成。在日照强度为 $1kW/m^2$ 下，单一光伏电池单元的短路电流为 $I_{SC} = 6.0A$，在 25℃ 下，其反向饱和电流为 $I_0 = 5 \times 10^{-11}A$。并联电阻 $R_P = 10\Omega$；串联电阻 $R_S = 0.001\Omega$。

a. 当单一光伏电池单元的结电压等于 0.57V，试求出光伏电池模块的输出电压、电流和功率；

b. 作出电流和电压计算数据表，并给出数据表的简单计算过程。

解：

a. 将 $V_d = 0.57V$ 和其他给定数据代入式（5.19），计算电流为

$$I = I_{SC} - I_0(e^{38.9V_d} - 1) - \frac{V_d}{R_P}$$

$$= 6.0 - 5 \times 10^{-11}(e^{38.9 \times 0.57} - 1) - \frac{0.57}{10.0} = 5.73A$$

由式（5.21）可知 72 单元光伏电池模块的输出电压为

$$V_{模块} = n(V_d - IR_S) = 72(0.57 - 5.73 \times 0.001) = 40.63V$$

从而得到输出功率为

$$P = V_{模块}I = 40.63 \times 5.73 = 232.8W$$

数据表及计算过程如下所示：

光伏电池单元数 n		72	
单一电池的并联电阻/Ω		10.0	
单一电池的串联电阻/Ω		0.001	
反向饱和电流 I_0/A		5×10^{-11}	
单位日照强度下的短路电流/A		6.0	
V_d	$I = I_{SC} - I_0(e^{38.9V_d} - 1) - \dfrac{V_d}{R_P}$	$V_{模块} = n(V_d - IR_S)$	$P(W) = V \times I$
0.53	5.9020	37.735	222.7
0.54	5.8797	38.457	226.1
0.55	5.8471	39.179	229.1
0.56	5.7996	39.902	231.4
0.57	**5.7299**	**40.627**	**232.8**
0.58	5.6276	41.355	232.7
0.59	5.4771	42.086	230.5
0.60	5.2555	42.822	225.0

注意表中已经给出了最大功率运行点，即 $I = 5.73$A、$V = 40.627$V，$P = 232.8$W。因此可称该电池为 232W 光伏电池模块。基于电子表格数据可以很容易地绘制出整个 I–V 曲线：

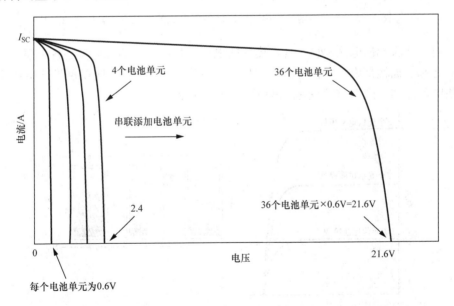

图 5.34 由十电池单元串联连接，因此在给定电流的情况下，其电压值将串联叠加，典型的电池模块包含 36 个电池单元

5.5.2　从光伏电池模块到光伏阵列

光伏模块串联连接将提高输出电压，并联连接将增加输出电流。阵列则是由模块的串联和并联组合的，以增加输出功率。一般，在并联光伏模块串增加输出功率之前，首先会将模块串联使得输出电压在安全运行范围之内尽量增大。该方法有利于减少连接线中的 I^2R 功率损耗。

对于串联光伏电池模块，$I-V$ 曲线将沿着电压轴线简单递增。也就是说，在任意给定电流（流经每一个光伏电池模块）下，总电压仅仅是各模块电压之和，如图 5.35 所示。

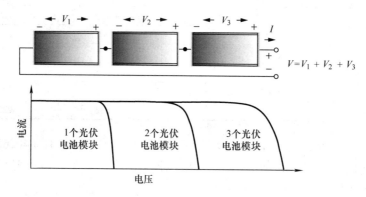

图 5.35　光伏电池模块串联，因此给定电流的情况下，电压叠加

对于并联光伏电池模块，各个模块的电压是相同的，而总电流是各个模块输出电流之和。也就是说，在任意给定电压下，并联后的 $I-V$ 曲线仅仅是该电压下各模块电流之和。图 5.36 所示为并联模块的 $I-V$ 曲线。

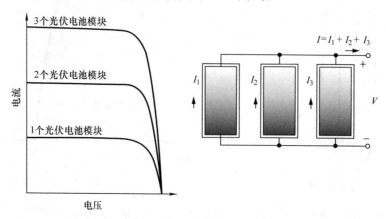

图 5.36　光伏电池模块并联，电压一定，电流叠加

当需要大功率输出时，光伏阵列通常由模块的并联和串联组合构成，其总 $I-$

V 曲线是各个模块 I-V 曲线的总和。如图 5.37 所示为某阵列的总 I-V 曲线,阵列包括两组并联的模块组且每组由 3 个光伏电池模块串联构成。如图 5.38 所示为用于大功率阵列的多个光伏电池模块串并联。

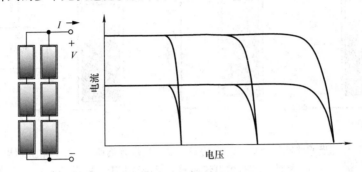

图 5.37 光伏阵列的总 I-V 曲线:阵列包括两组 3 个光伏电池模块构成的串组

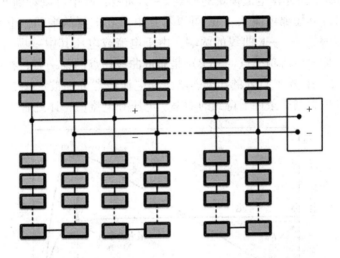

图 5.38 用于大功率阵列的多个光伏电池模块串并联

5.6 标准测试条件下的光伏电池电流-电压曲线

考虑单一光伏电池模块给某负荷供电(如图 5.39 所示)。负荷可为直流电机驱动的水泵,也可能是一个电池。在负荷连接之前,日照下的光伏电池模块将产生开路电压 V_{OC},没有电流。如果光伏电池模块两端短路(顺便提一下,这并不损害光伏电池模块),将会产生短路电流 I_{SC},但输出电压是零。由于功率等于电压和电流的乘积,因此这两种情况下光伏电池模块的输送功率或负荷获得的功率均为零。当接上负荷后,电压和电流的组合输出,电池模块将输出功率。为了得出输出功率的大小，除了要考虑负荷的 $I-V$ 曲线外，还要考虑光伏电池模块的 $I-V$ 曲线。

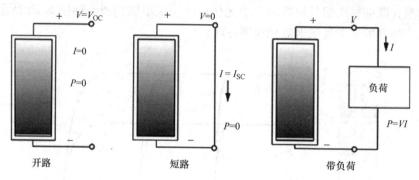

图 5.39　当回路断开或短路时无功率输出；当带有负荷时，负荷和光伏电池
模块中流过的电流相同，两端的电压也相等

图 5.40 所示为光伏电池模块的一般 $I-V$ 曲线，其中可以看到几个关键参数，如开路电压 V_{OC} 和短路电流 I_{SC}。还可以看到电压和电流的乘积，也就是光伏电池模块的输出功率。在 $I-V$ 曲线的两端，由于电流或电压其中一项为 0，因此输出功率等于 0。最大运行功率点（MPP）是靠近曲线拐点的某一点，在该点电压和电流的乘积最大。在 MPP 点处的功率、电压和电流通常分别被定义为 P_{MPP}，V_{MPP} 和 I_{MPP}，其为在理想测试条件下得到的功率、电压和电流值，详见后述。

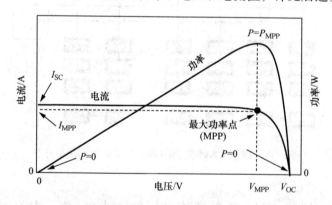

图 5.40　某光伏电池模块的 $I-V$ 曲线及功率输出：在所绘 $I-V$ 曲线对应的日照条件及温度下，光伏电池模块在最大功率点处输出最大功率，其中下标 MPP 标示模块在额定电压 V_R、
额定电流 I_R 下输出的功率 P_R

另一种确定最大运行功率点的方法是寻找 $I-V$ 曲线下所包含的最大可能矩形面积。如图 5.41 所示，矩形的边对应着电流和电压，因此矩形面积就是功率。另一个常用来衡量光伏电池模块特性的指标是填充因子（Fill Factor，FF）。FF 等于最大运行功率点（MPP）的功率与开路电压 V_{OC} 和短路电流 I_{SC} 乘积的比值。因此

FF 可视为两个矩形面积的比率，如图 5.41 所示。商用光伏电池的最高 FF 值超过了 70%，从上述光伏电池等效电路分析可见，这意味着其具有非常高的并联电阻值和非常低的串联电阻值。

$$填充因子（FF）= \frac{最大功率点的功率}{V_{OC}I_{SC}} = \frac{V_{MPP}I_{MPP}}{V_{OC}I_{SC}} \tag{5.22}$$

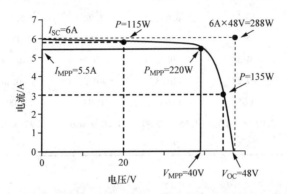

图 5.41 最大功率运行点（MPP）对应着 $I-V$ 曲线下所包含的最大矩形面积。填充因子（FF）等于最大功率点处对应的矩形面积对由开路电压 V_{OC} 和短路电流 I_{SC} 构成的矩形面积的比

图 5.41 所示光伏电池模块的 FF 值为

$$FF = \frac{40V \times 5.5A}{48V \times 6A} = \frac{220W}{288W} = 0.76$$

随着日照度的变化和电池温度的改变，光伏电池模块的电流—电压曲线也随之变化，因此需要确定标准测试条件（STC）来对不同模块进行比较。标准测试条件包括大气质量比 1.5（AM1.5）下，如图 5.7 所示的特性光谱下的日照强度单位为 $1kW/m^2$。测试的标准电池温度为 25℃（注意：25℃ 是电池温度，而不是外界环境温度）。制造商通常会提供标准测试条件下的光伏电池性能参数，表 5.3 给出了示例。光伏电池模块的关键参数是其在标准测试条件（STC）下的功率 P_{MPP}。通常在标准测试条件（STC）下的 DC 功率记为峰值功率 W_p。

表 5.3 还给出了一些与温度有关的参数。稍后将介绍如何根据温度的变化来调整额定功率值，以及如何对光伏电池模块和逆变器组合输出的交流功率值进行估计。

表 5.3 标准测试条件下（$1kW/m^2$，大气质量 AM1.5，电池温度 25℃）**光伏电池模块的特性举例**

制造商	SunPower	Yingli	First Solar	NanoSolar	Sharp
型号	E20/435	YGE 245	FS Series 3	Utility 230	NS – F135G5
材质	c – Si	mc – Si	CdTe	CIGS	a – Si
模块效率	20.1%	15.6%	12.2%	11.6%	9.6%
额定功率 P_{MPP}/W_p	435	245	87.5	230	135

（续）

制造商	SunPower	Yingli	First Solar	NanoSolar	Sharp
最大功率输出电压/V	72.9	30.2	49.2	40.2	47
最大功率输出电流/A	5.97	8.11	1.78	6	2.88
开路电压 V_{OC}/V	85.6	37.8	61	50.7	61.3
短路电流 I_{SC}/A	6.43	8.63	1.98	6.7	3.41
NOCT/℃	45	46	45	47	45
温度系数 P_{max}（%/K）	− 0.38	− 0.45	− 0.25	− 0.39	− 0.24
开路电压 V_{OC}（%/K）	− 0.27	− 0.33	− 0.27	− 0.30	− 0.30
短路电流 I_{SC}（%/K）	0.05	0.06	0.04	0.00	0.07
外形尺寸/m	2.07 × 1.05	1.65 × 0.99	1.20 × 0.60	1.93 × 1.03	1.40 × 1.00
重量/kg	25.4	26.8	15	34.7	26

5.7　温度和日照强度对电流 – 电压曲线的影响

制造商通常会提供 $I-V$ 曲线来说明电池温度和日照强度变化对曲线的影响，如图 5.42 所示。可见，随着日照强度的降低，短路电流也正比例地减少。例如将日照强度减半，则短路电流 I_{SC} 也减半。如例 5.3 所示，随着日照强度下降，整个 $I-V$ 曲线向下移动，这也导致了开路电压 V_{OC} 适度减少。

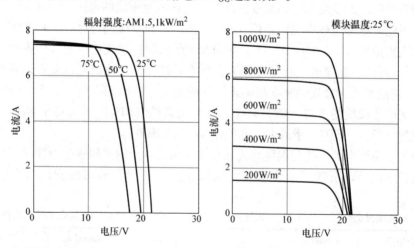

图 5.42　Kyocera KC120 – 1 PV 模块在不同电池温度和日照强度下的 $I-V$ 特性曲线

从图 5.42 可见，随着电池温度的增加，开路电压将会显著减小，但是短路电流仅会略有增加。令人惊讶的是，光伏电池模块在寒冷晴朗的天气下比在炎热天气下具有更好的性能。表 5.3 列出了五种不同光伏电池模块受温度影响的具体数值。例如，Yingli 多晶硅光伏电池模块温度每增加 1℃，最大功率 P_{MPP} 下降约 0.45%，而 FirstSolat 碲化镉（CdTe）光伏电池模块仅下降了 0.25%。可见碲化镉光伏模块在高温下具有性能优势。电池温度变化会对光伏电池的输出特性造成显著影响，因此温度应作为光伏电池模块性能评估的一个重要参数。

电池性能受温度的影响，不仅是因为外界环境温度的变化造成的，还有太阳辐射使光伏电池本身温度产生的变化影响。辐射到光伏模块表面的太阳光只有一小部分转变为电流传递给负荷，还有大部分的太阳入射能量被光伏模块吸收并转变为了热量。为了便于光伏发电系统设计者合理考虑温度对电池性能影响，光伏电池制造商通常提供一个指标参数，叫做 NOCT，来标示电池的额定运行温度。当外界环境温度是 20℃，日照强度是 0.8kW/m² ，风速是 1m/s 时，NOCT 则标示模块中的电池温度。如果考虑其他外界环境下电池的温度，可能采用以下计算公式：

$$T_{cell} = T_{amb} + \left(\frac{NOCT - 20℃}{0.8} \right) \cdot S \tag{5.23}$$

式中，T_{cell} 是电池温度（℃）；T_{amb} 是外界环境温度（℃）；S 是日照强度（kW/m²）。

[例 5.5] 电池温度对光伏发电模块输出功率的影响。

在单位日照强度和外界温度为 30℃ 条件下，试计算表 5.3 中 Yingli 多晶硅模块的电池温度、开路电压和最大功率输出。

解：

将表中的 $S = 1kW/m^2$ 和 NOCT $= 46℃$ 代入式（5.23），光伏电池单元温度为

$$T_{cell} = T_{amb} + \left(\frac{NOCT - 20℃}{0.8} \right) \cdot S = 30 + \left(\frac{46 - 20℃}{0.8} \right) \cdot 1 = 62.5℃ \, (145°F)$$

根据表 5.3，在标准温度 25℃ 下，开路电压 $V_{OC} = 42.8V$，由于开路电压 V_{OC} 的下降率为 0.33%/℃，因此开路电压大约为

$$V_{OC} = 37.8 [1 - 0.0033 \times (62.5 - 25)] = 33.1V$$

最大功率下降大约为 0.45%/℃，该 245W 电池模块的最大功率输出为

$$P_{max} = 245 [1 - 0.0045 \times (62.5 - 25)] = 204W$$

可见，输出功率从额定功率显著下降了 17%。

当 NOCT 没有给出时，另一种估计电池温度的方法可采用下式：

$$T_{cell} = T_{amb} + \gamma \left(\frac{日照量}{1kW/m^2} \right) \tag{5.24}$$

式中，γ 是取决于风速以及模块通风情况的比例系数。γ 的典型值在 25℃ 至 35℃ 之间。也就是说，在单位日照强度下，电池温度比周围环境温度高 25℃ 至 35℃ 左右。

5.8 遮蔽对电流 – 电压曲线的影响

与光热系统不同，光伏电池模块对遮蔽特别敏感，即使光伏电池单元串中的一个单元被遮蔽，其输出功率也将减少大半。光伏阵列由光伏模块组成，因此即使是光伏模块上的一小部分被遮蔽，也会影响到整个光伏阵列的发电性能。

以往，为了解决被遮蔽电池单元如何不阻断电流的问题，一直采用的是旁路二极管和阻流二极管续流方案。目前，有更复杂的电路方案来解决这一重要问题。

5.8.1 光伏电池被遮蔽的物理原理

为了便于理解这个重要的遮蔽现象，考虑图 5.43 所示的例子，由 n 个电池单元组成的光伏发电模块的输出电流为 I，输出电压为 V，其中的一个电池单元与其他的电池单元分离（图中所示为最顶端的光伏电池单元，但是可以是模块中的任一单元）。最顶端光伏电池单元的等效电路如图 5.31 所示，其余的 $n-1$ 个电池单元可视为具有电流 I 和输出电压 V_{n-1} 的光伏发电模块。

图 5.43a 中，所有电池都位于阳光下，并且由于串联，流过的电流 I 都相等。但是在图 5.43b 中，顶端电池被遮蔽，其电流源输出 I_{SC} 减为 0。电流流过电阻 R_P 产生的电压降使得二极管反向偏置，从而二极管电流也基本上为 0。因此流经模块的总电流必须同时通过被遮蔽电池的 R_P 和 R_S 到达负荷。顶端电池不但没有增加反而减小了模块的总输出电压。

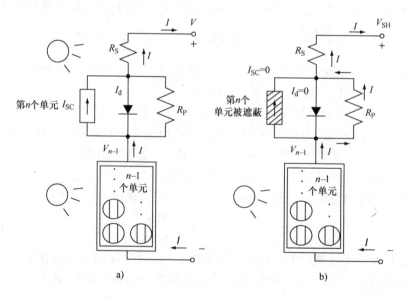

图 5.43 包含 n 个单元的光伏电池模块
a) 满日照下 b) 最顶部的单元被遮蔽

考虑当其余 $n-1$ 个电池单元仍位于日照下，输出电流仍为原来的电流 I，输出电压仍为 V_{n-1}。此时，一个电池单元被遮蔽将导致模块的总输出电压 V_{SH} 会降至

$$V_{SH} = V_{n-1} - I(R_P + R_S) \tag{5.25}$$

若 n 个电池单元都处于日照之下，且通过电流 I，输出电压是 V，则底部的 $n-1$ 个电池单元的输出电压是

$$V_{n-1} = \left(\frac{n-1}{n}\right)V \tag{5.26}$$

式（5.26）代入式（5.25）可得

$$V_{SH} = \left(\frac{n-1}{n}\right)V - I(R_P + R_S) \tag{5.27}$$

由于被遮蔽，在任意给定电流 I 下的电压降 ΔV 为

$$\Delta V = V - V_{SH} = V - \left(1 - \frac{1}{n}\right)V + I(R_P + R_S) \tag{5.28}$$

$$\Delta V = \frac{V}{n} + I(R_P + R_S) \tag{5.29}$$

由于并联电阻 R_P 远大于串联电阻 R_S，式（5.29）可简化为

$$\Delta V \cong \frac{V}{n} + IR_P \tag{5.30}$$

在任意给定电流下，一个电池单元被遮蔽的模块的 $I-V$ 曲线将下降 ΔV。图 5.44 所示为遮蔽前后的曲线对比。

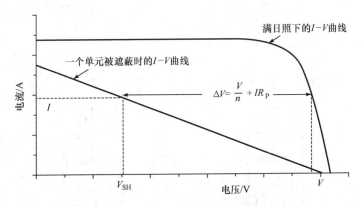

图 5.44　包含 n 个光伏电池单元的光伏电池模块中，1 个单元被遮蔽后的影响。
在给定电流值时，模块电压从 V 下降至 $V - \Delta V$

[例 5.6]　遮蔽对光伏电池模块的影响。

例 5.4 所示的 72 个单元的光伏电池模块中，每块电池单元的并联电阻 $R_P = 10.0\Omega$，串联电阻 R_S 为 0.001Ω。在满日照下，输出电流 $I = 5.73A$，输出电压为 $V = 40.63V$。如果一个电池单元被遮蔽，输出电流 $I = 5.73A$ 基本保持不变，则：

    a. 电池模块的输出电压是多少？

    b. 被遮蔽电池单元消耗了多少功率？

解：

    a. 根据式（5.29），光伏电池模块上的电压降为

$$\Delta V = \frac{V}{n} + I(R_P + R_S) = \frac{40.63}{72} + 5.73 \times (10.0 + 0.001) = 57.87$$

（显然，此时可以忽略 R_S）

    则，光伏电池模块的输出电压为 $40.63 - 57.87 = -17.24V$

（这是可能的，例如，如果模块串中某模块的某个单元被遮蔽，而没有被遮蔽部分的模块试图驱动 5.73A 的电流在模块串中流动，那么最好在回路中完全移除被遮蔽的模块，而不是将该模块留在回路中。）

    b. 由于 5.73A 的电流将会流经并联电阻 R_P 和串联电阻 R_S，因此被遮蔽电池单元消耗的功率为

$$P = I^2(R_P + R_S) = (5.73)^2 \times (10.0 + 0.001) = 69.7W$$

这部分功率将会全部转化为热量，产生热斑永久损坏光伏电池单元外裹的塑料层。

    现在来分析在满日照下，光伏模块中某个电池单元被部分遮蔽的情况。图 5.45 所示为单个光伏电池单元被遮蔽 50%（此时，光伏电池的短路电流应降至满

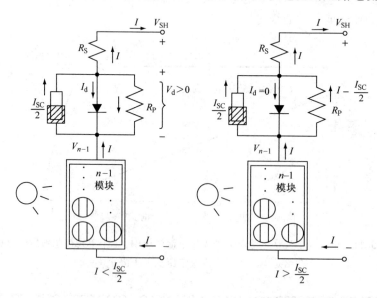

图 5.45　对于一个被 50% 遮蔽的单元，只要来自模块其余部分的电流 I 小于 $I_{SC}/2$，其等效电路二极管仍然导通。一旦超过 $I_{SC}/2$，二极管将关闭，电流将流过 R_P 和 R_S，会导致在该单元中产生非常大的电压降

日照情况下电流的一半，即 $I_{SC}/2$）的两种情况。如果模块中未被遮蔽部分的光伏电池的短路电流小于 $I_{SC}/2$，则剩余电流将会流经二极管，会导致模块输出电压的轻微下降，但是输出电压肯定为正值。

另一方面，如果短路电流大于 $I_{SC}/2$，则超出 $I_{SC}/2$ 的短路电流值将通过并联电阻 R_P。在 R_P 上产生的电压降会反向偏置二极管，导致二极管截止。类似于式（5.30)，由于光伏电池单元被部分遮蔽，整个光伏电池模块上的总电压损失为

$$\Delta V = \frac{V}{n} + \left(I - \frac{I_{SC}}{2} \right) R_P \tag{5.31}$$

图 5.46 所示为光伏模块中不同被遮蔽单元数量下的 $I - V$ 曲线特性对比，包括了单个光伏电池单元和两个光伏电池单元被完全遮蔽的情况。由图可见，仅有一个光伏电池单元被 50% 遮蔽时，光伏模块的输出最大功率点从无遮蔽时的 65W 下降了到了 40W，下降到了原来的 75%。而一个光伏电池单元被完全遮蔽时，最大功率下降将会超过 75%。同时也请注意，如果模块中未被遮蔽部分的输出电流超过了 2.8A，单个光伏电池单元被遮蔽会导致整个模块的输出电压变为负值。这与例 5.6 中的结果类似。

最后，图 5.46 也给出了模块上均匀覆盖灰尘情况下，与单个光伏电池单元被遮蔽或被碎屑块覆盖的情况下光伏电池模块的 $I - V$ 输出曲线对比。当模块上均匀覆盖灰尘时，$I - V$ 曲线会向下移动，这与日照强度变弱时光伏电池模块的 $I - V$ 输出曲线变化相同。如图所示，10% 的光伏模块污秽度大约会导致模块的最大输出功率下降也为 10%。

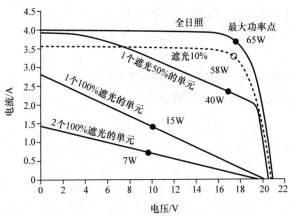

图 5.46 光伏模块中不同被遮蔽单元数量下的 $I - V$ 曲线特性对比，图中也以虚线给出了模块上均匀覆盖灰尘情况下的 $I - V$ 曲线。圆点表示最大功率点

5.8.2 采用旁路二极管和阻流二极管改善遮蔽影响

众所周知，当处于日照下时，单个光伏电池单元在最大功率点时会使得光伏电

池模块的输出电压增加约 0.5V。但是，如果光伏电池单元被遮蔽，它将会导致光伏电池模块的输出电压大幅下降。被遮蔽电池的电压下降问题可通过在每个电池单元增加旁路二极管来解决，如图 5.47 所示。当光伏电池单元接收到日照时，光伏电池单元的电压升高，旁路二极管截止，无电流流过，视为二极管不存在。但是当光伏电池单元被遮蔽时，该单元流过任何电流都将使得电压下降，导通旁路二极管，使得电流流经二极管，短路该光伏电池单元。普通的旁路二极管在导通时，电压会下降 0.6V。特殊的肖特基二极管的电压会仅仅下降几十分之一伏。因此，旁路二极管可以钳位被遮蔽光伏电池单元的电压降在相对适中的 0.2~0.6V，避免了无旁路二极管时的剧幅电压下降。（比如例 5.6 中，电压降幅超过了 17V）。

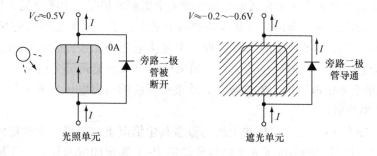

图 5.47　采用旁路二极管解决被遮蔽问题。日照下，旁路二极管截止，所有正常电流流过光伏电池单元；被遮蔽情况下，被遮蔽单元旁边的旁路二极管会续流，仅会导致约 0.6V 的二极管电压降

　　虽然在每个电池单元都可以加上旁路二极管，但在实际光伏电池模块中，制造商通常会对电池单元分组加装旁路二极管，每个二极管保护模块内一定数量的光伏电池单元（见图 5.48）。如图 5.49 所示为当一个光伏电池单元被完全遮蔽时，通过二极管仍然可以提供满日照情况下输出功率的 2/3（43W）。如果没有二极管保护，同样情况下该模块的最大输出功率仅为 15W。

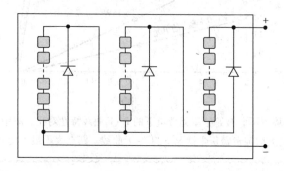

图 5.48　采用三个旁路二极管，每个二极管负责保护模块中三分之一的光伏电池单元

　　如光伏电池单元串联起来增加模块输出电压一样，光伏电池模块也可以串联起

来增加阵列的输出电压。同理，正如单个光伏电池单元可能影响整个光伏电池模块的输出电流一样，单个模块中某些光伏电池单元被遮蔽也会影响阵列中其所在光伏电池模块串的输出电流。旁路二极管也同样适用于保护光伏电池模块串中的单个光伏电池模块。如图 5.50 所示为采用了旁路二极管，即使某个模块被遮蔽，整个光伏电池模块串也将保持输出功率的 2/3。但是如果没有旁路二极管，则整个输出功率将会损失 3/4。

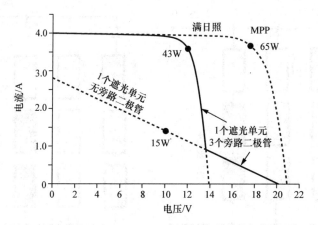

图 5.49　带有三个旁路二极管的光伏电池模块：没有旁路二极管保护时，单个光伏电池单元被遮蔽时，光伏电池模块输出功率仅为 15W；而有旁路二极管保护时，输出功率可以达到 43W

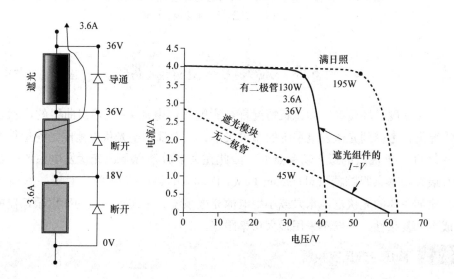

图 5.50　采用旁路二极管改善光伏电池模块被遮蔽问题

旁路二极管可以短路光伏电池模块串中被遮蔽或故障的模块，从而不仅提高了光伏电池模块串的整体输出功率，也避免了在被遮蔽模块上产生热斑。当光伏电池模块串并联时，如果其中某个模块串被遮蔽时，也会遇到类似的问题。故障或者被遮蔽的模块串不仅不能向阵列提供电流，反而会从其他并联光伏电池模块串中汲取电流。如图5.51所示，可以通过在每个光伏电池模块串的顶端安装阻流二极管（或者叫隔离二极管），阻止被遮蔽的光伏电池模块的反向汲取电流，从而解决该问题。

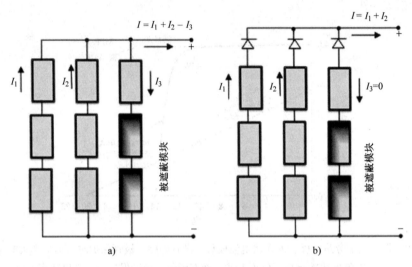

图 5.51　阻流二极管可防止反向电流流过失效或被遮蔽的模块
a）无阻流二极管　b）有阻流二极管

5.9　最大功率点跟踪器

日照强度、环境温度和遮蔽情况都会影响光伏电池 $I-V$ 输出曲线的形状。理想情况下，考虑到光伏发电系统的昂贵成本，人们都希望光伏电池能始终运行在不断变化的 $I-V$ 曲线的最大功率点处。因此在大多数情况下，光伏发电系统中都包含有最大功率点跟踪器（Maximum Power Point Tracker，MPPT）。对于一些简单应用，比如一体的光伏电池水泵或小型电池充电系统，考虑到最大功率点跟踪器的额外成本和复杂性，一般不采用最大功率跟踪。

5.9.1　降压-升压变换器

已经有了供最大功率点跟踪器以及其他重要功率设备使用的非常巧妙的、非常简单的电路。关键是要能够将直流电压从一个电平转换到另一个电平，但是实现大功率不同电压等级的变换实际上是非常困难的，直至20世纪80年代，场效应晶体管（Field Effect Transistor，FET）和90年代绝缘栅双极晶体管（Insulated Gate Biplor Transisor，IGBT）的出现，这种大功率直流电压的变换才成为了可能。这些现代开关模式 DC – DC 变换器的核心是用作开关的晶体管，其可允许电流通过或者阻断电流。

升压变换器通常用于直流电压电路，而降压变换器通常用于降压，本书第 3.9.2 节对此进行了介绍。还有其他的 DC – DC 变换器电路，如图 5.52 的电路，它被称为降压 – 升压变换器。降压 – 升压变换器能够将其电源的直流电压升高或降低至负荷所需的任何直流电压。而晶体管开关在一些感应和逻辑算法的控制下以快速的速率（大约 20kHz）实现开启和关闭，这将在下一节中介绍。

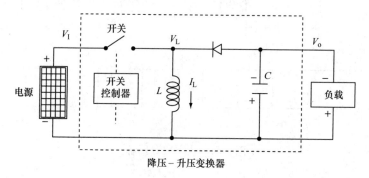

降压 – 升压变换器

图 5.52　最大功率跟踪器中的核心电路——降压 – 升压变换器

为了分析降压 – 升压变换器，首先来回顾一下基本原理。通常的直交流电路分析方法在这里不适用，这里采用的分析方法是基于电感中磁场能守恒的基本原理。通常只需考虑的两种基本状态：电路中的开关闭合和开关断开。

当开关闭合时，输入电压 V_i 施加到电感两端，电流 I_L 流过电感。由于二极管截止，电源电流全部流入电感。在这个过程中，电感中的磁场能随着电流的流入而增加。如果开关闭合时间足够长，充电结束后的电感就相当于短路，光伏发电系统的输出电流将变为短路电流，输出电压为零。

当开关断开时，由于电感中储存的磁场能将释放出来，电感中的电流能够继续流动（注意，通常电感中的电流不能突变，只有在冲击电源作用时才能够突变）。电感电流流过电容、负荷和二极管，使电容充电，并在负荷两端产生一个反向电压，该电压有助于负荷在开关再次闭合之后仍然能够获得供电。

如果开关频率足够高，在下次开关闭和之前，电感电流下降会很少。如果开关频率足够高而且电感足够大的话，电路中的电感电流可以看作是恒定不变的。从而得到了该电路分析的第一个重要结论：电感电流基本不变。

类似地，如果开关频率足够高，在下次开关打开电感再次为其充电之前，电容两端的电压变化也会很少。由于电容上的电压不能突变，所以只要开关速度足够快而且电容足够大，电容和负荷两端的电压就近似恒定不变。输出电压 V_0 基本不变

（输入电压记为 V_i），这是在对该电路工作原理认识的第二点。

最后来介绍一下开关的占空比。通过改变占空比就能够调节输入输出电压之间的关系。占空比 D（$0 < D < 1$）是开关导通时间占一个周期的比值，如图 5.53 所示。通过调节开关导通和关断状态所占比例的调节方式称作脉宽调制（Pulse Width Modulation，PWM）。

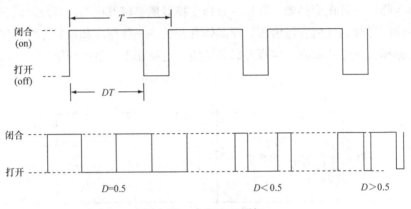

图 5.53　占空比 D 图解

为简化起见，变换电路中的所有元器件都认为是理想元器件。也就是说经历一个完整的开关变化周期，电感、电容、二极管上都没有能量损耗。因此，变换电路的平均输入功率等于其平均输出功率，即变换效率为 100%。实际最大功率跟踪控制器的效率也高达 90% 左右，因此上述假设是可以接受的。

以下来分析电感。当开关闭合，从 $t = 0$ 到 $t = DT$ 时刻，电感上的电压为常数 V_i。在一个完整周期内，电感获得磁场能的平均功率为

$$\overline{P}_{L,in} = \frac{1}{T}\int_0^{DT} V_i I_L \mathrm{d}t = \frac{1}{T}V_i\int_0^{DT} I_L \mathrm{d}t \tag{5.32}$$

假设电感电流为一个定值，输入电感的平均功率为

$$\overline{P}_{L,in} = \frac{1}{T}V_i I_L \int_0^{DT} \mathrm{d}t = V_i I_L D \tag{5.33}$$

当开关断开，电感将储存的磁场能释放出来，二极管导通，此时电感两端的电压 V_L 与负荷两端的电压 V_o 相等。因此，电感释放能量的平均功率为

$$\overline{P}_{L,out} = \frac{1}{T}\int_{DT}^{T} V_L I_L \mathrm{d}t = \frac{1}{T}\int_{DT}^{T} V_o I_L \mathrm{d}t \tag{5.34}$$

如果设计合适，V_L 与 V_o 都基本是恒定的，因此电感释放能量的平均功率变为

$$\overline{P}_{\text{L,out}} = \frac{1}{T} V_o I_L (T - DT) = V_o I_L (1 - D) \tag{5.35}$$

经过一个完整的周期，电感吸收的能量与释放的能量相等。因此，由式 (5.33) 和式 (5.35) 可得

$$\frac{V_o}{V_i} = -\left(\frac{D}{1 - D}\right) \tag{5.36}$$

式 (5.36) 说明，只要改变升降压电路的占空比，就可以将直流电压升高或者降低（符号改变）。占空比大意味着导通时间长，电容的充满时间长而放电时间短，因此，输出电压随着 D 的增大而升高。当占空比 D 为 1/2 时，输出电压与输入电压相等。当占空比为 2/3 时，输出电压为输入电压的二倍，而当 $D = 1/3$ 时，则减少一半。如下例所示，DC–DC 变换器实际上是对常规交流变压器的直流模拟，但是其匝数比的调整是通过对占空比的控制来实现的。

[例5.7] **最大功率跟踪器的占空比。**

在某外界环境下，光伏电池模块在 $V_m = 30$ 伏，$I_m = 6A$ 时达到最大功率点。如果光伏电池模块输出 12V 电压给电池充电，则需要多大的降压–升压变换器占空比？电池的充电电流为多少安培？如果不改变日照强度，外界温度降低，那么占空比是升高还是降低？

解： 需要采用变换器将光伏电池模块的输出电压 30V 变换为所需的 12V。根据式 (5.36)，并忽略符号的改变（只需交换电池的正负极即可实现），有

$$\frac{12}{30} = \frac{D}{1 - D} = 0.4$$

解得

$$D = 0.4 - 0.4D$$

$$D = \frac{0.4}{1.4} = 0.286$$

假设变换器的转换效率为 100%，则输入功率等于输出功率，因此可得

$$V_{\text{PV}} \cdot I_{\text{PV}} = V_{\text{电池}} \cdot I_{\text{电池}}$$

$$I_{\text{电池}} = \frac{30V \cdot 6A}{12V} = 15A$$

在较低的温度下，最大功率点处的光伏电池模块输出电压有所增加（见图 5.35），因此占空比 D 应该降低。

5.9.2 最大功率点跟踪控制器

为了实现最大功率点跟踪需要知道如何来调整 DC – DC 变换器的占空比，从而使得光伏发电阵列能够运行在最大功率点上，因此必须需要一个控制单元。如图 5.54 所示为一个简化的最大功率点跟踪系统，包括 DC – DC 变换器和控制系统。光伏电源可以是单个模块，也可以是整个光伏阵列。控制器检测光伏电源输出的电压、电流，并采用可行的多种控制方法中某种或某几种，控制变换器的输出来满足负荷的用电需求。

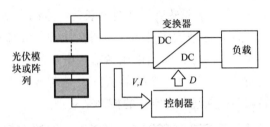

图 5.54 最大功率点跟踪系统的简化框图

目前，已经有了几十种方法可以实现最大功率点跟踪控制（例如，Esram 和 Chapman，2007）。有的方法原理上很简单，例如固定百分比开路电压法，其将电压设定为量测得到的光伏电源的开路输出电压 V_{oc} 的某个固定百分比。其他方法，比如爬坡法或者干扰观察法的基本原理是主要是通过调整光伏电源的输出电压值，来观察输出的功率是增加还是减少，回想典型 I – V 和输出功率曲线（不考虑复杂的遮蔽阴影影响等，如图 5.55 所示）。例如，如果在某一方向上持续增加输出电压的变化量会使得输出功率增加，那么就持续增加该方向上的电压变化量，直到输出功率不再增加为止。类似的，如果某个方向上的电压变化量导致了输出功率降低，那么后续则应该向着相反的方向调整电压。

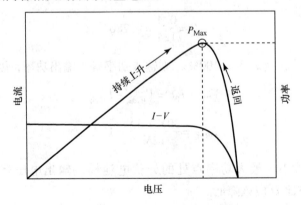

图 5.55 采用爬坡法或干扰观测法确定最大功率点

还有一种技术称为增量电导法，其基于如下事实：在功率－电压曲线上最大功率点处斜率等于零。

$$在最大功率点：\frac{\mathrm{d}P}{\mathrm{d}V}=0 \tag{5.37}$$

由于功率的基本定义为 $P=IV$，因此可以得出

$$\frac{\mathrm{d}P}{\mathrm{d}V}=I\frac{\mathrm{d}V}{\mathrm{d}V}+V\frac{\mathrm{d}I}{\mathrm{d}V}=I+V\frac{\mathrm{d}I}{\mathrm{d}V}\approx I+V\frac{\Delta I}{\Delta V} \tag{5.38}$$

上式近似采用了有限差分 ΔI 和 ΔV 代替了微分。将式（5.38）代入式（5.37），可以得到

$$在最大功率点：\frac{\Delta I}{\Delta V}=-\frac{I}{V} \tag{5.39}$$

I/V 的比值称为瞬时电导，其可以通过在固定采样时间间隔下实时获取光伏电池输出电压、电流采样值，来计算得到。$\Delta I/\Delta V$ 的比值称为增量电导，其表征的是某个时间间隔的 I 和 V 的变化情况。图 5.56 所示为某光伏电池输出 $I-V$ 曲线上的电导值及其相关解释。瞬时电导表征的是从原点到工作点的直线斜率，而增量电导表征的是输出 $I-V$ 曲线上同一工作点处的负斜率。由图 5.56 可知，在最大功率点处，两个斜率值相等。因此，可以想象到，寻找最大功率点时，可以通过增加变换器的占空比直至 $\Delta I/\Delta V$ 的比值等于 I/V，此时对应的点就是最大功率点；此时，角度 ϕ 和 θ 相等。

定位了最大功率点以后，即可以保持变换器的占空比稳定，直至后续的 I 和 V 测量值表明光伏电池功率输出情况有了变化，然后再继续调整跟踪最大功率点。这种情况变化可能是由于温度，也可能是由于日照强度变化引起的 $I-V$ 特性曲线变化，从而引起了最大功率点的移动。例如，如果日照强度增加，最大功率点将会向右移动一些；紧接着，电流量测值就会标示出有 ΔI 的增加，但是直到占空比改变之前，ΔV 的值始终为零。日照强度的增加使最大功率点向右移动，因此光伏电源的输出电压需要升高；也就是说，占空比需要增大。

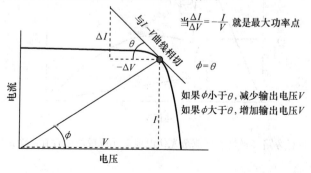

图 5.56　增量电导最大功率跟踪方法，最大功率点处角度 ϕ 等于角度 θ

占空比调节也可以由负荷电压变化引起，比如在电池充电期间导致的电压升高。如果占空比不变化，那么光伏电池阵列的电压就会上升，从而将最大功率点右移，进一步导致占空比降低。图 5.57 所示的流程图给出了如何根据 I 和 V 的实时量测值，按采样步长逐步计算出 ΔI 和 ΔV，并进一步计算调整光伏阵列的电压。

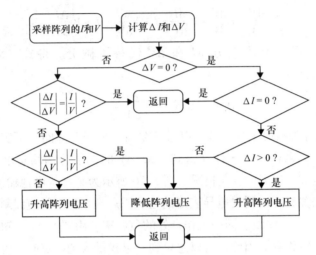

图 5.57　控制器调整 DC – DC 变换器占空比的电导增量法

光伏电池模块内部某个光伏电池单元或光伏电池串中的单个光伏电池模块被遮蔽时，由于可能导致旁路二极管导通，因此会产生复杂的 $I – V$ 输出曲线，此时可能存在多个局部功率最大点。比如图 5.58 给出的与图 5.50 所示的类似曲线。为了避免陷入错误的最大功率点，大多数的最大功率跟踪方法需要一个在正确的最大功率点附近的初值来起始实施最大功率跟踪过程。

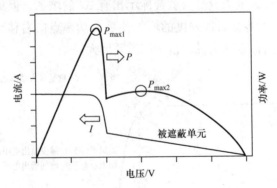

图 5.58　带有旁路二极管的被遮蔽光伏电池单元或模块会存在多个最大功率点

参 考 文 献

Bube RH. *Photovoltaic Materials*. London: Imperial College Press; 1998.

Esram T, Chapman PL. Comparison of photovoltaic array maximum power point tracking techniques. *IEEE Transactions on Energy Conversion* 2007;22: 439–449.

ERDA/NASA. Terrestrial photovoltaic measurement procedures. Cleveland, OH: NASA; 1977. Report nr ERDA/NASA /1022-77/16, NASA TM 73702.

第6章　光伏发电系统

6.1　简　介

本章重点分析设计光伏发电系统的四种常见配置。首先根据光伏发电系统是否并网来区分为两类，而对于并网型光伏发电系统又可以根据光伏发电系统位于电表的系统侧还是用户侧来分为两种。通常容量较小的屋顶光伏发电系统从其位于的电表用户侧直接向用户供电。公网电源仅作为备用电源而存在。这些"电表背后"的光伏发电与电网的零售电价竞争，使得用户电价更具经济性。而位于电表系统侧的光伏发电系统一般装机容量较大，业主将向电网电力批发市场直接出售电力。无论是否采取聚光措施，与较小容量的屋顶光伏发电系统相比，系统侧光伏发电系统更可能使用单轴或双轴跟踪系统。

离网光伏发电系统也分为两种。一种称为独立光伏发电系统，其带有储能装置。其应用包括了从微型光伏照明、手机充电到大型的家居、学校和小型公司的光伏供能，这种系统在全球新兴经济体中得到了更为广泛的应用。另一种是直接与负荷相连的光伏发电系统，中间没有电力电子变换器或电池存储元件。这种系统主要应用于光伏抽水系统，用存储水能来替代存储电能，此系统简单且可靠，但是如后所述，分析起来却非常困难。

6.2　电表用户侧的并网光伏发电系统

电表用户侧的并网光伏发电系统具有许多理想的特性。与公网规模的大型光伏发电系统相比，由于电表用户侧的并网光伏发电系统属于业主资产，可以节省购置土地的成本，具有较好的零售电价竞争力。而与离网光伏发电系统相比，并网运行节省了电池和备用发电机的购置成本而且利用效率和供电可靠性高，使得电价更便宜。离网光伏发电系统通常是与电价更昂贵的燃料—发电机组竞争，而不是跟电价便宜的公网相竞争。

6.2.1　并网光伏发电系统组件

如图 6.1 所示为一个并网光伏发电系统的简化结构图，其带有净电能表。示例中的用户为单一住宅户，典型的光伏发电系统容量为 1 ~ 10kW。商业建筑物上的类似光伏发电系统的发电量可能达到几十千瓦，也可从达到兆瓦或两兆瓦，通常建设于屋顶，也可从建设于停车场。虽然家用和商业光伏发电系统物理结构类似，但其装机容量大小以及财政补贴政策的差异性会导致其发电的经济性有着显著不同。本节将详细介绍这些系统。

图6.1中光伏电池板将直流电传输至功率调节单元（Power-Conditioning Unit，PCU），功率调节单元包括了使光伏发电系统在负荷变化时始终保持工作在 $I-V$ 曲线上最高点的最大功率点跟踪器（Maximum Power Point Tracker，MPPT）和将直流转换为交流的逆变器。将直流电转换成交流电后为建筑物供电。当光伏电源提供的电能低于负荷需求时，通过功率调节单元从公网中获取所缺电能，因此能够满足负荷的需求。如果在某一时刻，光伏发电系统提供的电能多于负荷需求，多余的电能将反送回公网中，这时电表将反转。由于不需要使用易发生故障的电池提供后备电源，因此并网光伏发电系统相对较简单。有时候并网光伏发电系统也会包含电池组，以防止电网停电事故时供电所需。

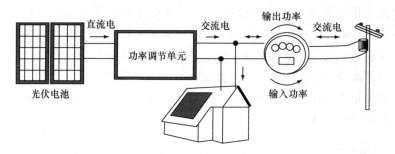

图 6.1　带有净电能表的简化并网光伏发电系统

图6.2所示为一个典型的并网光伏发电系统，其带有独立逆变器和独立电表。光伏电池阵列中，每一串光伏电池都会接至汇流箱，箱中包含有阻流二极管、熔断器以及避雷器等元件。汇流箱会采用大规格线缆将直流电输送至整列熔断开关，实现光伏电池阵列与电力系统的完全隔离。功率调节单元包括最大功率点跟踪器，

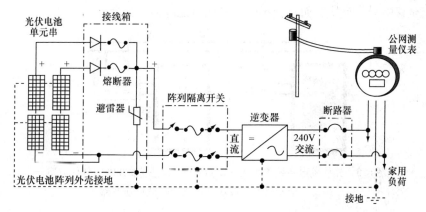

图 6.2　带有独立逆变器和独立电表的并网光伏发电系统的主要组件

DC – AC 逆变器及针对接地故障的断路器（Ground – Fault Circuit Interrupter, GF-CI），其用于一旦出现电流流向地面时，快速隔离光伏发电系统。功率调节单元通过断路器一般以 240V 向家用负荷供电，而当逆变器的任一接线端连接到家用负荷上时，即可以向用户提供 120V 的电力。

当公网系统突然停电时，功率调控单元必须快速自动地将光伏发电系统与电网隔离。当断路器自动将故障线路切断时，就会形成一个"孤岛"。而在这种情况下，如果一个自发电系统，当为该孤岛供电时，如并网光伏发电系统，则会产生一系列严重问题。

绝大多数故障都是瞬间故障，如树枝突然打到线路上，此时公网应采取快速响应的措施以尽量缩短故障持续时间。当故障发生时，故障线路断路器会跳闸，几百微秒之后又会自动闭合闸，使得用户的断电时间尽可能缩短。如果闭合不成功的话，系统则会经过一个稍长的时间间隔之后再闭合一次。如果最终故障仍无法排除的话，将由工作人员来处理。在这期间，如果有自发电系统工作，即使不足 1s，也会对自动闭合闸过程造成影响而延长了不必要的故障时间。对一条本应与电源断开而实际没有断开的线路进行维修，也会造成非常严重的人身危险。

当公网系统停电，并网光伏发电系统必须向用户供电，所以此时光伏发电系统应配备小型的备用电池组。如果需要长时间不间断地为用户供电，光伏发电系统中应增加一台发电机。

6.2.2　微型逆变器

替代图 6.2 所示的光伏发电系统单逆变器并网的另一种方法是在每一个光伏发电模块的背板上直接装一个微型的逆变器/最大功率点跟踪器，如图 6.3 所示。这种方式的优点是：由于每个模块都有最大功率点跟踪器，所以不需要旁路二极管；并且单个模块性能的不佳对其所在的光伏电池串、整个光伏电池阵列的影响都会显著降低（见 5.8.2 节）。采用单独的逆变器还有利于远程监控，可以方便地单独关闭并安全移除异常模块，而不会影响到光伏电池阵列的其余部分。

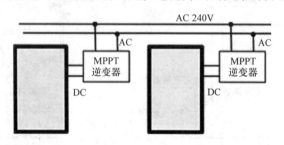

图 6.3　光伏发电系统单最大功率点跟踪器/逆变器并网的替代方案
是每一个光伏发电模块都直接装有微型逆变器

采用这种多个微型逆变器的方式也有非常好的安全性优点。例如，光伏电池阵列可以使用比直流系统中电压更低的交流组件进行接线连接。由于交流电流可以过零点开断，而直流电流不存在过零点，因此交流断路器比直流断路器更安全，更便宜。如 2.7.2 节中所述，线路瞬时开断时，线路上的电感会阻止电流的突变，从而产生潜在危险的电弧。相关技术规范要求，光伏发电系统中必须配置专用弧闪故障断路器，从而避免熔毁直流线路引发火灾。最后，光伏发电系统必须具备在汇流箱就地或远方开断光伏电池模块的能力，以避免在紧急情况下，消防员必须爬上屋顶时，光伏电池模块仍然带电可能造成的安全隐患。

交流光伏电池模块更适合不规则屋顶（特别是存在着遮蔽问题的屋顶）的阵列布局，这主要是因为这种情况下很难保证并排布局的每个光伏电池模块串包含相同数量的光伏电池模块。此时，光伏电池模块每个个体都是独立的，可以任意布局放置。而且，采用这种方式，可以非常方便地根据用户负荷的变化或预算情况，来扩容用户的光伏发电系统容量。

当然，获取上述优点也需要付出相应的代价。使用单个大容量并网逆变器会比使用众多微型逆变器要便宜很多，特别是对于较大容量的光伏发电阵列。如图 6.4a 所示，光伏发电模块串连接逆变器的接线方式，与单个逆变器/光伏电池模块接线方式相似。通过这种方式，光伏发电系统可以实现模块化，不需要退出整个光伏电池阵列，就能够对部分模块进行控制。同时，这种方式无需大容量中央逆变器，减少了大量使用直流电缆带来的昂贵花费。当然，也有采用大容量中央逆变器三相并网运行的光伏发电系统（如图 6.4b 所示）。第 3 章详细介绍过逆变器的工作原理。

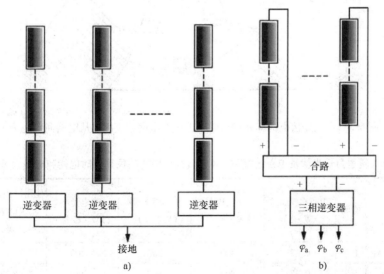

图 6.4　a）大型并网光伏发电系统的每个电池串都采用独立的逆变器
b）合并大型集中式逆变器系统提供三相功率

6.2.3 净电能计量和上网电价

图 6.1 所示的系统是当地电力公司净电能计量管理的示例，其中所示的电表可以正转也可以反转计费。如图 6.5 所示，只要业主的光伏发电系统输出功率大于其负荷需求，电表就会反转，将功率反送给电网，相当于从电网公司获得了相应的信用额度。当负荷需求大于光伏发电的功率供给时，则需要从电网购买功率，相当于使用了自己的信用额度。这样用户每月只需要支付光伏发电系统的净缺额部分即可。

由于基本上所有的电能表都可以正转和反转，因此净电能计量不需要增加新设备。但是相应的财务核算部分将会变得复杂。例如，为了避免高峰时间负荷用电，电网公司会采用民用分时（Time of Use，TOU）电价。对于电网公司而言，负荷高峰一般出现在炎热的夏日午后，此时空调会被大量使用，低成本 – 效益的备用发电厂也会并网发电，因此该时段内的电价会较高。相反，晚间的时候，电价会明显下降。拥有光伏发电系统的业主基于民用分时电价政策，可以在白天电价较高的时候向电网售电，而在晚间电价较低时从电网回购电力。

表 6.1 给出了夏季月份光伏发电系统为全部家居电器供电的示例。如果选择了固定电价的话，那么该月的家庭用电账单额将为零。但是如果该家庭签署了民用分

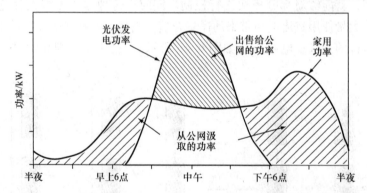

图 6.5　白天光伏电池阵列输出电力出售至电网，夜间再从电网回购电力

表 6.1　夏季月份光伏发电系统提供 100% 负荷用电时的民用分时电能和电费计算示例

时段	时间	电价/（美元/kW·h）	光伏发电量/（kW·h/月）	家庭用电量/（kW·h/月）	净电量/（kW·h/月）	使用民用分时电价和光伏供电后的账单（美元/月）
部分负荷高峰	上午	0.17	400	300	-100	(17.00)
负荷高峰	下午	0.27	500	400	-100	(27.00)
非负荷高峰	晚间	0.10	100	300	200	20.00
总计			1000	1000	0	(24.00)

时电价协议，那么该月业主将从电网公司收益 24 美元。电网公司一般会允许用户在规定的一段时间内向电网售电，但一般欠业主的钱不会超过一年。

也可以使用两表计费系统，一个用于计量光伏发电系统输出的功率，另一个用于计量家居电器的使用功率，如图 6.6 所示。这种分开独立核算的电价方式也就是所谓的上网电价。这种源于欧洲的可再生能源计费方法也已经开始在美国的电网公司开始应用。为了鼓励光伏发电系统并网发电，可规定业主光伏发电系统的上网电价基本费率很优惠。这大大降低了光伏发电系统价值的不确定性，使得其更容易融资。电网公司每年都可以对所有并网新业主调整上网电价费率，随着新光伏发电系统的成本随着时间的推移而降低，上网电价费率也将随之降低。

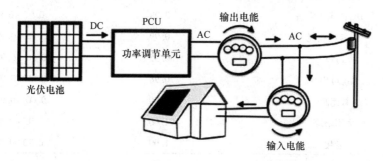

图 6.6　两表计费系统可以实现光伏发电上网电价费率和业主从电网购电电价费率的单独核算

6.3　光伏发电系统性能预测

光伏发电模块额定值是在标准测试条件（Standard Test Conditions，STC）下测量得到的，即单位日照强度 $1kW/m^2$，光伏电池单元温度为 25℃，空气质量比为 1.5（AM1.5）。在这种条件下，光伏发电模块的输出值通常被称为"STC 瓦特"或者"瓦特峰值"（W_p）。实际中光伏电池模块的运行条件会跟标准测试条件有着很大差别，其输出特性也会与制造商给出的额定功率有着很大差异。但实际中，常常不是单位日照强度，光伏电池模块表面会存在污秽，光伏电池单元运行温度会比周围温度高 20 ~ 40℃。除非光伏电池在很冷的地区运行，或者运行在日照不强的天气下，否则光伏电池单元的运行温度会比在 STC 下测量的 25℃要高很多。

6.3.1　与温度无关的光伏发电功率降额

将标准测试条件下的额定值转换为在实际运行下的预期输出功率值的简单方法是引入降额因子：

$$P_{AC} = P_{DC-STC} \times （降额因子） \tag{6.1}$$

为此，桑迪亚国家实验室创建了名为太阳能咨询模型（Solar Advisor Model，SAM）的光伏发电绩效评估模型，其为目前得到了广泛应用的在线光伏发电性能评估计算器"PVWATTS"的核心模型。使用 PVWATTS 可从国家可再生能源实验室网站上获取。该计算器提供了可供选择的会影响光伏发电量的多种因素，也给出了用户可以根据自身情况进行修改的默认值。表 6.2 给出了这些因素的默认值。

表 6.2　"PVWATTS"给出的从 DC – STC 至 AC 额定功率的降额因素及默认值（不包括温度影响）

项目	PVWATTS 默认值	取值范围
光伏组件铭牌直流额定值	0.95	0.80 ~ 1.05
逆变器和变压器损耗	0.92	0.88 ~ 0.98
模块不匹配	0.98	0.97 ~ 0.995
二极管和连接	1.00	0.99 ~ 0.997
DC 接线损耗	0.98	0.97 ~ 0.99
AC 接线损耗	0.99	0.98 ~ 0.993
污秽	0.95	0.30 ~ 0.995
系统可用性	0.98	0.00 ~ 0.995
被遮蔽	1.00	0.00 ~ 0.995
太阳跟踪	1.00	0.95 ~ 1.00
老化	1.00	0.70 ~ 1.00
光伏电池运行温度影响的总降额因素	0.770	

表 6.2 给出了相关影响因素的取值范围。光伏组件铭牌直流额定值是指，同一生产线生产的光伏电池模块具有相同的制造商铭牌额定值，但是即使在标准测试条件下，也无法保证这些光伏电池模块能输出同样多的功率。与之相关的一栏为"使用年限"，允许用户考虑到模块的使用年限而导致的效率下降。研究表明晶体硅（c – Si）的老化速率大约每年 0.5% 左右。随着技术的发展，目前新型薄膜光伏电池组件的老化速率有所减缓，期望能够达到晶体硅类似的速率（Jordan 等，2011；Marion 等，2005）。

逆变器在负荷相对较高时，运行效率通常很高。为了安全性，大多数系统都安装有隔离变压器，目的是防止系统直流侧的故障电流流入交流电网，如图 6.7 所示。但变压器不仅会造成损耗，而且价格昂贵，还需要占用逆变器箱内较大的空间。可以通过系统的直流部分不接地来避免使用变压器，这种方式在欧洲很常见，但美国仍在论证之中。

降雨量，光伏电池板的倾斜度，污染源（包括雪）以及是否定期清洗等，决定着光伏电池模块的污秽程度。图 6.8 所示为初秋在斯坦福大学校园周边开阔区域接近水平安装的光伏电池模块组件上进行的清洗实验数据。加州夏季的特点是几乎没有降雨，光伏电池板一般也不清洗。经过了漫长的夏季之后，正午时 20kW 的光伏电池组件的发电量将仅有大约 12kW。洗涤之后，峰值发电量能增加近 50%。

模块不匹配是指即使在标准测试条件下输出相同功率的光伏电池模块，其输出

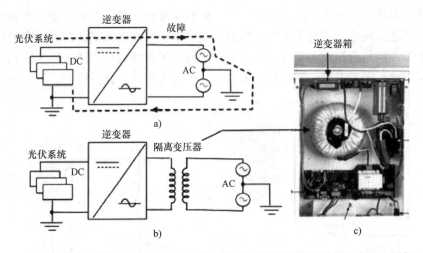

图 6.7　隔离变压器可防止故障电流短路系统的直流侧而流进连接的交流电网侧
a) 故障电流回路　b) 隔离变压器　c) 图示变压器的尺寸大小

电流 – 电压特性曲线也会略有差异。例如，图 6.9 展示了两个不匹配的 180W 光伏发电模块并联运行。虽然每两个模块的额定输出功率相同，从给出的理想电流 – 电压特性曲线可知，其中一个模块在 30V 时输出 180W 功率，而另一个模块在 36V 时输出 180W 的功率。

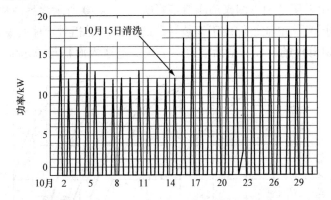

图 6.8　2008 年初秋在斯坦福大学校园周边开阔区域接近水平安装的
20kW 光伏电池模块组件上进行的清洗实验数据

　　如图所示，两条电流 – 电压特性曲线叠加之后的最大总输出功率仅为 330W，而不是因为两个模块的 I – V 特性曲线一致而预期的 360W。注意，如果使用了微型逆变器，则不会出现示例中的模块不匹配问题。

　　遮蔽损耗可能是由于光伏电池板上部附近的障碍物或碎片造成的，也可能是由于一天中某个时段内临近光伏电池板造成的阴影遮蔽。通常在建筑物上安装光伏电池板会遇到布局的局限，尤其是平顶屋顶时（许多商业建筑就是如此），则必须在设计时考虑是采用光伏电池板水平安装，此时受可供安装面积的限制但不会遇到彼此之间遮蔽的问题，还是采用按排倾斜光伏电池板安装的方式，此时能安装更好的采集太阳能但是会存在不同排之间遮蔽的问题。倾斜布局可以使用较少的光伏电池板即可完成所需发电量，而且便于未来可能会进入安装区就近维护。

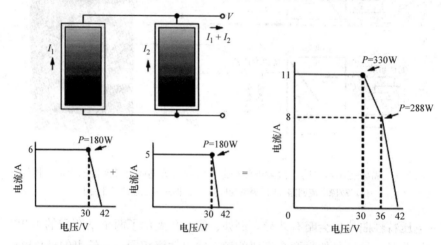

图 6.9　图示说明光伏电池模块不匹配导致的损耗：单模块的额定功率为 180W，
但并联运行的输出功率在最大功率点运行时也只有 330W

在 4.6 节中采用了阴影图来预测遮蔽影响。图 6.10 所示为另一种不同的方法，图中绘制了不同光伏电池组件由于遮蔽导致的降额因子相对于地面覆盖率（Ground Cover Ratio，GCR）的曲线。地面覆盖率是光伏电池板面积与总占地面积之比。越

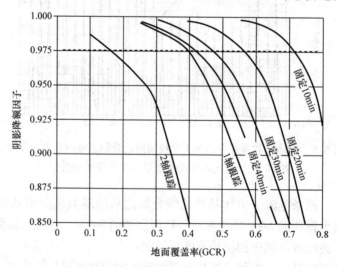

图 6.10　不同光伏电池组件由于遮蔽导致的降额因子：
虚线给出了最佳降额因子为 0.975（来自 PVWATTS 网站）

小的地面覆盖率说明光伏电池板之间的间距越大，因此受到的遮蔽就越少，相应的降额因子则会升高。从 PVWATTS 网站获得的此图表明，工业中通过优化光伏发电系统布局，可以实现降额因子最大达到 0.975（2.5% 的损耗）。其用法见例 6.1。

[例 6.1]　光伏电池板的最佳行间距。

　　表 5.3 给出了 CdTe 光伏电池模块尺寸为 1.2m × 0.6m。采用图 6.10 给出的降额因子 0.975。如果光伏电池模块将 1.2m 宽的部分置于地面，且南向 30° 倾角安装，则光伏电池板的行间距应是多少？

解：

　　从几何分析开始。

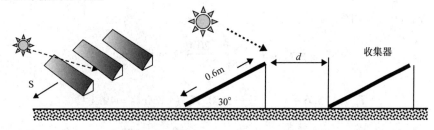

　　由图 6.10 可知，地面覆盖率为 0.47，降额因子为 0.975。则根据光伏电池板的单位行距和地面覆盖率的定义可算得

$$地面覆盖率 = \frac{光伏电池板面积 \ A_C}{占地总面积 \ A_{Tot}} = \frac{0.6 \times 1}{(0.6\cos 30° + d) \times 1} = 0.47$$

$$0.47 \times 0.6\cos 30° + 0.47d = 0.6$$

$$间距 \ d = \frac{0.6 - 0.2442}{0.47} = 0.76 \text{m}$$

6.3.2　与温度相关的光伏发电功率降额

　　应当注意到，PVWATTS 中降额因子的估算没有考虑电池在高于 STC 标准温度 25℃ 时运行带来的损耗。这是因为 PVWATTS 计算过程中使用光伏电池所在地的典型气象年（Typical Meteorological Year，TMY）数据，逐小时的计算日照强度和外界环境温度来考虑由电池温度升高而额外造成的损耗。回顾 4.13.1 节，TMY 数据是如何用于计算光伏电池模块上小时日照强度值。光伏电池单元的小时温度值是根据 TMY 环境温度相关的日照强度值以及制造商给出的光伏电池单元正常工作温度（Nomal Operating Cell Temperature，NOCT）来估算出来的（见 5.7 节）。NOCT 数值是基于日照强度 S 为 0.8kW/m^2 和环境温度为 20℃ 时得出的，在实际情况下，可根据式（5.23）进行调整。

$$T_{cell} = T_{amb} + \frac{NOCT - 20℃}{0.8 \text{kW/m}^2} \cdot S(\text{kW/m}) \tag{6.2}$$

使用根据 TMY 数据和式（6.2）计算出的光伏电池单元温度值，以及光伏电池模块的温度系数 P_{max}，可以很容易地计算小时 NOCT 降额因子，如以下例所示。

[例 6.2]　使用 TMY 数据估算小时 NOCT 降额因子。

例 4.13 中采用 Atlanta TMY 数据的计算结果表明，5 月 21 日正午方位角 20°，光伏电池板倾角 52°，感受到的日照强度为 753W/m²。此时的 TMY 环境温度是 25.6℃。请计算表 5.3 中的单晶硅（sc-Si）模块正午时温度因素导致的降额因子数值（NOCT = 45℃，温度系数 P_{max} = -0.38%/℃）。

解：

由式（6.2）可知

$$T_{cell} = T_{amb} + \frac{NOCT - 20℃}{0.8kW/m^2} \cdot S(kW/m)$$

$$T_{cell} = 25.6 + \frac{45 - 20}{0.8kW/m^2} \times 0.753(kW/m) = 49.1℃$$

由于温度系数是与在 STC 下电池温度 25℃进行比较，因此 P_{max} 输出降低了：

$$P_{max} = 0.38\%/(49.1 - 25) = 9.16\%$$

则转换计算为正午时的温度降额因子为

$$NOCT = 1 - 0.0916 = 0.908$$

也就是说，发电量下降了 9.2%。

表 6.3 将例 6.2 计算得到的温度计算值拓展到了全天时段。注意在上午时段，低温和较低的日照强度，使得光伏电池单元温度低于 25℃；因此在此时段内，光伏电池单元的运行性能会比在 STC 下的性能更好（即降额因子大于 1.0）。

如何计算全天的温度降额因子？温度降额因子涉及的是温度等因素导致的发电量降低，因此需要更多地关注日照强度高的时段，此时光伏电池模块温度高易导致更多的发电量降低。在一定的降额因子范围内，在日照时间较长会有更多的能量损失，所以关注降额因子是有必要的。表 6.3 中最后一行给出了该时段的降额因子乘以该时段的日照强度的乘积。累加原始日照强度列的数值，以及累加考虑了降额因子后的有效日照强度列的数值，即可以得到考虑降额因子前后的日照强度总量（kW·h/m²）。两者之比为 0.938，即为全天的温度降额因子。一天之中，损失了 6.2% 的等价日照强度，使得光伏发电系统的发电量也损失了 6.2%。

表 6.3　例 6.2 所示亚特兰大 5 月 21 日的 NOCT 小时降额因子

TMY	日照强度 I_c /($kW \cdot h/m^2$)	T_{amb}/℃	T_{cell}/℃	NOCT 降额因子	有效 I_c /(kW/m^2)
5.00		16.1	16.1	1.034	
6.00	0.011	16.1	16.4	1.033	0.011
7.00	0.162	16.7	21.8	1.012	0.164
8.00	0.436	18.3	31.9	0.974	0.425
9.00	0.437	20.0	33.7	0.967	0.423
10.00	0.545	21.7	38.7	0.948	0.516
11.00	0.826	23.3	49.1	0.908	0.750
12.00	0.753	25.0	49.1	0.908	0.684
13.00	0.669	26.1	47.0	0.916	0.613
14.00	0.568	25.6	43.4	0.930	0.529
15.00	0.495	26.1	41.6	0.937	0.464
16.00	0.259	26.7	34.8	0.963	0.249
17.00	0.168	26.7	31.9	0.974	0.163
18.00	0.101	25.6	28.8	0.986	0.100
19.00	0.051	23.9	25.5	0.998	0.051
Total	5.480				5.141

每日 NOCT 降额因子 = 0.938

表 6.3 中数值是在白天平均温度为 23℃ 时得出的。在这美好的春季环境下，电池温度因素导致的降额因子为 0.938，使得光伏发电模块的发电量降低了 6.2%。

冬季温度降低，会减弱光伏电池温度的影响；而在夏季，温度升高，影响会更明显。实际上上例给出的降额因子 0.938，可以很好地估计全年的温度平均影响，但是如果想进一步确认该数值的准确性，需要分析 1 年 365 天全部的温度情况。一般来讲，会采用太阳能计算器软件，比如 PVWATTS 来完成全年计算（通过 PV-WATTS 实际计算，表明亚特兰大的全年温度降额因子为 0.920，会导致 8.0% 的发电量损失）。

还有另外一个可用的太阳能在线计算器，其是由加州能源委员会（California Energy Commission，CEC）开发的。该计算器主要用于帮助用户分析加州三大电力公司提供的光伏发电个人收益，从而来推动加州太阳能行动计划（California Solar Initiative，CSI）的快速发展。CSI 计划通过调整光伏发电模块在 STC 下的直流额定功率，来估算在 PVUSA 测试条件（PVUSA Test Conditions，PTC）下的光伏发电系统发电量，该测试条件下定义为单位日照强度，环境温度 20℃ 和风速 1m/s。个人收益取决于光伏电池模块在 PTC 下的直流额定功率、逆变器效率以及光伏电池板的安装位置和朝向等因素。CSI 计算器根据用户输入的实际光伏电池模块和逆变器数值，计算出光伏发电系统主要组件的性能值。

6.3.3 光伏发电系统运行的"峰值小时"预测方法

性能预测是指将光伏发电系统的主要元件——光伏电池组件和逆变器——的运行特性与所处地区的日照强度和温度数据结合起来进行综合分析。从标准测试条件下的直流输出功率到理想的逆变器交流输出功率，关键因素就是对所在地区的可用日照强度进行测量。

如果日均、月均或年均日照强度都是以 kW·h/(m²·天) 为单位，那么分析以上数据就很方便。定义单位日照强度为 1kW/m²，则 5.6kW·h/(m²·天) 的日照强度等价 5.6h/m² 的单位日照强度，或者等价 5.6h 的"峰值日照"时间。所以，光伏发电系统在单位日照强度下的交流输出功率（P_{AC}）已知，用额定功率乘以峰值日照时间，即得到日均输出功率。

为证明其合理性，考虑如下分析。一天中的输出电能为

$$电能(kW·h/天) = 日照强度[kW·h/(m²·天)] · A(m²) · \bar{\eta} \tag{6.3}$$

式中，A 为光伏电池组件的面积；$\bar{\eta}$ 为日均系统效率。

当为单位日照强度时，系统的交流输出功率为

$$P_{AC}(kW) = 1(kW/m²) · A(m²) · \eta_{1sun} \tag{6.4}$$

式中，η_{1sun} 为单位日照强度下的系统效率。结合式（6.3）和式（6.4）可得

$$电能(kW·h/天) = P_{AC}(kW) · \left\{ \frac{日照强度[kW·h/(m²·天)]}{1kW/m²} \right\} · \left(\frac{\bar{\eta}}{\eta_{1sun}} \right) \tag{6.5}$$

假设系统的日均效率等于系统在单位日照强度下的效率，则输出电能为

$$电能(kW·h/天) = P_{AC}(kW) · (太阳峰值时刻/天) \tag{6.6}$$

式（6.6）成立的条件是系统在一天中效率保持恒定。上式成立满足并网光伏发电系统的最大功率点跟踪器，使得系统全天在 $I - V$ 曲线的拐点附近工作。由于最大功率处的功率与日照强度成正比，则可以认为系统的效率是恒定的。当然光伏电池单元的温度对转换效率也会有很小的影响。上午的温度较低且日照强度较低，而效率会略高一点；故式（6.6）可忽略此数值。

结合式（6.1）与式（6.6），可以得到一种简单地估算光伏电池阵列年发电量的计算方法。利用 PVWATTS 可得到考虑了温度影响后的总降额因子。

$$年发电量(kW·h) = P_{DC-STC} × 降额因子 × 日照峰值对应的小时数/天 × 365 \tag{6.7}$$

总降额因子典型值在 0.70 ~ 0.75 之间，取值范围的下限对应着较热气候的区域。

[例 6.3] **用峰值 – 日照小时法计算光伏发电系统的年发电量。**

位于佐治亚州亚特兰大的一个 5kW（DC，STC）光伏电池板南向倾角 18.65°（L–15）安装，由 PVWATTS 估算得到年日照掐强度为 5.12kW·h/（m²·天）。

a. 请用峰值 – 小时法估算光伏发电系统的年均发电量。由于该系统安装在较为温暖的地区，因此假设总降额因子取值 0.72。

b. 然后，对比 PVWATTS 在线计算器计算得到的结果。并根据计算结果，确定式（6.7）中的总降额因子值。由于不考虑温度影响的降额因子默认值为 0.77，因此仅由温度因素造成的降额会是多少？

c. 如果光伏电池模块采用微型逆变器消除了不匹配导致的降额，同时也将 PVWATTS 中 2% 的直流线损降低为 1% 的交流线损，则年均发电量会提到到多少？

解：

a. 由式（6.7）可知：

$$发电量 = 5kW × 0.72 × 5.12h/天 × 365 = 6727kW·h/年$$

b. 在 PVWATTS 中，不考虑温度影响的降额因子为 0.77，可得出发电量为 6624kW·h/年。

而考虑了温度影响的总降额因子为

$$年发电量（kW·h/年）= P_{DC-STC} × 总降额因子 × 峰值小时数/天 × 365 天/年$$

$$总降额因子 = \frac{6624kW/年}{5kW × 5.12h/天 × 365 天/年} = 0.709$$

由于 PVWATTS 中不考虑温度影响的降额因子为 0.77，因此表明：

$$由温度因素导致的降额因子 = \frac{0.709}{0.77} = 0.921 \text{ 或 } 7.9\% \text{ 的损耗}$$

c. 将表 6.2 中对应模块不匹配因素的降额因子默认值从 0.98 调整为 1.0，并由于使用了交流布线代替了直流布线，因此将其降额因子从 0.98 变为 0.99。不考虑温度因素影响的降额因子从 0.77 变为

$$新降额因子 = 0.95 × 0.92 × 1.0 × 1.0 × 0.99 × 0.99 × 0.95 × 0.98 = 0.798$$

因此，包括了温度影响因素以及微型逆变器影响因素，总降额因子为

$$总降额因子 = 0.921 × 0.798 = 0.735$$

因此，使用了微型逆变器后，使用新的峰值 – 小时数估算年均发电量为

$$年均发电量 = 5kW × 0.735 × 5.12h/天 × 365 = 6838kW·h/年$$

可见提升了 6838 – 6624 = 214kW·h/年，比 PVWATTS 的默认估计值多了 3.2%。

Scheuermann 等人（2002）在前一段时间测量了加利福尼亚州的 19 个光伏发电系统，得出了实际的降额因子在 0.53 和 0.70 之间。另外，NREL 在科罗拉多州戈尔登市的零净能量研究团队（Research Support Facility，RSF）在早期监测中得

到了更好的总降额因子值为 0.84（Blair 等，2012）。随着时间的推移，更高效的光伏电池组件、更好的技术维护以及更细致的安装都会进一步提升降额因子的数值。

6.3.4　估算光伏电池标准化发电量

由于在线计算器可用，因此可以很容易地获取不同安装位置不同光伏发电技术的发电性能数据。一种简单的比较是对比 STC 下制造商提供的直流输出功率值 $P_{DC,STC}$ 与预测得到的光伏发电系统标准化发电量。例如，图 6.11 给出了表 5.3 中五个光伏发电模块的标准化发电量曲线。可见，差距相对较小，最差和最好之间只有 2% 的偏差。

图 6.11 给出的表 5.3 中五个光伏发电模块的标准化发电量曲线特性可以在 NOCT 条件下使用温度降额因子来很好地解释：

$$功率损耗 = P_{DC-STC} \cdot 温度系数[(\%)/℃] \cdot (NOCT - 25)℃ \qquad (6.8)$$

则有

$$sc - Si：0.38\%/℃ \times (45 - 25)℃ = 7.6\%$$
$$mc - Si：0.45\%/℃ \times (46 - 25)℃ = 9.4\%$$
$$CdTe：0.25\%/℃ \times (45 - 25)℃ = 5.0\%$$
$$CIGS：0.40\%/℃ \times (47 - 25)℃ = 8.8\%$$
$$a - Si：0.24\%/℃ \times (45 - 25)℃ = 4.8\%$$

可见，温度对碲化镉（CdTe）和非晶硅（a - Si）技术的影响会比其他光伏发电技术稍微好一些，如图 6.11 所示。

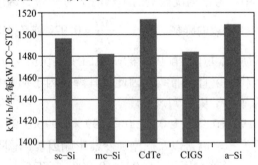

图 6.11　加利福尼亚州 Palo Alto 采用表 5.3 所示光伏电池模块倾角 38°安装，
逆变器效率 94.5%，使用 CA CSI 计算器得到的标准输出

图 6.12 给出了示例位置（科罗拉多州波尔得市）的月均标准化发电量，其表明了净功率计量光伏发电系统的安装倾角对年发电量的影响不大。$L - 15$ 倾角（当地纬度减 15°）和 $L + 15$ 倾角之间的发电量差异仅为几个百分点。事实上，标准的 $4in \times 12in$ 屋顶倾角为 18.43°，其发电量差异只有 5%。使用分时电价、小倾角、净功率计量光伏发电系统可以通过在夏季电价更贵时出售更多的电力来弥补这部分

损失。另外请注意，单轴跟踪光伏发电系统能提高 30% 的发电量，双轴跟踪系统仅比单轴跟踪系统性能提高了 6%。

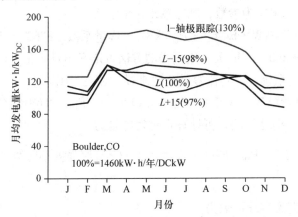

图 6.12 比较固定倾角安装的光伏发电阵列和单轴跟踪光伏发电阵列的月均发电量，百分比值是相对于当地纬度（L）固定倾角安装光伏发电阵列发电量的其他类型光伏发电阵列年均发电量占比

图 6.13 所示为美国部分城市的标准化光伏发电系统预计发电量。所选择的安装地址是最具代表性的民宅和商业建筑物（单轴跟踪光伏电池阵列安装在典型的 18.43° 坡度 4in×12in 屋顶上）。对于该地区南向、典型屋顶倾角的光伏电池阵列，5.5h/天全日照强度时，标准测试条件下的每千瓦直流电装机容量将会提供约 1500kW·h/年的交流电量。

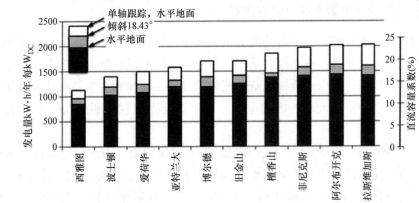

图 6.13 美国部分城市的标准化光伏发电系统预计发电量：单南北轴跟踪光伏电池阵列安装在典型的 4in×12in 屋顶上，图中也给出了使用 PVWATTS 计算器得到的直流容量系数

6.3.5 光伏并网系统的容量系数

衡量光伏发电系统发电量的一种简单方法是使用额定交流输出功率 P_{AC} 和容量系数（CF）。如 1.6.2 节所述，一段时间（通常为 1 年）的容量系数是实际发电量

与系统以额定功率运行时所发电量之比。容量系数可认为是平均功率与额定功率的比值。

以容量系数（CF）为参数，则年输出总电能等于

$$发电量(kW \cdot h/年) = P_{ac}(kW) \cdot 容量系数 \cdot 8760(h/年) \tag{6.9}$$

式中，$8760 = 365 \times 24h/天$。用同样的方法可定义出月容量系数和日容量系数。

对于光伏发电系统，以直流容量系数来描述性能，则有

$$发电量(kW \cdot h/年) = P_{DC-STC}(kW) \cdot CF_{DC} \cdot 8760(h/年) \tag{6.10}$$

使用"峰值 – 小时"法，可计算得到发电量为

$$发电量(kW \cdot h/年) = P_{DC}(kW) \cdot 降额因子 \cdot 全日照强度小时数 \left(\frac{h}{天}\right) \cdot 365 \, 天/年 \tag{6.11}$$

从而计算出直流容量系数为

$$直流容量系数 \, CF_{DC} = \frac{全日照强度小时数(h/天)}{24h/天} \times 降额因子 \tag{6.12}$$

式（6.10）给出了在 STC 下每千瓦直流装机容量对应的光伏发电系统的年均发电量，因此可以得到另一种表示直流容量系数的方式：

$$CF_{DC} = \frac{(kW \cdot h/年)/kW_{DC,STC}}{8760h/年} \tag{6.13}$$

图 6.13 也给出了这些城市的直流容量系数。

6.3.6 实际设计中需考虑的相关事项

并网光伏发电系统，由于有公网提供的储能及备用电源服务，因此对系统容量的设计并不像独立光伏发电系统容量设计那样严苛。此时容量设计考虑的问题更多的是关注建筑物上有多少不会被遮蔽的区域以及业主的预算多少。净计量光伏发电系统容量过大也会带来问题，因为电网公司可能会不愿意购买多余的上网光伏发电量。

由于 PVWATTS 和 CSI 等在线太阳能计算器可供使用，因此调整光伏发电模块的数量以满足用电需求将会非常简单。如果想简单地手算或者采用电子表格计算，只需要首先设定年均发电目标（kW · h/年），然后在简单计算出所需光伏发电系统的直流峰值装机容量以及所需的光伏电池模块面积。也可以从所需的光伏电池模块面积开始计算，然后再反推出年发电量千瓦时及峰值发电量。

然后，再考虑光伏电池模块和逆变器的影响。除非所选用的光伏电池模块本身带有微型逆变器，否则光伏电池阵列均采用并联连接的光伏电池模块串构成，每一串中包含的光伏电池模块的数量由光伏发电系统安装规范所允许的最大电压以及逆变器的输入电网所确定。

[例 6.4]　加利福尼亚州硅谷地区的光伏发电系统容量选择。

设计出一光伏发电系统，满足硅谷地区一个家庭 5000kW·h/年的用电需求。根据手工计算需要进行相关假设。使用 CSI 计算器对比验证最终计算结果。

解：

假设屋顶朝南，面积为 4in×12in（18.43°倾角）。使用 PVWATTS 估计出日照强度为 5.32kW·h/m²/天。又其所处地区温度较低，降额因子为 0.75。因此，由式（6.11）可计算得到：

$$P_{DC}(kW) = \frac{\text{发电量}(kW \cdot h/\text{年})}{(\text{降额因子}) \times \text{全日照强度小时数}/\text{天} \times 365 \text{ 天}/\text{年}}$$

$$= \frac{5000kW \cdot h/\text{年}}{0.75 \times 5.32h/\text{天} \times 365 \text{ 天}/\text{年}} = 3.43kW$$

假设高质量 c-Si 光伏发电模块的效率为 19%。在 STC 下，光伏电池输出功率为 3.43kW，则所需的光伏电池板安装面积为

$$P_{DC,STC} = 1kW/m^2 \cdot A(m^2) \times \eta$$

$$A = \frac{3.43kW}{1kW/m^2 \times 0.19} = 18.05m$$

可见，屋顶面积足够用，假设选择 SunPower 240W 模块，其在 STC 下的参数如下：

峰值功率 = 240W

额定电压 V_{MPP} = 40.5V

开路电压 V_{OC} = 48.6V

短路电流 I_{SC} = 6.3A

功率温度系数 = -0.38%/K

V_{OC} 温度系数 = -0.27%/K

I_{SC} 温度系数 = -0.05%/K

NOCT = 45℃

尺寸 1.56m×0.798m = 1.245m²

则需要大约 3.43kW/0.240kW = 14.3 个光伏电池模块。在确定是选择 14 个还是 15 个光伏电池模块之前，需要考虑每串的光伏电池模块数量。为了解决该问题，首先需要选择一款逆变器，假如选择了 SunPower 5000 模块，其参数如下：

最大功率 5000W；

最大功率跟踪电压范围为 250～480V；

输入工作电压范围为 250～600V；

光伏发电系统启动电压 = 300V；

最大直流输入电流 = 21A；

最大输入短路电流 = 36A。

逆变器最大功率跟踪电压范围为 250～480V。单个模块的额定电压为 40.5V，因此每串所需的光伏电池模块的数量为 250V/40.5V = 6.2 个至 480V/40.5V = 11.9 个。

也需要考虑温度的影响。假设白天最低温度是 −5℃，比 STC 下的 25℃ 低了 30℃。当温度很低时，输出电压会升高，因此在可估算得到的电池温度下，最大功率跟踪电压为

$$V_{MPP} = 40.5V \times [1 - 0.0027(-5 - 25)] = 43.8V$$

也就意味着每串光伏电池模块数量需少于 480V/43.8V = 10.9 个，以保证最大功率跟踪电压不越限。

国家电力规范规定：单户和双户住宅的供电电压不能超过 600V，同时也是对逆变器电压的限制。因此需要验证上述方案是否满足该规范的规定。在温度最低的一天，光伏电池模块的最大开路电压 V_{OC} 为

$$V_{OC} = 48.6V \times [1 - 0.0027(-5 - 25)] = 52.5V$$

因此，每串光伏电池模块数量应少于 600V/52.5V = 11.4 个。所以，在两次低温天气下的测试数据表明：每串不能超过 10 个光伏电池模块。

现在需要测试在高温条件下的性能。假定测试温度为 40℃，日照强度为 1kW/(m² · 天)，则最高光伏电池温度和最大功率跟踪电压为

$$T_{cell} = T_{amb} + \frac{NOCT - 20℃}{0.8kW/m^2} \cdot S[kW/(m^2 · 天)] = 40 + \frac{(45 - 20)}{0.8} \times 1 = 71.3℃$$

$$V_{MPP} = 40.5V \times [1 - 0.0027 \times (71.3 - 25)] = 35.4V$$

最大功率点跟踪电压仅为 35.4V，而逆变器的最大功率跟踪电压至少需要 250V，因此每串至少需要 250V/35.4V = 7 个光伏电池模块。

所以，每个串 7 到 10 个光伏电池模块可以满足逆变器要求。而满足负荷供电要求大约 14.3 个光伏电池模块，因此可采用两串并联、每串 7 个模块串联的接线方式。由于只有两串，每串短路电流为 6.3A，可见其远远低于该逆变器的最大电流 31A。

使用 CSI 太阳能计算器验证这 14 个光伏电池模块（3.36kW_DC）的发电量，结果为 4942kW · h/年。使用简单的峰值 – 小时法和降额因子 0.75，可估算出该系统的发电量为

$$14 \times 0.24kW \times 5.32h/天 \times 365 \times 0.75 = 4893kW · h/天$$

可见，两个结果非常接近。

6.4　光伏发电系统相关经济问题

现在具备了估测并网光伏发电系统发电量的能力了，接下来需要对其经济合理性进行分析。虽然民宅和商业建筑使用的光伏发电系统容量相似，但它们的经济性由于多种原因而有较大的不同。这些原因包括了系统容量较大的系统经济优势较强，还有更重要的是不同的光伏发电系统享受了不同的政策优惠，以及不同光伏发电系统替代了不同的公网电力等差异性。具备了公网供电容量的光伏发电系统相比公网批发电价而言，其发电成本仍然不同，这将在后续章节中阐述。

6.4.1　光伏发电系统成本

对光伏发电系统进行经济性分析主要取决于两个因素：光伏发电系统的初始成本和年发电量。而光伏发电系统经济上是否可行则取决于其他因素，其中最主要的是替代公网发电部分的光伏发电部分的电价，以及其是否享受税收优惠或其他的经济激励政策，还有该光伏发电系统是如何实现成本折旧的。详细的经济分析还将包括运营和维护成本的估算，未来公网电价成本，贷款情况和所得税税率（如果资金是借贷获得时），以及业主购买该光伏发电系统时的个人折现率，光伏发电系统的使用周期，以及系统完成其生命周期最终移除时的花费及残余价值等。

首先来分析系统的安装成本。对业主来说，其指的是安装该系统的总花费美元数，但对于工业系统而言，通常是以美元/直流峰值功率（W）来描述该系统的安装成本。图 6.14 提供了一些参考数据，给出了近期的光伏发电系统的价格情况以及不久的将来价格的可能变化情况。图中给出的 2020 年发展目标是美国能源部的 SunShot 项目所要求的目标，该项目要求将光伏发电成本整体降低到在没有补贴的情况下可直接与现有的公网电价相竞争。

如图 6.14 所示，2010 年美国民宅光伏发电系统的总安装成本为每峰值直流功率（W）5.71 美元。该数据是业主在没有考虑任何税收优惠或售电收益之前的成本数据。其中：总安装成本的 38% 用于光伏发电模块，8% 用于电力电子设备（主要是逆变器），22% 用于非逆变器的接线和硬件设备安装，33% 用于系统中的非硬件部分。这 33% 部分包括了施工许可费用、人工费用、管理费用和利润等。2020 年的目标是降低 75%，达到 1.50 美元/W_p。注意，通过商务购买的硬件部分的成本较低（2010 年为 4.59 美元，2020 年 1.25 美元），而大部分的成本是来自非硬件部分的成本，而该部分将会随着光伏发电系统容量的增大而显著降低。图 6.14 给出的具备公网发电容量的光伏发电系统采用的是固定轴、固定倾角光伏发电模块。注意，正是由于降低了光伏发电系统的硬件部分的成本，而使得其比 2010 年商业光伏发电系统更具优势。

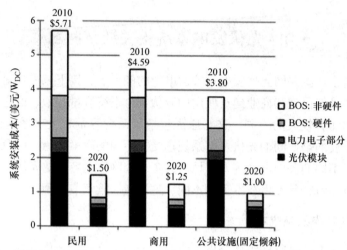

图 6.14　根据 2020 年的 SunShot 项目目标，在不考虑政策激励之前，2010 年民宅和
商业建筑光伏发电系统的预计安装成本
（根据 Goodrich 等人数据绘制，2012，NREL）

当在建筑物上安装光伏发电系统，而不像具备公网供电能力的光伏发电系统在
开阔场地安装那样，就会出现一个很有趣的问题。当可供安装面积有限时，光伏发
电模块的效率就会变得更加重要，因为根据上述分析可知，大约 2/3 的光伏发电系
统安装成本基本固定，而且必须以光伏发电模块的发电量来回收投资资本。在这种
情况下，高效率光伏发电模块的附加成本可体现在其高产的发电量上。如图 6.15
所示为假设模块效率以美元/W_p 计，NREL 给出的模块效率对系统安装成本影响的
灵敏度分析。

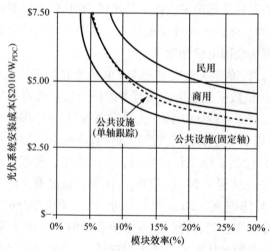

图 6.15　光伏发电系统安装成本对模块效率的敏感度分析（其等于美元/W_p 的光伏发电模块价格）
（根据 Goodrich 等人数据绘制，2012，NREL）

光伏发电模块成本的显著下降和模块效率的提升是 2020 年 SunShot 计划的重要目标。图 6.16 所示为当前光伏发电技术及其理论上的最大效率值。sc – Si 最接近其理论最大效率值，因此改进的空间不大。因此要想进一步降低光伏发电系统的安装成本，只能从非硬件系统成本下功夫。

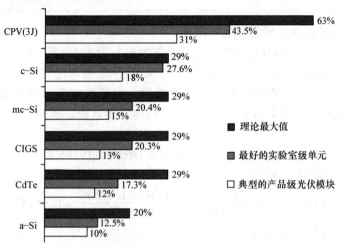

图 6.16　产品级、实验室级和理论分析上最大光伏发电模块效率值

（来自 NREL，2012 年 SunShot 项目更新数据）

6.4.2　摊销成本

估算光伏发电系统成本的简单方法是：预算安装光伏发电系统所需的贷款费用，然后采用年需还款额（美元）除以年发电量（kW·h）就可以得到年度每发 1kW·h 电对应的需还款金额。如果按照利率 i（十进制分数/年）、贷款本金 P（美元）、n 年计算，则年度贷款还款额 A（美元/年）应为

$$A = P \cdot \mathrm{CRF}(i, n) \tag{6.14}$$

其中 CRF（i, n）为资本回收系数：

$$\mathrm{CRF}(i, n) = \frac{i(1+i)^n}{(1+i)n - 1} \tag{6.15}$$

表 6.4 为一个简短的资本回收系数表。

表 6.4　资本回收系数

周期	2%	3%	4%	5%	6%	7%	8%	9%	10%
5	0.2122	0.2184	0.2246	0.2310	0.2374	0.2439	0.2505	0.2571	0.2638
10	0.1113	0.1172	0.1233	0.1295	0.1359	0.1424	0.1490	0.1558	0.1627
15	0.0778	0.0838	0.0899	0.0963	0.1030	0.1098	0.1168	0.1241	0.1315
20	0.0612	0.0672	0.0736	0.0802	0.0872	0.0944	0.1019	0.1095	0.1175
25	0.0512	0.0574	0.0640	0.0710	0.0782	0.0858	0.0937	0.1018	0.1102
30	0.0446	0.0510	0.0578	0.0651	0.0726	0.0806	0.0888	0.0973	0.1061

式（6.14）和式（6.15）给出的是每年仅支付一次贷款还款的情况。将年利率 i 除以 12，并将贷款期限 n 乘以 12，容易就得出每月贷款还款额：

$$\mathrm{CRF}(每月) = \frac{(i/12)\left[1 + (i/12)\right]^{12n}}{\left[1 + (i/12)\right]^{12n} - 1} \tag{6.16}$$

[例6.5] 硅谷地区民宅的光伏发电成本。

例 6.4 设计的 3.36$\mathrm{kW_{DC}}$ 光伏发电系统年发电量为 4942$\mathrm{kW \cdot h}$。假设 2010 年民宅光伏发电系统成本为 5.71 美元/$\mathrm{W_{DC}}$（未考虑政策激励因素）。如果以利率 4.5%、30 年贷款支付光伏发电系统建设费用，则电费应是多少？如果采用 SunShot 光伏发电模块，成本为 1.50 美元/W，则相应的电费是多少？

解：

该光伏发电系统的成本为 5.71 美元/W × 3360W = 19186 美元。

贷款的资本回收系数为

$$\mathrm{CRF}(i,n) = \frac{i(1+i)^n}{(1+i)^n - 1} = \frac{0.045(1.045)^{30}}{1.045^{30} - 1} = 0.06139$$

所以年应支付还款额为

$$A = P \cdot \mathrm{CRF}(i,n) = 19186 \times 0.06139 = 1177.80 \text{ 美元/年}$$

则每度电的发电成本为

$$发电成本 = \frac{美元 1066.42/年}{4942\mathrm{kW \cdot h}/年} = 美元 \, 0.238/\mathrm{kW \cdot h}$$

如果采用 SunShot 光伏发电模块，成本为 1.50 美元/W，则相应的电费是

$$发电成本 = \frac{1.50 \text{ 美元/W} \times 3360\mathrm{W} \times 0.06139/年}{4942\mathrm{kW \cdot h}/年} = 美元 \, 0.062/\mathrm{kW \cdot h}$$

这远低于 2012 年美国居民平均电价 0.116 美元/$\mathrm{kW \cdot h}$。

例 6.5 的成本计算忽略了一个重要因素：即与住房贷款相关的所得税收益对光伏发电成本的影响。此类贷款的利息是可以抵税的，即总收入减去贷款利息，然后根据得到的净收入再计算需缴纳的所得税。最终的税收优惠大小取决于业主的边际税率（Marginal Tax Bracket，MTB），表 6.5 给出了 2012 年联邦所得税税率标准。例如，一对年收入为 12 万美元的已婚夫妇的 MTB 为 25%，也就是说 1 美元的税收减免额，其所得税少交 25 美分。由于也同时减少了业主的州所得税缴纳额，因此减免的缴税额将更多。例如，加利福尼亚的同一纳税人在同时考虑了州和联邦税收减免时 MTB 能达到 32%。

表 6.5　2012 年联邦所得税税率

	已婚/美元	单身/美元
10%	0 ~ 17400	0 ~ 8700
15%	17400 ~ 70700	8700 ~ 35350
25%	70700 ~ 142700	35350 ~ 85650

（续）

	已婚/美元	单身/美元
29%	142700 ~ 217450	85650 ~ 178650
33%	217450 ~ 388350	178650 ~ 388350
35%	超过 388350	超过 388350

在长期贷款的前几年里，年度支付的基本上都是利息，不会减少本金还款，而在贷款快结束的几年里情况恰好相反。也就意味着每年支付的利息税收金额并不相同。假设每年年年底一次性支付贷款还款额。例如，第一年，利息是所有贷款额的欠款利息，因此税收抵免金额为

$$第一年税收抵免金额 = i \times P \times \mathrm{MTB} \tag{6.17}$$

另外，贷款利息带来的税收抵免可能是本地的、州立的、联邦政府的甚至可能是电网公司提供的。由于不同地区的差异性，这里只考虑联邦政府长期提供的可再生能源税收抵免税率30%。注意税收抵免和税收减免是完全不同的两种激励措施。税收抵免更有价值，因为它可以通过全额信贷减少买方的税收负担，而税收减免减少的仅仅是减免周期时间与边际税率的乘积对应的额度。

[例6.6] 考虑了税收优惠的光伏发电成本。

硅谷家居3.36kW装机容量的光伏发电系统成本为19186美元，年发电量为4942k·h。业主贷款30年，税率4.5%，并获得了30%的联邦税收抵免，为光伏发电系统的建设提供了净成本资金。如果房主的边际税率是25%，则第一年光伏发电的电价成本是多少?

解:

在30%的税收抵免后，光伏发电系统的资金成本为

$$P = 19186 \times (1 - 0.30) = 13430 \text{ 美元}$$

贷款的资本回收系数仍然是0.06139/年，所以贷款的年度还款额为

$$A = P \cdot \mathrm{CRF}(i, n) = 13430 \times 0.06139 = 824.49 \text{ 美元/年}$$

第一年，业主全年使用了13430美元，但未支付任何利息。所以在第一年结束时，所欠的利息为：

$$第一年利息 = 0.045 \times 13430 \text{ 美元} = 604.35 \text{ 美元}$$

在完成第一笔824.49美元的还款后，其中604.35美元是利息，而贷款本金仅减少了824.49 – 604.35 = 220.14美元。

考虑了还款额中可扣税利息部分，第一年节省了缴税额为

$$0.25 \times 604.35 \text{ 美元} = 151.09 \text{ 美元}$$

因此，第一年光伏发电系统的净成本变为

$$824.49 \text{ 美元} – 151.09 \text{ 美元} = 673.40 \text{ 美元}$$

因此第一年的光伏发电电价应为

$$\frac{673.40\ 美元/年}{4942kW \cdot h/年} = 0.136\ 美元/kW \cdot h$$

显然，并不比2012年美国的平均电价0.116美元/kW·h高多少。

图6.17以日照强度和资金成本作为参数，绘制出了上述数据。

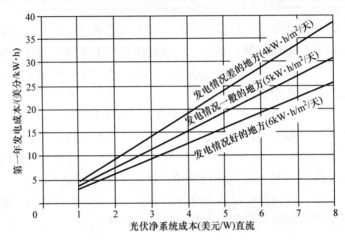

图6.17 以日照强度和税收抵免后的净资金成本为变量绘制出的第一年电价：假设相关
参数为5%，30年贷款，边际税率为25%，降额因子为0.75

6.4.3 现金流分析

例6.6的分析只包括了第一年的光伏发电系统投资。但是，直接分析现金流可以很容易解释诸如光伏发电性能下降，电网电价上涨，免税利息随时间下降，定期维护成本以及设备使用寿命结束时的处置或残值等复杂因素。

表6.6所示为例6.4~例6.6介绍的硅谷光伏发电系统进行了30年的现金流分析。新因素包括了光伏性能年均下降0.5%，电网电价每年上涨3%，两者都是从第一年年底开始变化。注意，由于贷款净成本（623.26美元）比电网节省的成本（573.30美元）要高，因此第一年的净现金流是负49.95美元。然而到了第30年，现金流量将可以达到正413.37美元。

表6.6 硅谷光伏发电系统现金流分析（单位：美元）

额定直流功率/kWDC	3.36
日照强度/[kW·h/(m²·天) = h/天]	5.32
降额因子	0.7575
第一年发电量/(kW·h/年)	4942

（续）

	0	1	2	...	30
系统成本折旧/（%/年）	0.005				
激励政策实施前的成本/（美元/W_p）	5.71				
系统成本	19185.6				
折扣（30%默认值）	5755.68				
最终成本（美元）和（美元/W_p）	13429.92		4		
预付定金	1000				
贷款本金	12429.92				
贷款利息/（%/年）	0.045				
贷款期限/年	30				
资本回收系数（CRF）（i, n）/年	0.06139				
年还款额（美元/年）	763.09				
边际税率（MTB）	**0.25**				
正常折扣率	**0.05**				
第一年的公网电价/（美元/（kW·h））	0.116				
公用事业费	0.03				
年数	0	1	2	...	30
还款额/（美元/年）	1000	763.09	763.09		763.09
利息/（美元/年）		559.53	550.18		32.86
负债余额		203.75	212.91	...	730.23
借款余额	12429.92	12226.17	12013.26	...	0
利息节省税费/（美元/年）		139.84	137.54		8.22
光伏发电净成本		623.26	625.55		754.88
光伏发电量/（kW·h/年）		4942	4918	...	4274
公网电价/（美元/（kW·h））		0.116	0.119		0.273
无光伏发电系统的电费成本		573.3	587.55	...	1168.24
净现金流/（美元/年）	-1000	-49.95	-38		413.37
内部收益率（IRR）	0.0737				
净现值（NPV）	623.45				

　　电子表格中还给出了两项经济性指标计算。一个是累计净现值（Net Present Value，NPV），另一个是业主对光伏发电系统投资的 30 年内部收益率（Internal Rate of Return，IRR）。当然，Excel 软件中已经有了该指标的标准函数，可以方便地计算使用。

　　现值计算实际上考虑的是货币的时间价值，也就是说 10 年后 1 美元与今天 1 美元的价值不同。现值计算可以解释这种现象。假设今天投资了 P 美元，利率为

d，则一年后账户金额将会变为 $P(1+d)$ 美元；n 年后，金额将会变为 $F = P(1+d)^n$ 美元，这也就是今天资金金额 P 在未来的价值。其中：

$$P = \frac{F}{(1+d)^n} \tag{6.18}$$

式（6.18）给出了当前资金金额 P 与未来等价值金额 F 之间的转换关系，利息 d 被称为折扣率。折扣率可认为是将钱投入到最佳投资中可获得的利率。例如，表 6.6 中，第 30 年光伏发电系统预计能节省 413.37 美元的电费，因此，折扣率为每年 5%，节省的现值为

$$P = \frac{F}{(1+d)^n} = \frac{413.37}{(1+0.05)^{30}} = 95.64 \ 美元 \tag{6.19}$$

所以，第 30 年节省的金额等价于今天节省了 95.64 美元。由表 6.6 可知，累计净现值为正的 623.45 美元。

在电子表格中引入的第二个财务指标是内部收益率（IRR）。内部收益率是衡量能源效率或者可再生能源项目价值的最有效的指标，原因是其将在该能源项目上的投资与其他任何可供竞争的项目投资回报直接进行比较。内部收益率的简单定义是：使能源投资净现值等于零的折扣率。对于电子表格中的例子，在系统亏损的前几年，业主将投入 1000 美元作为预付款再加上其他的几十美元，内部收益率可高达 7.37%。也就意味着，该系统的潜在买家需要找到高于 7.37% 的替代投资项目。

6.4.4 居民的电费费率结构

到目前为止对电费的计算，只是采用的简单的美元/kW·h 计费方式，另外考虑了未来电费可能上涨的因素。而实际情况要复杂很多。电费费率变化也很大，不仅取决于电网公司，而且也与用户购电用电行为有关。居民用户的电费费率一般来讲，包括了账单、电能表及其他设备的基本费用，再加上与用户用电量相关的电费。而对于商业和工业用户，不仅需要根据用电量（kW·h）缴费，而且还与峰值负荷量（kW）有关。需量电费部分是小用户与大用户之间电费费率结构差异最大的部分。大型工业用户如果其功率因数（供电电压与负荷电流之间的相交差）不符合要求，还需要额外缴费。

以图 6.18 所示的加利福尼亚州大型电网公司的居民电费费率结构为例。注意，根据月用电量的不同，其电费费率分为了 4 级，而且随着了用电量的增加，电费费率也会增加。这种电费结构被称为这是反向电费费率结构，目的是为了阻止过度消费电力。不久前，最常见的电费结构还是下行电费费率结构，意味着用户用电量最多，电价越便宜。图中给出的月均基本用电量为 365kW·h。实际上，这个数值会随着季节、所在地域的变化以及家庭供暖和制冷系统的使用情况而变化。显然，这种电费费率结构为用电量大的客户投资建设光伏发电系统提供了更高的效益性。

1级 (基础级)	2级 (标准电费费率 101%～130%)	3级 (标准电费费率 131%～200%)	4级 (超过标准电费费率 200%)
例第一个365kW·h	366～475	475～730	>731 kW·h/每月
0.1285美元	0.1460美元	0.2956美元	0.3356美元

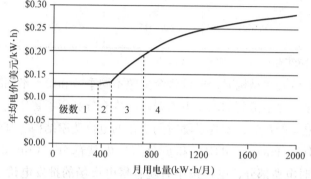

图6.18　加利福尼亚州电网公司的标准夏季居民电费费率标准，该公司供电用户的
平均耗电量位于第3级（来自 PG&E E-1，2012）

虽然图6.18中的标准电费费率结构有效地阻止了过度电力消费，但并没有解决峰值负荷需求的问题。午夜一度电与炎热夏季午后（此时所有发电厂都满负荷运行发电）一度电的电价相同。为了鼓励用户错峰用电，许多电力公司开始实施居民用电的分时电价收费费率。

图6.19所示为图6.18中电网公司给出的第1级用电量居民夏季分时电价费率表。无论用电量为多少，基准电费费率为0.146（美元）/kW·h。基于分时电价费率，可见在非高峰时段，电价仅为0.098美元/kW·h，而在高峰时段，电价则达到了0.279美元/kW·h。因此，如果能错峰用电将会大大节省电费。另一个有趣的问题是与净计费光伏发电系统签订分时电价费率合约带来的潜在优势。在负荷高峰时段向电网售电，并在晚间回购电力可以显著提高光伏发电系统的经济性。对于安装了光伏发电系统的家居用户，需要详细核算是选择分时电费还是采用常规固定电费费率合适。

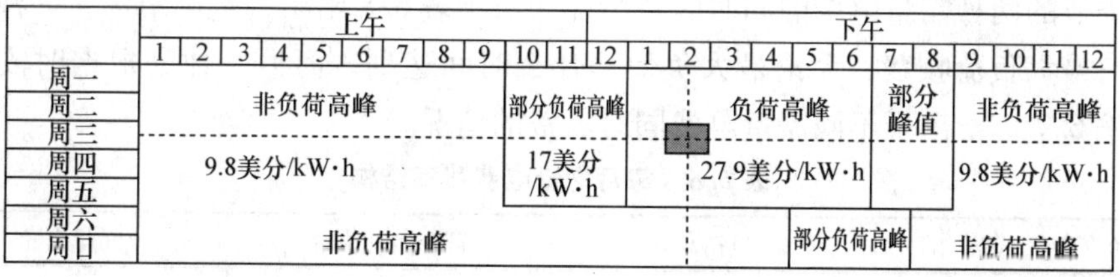

	上午												下午											
	1	2	3	4	5	6	7	8	9	10	11	12	1	2	3	4	5	6	7	8	9	10	11	12
周一 周二 周三 周四 周五	非负荷高峰 9.8美分/kW·h									部分负荷高峰 17美分 /kW·h			负荷高峰 27.9美分/kW·h						部分 峰值		非负荷高峰 9.8美分/kW·h			
周六 周日	非负荷高峰																部分负荷高峰				非负荷高峰			

图6.19　分时电价费率举例。虚线交点展示了用户在周三下午2点的电价是多少

表6.7 高峰负荷电费费率表（美元/kW·h）

供选择的方案	非负荷高峰时段（基准电量以下部分）/美元	非负荷高峰时段（基准电量以上部分）/美元	负荷高峰时段/美元	非计划用电事件/美元
分时电	0.0846	0.1660	0.2700	
分时电价 + 负荷高峰电价	0.0721	0.1411	0.2700	0.7500

来源：萨克拉门托市电网公司（SMUD），2012年

采用分时电价费率结构时，电价将会按照不同季节和每天不同时段预先制定的电价而发生变化。目前最新的动态电费费率结构充分利用了智能电表能实现短时段记录用户的用电量的优势，实现了随时间变化的电价费率结构。其包括了实时电费部分（Real – Time Pricing，RTP）和负荷高峰电费部分（Critical – Peak Pricing，CPP）。对于实时电费部分，电价按小时随着售电市场的**批发电价变化**。而对于**高峰负荷电费部分，用户大部分的用电都按照较低的电价收费，除此之外**，允许出现有限次数的非计划用电事件的发生，但是此部分的电价将会非常高。收取高峰负荷电费可有效节省建造仅仅是偶尔投入运行的调峰电厂的成本。

表6.7展示了所提出的峰值负荷电费费率表举例。正如所期望的，高峰负荷仅在每年夏季最炎热的12天下午4点到7点之间发生，总计不超过36h。选择此费率收费的用户将会提前一天知道峰值负荷电费电价，因此其一般会选择错峰用电，选用电费较低的时段。

6.4.5 商业和工业的电费费率结构

适用于商业和工业用户的费率结构通常包括了其载荷所消耗的最高月需量电费。如果用户的峰值负荷恰好对应着公网供电的负荷高峰时，此时公网需要运行其成本最高的调峰发电厂，此时需量电费将会很高。

最简单的情况下，需量电费会采用给定月份的峰值所需电量，无论在什么时间段发生，通常平均超过15min。当采用TOU费率时，可能会出现适用于不同时段和不同季节的两种需量电费的同时收费情况。对于表6.8给出的费率结构，一种收费是针对最大负荷收费，无论最大负荷是什么时间达到；而另一种是根据时段来收费。例6.7即给出了不同需量电费同时收费的情况。

表6.8 每月需量电费费率结构

电价/（美元/kW·h）	非负荷高峰	部分负荷高峰	负荷高峰
夏季	0.0698	0.0950	0.1336
冬季	0.0727	0.0899	

（续）

负荷需求/(美元/kW·h/月)	最大负荷	部分负荷高峰	负荷高峰
夏季	11.85	3.41	14.59
冬季	11.85	0.21	

[例 6.7] 需量电费的影响。

夏季某月中，某小型商业建筑物基于表 6.8 中给出的费率结构，根据下列用电量及峰值负荷数来缴费。该月的最大峰值负荷为 100kW。

	非负荷高峰	部分负荷高峰	负荷高峰
电价/(kW·h/月)	18000	8000	12000
峰值负荷/kW	60	80	100

a. 计算该月的电费账单。

b. 假设拥有 20kW 的光伏发电可以分别提供月均 700kW·h、600kW·h 和 1400kW·h 的非峰值负荷、部分峰值负荷和峰值负荷时段的供电。同时假设在用电高峰和部分用电高峰时间，其可以将负荷峰值降低 15kW。请计算相比于公网电费账单能降低多少？每千瓦时光伏发电的成本是多少？

解：

a. 由表中三个时间段可知，最大用电量为 100kW，按 11.85 美元/kW 收费为 = 1185 美元。

另外，在用电高峰期和部分用电高峰期，额外的需量电费为：

用电高峰和部分用电峰值负荷电费 = 80kW × 3.41 美元 + 100kW × 14.59 美元 = 1732 美元

总电费费 = 1185 美元 + 1732 美元 = 2917 美元

发电量 = 18000 × 0.0698 + 8000 × 0.0950 + 12000 × 0.1336 = 3620 美元

总需要支付的电费 = 3619 + 2917 = 6536 美元（其中 44% 是需量电费）

b. 使用光伏发电节省电费如下：

降低峰值负荷节省费用 = 15kW × (11.85 + 3.41 + 14.59) 美元/kW = 443 美元

光伏发电节省费用 = 700 × 0.0698 + 600 × 0.0950 + 1400 × 0.1336 = 275 美元

总节省费用 = 443 美元 + 275 美元 = 718 美元（需求节省 62%）

光伏发电系统的总发电量 = 700 + 600 + 1400 = 2700kW·h

$$光伏发电节省的费率 = \frac{718\ 美元}{2700kW·h} = 0.266\ 美元/kW·h$$

表 6.8 给出一年中特定月份峰值负荷的需量电费费率。对于用电负荷量特别高的月份，根据需量电费费率计算的电费可能不够电网公司支付给调峰发电厂的费用。为了解决这一问题，有些电力公司对需量电费费率进行了分段调整。例如，月

需量电费可能会激增至年均需量电费的80%数量级。也就是说如果某用户达到1000kW的年度最高峰值负荷，那么对于该年的每个月，需量电费将基于0.80×1000kW=800kW来收取。对于恰好在其年均峰值负荷对应时段增加了新用电需求的用户而言，这种机制会增加一部分的惩罚性额外收费，从而会引导用户减少其最高峰值负荷需求。

6.4.6 商业建筑光伏发电系统的经济性

大型用户侧光伏发电系统与家居光伏发电系统的经济性有很大差异。图6.14给出了大型用户侧光伏发电系统的成本优势，例6.7则展示了如果忽略了需量电费的变化会丢失其成本效益的一个主要属性。此外，这些大型系统的税收抵免优势也很明显。

商业企业可以通过冲销其支出来贬值其资本投资，也就意味着企业可以在支付企业所得税之前从利润中扣除这部分的成本。可再生能源系统的资本折旧一般使用称为修订的加速成本回收系统（Modified Accelerated Cost Recovery System，MACRS）制度。根据该制度的光伏发电系统折旧时间表见表6.9。如果投资税收抵免为30%，那么折旧的金额将会降低至该30%的一半。该表格给出了MACRS的财务收益，例如投资成本为10万美元的光伏发电系统，由于30%的税收抵免和加速折扣，净有效系统成本降低了近57%。

表6.9 MACRS固定资产折旧计划

投资/美元	100,000	
30%投资税收抵免（ITC）/美元	30,000	
可折旧资产/美元	85,000	Inv – 50% × ITC
企业所得税率	35%	
公司所得税率折扣	6%	

年	MACRS	折旧/美元	节省税费/美元	目前价值/美元
0	20.00%	17000	5950	5950
1	32.00%	27200	9520	8981
2	19.20%	16320	5712	5084
3	11.52%	9792	3427	2878
4	11.52%	9792	3427	2715
5	5.76%	4896	1714	1281
合计	100%	85000	29750	26887

有效净系统成本（Inv – ITC – MACRS）/美元：　43113

虽然需量电费的时间使用率尝试体现出公用所提供服务的真实成本，但是由于其只考虑了相对较大块时段（比如：负荷高峰、局部负荷高峰和非负荷高峰时段）的电价差异，而且其也仅区分了夏季和非夏季两个季节的影响，因此其给出的结果仍然较为粗糙。理想的费率结构应基于实时电价，也就是一天中真实的发电成本实时体现在电价的变化中。如果采用了实时电价，则不再存在需量电费一说，而是根据每小时电价的变化来收费。

现在，有的电力公司可以为大用户提供日前每小时的实时电价服务。如果用户知道明天下午的电价会很高时，他们可以采取适当的措施来应对这种电价上涨。由于电价更准确地实时反映出真实的发电成本，则有望通过市场驱动来实现最高效的需求侧管理。

6.4.7 购电协议

居民用户的光伏发电系统无法像企业那样进行固定资产折旧，因此非营利组织无法享受税收抵免的优惠，使得许多投资者无法通过税收抵免来尽快偿还信贷。由于此原因及其他的多种原因，现在许多光伏发电系统都是由第三方为用户提供融资，安装和系统维护服务。作为回报，业主将会与第三方签署协议，规定了在协议有效期内按照约定的电价将光伏发电系统的售电收益作为还款交给该第三方。一般来讲，一开始这种购电协议（Power Purchase Agreements，PPA）光伏发电的电价会比公网价格稍微高一些，但随着时间的推移，它会为业主省钱，如图 6.20 所示。

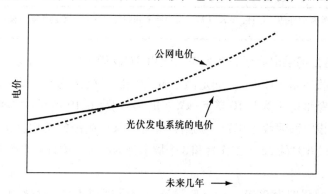

图 6.20 PPA 举例，光伏发电系统的初始电价比公网电价高

从用户的角度，购电协议提供了一个价格壁垒以应对未来公网电价的可能上涨，当然这也有助于业主品牌的"绿色环保化"。这种模式下，业主不需要出钱，而且只有实际的光伏发电收益才用来支付给签署购电协议的第三方，因此第三方拥有积极性去保证该光伏发电系统的正确运行和维护。从第三方（光伏发电系统提供方）的角度，其可以获得税收抵免、折旧补贴、公网折扣以及稳定的现金流，同时其也可以通过出售可再生能源信用额度（Renewable Energy Credits，REC）和

潜在的未来碳信用额度来获得收益。

6.4.8　具备公网供电容量的光伏发电系统

具备公网供电容量的光伏发电系统比小型的用户侧的光伏发电系统具有规模化带来的成本经济优势（见图 6.14），但缺点是需要与电力批发市场竞争，而电力批发市场的电价往往只有零售电价的 1/3。

购电协议很常见，但现在传统的用户变为了公用电力公司而不再是建筑物的业主了。考虑到一天中不同时段的电价不同，这些购电协议 PPA 采用了分时电价的方式。首先会约定一个基准电价，然后会采用表 6.10 中所示的输送时间（Time of Delivery，TOD）因数以小时为单位进行电价调整。

表 6.10　分时电价因数

季节	时段	具体定义	因数
夏季 六月—九月	用电高峰期	WDxH，中午至下午 6:00	3.13
	中等高峰期	WDxH，早上 8 点至中午，下午 6 点至 11 点	1.35
	非高峰期	所有其他时间	0.75
冬季 十月—五月	中等高峰期	WDxH，上午 8:00 至晚上 9:00	1.00
	非高峰期	WDxH，早上 6 点至 8 点，晚上 9 点至午夜	0.83
	非高峰期	WE/H，上午 6 点 - 午夜	0.83
	极度非高峰期	午夜 - 6:00	0.61

WDxH 定义为除假期外的工作日；WE/H 被定义为周末和假期（南加州爱迪生电力公司，2010）

[例 6.8]　具备公网供电容量光伏发电站使用 TOD 因数制定分时电价。

某直流装机容量 1000kW，固定倾角 30°安装，位于纬度 40°的光伏发电站。购电协议规定的基准电价为 0.10 美元/kW·h。采用表 6.10 所示的 TOD 因数来制定分时电价，假设降额因数为 0.75，则请计算 6 月某个晴朗的工作日正午所在小时的售电收入。假设 6 月的 22 个工作日和 8 个周末都为晴天，请计算平均电价为多少。

解：

正午的日照强度为 $960W/m^2$。假设该日照强度值为该小时的平均值，则正午所在小时的平均发电量为

$$正午所在小时的发电量 = P_{DC} \cdot 满日照强度小时数 \cdot 降额因子$$
$$= 1000kW \times 0.960h \times 0.75 = 720kW \cdot h$$

工作日正午时段的 TOD 因数为 3.13，因此该时段的售电收入为

$$售电收入 = 720kW \cdot h \times 3.13 \times 0.10 美元/kW \cdot h = 225.36 美元$$

根据电子表格给出的参数，可以计算出工作日和周末其他时段的售电收入：

时间	日照强度（W/m²）	kW·h/天	工作日		周末	
			TOD 因数	售电收入/（美元/天）	TOD 因数	售电收入/（美元/天）
6	93	70	0.75	5.23	0.75	5.23
7	289	217	0.75	16.26	0.75	16.26
8	498	374	1.35	50.42	0.75	28.01
9	686	515	1.35	69.46	0.75	38.59
10	834	626	1.35	84.44	0.75	46.91
11	928	696	1.35	93.96	0.75	52.20
12	960	720	3.13	225.36	0.75	54.00
1	928	696	3.13	217.85	0.75	52.20
2	834	626	3.13	195.78	0.75	46.91
3	686	515	3.13	161.04	0.75	38.59
4	498	374	3.13	116.91	0.75	28.01
5	289	217	3.13	67.84	0.75	16.26
6	93	70	1.35	9.42	0.75	5.23
合计		5712		313.96		428.40

6 月 22 个工作日和 8 个周末的总售电收入为

总售电收入 = 22 天×1313.96 美元/天 + 8 天×428.40 美元/天 = 32334.32 美元/月

每月的发电量为

$$5712 kW·h/天×30 天/月 = 171360 kW·h/月$$

所以每度电的电费为

$$平均电价 = \frac{32334.32 \ 美元}{171360 kWh} = 0.189 \ 美元/kW·h$$

本例中假设为晴朗天气，虽然购电协议上规定的基准电价为 0.10 美元/kW·h，但是由于使用了分时电价，因此售电收入基本上达到了基准电价收益的两倍。由此可见，采用分时电价对实际收益的影响作用多么大。由于下午比上午的电价高，因此业主会选择将光伏电池板略微朝西安装以增加发电量。根据 TOD 因数也可见对于夜间风力强劲的地区，风力发电系统的经济收益将会受到影响。

6.5　带储能的独立光伏发电系统

并网光伏发电系统具有一系列的优良特性。其相对简单的结构可靠性高；最大功率跟踪功能确保了高光伏转换效率；白天可以向公网售电，经济效益大；可利用建筑、公园停车场等场地，实施光伏建筑一体化减少了安装土地所需的额外费用。

但是，其也必须与电价低价的公网竞争，当然，其运行也必须依赖于公网本身。

但当没有公网可用时，光伏发电系统所面临的竞争要么是建设每英里需数万美元的输电线路，要么是使用运行噪声大、高污染性、燃烧相对昂贵的高维护性发电机。全球目前还有1~2亿人几乎没有商用供电可用，如果拥有一点电力就可以改变他们的生活。即使是只有几瓦功率的"微型"光伏发电系统，也可以驱动发光二极管代替煤油灯，保障可以在晚间进行阅读。再多几瓦可能让实现手机充电业务了。几个光伏发电模块就可以点亮电灯，为电视机、电脑甚至更小功率的其他电器供电。几千瓦功率就可以满足树林里一间小型现代化木屋的用电量，10kW功率可以保证乡村学校的电脑室和水泵的用电。将社区中心屋顶和大量民居屋顶上的光伏发电模块连接起来，都可以构成光伏发电驱动的微电网。曾经在发达国家作为"返璞归真"现象出现的小型独立光伏发电系统现在已经在全球新兴经济体国家中大量出现。据估计，全球大约有柴油发电机以0.40美元/kW·h电价提供的150GW电力，可由可再生能源发电来替代（Bloomberg New Energy Finance，2012）。

6.5.1　独立光伏发电系统相关组件

图6.21所示为构成基本独立光伏发电系统的相关重要组件。其中包括了光伏电池阵列、储能电池、充电控制器、逆变器、监测仪表以及多个断路开关，备用发电机可以包含也可以不包含在系统中。

光伏电池阵列通过汇流箱连接到控制器上。控制器有三个重要功能，最大功率追踪控制确保光伏电池运行在最高效工作点；充电控制在电池完全充满时切断充电电流，或者当感知到电压偏低时切断电池与直流负荷的连接，从而实现保护电池。

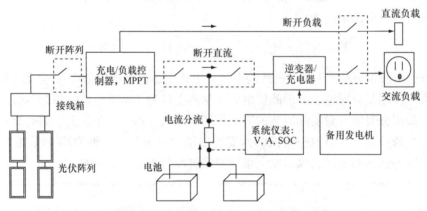

图6.21　独立光伏发电系统各组件单线连接图

监测仪表可实时监测系统运行状态，它不是必需的，但非常重要。其可以监控电池电压、电流以及充电状态（State of Charge，SOC）。它也可能给出电池输出的累积电能数量。图中所示的分流器实际上是一个高精度、低阻值的直插式电阻。通过监测分流器上的电压降即可实现对电流的精确测量。

有时，特别是容量较小的系统，唯一的负荷可能只是直流设备，在这种情况下，逆变器就不是必需的。在某些情况下，同一系统可能同时包含交流和直流负荷。为了尽量降低变频器损耗，有些系统会尽可能多地使用直流负荷。游艇和休闲车辆中包含了相当多的直流设备，从而其可以很容易地获得供电。同时提供交流和直流供电的另一个原因是允许一些高功率、低使用率的设备（例如水泵或商店电机）使用直流供电，从而避免系统中安装大容量昂贵的逆变器，也避免了逆变器日常运行在低于额定功率的工况下。只要不在显著低于其额定功率的情况下运行，大多数逆变器的效率都可以超过 90%，但当额定功率为几千瓦的逆变器仅提供 100W 的功率时，其效率一般仅在 60% ~ 70% 之间。当空载运行时，性能优异的逆变器会自动处于仅几瓦耗电的待机状态，等待后续供电需求时自动启动。一旦检测到负荷时，逆变器会自动启动，启动后逆变器的运行耗电大约为 5 ~ 20W。因此，尽管没有实际功率输出，但实际上许多电子设备的待机耗电就可以保证逆变器的持续运行。由待机功耗可见，如此小的便利会造成的如此大的损失，因此要注意手动关闭电子设备电源。

逆变器还有其他的功能。其中一项重要功能就是低压时切断电流保护电池。另外，如图 6.21 所示，某些逆变器可双向工作，这意味着当系统中包含有备用交流发电机时，逆变器也可以作为电池充电器使用。作为充电器使用时，其将发电机发出的交流电整流为直流电为电池充电；而作为逆变器时，其将来自电池的直流电逆变为负荷所需的交流电。充电器/逆变器单元还可以包括一个自动切换开关，使得发电机可以直接为交流负荷供电。

保险丝、断路器、电缆、电线和终端、安装固件、电池盒、接地和照明保护系统等等虽然小但在系统中起着重要作用。很遗憾，由于缺乏对这些细节的关注，非常多安装在农村地区的光伏发电系统已经无法正常运行了。请参见例如 Undercuffler (2010) 和 Youngren (2011) 等文献了解有关实际系统设计和安装等方面的经验教训总结。

独立光伏发电系统必须仔细设计考虑以来满足供电需求。用户必须注意检查和维护电池运行状态，也必须根据天气和电池电量的变化来调整自己负荷的供电需求，同时也必备燃料并日常维护备用发电机以保证必要时的快速发电，这样才能够获得高效的供电。

6.5.2　自控式光伏电池模块

图 6.21 展示了可实现重要负荷可靠供电的理想独立光伏发电系统。但是，在某些情况下需要结构更为简单的光伏发电系统。只采用直流供电，可以省略逆变器。不使用最大功率点跟踪器（MPPT），光伏发电系统直接给电池充电，会进一步降低成本。采用简单的充电控制器并与保险丝、断路器和导线等配合使用一起实现对电池的保护。

　　首先分析不使用充电控制器的可能性。考虑图 6.22 所示的最小系统，其中光伏电池模块直接连接电池。首先假定电池为理想电池，不管其荷电状态如何或者充电、放电速率如何，其输出电压始终保持恒定。这意味着其具有如图所示的直上直下的 $I-V$ 特性曲线。

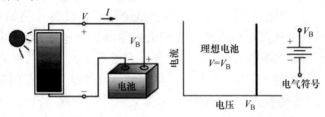

图 6.22　具有直上直下的电流 - 电压特性曲线的理想电池

　　如图 6.22 所示的简单等效电路，如果再考虑其他因素，比如开路电压 V_B 的大小不仅取决于荷电状态，而且与电池温度以及闲置了多长时间等因素有关，之后会变得很复杂。将一个普通的 12V 铅酸电池在 78℉ 温度下放置几个小时，其开路电压 V_B 会从满冲状态下的 12.7V 变为 11.3V，而且其本来满充的电量也会只剩下百分之十左右。

　　实际中电池总是存在一定的内阻，因此可等效为如图 6.23 所示的理想电压源 V_B 和内阻 R_i 的串联结构。在充电过程中，电流流入电池，因此可以写出以下表达式：

$$V = V_B + R_i I \tag{6.20}$$

其实际上为一条斜率为 $1/R_i$ 的斜线。充电时，外施加电压应高于 V_B；随着充电的进行，V_B 值会逐渐变大，因此电流 - 电压斜线会逐渐向右移动，如图 6.23a 所示。而在放电期间，电池的输出电压小于 V_B，电流 - 电压斜线也发生相应变化，斜线向左移动，如图 6.23b 所示。实际中可以考虑内部电阻随温度和充电状态的变化以及电池寿命和状况等因素，进一步分析其电流 - 电压特性曲线变化。

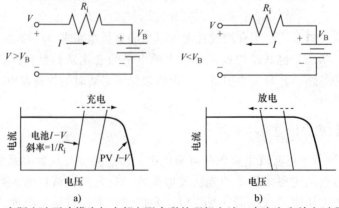

图 6.23　实际电池可建模为与内部电阻串联的理想电池，在充电和放电过程中，电流方向相反，在充电/放电期间，$I-V$ 斜率会向右或向左移动
a）充电　b）放电

电池－光伏发电模块组的工作点是两者 $I-V$ 特性曲线的交点，因此两者在工作点具有相同的电流和电压值。由于两者的 $I-V$ 特性曲线都随时间变化，因此即使要预测这个简单系统的性能也很困难。例如，电池在白天充电时的 $I-V$ 特性曲线会向右移动，因此光伏发电模块的工作点有可能会偏离特性曲线拐点，特别是对于日照强度较低、但温度交高的午后较晚时段，曲线拐点本身也会向左移动。

然而，午后曲线拐点的偏移并不是件坏事，因为当电池接近充满电时，充电电流必须放慢或停止。如果光伏发电系统具有充电控制器，则会自动断电防止电池过充。但是，对于小容量光伏发电系统，由于使用的电池串联数较少，有时会省略充电控制器。这种自控式光伏电池模块一般包含 33 个甚至 30 个光伏电池单元，而不是 12V 光伏电池模块通常采用的 36 个光伏电池单元。当使用 30 个光伏电池单元时，V_{MPP} 约为 14V，V_{OC} 约为 18V（而采用光伏 36 个电池单元的光伏模块输出电压对应为 17V 和 21V）。这种做法实际上是在电池接近如图 6.24 所示的满充状态时故意降低电流值。这种方法由于无法有效防止过度放电，因此存在着一定的风险，因此还是建议配置简单、便宜的充电控制器。

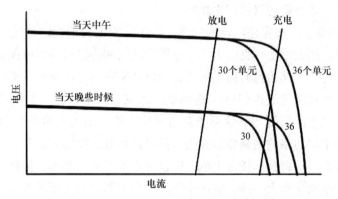

图 6.24　具有较少电池单元的自控式光伏电池模块
提供了带有一定风险的电池自动充电方法

6.5.3　负荷预测

设计一个独立光伏发电系统首先要从负荷预测开始。正如所有设计一样，这个设计过程需要大量的重复步骤。首先要把用户通常使用的所有电器都考虑在内，要权衡是用光伏发电系统和蓄电池给这些电器供电好，还是采用其他更昂贵但更高效的电器好。再者也要根据条件调整生活方式，因为有些电器是日常生活必不可少的，而有些在现有条件下是并不适合使用的奢侈品。如果全都用直流电器就可以避免逆变器效率低下带来的损耗；而如果用交流电器的话会更方便，但是需要额外的投资，那么就要决定该选择一种还是选择两种供电方式相结合哪种最好。此外还需确定是否选用备用发电机，如果选用的话，那么由发电机供电的负荷占多少比例。

系统的容量设计非常重要的指标是，所带负荷的功率以及负荷所需的电能大小。在最简单的情况下，电能量（W·h 或 kW·h）就等于用电器的额定功率乘以使用的小时数。然而实际情况往往复杂一些，例如，扩音器的功率随音量的增大而增大，还有其他像冰箱、洗衣机那样的电器，在不同的工作模式下所消耗的功率也是不同的。特别需要注意的是，电视机、录像机、电脑、移动电话等用电器在待机或者充电模式时同样也消耗电能。还有一些设备，例如电视机，内部电路在电视关闭时仍然保持通电状态，这样在遥控开机时才能打开电视，因此关闭状态下仍然耗电。其他设备，尤其是电缆和电视机顶盒，因为他们更新电视指南并等待已编程录制的节目，几乎每天 24h 都会消耗相同的电量。电子产品消耗的电能目前已经占到了美国家庭用电量的 10% 左右，劳伦斯伯克利国家实验室的一项实验结果表明，其中大约 2/3 的电能都是在这些用电器在并没有使用的状态下消耗掉的（Rosen and Meier，2000）。一些大型设备在起动电机时会引起耗电量上的激增。这种大的起动冲击并没有使电机的功率增大多少，而主要是对逆变器、导线、保险以及其他一些辅助电气设备容量的选择产生影响。

表 6.11 列举了一些家用电器的功率。其中一些电器消耗的电能就等于该功率乘以使用时间。从表中还可见，大部分电器在使用和待机时都有电能消耗，需要考虑。冰箱比较特殊，其运行时启动频繁，因此功率在一天中也总是不断变化。表中冰箱的数据是通过测量放置在 90℉ 房间里的冰箱一天消耗的平均电能得出的。当然在其他用户家中冰箱的耗电量可能会超过这个值，超出量可能达 20% 之多。像这样列出电器平均功率的表格非常实用，但是最精确的数据还是基于实测，目前测量仪表可以很方便地得到。设备上的铭牌也标出了设备的功率，但铭牌上的数据比实际用电器的平均功率大一些，它通常指的是用电器的最大可能耗电功率。有些铭牌上只标出了电流和电压，如果将两者相乘得出用电器功率的话也要比实际功率大很多，因为在相乘的过程中忽略了功率因数角，也就是电压与电流之间的相位角。

表 6.11　典型家用负荷的用电需求

厨房电器	
冰箱：能源之星 14ft³	300W，950W·h/天
冰箱：能源之星 19ft³	300W，1080W·h/天
冰箱：能源之星 22ft³	300W，1150W·h/天
卧式冰柜：能源之星 22ft³	300W，1300W·h/天
洗碗机（热干）	1400W，1.5kW·h/负荷
电炉灶（小/大）	1200/2000W
烤箱	750W
微波炉	1200W

（续）

一般家庭用电器	
烘干机（气/电，1400W）	250W；0.3/3kW·h/负荷
洗衣机（无水加热/电加热）	250W；0.3/2.5kW·h/负荷
鼓风机：1/2 马力	875W
风扇	100W
空调：窗户，10000 Btu	1200W
加热器（便携式）	1200~1875W
小型荧光灯（相当于100W）	25W
电熨斗	1100W
时钟，无绳电话，应答机	3W
吹风机	1500W
消费类电子产品（工作专题/待机状态）	
电视：30~36in	120/3.5W
等离子电视：40~49in	400/2W
液晶电视：40~49in	200/2W
卫星或有线数字录像机（Tivo）	44/43W
数字有线电视盒（无 DVR 功能）	24/18W
DVD，VCR	15/5W
X－Box 游戏机	150/1W
立体声音响	50/3W
DSL 调制解调器	5/1W
喷墨打印机	9/5W
激光打印机	130/2W
调频收音机 AM/FM	10/1W
计算机：台式机（开机/休眠/关机）	74/21/3W
计算机：笔记本电脑（使用状态/休眠状态）	30/16W
计算机显示器 LCD	40/2W
室外用电器	
电动工具，无绳	30W
圆锯，7 1/4	900W
台锯，	1800W
离心水泵：50gal/min，10gal/min	450W
潜水泵：1.5gal/min，300ft	180W

来源：Rosen 和 Meier（2000）

[例6.9] 一般家用电器负荷。

估算某用户的月耗电量，负荷均为交流负荷，包括一台 19ft³ 的电冰箱，六个 30 瓦荧光灯（CFL）每天使用 6h，44in 液晶电视每天使用 3h 和连接卫星的数字录像机（DVR），10 个连续使用的 3W 小型电子设备，每天使用 12min 的微波炉和每天使用 1h 的小型电炉灶，一台每周使用 4 次的带太阳能热水器的洗衣机，一台每天使用 2h 的笔记本电脑，以及一台每天供应 120gal 水的 300ft 深井水泵。

解：使用表 6.11 中数据，可以给出如下的负荷功率和电能需求表。可见，每天总耗电量超过了 6.3kW·h，年约为 2300kW·h。

家用电器	功率/W	h/天	W·h/天	百分比
冰箱，19ft³	300		1080	17%
电炉灶（小型）	1200	1	1200	19%
微波炉（每天开 12min）	1200	0.2	240	4%
灯（6 个 25W，每天开 6h）	150	6	900	14%
洗衣机（每周使用 4 次，功率 0.3kW）	250		171	3%
液晶电视（每天开 3h）	200	3	600	10%
液晶电视（每天 21h）（待机）	2	21	42	1%
数字录像机	44	3	132	2%
卫星电视（待机）	43	21	903	14%
笔记本电脑（每天使用 2h，30W）	30	2	60	1%
各种电子设备（10 个 3W）	30	24	720	11%
水泵（120gal/天，1.5gal/min）	180	1.33	240	4%
总计	3566		6288	

从这张表中可以看出一些有趣的事情。比如厨房用电量占总量的 40%，这个比例相对较高，部分原因是全部使用的是电炉灶。另一方面，冰箱性能不错，其用电量只是旧冰箱一半。当使用光伏发电系统供电时，最好都选用最高效的家用电器设备。看电视占了用电需求的 27%，其中的 55% 是待机用电，主要是 DVR 待机耗电。

6.5.4 假设带有最大功率点跟踪器开始光伏电池阵列设计

正如大多数设计过程一样，首先基于许多假设开始设计，然后随着设计过程的进行再对其进一步完善。假设待设计的光伏发电系统带有最大功率点跟踪器，而且电池具备在恶劣天气条件下完全为负荷供电的能力，然后开始光伏电池阵列的选型设计。第一个假设使得设计中可以采用峰值小时方法来计算系统容量，而第二个假设则允许设计中使用平均日照强度而不是小时 TMY 计算值。

如果不并网运行的话，光伏电池板的朝向将非常重要，否则的话讲无法保证每个月都采集到足够的日照。因此，建议一开始就设计光伏电池板较大的倾角以保证冬季采集到足够的日照，而且根据一年中最恶劣月份来设计系统容量。

[例 6.10] 美国科罗拉多州博尔德市一所住宅的光伏电池阵列设计。

设计一个独立光伏电池阵列以满足例 6.9 中所需的 6.29kW·h/天负荷供电。假设电池的流入流出效率为 80% 。

解： 为了一年中获得相为一致的电力输出，选择朝南、纬度 $L + 15°$ 倾角的光伏电池板布局。经查，月日照最少的 12 月份，日照强度为 4.5kW·h/(m^2·天)，或者全天太阳为 4.5h/天。假设逆变器、污损、接线等因素会导致输出功率为额定值的 0.75，假定所有的光伏发电都将经过电池再为负荷供电，因此将考虑到电池的流入流出效率 80% ，有

$$6.29\text{kW·h/天} = P_{DC}\ (\text{kW}) \times 4.5\text{h/天} \times 0.75 \times 0.80$$

$$P_{DC} = \frac{6.29}{4.5 \times 0.75 \times 0.80} = 2.33\text{kW}$$

如果设计为满足 12 月的供电需求，则意味一年中其他月份的发电量将会过剩。重复上述计算过程可得出以下每月的结果：

	1 月	2 月	3 月	4 月	5 月	6 月	7 月	8 月	9 月	10 月	11 月	12 月	年均
日照强度/(h/天)	4.8	5.3	5.6	5.6	5.2	5.2	5.3	5.5	5.8	5.7	4.8	4.5	5.3
光伏发电量/（kW·h/天）	6.71	7.41	7.83	7.83	7.27	7.27	7.41	7.69	8.11	7.97	6.71	6.29	2691
负荷用电量/（kW·h/天）	6.29	6.29	6.29	6.29	6.29	6.29	6.29	6.29	6.29	6.29	6.29	6.29	2295
剩余电量	0.42	1.12	1.54	1.54	0.98	0.98	1.12	1.4	1.82	1.68	0.42	0	396

上述表格给出的是月均值，包括了恶劣天气期间，此时希望有足够的储能来给负荷供电，或者调整用户用电行为来降低用电需求量。因此，需要配备发电机作为备用。

假设改变独立光伏发电系统的设计标准，使得其具备提供年均负荷能力，此时所需的光伏电池阵列额定功率将为

$$P_{DC} = \frac{6.29}{5.3 \times 0.75 \times 0.8} = 1.98\text{kW}$$

虽然此时独立光伏发电系统具备提供全部负荷年均用电量的能力，但是如果不具备大容量储能的话，就无法实现不同月份（亏空或盈余）之间电量的转移使用。如下 1.98kW 独立光伏发电系统的数据，就是没有考虑不同月份之间电量转移的情况。

	1 月	2 月	3 月	4 月	5 月	6 月	7 月	8 月	9 月	10 月	11 月	12 月	年均
日照强度/(h/天)	4.8	5.3	5.6	5.6	5.2	5.2	5.3	5.5	5.8	5.7	4.8	4.5	5.3
光伏发电量/(kW·h/天)	5.72	6.29	6.29	6.2	6.2	6.29	6.29	6.29	6.29	6.29	5.72	5.36	2227
负荷用电量/(kW·h/天)	6.29	6.29	6.29	6.29	6.29	6.29	6.29	6.29	6.29	6.29	6.29	6.29	2295

1.98kW 的独立光伏发电系统只有 2295 - 2227 = 68kW·h/年的用电功率缺额，但是会节省 2.33 - 1.98 = 0.35kW 的光伏发电成本，按照约 4 美元/瓦计算的话将会节省约 1400 美元。剩下的 68kW·h/年的边际成本很难证明其存在的合理性，特别是系统中包含了备用发电机的情况下，可见较小容量的独立光伏发电系统但是能提供更好的价值。

正如我们将要看到的那样，当光伏发电系统直接连接没有最大功率跟踪器的电池时，采用简单的"峰值 - 小时"法来估算发电曲线和负荷曲线之间交点的方法不再适用。为了解决这个问题，需要更多地了解电池特性。

6.5.5 电池

独立光伏发电系统应当具备在条件良好时储存电能供条件恶劣时使用的能力。根据所需求的储能容量的不同，目前已经有多种技术可用，比如液流电池、压缩空气储能、抽水蓄能、飞轮储能以及电解水为燃料电池提供氢气等，在不久的将来还会出现许多新技术。而对于独立光伏发电系统而言，正是因为对电池的需求量低而使得目前得到了最为广泛的应用。在光伏发电系统中主要采用的还是常见的铅酸电池。传统铅酸蓄电池的主要竞争对手是各种迅速兴起的锂离子电池技术，其为今天的大多数电动汽车提供动力。锂电池具有较大的能量密度（W·h/kg），因此特别适用于电动汽车电池。随着其成本的下降，其也很可能成为未来独立光伏发电系统的首选电池。图 6.25 所示为使用不同的锂离子电池技术可以实现将多少能量封装到小型电池中。

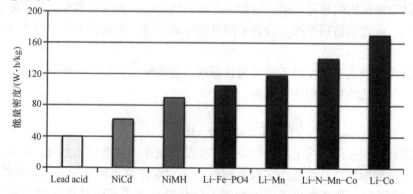

图 6.25　铅酸电池比新兴的其他储能技术体积更大，重量也更重，但其成本最低
（来自 Battery University 网站，2012）

除了储能之外，电池在光伏发电系统中还扮演着其他的重要角色，包括能够输出比光伏电池阵列瞬时电流大得多的冲击电流，以及能够将光伏电池阵列的输出电压自动控制在可接受电压范围之内。

6.5.6 铅酸电池基本原理

铅酸电池的历史可以追溯到 19 世纪 60 年代，发明家雷蒙德·加斯顿·普兰特（Raymond Gaston Planté）将被腐蚀的铅箔电极和稀释的硫酸溶液组合在一起制造出了第一块铅酸电池。汽车用 SLI 电池性能经过特殊设计用于起动汽车发动机，因此，需具备短时提供大冲击电流的能力（400～600A）。一旦发动机起动起来，发电机就可以迅速给电池充电；因此在通常情况下，电池都处于满充或接近满充状态。SLI 电池没有设计为可承受深度放电，实际上只要几个全放电过程就能使 SLI 电池报废。光伏发电系统中，电池经常要进行缓慢但深度的放电，因此 SLI 电池一般不适用于光伏发电系统。如果非要使用这种电池，比如在某些发展中国家只有这种电池可用，那么日放电量低于 25% 的情况下，大约能用几百次或者 1～2 年的使用寿命。

与 SLI 电池相比，能深度放电的电池板更厚一些，电池的尺寸也较大，使得电池板上面和下面的空间都大一些。下面空间大一点可以堆积较多的碎屑而不会导致电池板短路，上面的空间大一点就可以多存储一点电解液以补充电池板上的水分散失。厚而大的电池板意味着电池体积更大重量更沉，一个 12V 的深度放电蓄电池就有几百磅重。深度放电是会减少电池的使用寿命，而这种电池从设计上就要求能反复充放电 80% 而不造成损害。深循环铅酸电池可以循环使用数千次，每日放电量为额定容量的 25% 或更少，这将使其寿命为 10 年左右。每天放电 50% 的情况下，电池寿命会减少一半，这意味着光伏发电系统中的电池组应设计为至少存储 4 或 5 天的负荷供电量，以最小化电池的深度放电，延长电池寿命。

要弄明白电池系统的奥妙，必需具备一定的电化学知识。简单来说，铅酸电池中一个独立的电池单元是由一个正电极和一个负电极组成，其中正极由二氧化铅（PbO_2）制成，负极由多孔的金属铅（Pb）构成，正负极都完全浸泡在稀释的硫酸电解液中。如果铅不是与其他材料构成合金的话，性质非常不稳定。汽车 SLI 电池用钙元素来增强铅的稳定性，而钙不能承受放电深度超过 25%。因此深度放电电池用金属锑来代替钙，这种电池也常被称作铅锑电池。

一种分类铅酸电池的方法是看其是否密封。传统车用电池是浸入式的，也就是说电池板浸在弱硫酸液中。在充电周期快要结束时，电压上升会引起电解，从而释放出存在潜在危险性的氢气和氧气，同时消耗掉电池中的分。电池必须具备通风口以使这些气体逸出，并且也需要维护电池补充水分。

而密封电池采用特殊的阀门可实现内部回收电池反应产生的气体从而减少气体的释放量，因此称为阀控式铅酸（Valve - Regulated Lead - Acid，VRLA）电池。为了防止电池向外逸出气体，需要设计专用于密封电池的充电器以避免产生过电压。密封电池中的电解质可采用凝胶或吸收性玻璃纤维垫（Absorbent Glass Mat，AGM）的形式。虽然有些贵，但是由于不需要维护水量，而且能够保证任何方向上都不会溢出气体，从而使得其成为光伏发电系统的通用方案选择。

铅酸电池放电时发生的化学反应如下：

$$正极板：PbO_2 + 4H^+ + SO_4^{2-} + 2e^- \rightarrow PbSO_4 + 2H_2O \tag{6.21}$$

$$负极板：Pb + SO_4^{2-} \rightarrow PbSO_4 + 2e^- \tag{6.22}$$

顺便说一下，充电时电池的两端（正极和负极）也常被称作阳极和阴极。严格地来说，阳极指的是氧化反应发生的电极，放电时的阳极为负极，而充电时为正极。

由式（6.22）可见，在放电过程中，电子从负极中释放出来经过负荷后流向正极板，在正极板上发生式（6.21）的化学变化。这两种反应的关键因素是硫酸电解液中的硫酸离子（SO_4^{2-}），当充电过程结束时它附着在两个极板上，在放电时与铅结合生成硫酸铅（$PbSO_4$）。硫酸铅不导电，其附着在极板上能够使发生化学反应的区域越来越小。随着电池放电接近结束时，电池内阻突然增大，电压迅速下降。同时，由于硫酸离子的减少，电解液的质量也随放电过程而减小，这可以作为衡量电池荷电状态的一个准确指标。电池在放电过程由于释放热能的化学反应逐渐减少，因此放电时很容易冻结。一个完全放电完毕的铅酸电池在 -8℃（17℉）就可能被冻结，而满充之后的电池在电解液温度低于 -57℃（-71℉）时才能冻结。在寒冷的环境下，如图 6.26 所示，考虑到冻结因素，电池不能放电太多。

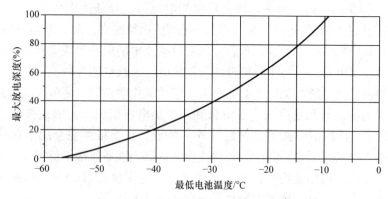

图 6.26　冻结因素限制了电池的放电深度

充电时情形正好相反。电池电压和电解液质量不断升高，冻结温度降低，内部阻力减小。电极上的化合物重新分解为硫酸离子，如图 6.27 所示。然而并不是所有的硫酸铅都能够分解而释放出硫酸离子，每次充放电过程都会有部分硫酸铅附着在电极上而无法再进行化学反应。这是电池不能永久使用下去的主要原因。附着在电极上硫酸铅的多少与电池使用时间的长短有关，要延长电池的使用寿命就必须每次充电都尽量将电池充满电，并且定期对电池进行充电。因此，采用带备用发电机的光伏发电系统来保证电池的定期充电是非常必要的。

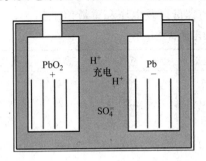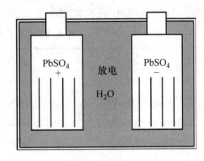

图 6.27　铅酸电池的充放电过程

当电池处于充电和放电的不同阶段时，电池的端电压与电解液的比重是不同的。其中任意一条都可以指示电池的荷电状态，但是都难以准确测量。为了精确的测量电压，电池必须处于稳定状态，也就是充电或放电过程结束几个小时之后再进行测量。测量比重也是一样，因为电解液是分层的，从电解液上层取样本无法反映出整个电解液的比重。由于密封电池现在更常用于光伏发电系统，因此通过简单测量电池的静态开路电压（最好至少 6h），即可以方便地估算出电池的荷电状态。以下是根据 12V 铅酸电池的静态开路电压（V_{OC}）（基于 Trojan Battery Company 数据）估算电池的荷电状态：

$$SOC(\%) = 73.1 V_{OC} - 833.3 \tag{6.23}$$

例如，如果测得电池电压为 12V，则 SOC 将是

$$SOC(\%) = 73.1 \times 12 - 833.3 = 44\%$$

而在满充时，电压会略微超过 12.7V。

6.5.7　电池存储容量

电池存储的电能量通常是以额定电压和指定放电率下电池的安时数（A·h）为单位的。以铅酸电池为例，假设单个单元的额定电压为 2V（12V 的电池含有 6 个单元），制造商所指定的电池存储容量（安时）通常都指在 25℃ 下，以一定的放电率，经过多长时间放电后电压下降。比如，一个满充的 12V 电池的额定容量为 200A·h、20h，也就是该电池能够以 10A 的连续放电 20h，此时该电池被认为完全放电。这个安培小时规格被称为 $C/20$ 或 $0.05C$ 速率，其中 C 代表安培小时容量，20 代表需要耗尽的小时数。一块电池究竟能够释放多少电能是很难计算出来的。能量是伏特×安培×小时，但由于电压在整个放电期间变化，所以我们不能只说 $12V \times 10A \times 20h = 2400W·h$。为了避免混淆，通常以 A·h 而不是 W·h 为单位表示电池存储容量。

电池的安时容量与放电速率密切相关。放电时间短则安时容量小，放电时间长

则安时容量大。光伏发电系统中的深循环电池通常指定标准放电速率为 20h 或 24h 的放电率，实际上有时也会以更慢的 $C/100$ 的速率放电。表 6.12 给出了一些电池的举例，其中包括电池在 $C/20$ 放电速率下的容量以及电压和重量值。

表 6.12　深循环铅酸电池特性示例

电池	电解液	电压	标称容量/(A·h)	速率/h	重量/lb
Rolls Surette 4CS – 17P	Flooded	4	546	20	128
Trojan T10S – RE	Flooded	6	225	20	67
Concorde PVX 3050T	AGM	6	305	24	91
Fullriver DC260 – 12	AGM	12	260	20	172
Trojan 5SHP – GEL	Gel	12	125	20	85

电池的安时容量不仅取决于放电速率而且还取决于温度。图 6.28 中，通过不同温度和放电速率下的电池存储容量与在放电速率为 $C/20$、温度为 25℃ 的参考条件下的电池存储容量进行了比对，揭示了这两种因素对电池存储容量的影响。这些曲线是以常见的深循环铅酸电池为例，因此采用制造商给出的制造数据。如图所示，在寒冷环境下电池的容量显著下降。例如在 $-30℃$ （$-22℉$） 下，放电速率为 $C/20$ 时，电池存储容量只有额定容量的一半。低温对于电池的影响——容量下降、输出电压降低、放电时更易于冻结——意味着在寒冷环境下需要格外地保护铅酸电池。顺便提一下，镍镉电池不受气候的影响，因此在寒冷条件下多用镍镉电池代替铅酸电池。在温度较高的环境中电池的性能会得到显著改善，但这并不是说温度越高性能就越好。事实上通过测算得知，25℃ 是电池工作的最佳温度，每提高 10℃ 就会使电池寿命减少 50% 。

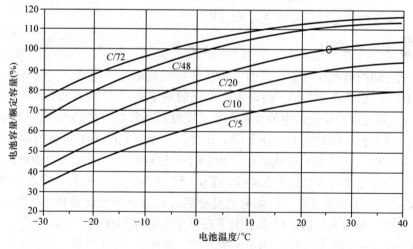

图 6.28　铅酸电池存储容量取决于放电率和温度。额定容量是以放电速率 $C/20$、温度 25℃ 为基准

[**例6.11**] **寒冷气候下电池存储容量的计算。**

假设某电池组位于偏远的电信基站，那里的气温最低能够达到 $-20℃$。如果电池需要为负荷提供2天的电能，每天所需的电量为 $500A \cdot h$，电压为 $12V$，那么电池的容量应设计为多大？

解：

根据图6.26，为了避免冻结，在 $-20℃$ 温度下最大的放电深度为 60%。要提供2天的电能，且放电不超过 60%，因此电池应储能为

$$电池储能 = \frac{500A \cdot h/天 \times 2 天}{0.60} \approx 1667A \cdot h$$

由于电池的额定容量是指在温度 $25℃$，放电速率为 $C/20$ 下的容量值，因此应根据不同的温度和放电速度对电池存储容量进行调整。根据图6.28，在温度为 $-20℃$，放电时间超过 $48h$ 的条件下，电池的实际容量为额定容量的 80%。因此电池的容量应为

$$电池储能(25℃,48h 放电) = \frac{1667A \cdot h}{0.8} \approx 2082A \cdot h$$

为了满足所需的安时容量和放电速率，典型的电池系统需要将一些电池串联或并联起来使用。电池串联后电压增加，但电流相同，因此串联之后电池组的安时容量与单个电池的容量相同。当电池并联后，电压相等但总电流增大了，因此总容量等于每个电池存储容量之和，如图6.29所示。

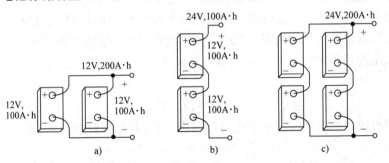

图6.29　a) 电池并联之后安时容量增加　b) 电池串联之后电压增加

c) 串并联连接之后两者都增加

图6.29中，将两块电池串联或并联之后，电池组的总容量是相等的，那么接下来的问题就是哪种连接方式更好。这两种连接方式的主要区别在于输出同等功率时两者的输出电流不同。串联电池组的电压高而电流低，这种方式有利于减少导线上的电压降和功率损耗，而且可以使用小容量的保险丝和开关，也简化了电池间的接线。因此，首选图6.29b所示的接线方案。

一旦确定了电池组的系统电压，越高越好，则就需要选择采用串联还是并联方

式进行电池组连接，以实现期望的总安时数。当采用并联方式时，最弱的单个电池会拉低整个电池组的电压值，因此最好采用电池串联的方式。但是，串联方式下，如果单个电池故障也会导致这个电池串停止工作。因此，为了保证用户供电的可靠性，建议采用并联的电池串接线方式。在图6.30中，建议采用图6.30a所示的接线方式。

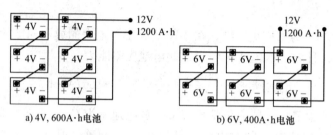

a) 4V, 600A·h电池   b) 6V, 400A·h电池

图6.30　对于电池储能系统，建议采用图a所示的并联的电池串接线方式

6.5.8　用库仑效率代替能量效率

如前所述，有关电池的所有描述都是采用的电流值而不是电压或功率值。电池存储容量 C 是以安时数（A·h）来表示而不是采用瓦时；充电和放电都是以 C/T 速率表示，单位也是 A；而且后述可见，电池效率用电流效率表示比用能量效率表示更简单，原因就是电池电压没有明确，该电压是充放电之后测量的剩余电压，还是充电或放电过程中的电池电压。而且充放电过程中的电池电压还受电池的流入或流出电流以及电池所处的状态、温度、使用期限以及其他因素等影响。

假设电池以恒定电流值 I_C 充电 ΔT_C，此期间电池电压升高 V_C。则流入电池的电能等于

$$E_{in} = V_C I_C \Delta T_C \tag{6.24}$$

假设电池以恒定电流值 I_D 放电 ΔT_D 放电，此期间电池电压降低 V_D，则释放的电能等于

$$E_{out} = V_D I_D \Delta T_D \tag{6.25}$$

电池的能量效率等于

$$能量效率 = \frac{E_{out}}{E_{in}} = \frac{V_D I_D \Delta T_D}{V_C I_C \Delta T_C} \tag{6.26}$$

注意到电流（A）乘以时间（h）等于电荷库仑值，则

$$能量效率 = \left(\frac{V_D}{V_C}\right)\left(\frac{I_D \Delta T_D}{I_C \Delta T_C}\right) = \left(\frac{V_D}{V_C}\right)\left(\frac{流出库仑值, A \cdot h_{out}}{输入库仑值, A \cdot h_{in}}\right) \tag{6.27}$$

放电电压与充电电压的比值称为电池的电压效率，A·h_{out} 与 A·h_{in} 的比值称为库仑效率。

$$能量效率 = (电压效率) \times (库仑效率) \tag{6.28}$$

12V 铅酸电池的典型充电电压约为 14V，放电电压约为 12V，则其电压效率为

$$电压效率 = \frac{12V}{14V} = 0.86 = 86\% \tag{6.29}$$

库仑效率等于电池放电时输出的电荷数与充电时输入的电荷数的比值。如果两者不等，那么多出来的电荷跑到哪去了呢？当电池充电接近满充时，其中电池单元电压升高足以使电解液电离产生氢气和氧气。这种气化过程的副作用就是需要消耗一部分电子。当电池的荷电状态较低时，气化作用很少发生，库仑效率接近 100%，但在电池充电接近结束时，库仑效率能降到 90% 以下。在一个完整的充电周期中，库仑效率一般为 90% ~ 95%。后述可见，在设计电池存储容量的时候，库仑效率是最为合适的判断标准。

假设铅酸电池的库仑效率为 90%，电压效率为 86%，则总能量效率等于

$$能源效率 = 0.86 \times 0.90 = 0.77 = 77\% \tag{6.30}$$

这与铅酸电池 75% 的能量效率参考值很接近。

6.5.9 电池容量设计

为独立光伏发电系统选择电池容量时，必须重点两个指标。不是以 kW·h 为单位的电池储电量，而是蓄电池组电压和单个电池的额定安时两个指标。

蓄电池组电压必须与逆变器（如果有的话）的输入电压相匹配，或者是全直流系统的话，那么需要与负荷电压相匹配。为了降低 I^2R 线损，优选较高的工作电压。低电流意味着可以使用小规格的电线，使得布线容易，而且也可以采用配套的较为便宜的断路器、保险丝和其他配件。适合负荷的系统电压值通常为 12V，24V 或 48V。选择系统工作电压的原则是将最大稳态工作电流限制在 100A 以下，这样可以很方便地获取相关型号的电线及配件。表 6.13 给出了基于该原则下的最小系统电压建议值。电池和逆变器必须提供的最大稳态功率可通过累加可能同时工作的所有单个负荷的功率来估算得到。表 6.11 给出了常用家用电器的典型功率参考值，可用作基本分析。如果天气总是晴朗的话，那么电池的容量大小只需保证夜间负荷供电直至第二天太阳再次升起使得光伏发电系统能够继续发电即可。

表 6.13 限制电流 100A 以下的最小系统电压值

最大交流功率/W	最小直流系统电压/V
< 1200	12
1200 ~ 2400	24
2400 ~ 4800	48

如果每天都是阳光充足的话，那么设计电池存储容量就非常简单。电池储能只要能够保证负荷的晚间供电就可以了，第二天太阳出来之后可以继续使用光伏发电系统供电。然而事实上总是有一些阳光很弱或者根本没有阳光的日子，这个时候也

需要由电池储能来供电。这时候就需要采用灵活的供电策略，比如可以减少或者干脆甩掉部分不太重要的负荷。如果光伏供电系统中带有发电机的话，在设计上需要考虑均衡电池储能和发电机发电之间的关系。

由于天气的统计性变化特性以及针对恶劣条件下应对的变化性，如何设计电池存储容量的最佳值没有确定的标准。关键的就是费用问题。如果要保证系统在 99% 的时间内都能满足供电要求，那么费用至少是只保证 95% 供电要求时的 3 倍。如图 6.31 所示，电池存储容量的起步设计可能以独立光伏发电系统设计实践手册（桑迪亚国家实验室，1995）为依据来进行。图中给出了电池为负荷供电的天数相对于设计月份日均峰值日照小时的函数，设计月份是指日照强度最差，光伏发电系统供电能力也最差的月份。图中给出了两条曲线来区别负荷的重要性：其中一条曲线表示负荷在一年 8760 个小时中必须保证 99% 的时间内保证供电；而另一条只要求 95% 的时间供电就可以了。

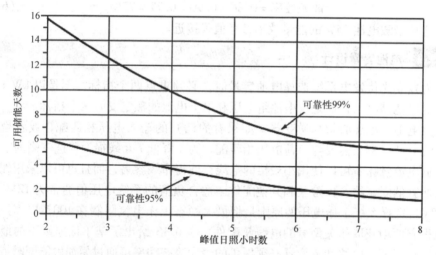

图 6.31　独立光伏发电系统在 95% 和 99% 两种供电可靠性下的电池储能时间曲线
（数据基于桑迪亚国家实验室数据（1995），峰值日照小时数为年最差月份数据，供电可靠性为年均值）

图 6.31 中所给出的可用储能容量是考虑了电池的最大可放电程度、库仑效率以及电池温度限制等因素之后的可用储能天数。可用储能容量与标称的额定储能容量之间的关系如下：

$$可用电池容量 = 额定电池容量(C/20,25℃) \times (MDOD) \times (TDR) \qquad (6.31)$$

式中，MDOD 指最大放电深度（默认值：深度放电铅蓄电池是 0.8，汽车常规蓄电池是 0.25；取值主要是受图 6.26 所示的冻结条件而限制）；TDR 表示温度和放电速率（见图 6.28）。

如下举例说明：

[例 6.12] 位于科罗拉多州博尔得市的独立光伏发电系统中电池容量。

例 6.9 和例 6.10 中分析的住户交流负荷为 6288W·h/天。如果考虑年平均月份的供电可靠性达到 95%。其余的 5% 供电由备用发电机来完成。则请设计给出电池所需容量，其中电池将放置在通风良好的操作间中，但温度可能会低至 −10℃。

解： 需要估算电池需提供的平均负荷和峰值负荷值。由于电池将通过充电控制器和逆变器提供电力，因此还需要估计其效率。逆变器在峰值负荷下效率在 90% 以上，但在小于峰值负荷的大部分情况，整体效率大约为 85%。估计充电控制器的效率为 97%。则直流负荷为

$$电池的直流负荷 = \frac{家用交流负荷}{逆变器效率 \times 控制器效率}$$

$$= \frac{6288W·h/天}{0.85 \times 0.97} = 7626W·h/天 \tag{6.32}$$

要将其转换为电池容量的安时数，首先需要选择系统的电压值。查看例 6.9 中负荷同时开启的情况，可见用电量约为 3.6kW，根据表 6.13 建议，需要选择 48V 系统电压才能保持峰值电流低于 100A。因此电池需要提供 48V 系统电压，即

$$负荷 = 7398W·h/天 \div 48V = 159A·h/天（在 48V 时）$$

根据例 6.9 计算，已经决定使用了月均日照强度为 4.5kW·h/m²/天、纬度 $L + 15$ 倾角的光伏电池板，因此根据图 6.31，满足 3 天供电的储能量即可实现供电可靠性 95%。因此，计算得到所需可用存储容量为

在 48V 时，可用存储容量 $= 159A·h/天 \times 3 天 = 477A·h$。

因此选择可以 80% 深度放电的铅酸电池。但是，需要检查该放电深度是否会使电池发生潜在的冻结问题。由图 6.26 可见，在 −10℃ 时，电池可放电至 95% 以上而不会发生电解液冻结，因此可以接受 80% 的放电深度。

标称额定温度为 $C/20$ 和 25℃ 的电池在更寒冷的条件下运行时，会降低存储容量，但是如果其能以更慢的速率放电，将会增加存储容量。图 6.28 表明，在 −10℃ 和 $C/72$ 速率下，按照设计的 3 天存储容量实际效果大约为标称容量的 0.97 倍。

将最大放电因子 0.80、放电率因子 0.97 和温度代入式（6.33），有

$$标称（C/20, 25℃）容量 = \frac{可用容量}{MDOD \times (TDR)} = \frac{477A·h}{0.80 \times 0.97} = 615A·h（在 48V 时）$$

$$\tag{6.33}$$

使用表 6.12 数据有助于选择电池型号。12 个 4V，546A·h Rolls Surette 电池串接构成的单个电池串容量略小，考虑到供电可靠性和冗余性，采用了 16 个 6V，305A·h Concorde 3050T 电池构成了两串电池串并联的结构，如下图所示。

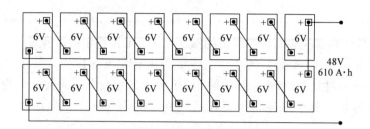

6.5.10　不带最大功率点跟踪器的光伏电池阵列设计

在 6.5.4 节中，独立系统光伏阵列的容量设计考虑了最大功率点跟踪器（MPPT）。由于使用了最大功率点跟踪，从而可以使用简单的"峰值 – 小时"法来进行系统容量设计。如果没有最大功率跟踪时，则系统的工作点将由电池的 $I-V$ 特性曲线与光伏电池模块的 $I-V$ 特性曲线的交点而确定。图 6.32 所示为一天中**工作点的移动路径**，通常会远低于最大功率跟踪运行的**曲线拐点处**。如果没有最大功**率跟踪，将会损失大约 20% 的发电量。**

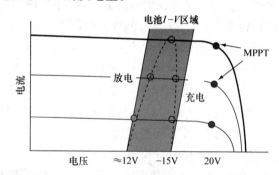

图 6.32　光伏电池模块直接连接电池时，随着电池充电过程中电压升高以及日间日照强度的变化，工作点将会在阴影区域内移动，虚线给出了从早晨至下午的工作点变化轨迹

图 6.33 所示为单位日照强度下，光伏发电系统的电流—电压特性曲线以及垂直的电池 $I-V$ 特性曲线。由图可见，电池充电时，光伏发电系统的工作点总是位于 $I-V$ 特性曲线拐点的上方，也就是说充电电流超出了光伏发电系统的额定电流。因此，简单地将光伏发电系统的额定电流假设为单位日照强度下电池的充电电流是相当保守的。在很多情况下这种假设都需要验证一下，比如在外界温度较高的环境中为一个 12V 的电池充电，具有自我调节功能的光伏发电模块中的串联单元数将少于通常情况下的 36 块。较少的单元数和较高的温度会使最大功率点向着电池的 $I-V$ 特性曲线移动，这样将使上述的假设导致的保守性降低。

这里，简单的设计流程仍然采用并网光伏发电系统设计时所用的"峰值时间"方法，只要把设计对象从功率替换成电流就可以了。比如某日照强度为 $6kW \cdot h/m^2/$天的地区，可以考虑为该地区为每天有 6h 的单位日照强度辐射。这样

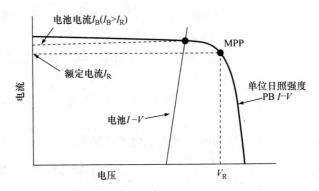

图 6.33　将光伏发电系统的额定电流假设为单位日照强度下电池的充电电流是相当保守的

使用单位日照强度下的额定电流 I_R 乘于日照峰值时间就能够计算出电池充电电流的安时数。

　　将额定电流 I_R 与日照强度的峰值时间相乘，可以初步来估算输送给电池的安时数。通常还需考虑 10% 的污损和模块老化导致的容量损耗。对于带最大功率跟踪的并网光伏发电系统而言，非常重要的温度和模块不匹配因素，对于独立光伏电池系统而言可以忽略。这是因为电池系统的工作点距离 $I-V$ 特性曲线拐点很远，因此这些因素的影响非常低，而且将充电电流假设为 I_R 的这种保守估计也从一定程度上抵消了这些因素的部分影响。

　　该方法另一个非常重要的方面是其基于了光伏发电系统输送到电池的安时数和电池输送到负载的安时数。也就是说，电池效率采用的是库仑效率（$A \cdot h_{out}/A \cdot h_{in}$），因此从电池经控制器、逆变器传输到负荷上的电流为

$$输送到负荷的安时数 = I_R × 峰值小时数 × 库仑效率 × 损耗系数 \qquad (6.34)$$

经控制器、逆变器传输到家居负荷上的电能为

$$W \cdot h/天 = 电池的 A \cdot h/天 × 系统电压 × 控制器效率因子 \eta × 逆变器效率因子 \eta$$
$$(6.35)$$

[例 6.13]　波尔得地区屋顶不带最大功率跟踪的光伏发电系统。

　　例 6.10 中波尔得（Boulder）地区的房屋需要 6.29kWh 的交流供电。考虑到当地的月均 5.3kW·h/m²/天的日照强度，设计选择 1.98kW$_{DC}$ 容量的光伏发电阵列，以满足负荷用电需求。在例 6.12 中，确定了电池系统电压为 48V。

　　假设库仑效率为 90%，模块的降额因子为 0.90，逆变器效率为 85%，控制器效率为 97%，使用峰值 - 小时法为不带最大功率跟踪的光伏发电系统选择容量。并从表 5.3 中选择一款合适的光伏电池模块。

解： 需要为 48V 电池系统供电选择合适的光伏电池模块。与 48V 系统电压最匹配的是 Yingli 245 型号，额定电压为 30.2V，因此采用两组串联即可确保拐点电压高

于所需的 48V 系统电压。也有其他能满足拐点电压要求的光伏电池型号，但是由于不匹配，会造成容量的浪费。Yingli 245 的额定电流为 8.11A。

根据式（6.34）和式（6.35）可见，两组 Yingli 245 光伏电池模块串联后的平均输出能量为

能量 = 8.11A × 48V × 5.3h/天 × 0.90 × 0.90 × 0.85 × 0.97 = 1378W·h/天每光伏电池模块串

6.29kW·h/天负荷用电所需的并列光伏电池串数量是

$$并行光伏电池串数 = \frac{6.29kW·h/天}{1.378kW·h/天} = 4.6 列/每串 2 个模块$$

由于光伏发电系统容量选择的是月均容量，因此有的月份该容量无法满足全部负荷供电需求。因此采用 5 串光伏电池模块串并联。在一年中光伏发电运行最差的月份，12 月，日照强度只有 4.5h/天，发电量将为

发电量 = 5 串 × 8.11A × 48V × 4.5h/d × 0.9 × 0.9 × 0.85 × 0.97 = 5850W·h/天

可见，12 月份发电量仅为 6.29kW·h/天负荷供电所需的 93%。

光伏电池阵列的额定功率将是

$$P_R = 5 串 × 2 光伏电池模块/串 × 245W/模块 = 2.45kW_{DC}$$

在上例中，需要设计一个 2.45kW 的光伏电池阵列来满足不带最大功率跟踪的平均负荷供电需求。使用例 6.10 的类似设计原则，可见带最大功率跟踪的 1.98kW 光伏电池阵列也可以相当的供电性能。也就是说，不带最大功率跟踪的光伏发电系统容量设计需要比带最大功率跟踪的系统容量多 20%。因此，对于不带最大功率点跟踪器的光伏发电系统，可以采用数值为 0.80 的惩罚因子来表征。这样就可以采用简单的电子表格方法来计算两种独立光伏发电系统的容量，并不需要开发单独的程序。

6.5.11 简单的设计模板

在获得了上述各个效率因数之后，可以进一步将其汇总到同一个图，然后可以进一步将其汇总到一张比较直观的电子表格中。图 6.34 所示为向直流和交流混合负荷供电所涉及的整个电流过程。

图 6.34 中给出的数值是"典型"的参数估值。如下逐一介绍：

光伏发电系统：基于"峰值 - 小时"法分析，以下所有因素均会影响到交流和直流负荷的最终能量。

降额因数：取值 0.88，主要是针对灰尘、模块不匹配、接线损耗等因素，并不是指逆变器的效率。

最大功率点跟踪器：如果有 MPPT，则该因子为 1.0。如果没有，则建议取值 0.80 来表征光伏发电系统正好位于 $I-V$ 特性曲线拐点的左侧（见例 6.13）。

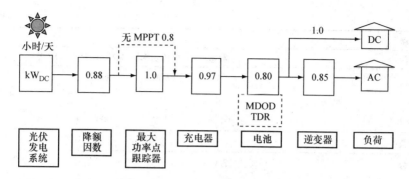

图 6.34　独立光伏发电系统中的功率流，图中显示数值为"典型"参数估值

充电器：这个因子主要表征充电控制器上的适度损耗。

电池：因子取值 0.80，主要表征电流流入电池在流出为负荷供电这一过程中的损耗。白天光伏电池直接驱动负荷的话，旁路了电池，该因子取值会增大一些。

MDOD，TDR：最大放电深度（MDOD）和 TDR 不是损耗因子，但是需要其数值来确定电池组的容量。

逆变器：效率 0.85，低于并网光伏发电系统的效率，因为大部分时间独立光伏发电系统都运行在远低于最佳点处。对于直流负荷，不需要逆变器，因此取值为 1.0。

表 6.14 给出了包含关键设计决策的光伏发电系统电子表格设计方法。

表 6.14　独立光伏发电系统的示例设计模板（该系统不带 MPPT，但包含了交流和直流负荷）

家用电器					
交流负荷	数量	单体功率	总功率/W	h/天	W·h/天
冰箱，19ft^3	1	300	300		1080
灯（6×25W，每天开 6h）	6	25	150	6	900
液晶电视（每天开 3h）	1	200	200	3	600
液晶电视（每天 21h）（待机）	1	2	2	21	42
数字机顶盒	1	3	44	3	132
数字机顶盒（待机）	1	21	43	21	903
各种电子设备（每个功率 3W）	10	3	30	24	720
微波炉（每天开 12min）	1	1200	1200	0.2	240
电炉灶（小型）	1	1200	1200	1	1200
洗衣机（功率 0.25kW；每周负荷用电量 0.3kW·h）	4	250	250		171
笔记本电脑（每天使用 2h，30W）	1	30	30	2	60
水泵（120gal/天，15gal/min）	1	180	180	1.33	240
其他	0		0		0
总计			3566		6288

（续）

家用电器					
直流负荷	数量	单体功率	总功率/W	h/天	W·h/天
圆锯	1	900	900	0.5	450
其他	0		0		0
总计			900		450

电池参数		
储能天数	3.0	参见图 6.31
系统输出电压	48	典型值为 12V、24V、48V
最大输出电流/A	93	可为全部负荷一次性充电；尽量保持在 100A 以下
逆变器效率	85%	典型效率值为 85%
电池直流输出容量/（A·h/天）	9.4	A·h/天 = 直流 W·h/天/系统电压
电池交流输出容量/（A·h/天）	154.1	A·h/天 = 交流 W·h/天/系统电压/逆变器效率
电池总输出容量/（A·h/天）	163.5	A·h/天 = 直流输出容量 + 交流输出容量
最大放电深度（MDOD）	80%	典型值为 80%
温度和放电速率（TDR）调整率	97%	参见图 6.28
最小电池储能量（A·h）	652	A·h = （直流 + 交流 A·h/天）×天数/（MDOD·TDR）/逆变器效率

光伏数据		
月日照强度设计值/（h/天）	5.3	年均值用于参考选型备用发电机组
损耗率（遮蔽、不匹配、接线）	0.88	典型值为 0.75；没有包括电池损耗
最大功率因数	0.80	带 MPPT 时典型值为 1.0，否则典型值为 0.8
充电控制器效率	97%	典型值为 97%
电流充放电周期效率	80%	典型值为 80%
$P_{DC,STC}$/kW	2.71	P_{DC} = A·h/天×V（h/天×损耗率×MPP×控制器效率×电池效率）

结论													
	一月	二月	三月	四月	五月	六月	七月	八月	九月	十月	十一月	十二月	平均
日照强度（h/天）	4.8	5.3	5.6	5.6	5.2	5.3	5.5	5.8	5.8	5.7	4.8	4.5	5.3
负荷（kW·h/天）	6.74	6.74	6.74	6.74	6.74	6.74	6.74	6.74	6.74	6.74	6.74	6.74	6.74
光伏发电量（kW·h/天）	6.10	6.74	7.12	7.12	6.61	6.74	6.99	7.37	7.37	7.25	6.10	5.72	6.77
负载率百分比（最大值为 100%）	91%	100%	100%	100%	98%	100%	100%	100%	100%	100%	91%	85%	97%

　　根据表 6.14 所列条目可以很容易创建自己的电子表格。唯一需要补充的是根据光伏发电系统容量来计算输送至负荷的月电量。例如，八月日照强度 5.8kW·

h/(m² · 天) 下，不带最大功率跟踪的 2.71kW$_{DC}$ 容量的光伏发电系统，提供的能量为：

输送至电池的能量 = 2.71kW × 5.8h/天 × 0.88(降额因子) × 0.80(无 MPPT) × 0.97(控制器因子) = 10.73kW · h/天

假设输送至直流和交流负荷之前，所有电流均流经电池，电池效率为 80%。有 5.75% 的功率不经逆变器直接提供给直流负荷 (9.4/163.5A · h)：

输送到直流负荷的功率 = 10.73kW · h/天 × 0.80 × 5.75% = 0.49kW · h/天

其他 94.25% 的功率通过效率为 85% 的逆变器为交流负荷供电：

输送到交流负荷的功率 = 10.73kW · h/d × 0.80 × 94.25% × 0.85 (逆变器因子) = 6.88kW · h/天

输送到负荷的总功率 = 0.49 + 6.88 = 7.37kW · h/天，该数值大于供电功率的设计值，因此如果该系统的负荷率是 100% 的话，则无法实现一个月功率盈余而转移到下一个月再使用。

6.5.12　独立光伏发电系统的成本

如果光伏发电系统容量按照满足天气最糟糕月份时全部负荷供电时，则其余月份光伏发电系统的发电量将会剩余。在热带之外的地区，最佳月份发电量常常能达到最差月份发电量的两倍。在估算了完全由光伏电池板供电的成本之后，购买者一般会更倾向于由光伏电池板提供主要负荷供电而由发电机提供的其余部分负荷供电的混合方案。该方案的关键在于如何确定光伏电池供电和发电机供电的占比问题。

如果光伏发电系统中包含有发电机时，如果采用了逆变器 – 充电器的方案时是最方便的。也就是说，逆变器会将电池中的直流电逆变为交流电为负荷供电，同时也会发电机中的交流电整流为直流电给电池充电。两种工作模式之间的切换可以采用手动模式，也可以采用设备自带的自动切换开关来切换。一般来讲，发电机的容量选择仅考虑充满电池即可，当然也有选择容量更大的发电机能够对电池充电的同时为整个用户供电。

对于光伏电池 + 发电器混合供电方案，由于发电机可在恶劣天气下长时间为电池充电，因此电池可选择较小的容量。选择电池最小容量的限制条件是必须确保负荷不能以太快的速度放电 – 当然不会比 C/5 快。通常建议电池存储 3 天的电量，从而避免放电速度过快，同时需要点火容量为电池容量数倍的发电机备用。最后，发电机的容量选择应保证电池的供电速度不能过快，当然一定不会比 C/5 快。

根据发电机的质量不同，有时候发电机会有些贵。而且需要定期换油、维护和大修。家用发电机燃烧燃料的速度不同，主要取决于其载荷水平。

[例 6.14]　柴油发电机的燃料成本。

制造商 9.1kW 柴油发电机的说明手册指明，在满额功率下，燃油使用量为

4L/h（1.06 加仑/小时），而在 50% 载荷时为 2.5L/h（0.66 加仑/小时）。如果柴油成本为 4 美元/gal（1.057 美元/L），则请计算在全载和半载荷时的 kW·h 发电的燃料成本。

解：100% 额定功率和 50% 额定功率下的能量效率和燃料成本为

$$kW \cdot h/gal：能量效率（100\% 载荷）= \frac{9.1kW}{1.057gal/h} = 8.61kW \cdot h/gal$$

$$能量效率（50\% 载荷）= \frac{9.1 \times 0.5kW}{0.66gal/h} = 6.89kW \cdot h/gal$$

$$4 美元/gal：燃料成本（100\% 载荷）= \frac{4 美元/gal}{8.61gal/h} = 0.46 美元/kW \cdot h$$

$$燃料成本（50\% 载荷）= \frac{4 美元/gal}{6.89gal/h} = 0.58 美元/kW \cdot h$$

例 6.14 为估算备用柴油发电机组的发电成本提供了基本条件。该特定发电机的全功率曲线如图 6.35 所示，每千瓦时发电所需燃料成本为 4 美元/gal 和 5 美元/gal。如图所示，单位成本很大程度上取决于实际发电占额定功率的百分比，可见发电机的正确选型非常重要。一般来讲，备用发电机每加仑燃料能发电约 5 ~ 10kW·h，按照 4 美元/gal 来算，则大约为 0.40 ~ 0.80 美元/kW·h。

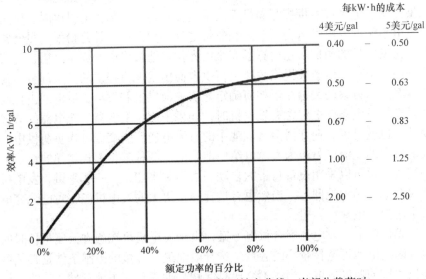

图 6.35　9.1kW 柴油发电机的能源效率曲线：当部分载荷时，
其能源效率下降且单位燃料成本上升

由于独立光伏发电系统经济性分布的不确定性，很难得到其归一化成本效益。它们可能位于某大型经济中心几英里的地方，可以方便获得优质材料和训练有素的劳动力资源，但也有可能距离数十英里甚至数百英里。尽管存在着这些困难，但是还是可以通过如下算例来简单近似估算光伏发电系统的成本。

[例 6.15] 独立光伏发电系统的粗略成本分析。

使用以下数据粗略地估算表 6.14 所示独立光伏发电系统（2.71kW$_p$，632A·h 电池，发电量 6.77kW·h/天）的成本。假设该项目由 20 年，利率 4% 的贷款筹资建设。

光伏阵列成本：2 美元/W$_p$

电池成本：150 美元/kW·h

BOS 硬件成本：2 美元/W$_p$

BOS 非硬件成本：占硬件成本的 30%

解：使用表 6.14 中数据，有

光伏阵列成本 = 2.71kW$_p$ × 1000W/kW × 2 美元/W$_p$ = 5420 美元

$$电池成本 = \frac{632A·h × 48V}{1000V·A·h/kW·h} × 150 \ 美元/kW·h = 4550 \ 美元$$

BOS 硬件成本 = 2710W$_p$ × 2 美元/W$_p$ = 5420 美元

BOS 非硬件成本 = 30%（5420 美元 + 4550 美元 + 5420 美元）= 4617

总成本 = 5420 美元 + 4550 美元 + 5420 美元 + 4617 美元 = 20007 美元

考虑资本回收系数（4%，20 年）的摊销 = 0.0736/年（见表 6.4）

$$每千瓦时成本 = \frac{20007 × 0.0736/年}{6.77kW·h/天 × 365 \ 天/年} = 0.60 \ 美元/kW·h$$

上述分析没有考虑任何激励政策，光伏发电成本也达到了 60 美分/kW·h，从而使其具备了与柴油发电机竞争的能力。而且，光伏发电系统肯定比柴油发电机更清洁，更方便用户使用。

6.6　光伏抽水系统

目前，在偏远地区利用光伏发电系统抽水是一种非常经济可行的应用方式。一个远离电网的用户，用一个简单的光伏发电系统就能将水从井里或者泉里抽上来灌入加压或者不加压的蓄水池里，或者把水注入太阳能热水器中。在这些偏远地区尤其是一些发展中国家，水对于灌溉、饮牛和村民的生活来说是非常重要的，而光伏抽水系统的价格却远远高于人们能够承受的范围。

最简单的光伏抽水系统就由一个光伏电池阵列和一个直流水泵组成。太阳一出来水泵就可以工作，抽水供人们使用或者将水灌进蓄水池供以后使用。这种工作方式避免了电池储能所带来的缺陷，而且能够实现简单化、低成本和高可靠性。然而要实现光伏电池阵列和水泵的直接匹配（无储能装置），并满足日常的性能要求却是一项非常富有挑战性的工作。

如图 6.36 所示，简单的直接耦合式光伏抽水系统包括两部分：①电气部分：光伏发电系统的输出电压 V 驱动电流 I 流经导线为电动机负荷供电；②液压部分：液压泵产生水压 H（压头），使水以流速 Q 流过管道到达目的地。图中所示的液压部分是一个闭环系统，水会回流到液压泵；它也可以是开环的，水从一个高度抬升到另一个高度之后就流走了。对于系统的电气部分，任意时刻系统的电压和电流值均由光伏发电系统与电动机的 $I-V$ 曲线的交点所决定。对于系统的液压部分，水压 H 与电压类似，流速 Q 与电流类似；如图 6.37 所示，水泵的 $H-Q$ 特性曲线与负荷的 $H-Q$ 特性曲线之间的交点也就决定了液压系统的运行点。这与电气部分的负荷功率类似。图中两侧系统都运行在其特性曲线的拐点，从而实现了向负荷输送最大功率。

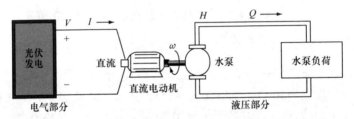

图 6.36　光伏电动机组的电气特性要与水泵的液压特性以及负荷相匹配

图 6.37　a）电气部分的 $I-V$ 特性曲线　b）液压部分的 $H-Q$ 曲线

如果图 6.36 所示系统模型无法简化的话，则分析其运行机理及特性将会比较复杂。一天中随着日照强度的变化，输送到水泵电机上的功率也将发生变化，这意味着液压部分的水泵 $H-Q$ 特性曲线也会发生变化。由于系统两侧的运行点都会发生移动，因此难以准确预测出一天内抽取的水量。

6.6.1　光伏抽水系统的电气部分

由于电气部分采用的是直流电，因此水泵通常也是采用直流电机驱动。大多数采用的是永磁直流电机，其模型如图 6.38 所示。注意电机旋转时，会产生一个与光伏发电系统输出电压反向的反电动势 e，其与电机转速 ω 成正比。根据等效电路模型，可写出直流电机的 $I-V$ 函数关系如下：

$$V = IR_a + e = IR_a + k\omega \tag{6.36}$$

式中，反电动势 $e = k\omega$；R_a 是电枢电阻。

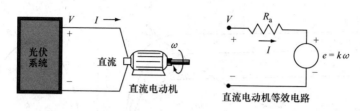

图 6.38　永磁直流电动机的电气等效模型

对于任意施加电压，尽管其负荷转矩会发生变化，但是其转速基本恒定不变。例如，如果负荷转矩需求增加，则电机会稍微减速，这会降低反电动势并允许更多的电枢电流流过。由于电机转矩与电枢电流成正比变化，因此电机减速将会使得负荷电流增加，从而向负荷提供更多的转矩，电机的转速也会重新恢复至几乎原有速度。

根据式（6.36），绘出直流电动机的电气特性曲线如图6.39 所示。注意电动机起动时，$\omega = 0$，电流会随着电压的增加而迅速上升，直至电流产生的起动转矩足以使得电动机克服其静摩擦力的阻碍。一旦电动机开始旋转，反向电动势

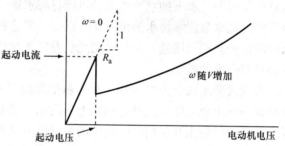

图 6.39　永磁直流电动机的电气特性曲线

会使电流有所下降，随后随着电压的增加，电流会更缓慢地逐渐升高。注意，如果直流电动机在电压高于起动电压时强行停止起动，则电流可能会太高，从而烧毁电枢绕组。这就是为什么如果电枢绕组由于某种原因而被卡住的话，应立即断开电动机供电电源。

图 6.40 给出了叠加到光伏发电系统小时 $I - V$ 输出特性曲线上的直流电动机 $I - V$ 特性曲线。很显然，直流电动机的运行点与光伏发电系统的理想最大功率运行点并不匹配。请注意本例中，直到上午9点左右的日照强度才使得光伏发电系统输出电流足够大，使得电机足以克服静摩擦力的阻碍开始转动。对于这种早晨电动机无法起动的情况，可以采用直流 – 直流变换器将光伏发电系统的小电流转换成大电流来解决。但是，这显然增加了整个系统的复杂性。

6.6.2　液压泵特性曲线

适合光伏抽水系统的抽水泵通常分成两类：离心式和容积式。离心式抽水泵具有快速旋转叶轮，由叶轮将水抛出水泵，在泵的输入侧产生吸力而在输出侧产生压力。如果装在水面以上，抽水泵将水吸到输入侧的能力受气压影响，理论上最大只能达到32ft。实际上只能达到20ft左右。但如果装在水面之下，水泵能够将水抽出

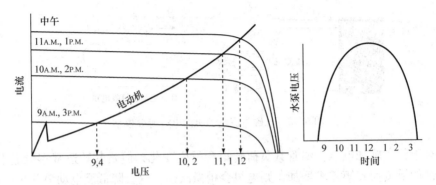

图 6.40　叠加到光伏发电系统小时 $I-V$ 输出特性曲线上的直流电动机 $I-V$ 特性曲线，
以获得水泵驱动电机的小时电压值

数百英尺以上。水下抽水泵的电动机带有防水罩，由输水管将泵悬挂在水井中。这种配置的抽水泵能够将水抽出 1000ft 以上。但这种抽水泵的缺点是快速叶轮容易被水中的沙砾磨损或堵塞。如果采用光伏发电系统供电的话，水泵的运行状态很容易受到日照强度的影响。

容积式抽水泵分为好多种，其中包括螺旋泵——通过转轴将腔内的水抽出来；连杆泵——由地上摆臂拉动传动轴上下运动（类似于经典的石油钻井泵）；以及隔膜泵——由转轮来开关阀门。传统的手动泵以及风力水泵都是连杆泵。连杆泵的阀瓣工作起来类似于液压二极管。每个上冲程过程中阀瓣关闭，腔内的水被抽上去；在下冲程过程中，阀瓣打开，水流入腔内等待下一个冲程到来时被抽走。一般来说，连杆泵的速度比较慢，常用于小容量的场合。但其更易于产生大的抽力，而且不像离心式泵那样容易受到水质中泥沙的影响。同时对日照强度的变化也不敏感。表 6.15 对这两种泵进行了简单比较。

表 6.15　离心式抽水泵和容积式抽水泵特性对比

离心式抽水泵式抽水泵	容积式抽水泵容积式抽水泵
高速叶轮	容积移动
高流速	低流速
高水头导致流速损耗	水头不影响流速
低日照强度将使水头降低	低日照强度几乎不影响水头大小
受泥沙影响	不受泥沙影响

水头与流速之间的关系称为液压泵特性曲线，如图 6.41 所示。为了帮助理解曲线的形状，设想有一个连接软管的小离心式抽水泵，一端浸入池塘中，如果将软管的出水端逐渐抬高（增加水头）的话，水的流速会随之逐渐降低直至完全流不出水为止。同样，随着开口端下降，水头减小，流量增加，直到软管在地面上流动并且流量达到最大值。

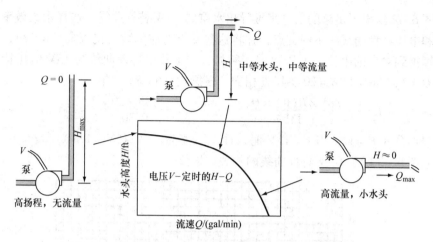

图 6.41 使用简单的花园用软管类比解释液压泵特性曲线

$I-V$ 特性曲线与水头‐流速特性曲线特征相似。如前所述，光伏发电系统的输出功率等于电流 I 与电压 V 的乘积，最大功率点位于 $I-V$ 曲线的拐点。而对于液压系统，泵的输出功率等于：

$$P = \rho HQ \tag{6.37}$$

式中，ρ 是流体的密度。以美制单位来表示：

$$P(\text{W}) = 8.34\text{lb/gal} \times H(\text{ft}) \times Q(\text{gal/min}) \times (1\text{min}/60\text{s})$$
$$\times 1.356\text{W}/(\text{ft} \cdot \text{lb/s})$$

$$P(\text{W}) = 0.1885 \times H(\text{ft}) \times Q(\text{gal/min}) \tag{6.38}$$

以国际单位制表示：

$$P(\text{W}) = 9.81 \times H(\text{m}) \times Q(\text{L/s}) \tag{6.39}$$

当 Q 等于零时，输出功率为零；当 H 为零时，输出功率也为零。与 $P-V$ 曲线类似，最大功率点（MPP）出现在最大的矩形位置，$H-Q$ 曲线也类似。

请注意，图 6.41 中给出的水泵曲线是与施加到泵的某特定电压下对应的单一曲线。正如我们所看到的，光伏水泵系统中水泵的供电电压会随日照强度的变化而变化（见图 6.40）。光伏发电系统供电水泵的制造商一般都提供与 12V 光伏电池模块电压相对应的水泵特性曲线。图 6.42 所示为采用光伏发电系统供电的 Jacuzzi SJ1C11 型直流离心式抽水泵的特性曲线。不同曲线对应的输入电压分别为 15V、30V、45V 和 60V。12V 光伏电池模块运行在其 $I-V$ 曲线拐点附近时，输出电压为 15V。因此上述水泵的供电电压分别对应着 1 个、2 个、3 个、4 个 12V 光伏电池模块串联后的电压。从图中还能看出，水泵的效率与水流速和水头的大小有关。注意到，水泵效率最大（约为 44%）的点位于特性曲线的拐点附近，这与光伏发电系统最大功率点的情形非常类似。

图 6.42 给出了足够的信息来推导出水泵的 $I-V$ 特性曲线。选择水泵效率特性曲线和电压特性曲线的不同交点，并将这些交点对应的数值代入式（6.38），就可以计算得到对应的电流、电压数据。例如，30% 效率特性曲线与 15V 电压特性曲线在 $Q=2\mathrm{gal/min}$ 和 $H=20$ 英尺处相交。根据式（6.38），有

$$P = \frac{0.1885 \times H(\mathrm{ft}) \times Q(\mathrm{gal/min})}{\mathrm{Eflciency}} = \frac{0.1885 \times 20 \times 2}{0.30} = 25\mathrm{W}$$

根据公式 $P=VI$，当 $V=15\mathrm{V}$ 时，计算电流为 $25\mathrm{W}/15\mathrm{V} = 1.7\mathrm{A}$。表 6.16 给出了对应图 6.43 所示 $I-V$ 特性曲线的相关数据值。

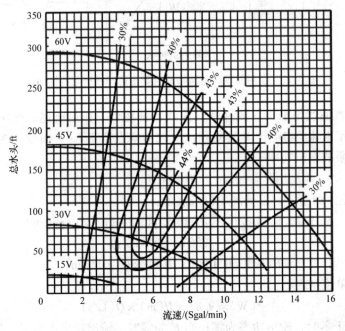

图 6.42　Jacuzzi SJ1C11 型直流离心式抽水泵针对不同输入电压的效率特性曲线：
水泵效率最大点位于特性曲线的拐点附近

如果将图 6.43 所示的水泵电流－电压特性曲线叠加到驱动水泵的光伏发电系统的电流－电压特性曲线上，其交点将会决定水泵的工作电压。然而，为了确定流体的流速，需要进一步分析该水泵系统的液压侧部分。

6.6.3　液压系统特性曲线

图 6.44 所示是一个将水从一个高度提升到另一个高度的开环系统。从低水面到排水点之间的垂直距离称为静水头（或重力水头），在美国通常称为"水英尺压力"。水头如同英磅/平方英寸（$\mathrm{lb/in^2}$，即 psi）或帕斯卡（Pa）一样（1psi = 6895Pa），也可作为压力单位。为了实现这两种单位间的转换，可以将单位压力描述为 $1\mathrm{m^3}$ 水施加到物体单位面积上的作用力。例如，$1\mathrm{ft^3}$ 的水重 62.4lb，当施加到

$144in^2$ 的面积上时，水压等于：

$$1ft \text{ 水头} = 62.4lb/144in^2 = 0.433psi \tag{6.40}$$

相反，$1psi = 2.31ft$ 水。典型的城市水压约为 60psi，相当于大约 140ft 高的水柱压力。

表 6.16　使用图 6.42 中数据推导出水泵的 $I - V$ 特性曲线对应数值

电压	gal/min	水头/ft	效率（%）	功率/W	电流/A
15	2	20	30	25	1.7
30	5.6	62	44	149	5.0
45	6.4	145	43	407	9.0
60	6.8	258	40	827	13.8

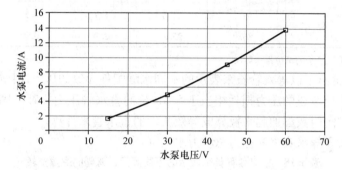

图 6.43　使用图 6.42 中数据推导出水泵的 $I - V$ 特性曲线

如果水泵产生的力量只刚刚够克服静力水头的话，只能使水提升到管口。为了能让水继续从管口流出，水泵必须提供更大的力量以克服摩擦造成的损耗。摩擦损耗大约与流速的二次方成正比，如图 6.44 所示；与管子内壁的粗糙程度、有多少拐弯和阀门数有关。例如，表 6.17 给出了不同直径的塑料水管中流过不同流速的水时，每百英尺的水压减少量。根据美国惯例，水流速的单位取 gal/min，管子直径的单位取 in，水头单位为 ft 水。

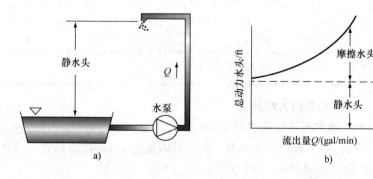

图 6.44　开环系统示意图以及对应的静水头和摩擦水头系统曲线

表 6.17　由于摩擦损耗，不同直径塑料水管中每百英尺的水压减少量

gal/min	0.5in	0.75in	1in	1.5in	2in	3in
1	1.4	0.4	0.1	0.0	0.0	0.0
2	4.8	1.2	0.4	0.0	0.0	0.0
3	10.0	2.5	0.8	0.1	0.0	0.0
4	17.1	4.2	1.3	0.2	0.0	0.0
5	25.8	6.3	1.9	0.2	0.0	0.0
6	36.3	8.8	2.7	0.3	0.1	0.0
8	63.7	15.2	4.6	0.6	0.2	0.0
10	97.5	26.0	6.9	0.8	0.3	0.0
15		49.7	14.6	1.7	0.5	0.0
20		86.9	25.1	2.9	0.9	0.1

注：每 100 英尺管子的单位是水英尺。

表 6.18 给出了以等效管长来表示的不同水暖配件导致的压力损耗情况。例如，2in 90°的弯头所造成的压力损耗相当于 5.5ft 长的直水管压力损耗。因此，可以把所有的弯头和阀门数都加起来换算成等效长度的直水管来计算。

摩擦水头和静水头之和称为总动力水头（H）。

表 6.18　以等效管长来表示的不同阀门、弯管的摩擦损耗

配件	0.5in	0.75in	1in	1.5in	2in	3in
90°弯头	1.5	2.0	2.7	4.3	5.5	8.0
45°弯头	0.8	1.0	1.3	2.0	2.5	3.8
长弯管	1.0	1.4	1.7	2.7	3.5	5.2
闭式回转管	3.6	5.0	6.0	10.0	13.0	18.0
直角三通管	1.0	2.0	2.0	3.0	4.0	5.0
带侧向口的三通（进水或出水）	3.3	4.5	5.7	9.0	12.0	17.0
球形阀，开启	17.0	22.0	27.0	43.0	55.0	82.0
闸门阀，开启	0.4	0.5	0.6	1.0	1.2	1.7
旋启式止回阀	4.0	5.0	7.0	11.0	13.0	20.0

注：针对不同额定直径的管子，给出了相应的等效管长（ft）。

[例 6.16]　一个水井的总动力水头。

要以 4gal/min 的水流速度将水从 150ft 的深井中抽出，需要多大的抽力水头？井距离蓄水池 80ft，输水管要抬高 10ft。水管采用直径 3/4in 的塑料管，有 3 个 90°的弯头，一个旋启式止回阀和一个闸门阀。

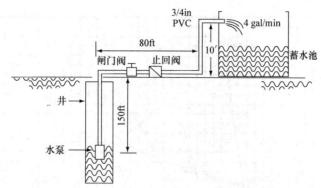

解：管子总长度为 150 + 80 + 10 = 240ft。根据表 6.18，3 个弯头等效于 3 × 2.0 = 6ft 管长；止回阀等效于 5.0ft 管长；闸门阀（假设全部打开）等效于 0.5ft 管长。则总等效管长为 240 + 6 + 5 + 0.5 = 251.5ft。

根据表 6.17，100ft 的 3/4in 水管，在流速为 4gal/min 时的压力损耗为 4.2ft/100ft。因此所需的摩擦水头等于 4.2 × 251.5/100 = 10.5ft 水。

需要将水提升至 150 + 10 = 160ft（静水头）。总水头为静水头和摩擦水头之和，即 160 + 10.5 = 170.5ft 水。

如果改变水的流速，重复上述例 6.16 的计算过程，就可以得出总动力水头 H（摩擦水头加静水头）对流速的变化曲线，称为液压系统曲线。上例中的液压系统曲线如图 6.45 所示。

6.6.4　综合性能预测

正如将光伏负荷 $I-V$ 曲线与光伏发电系统的 $I-V$ 曲线相叠加来判断系统的运行点一样，将系统的流速 - 水头曲线与水泵的流速 - 水头曲线叠加在一起可以确定液压系统的运行点。例如，将图 6.45 所示的系统曲线叠加到图 6.42 中的泵曲线上，得出了图 6.46。粗略的看一下这张图就能得出很多结论。比如由图可见，水泵的输入电压至少要达到 40V 才能开始抽水。电压达到 45V 时，水速约能达到 3.2gal/min；电压到 60V 时，水速能达到大约 9.5gal/min。

从最初的光伏发电直接驱动水泵方式，变成了现在很吸引人

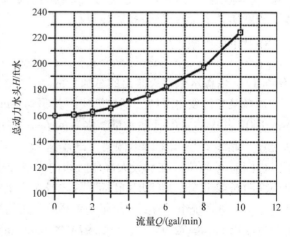

图 6.45　例 6.16 的液压系统特性曲线

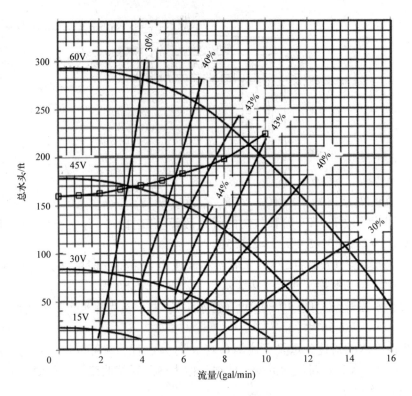

图 6.46　深 150ft 的井，叠加实例 6.17 液压系统特性曲线与 Jacuzzi SJ1C11 型
抽水泵特性曲线。水泵的输入电压至少要达到 40V 才能开始抽水

的复杂非线性特性系统耦合方式，以预测水泵流量的小时数。在电气侧，通过将水泵的特性曲线叠加到随时间变化的光伏发电系统的 $I-V$ 特性曲线上，实现了预测水泵工作电压的小时数。通过将液压系统特性曲线叠加到随电压变化的水泵特性曲线上，就实现了对水泵流量的小时数预测。

以下举例说明。

[例 6.17]　估算水泵每天泵出的总加仑数。

选择某光伏发电系统，试估算使用其驱动 Jacuzzi SJ1C11 型水泵从例 6.16 中所述深 150ft 井中抽水的日抽水量。水泵的 $I-V$ 特性曲线如图 6.43 所示。光伏发电系统置于北纬 20°、南向 20°倾角，试计算 12 月某晴朗的一天的抽水量。

解： 由图 6.46 可知，在一天大部分时间内需要光伏发电系统输出至少 40V 的电压，且观察图 6.43 可知，在此时间段需要提供 8A 以上的电流。可以采用表 5.3 中给出的任何光伏发电系统组合方式，但最简单系统采用的光伏电池模块最少。因此，首先选择尝试使用 $V_{MPP}=72.9$V，$I_{MPP}=5.97$A 的 SunPower E20/435 模块。可见，电压指标满足要求，但是需要采用两组光伏电池模块并联以输出足够大的电流。

两个并联模块日照强度下短路电流 $I_{SC} = 12.86A$

时间	8	9	10	11	正午	1	2	3	4
日照强度/(W/m^2)	393	645	832	949	988	949	332	645	393
I_{SC}@日照	5.1	8.3	10.7	12.2	12.7	12.2	10.7	8.3	5.1

　　查阅资料，可以得到如上表所示的小时日照强度值。一对并联运行的光伏电池模块在单位日照强度下的短路电流为：在 $1000W/m^2$ 时 $I_{SC} = 6.43A \times 2$，从而就可以绘制出与短路电流小时值相匹配的 $I-V$ 特性曲线。然后再在图 6.43 中绘上水泵驱动电动机的 $I-V$ 特性曲线。

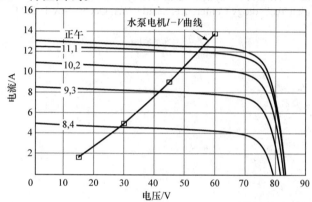

　　从图中可以得出小时电压值，当与图 6.46 所示的水泵特性曲线相结合时，就可以得到下表：

时间	8	9	10	11	中午	1	2	3	4	总加仑
电压/V	29	42	49	54	57	54	49	42	29	
gal/min	0	0.5	7.5	7.8	8	7.8	7.5	0.5	0	
gal/h	0	30	450	468	480	468	450	30	0	2376

　　因此，最终采用两个并联的 435W 模块直接驱动水泵，在一个晴朗的白天应该能泵出接近 2400gal 的水。

参 考 文 献

Blair N, Dobos A, Sather N. Case studies comparing System Advisor Model (SAM) results to real performance data. In: 2012 World Renewable Energy Forum, Denver. 2012 May 13–17.

Goodrich A, James T, Woodhouse M. Residential, commercial, and utility-scale photovoltaic system prices in the United States: current drivers and cost-reduction opportunities. National Renewable Energy Laboratory; Golden, CO; 2012 Feb. NREL/TP-6A20-53347.

Jordan DC, Smith RM, Osterwald CR, Gelak E, Kurtz SR. Outdoor PV degradation comparison. National Renewable Energy Laboratory; Golden, CO; 2011 Feb. NREL/CP-5200-47704

Marion B, Adelstein J, Boyle K. Performance parameters for grid-connected photovoltaic systems. In: 31st IEEE photovoltaic specialist conference; Lake Buena Vista, FL; 2005.

Rosen K, Meier A. Energy use of U.S. consumer electronics at the end of the 20th century. Lawrence Berkeley National Labs, Berkeley, CA; 2000. LBNL-46212.

Sandia National Laboratories. *Maintenance and Operation of Stand-alone Photovoltaic Systems*. Albuquerque, NM: US Department of Energy; 1991.

Sandia National Laboratories. *Stand-alone Photovoltaic Systems Handbook of Recommended Practices*. Albuquerque, NM: US Department of Energy; 1995.

Schuermann, K, Boleyn DR, Lily PN, Miller S. Measured output for nineteen residential PV systems: updated analysis of actual system performance and net metering impacts. Proceedings of the 31st American solar energy society annual conference; Reno; 2002.

Youngren E. Shortcut to failure: why whole system integration and balance of systems components are crucial to off-grid PV system sustainability. Solar Nexus International; IEEE Global Humanitarian Technology Conference, Seattle, WA. Oct 30-Nov 1; 2011.

第7章　风力发电系统

7.1　风力发电的发展史

　　风能利用已经有几千年的历史了，主要用于推进帆船、磨面、抽水等，也为机械厂提供动力。世界上第一台用于发电的风力机是1891年由丹麦人保罗·拉·库尔（Poul la Cour）发明的。特别有趣的是，保罗·拉·库尔当时是用风力机发出的电来电解水，产生氢气为当地学校的燃气灯提供燃料。使用光伏和风力发电来电解制造氢，实现燃料电池发电主要是21世纪的技术观念，因此从这一点来说保罗·拉·库尔的想法超前了其所在时代整整100年。

　　美国第一个风电系统建于19世纪90年代后期。到了20世纪三四十年代，小容量风电系统开始在农村地区广泛使用，但没有并网发电。1941年，当时最大的风力发电系统之一在佛蒙特州的Grandpa's Knob投产运行。发电容量为1.25MW，通过直径为53m的双叶片风力机发电。该风力机曾经顶住了50m/s（115mile/h）的强风力冲击，但却在1945年，被12m/s的柔和风力摧毁了（其中一个重达8t的叶片破碎散落到了200m之外的地方）。电网规模不断扩大、运行要求越来越可靠以及电价的不断下降，使得风力发电的发展逐渐缓慢了下来。

　　20世纪70年代的石油危机使人们开始关注能源短缺问题，与此同时美国政府大量财政奖励措施出台鼓励寻可再生能源，促进了风力发电的快速发展。在十年左右的时间内，几十个厂家安装了数以千计的新型风力发电机组，主要集中在加利福尼亚州。但是许多风力发电机组的运行状况比预期要差，主要原因是当时的税收抵减和其他信贷减免等措施大大缩短了用于寻求最好风电技术的时间。加利福尼亚州的大规模风能利用很短暂，从80年代中期免税政策停止执行起，此后的10年内美国几乎再没有新风力发电机组的安装。由于风电销售主要集中在美国，到了1985年左右，美国市场的突然萎缩致使全球的风力发电行业几乎消失，直到20世纪90年代初才有所恢复。

　　但与此同时，风力发电技术还在持续发展中，尤其是在丹麦、德国和西班牙等国家。当20世纪90年代中期出现风力发电机组销售高峰时，这些国家已经具备了完备的风力发电技术储备。如图7.1所示，2002到2012年间，全球风力发电机组的装机容量增长了10倍。

　　2012年，风力发电装机容量超过了250GW，约为当时光伏发电全球装机容量的3倍。在这十年里，最显著的变化是中国市场的出现，中国的装机容量从2006

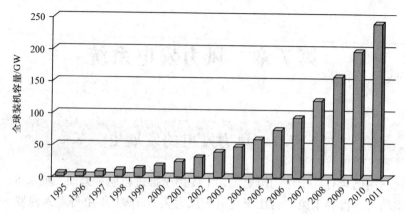

图 7.1 在过去的十年里，全球风力发电机组的装机容量增长了 10 倍
（信息来源于美国能源部 DOE，2012）

年的 2.6GW 增长到了 2011 年的 63GW。

截至 2012 年，风力发电装机容量最大的国家如图 7.2 所示。全球领先的是中国，其次是美国、德国、西班牙和印度。图 7.2 还给出了 2011 年度新增装机容量数据，中国显然占据了市场的主导地位，占全球新增装机容量的 40% 以上。在美国，得克萨斯州几年前就从加利福尼亚手中拿到了第一名的宝座，2012 年的装机容量几乎相当于后续较多装机容量的三个州（艾奥瓦州、加利福尼亚州和伊利诺伊州）的总和。衡量快速进展的另一个指标是，风能在全球某些地区提供的发电量占总发电量的比例。例如，在南达科他州，2011 年的这一比例超过了 20%，而在丹麦，这一比例接近 30%，如图 7.3 所示。

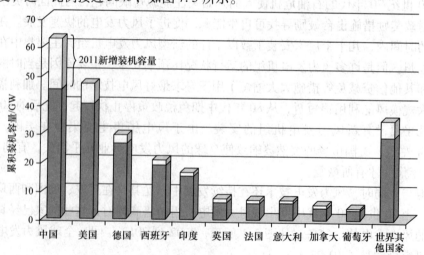

图 7.2 到 2012 年初的各国风电总装机容量，同时也给出了 2011 年的新增装机容量
（信息来源于美国能源部（DOE），2012）

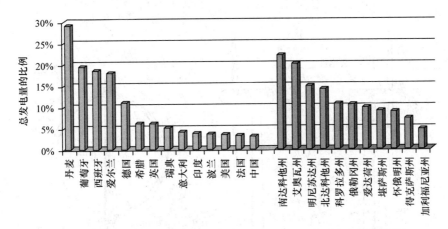

图 7.3　2011 年世界其他国家和美国不同州的风电占总发电量的比例
（信息来源于美国能源部（DOE），2012）

最初风力机是用于将谷物磨成面粉，因而得名"风车"。严格地讲，把抽水或发电的风力机称为风车是有点用词不妥当。因此一般用词描述得会更准确，但也比较啰嗦，比如"风力驱动发电机（wind‑driven generator）""风力发电机（wind generator）""风力机（wind turbine）""风力发电机组（Wind Turbine Generator，WTG）"和"风能转换系统（Wind Turbine Coversion System，WECS）"等，都有使用。尽管通常讨论的风力发电系统组件，如铁塔、发电机等，显然不属于风力机部分，但是"风力机"的称呼一般足以明确表达所期望的含义。

其中一种分类方法依据的是风力机叶片转动的轴向。几乎所有的大型风力机都是水平轴风力机（Horizontal Axis Wind Turbine，HAWT），但也有一些是垂直轴风力机（Vertical Axis Wind Turbine，VAWT）。图 7.4 所示为两种类型风力机的式样。虽然几乎所有大型风力机都是水平轴型，但也有一段时间，部分水平轴风力机采用的是迎风机，还有部分风力机采用的是顺风机。顺风机有一个优点，让风自己控制偏航（左右运动），所以它相对于风向而言自然是正确的。但这里存在着一个问题，即塔筒对风的遮蔽效应。每当叶片旋转到塔的背面时，短时内风速降低会导致叶片弯曲。这种弯曲不仅会导致叶片损坏，还会增加叶片的噪声，降低功率的输出。迎风机需要更复杂的偏航控制系统，以保证叶片正对着风的来向。虽然增加了复杂性，但迎风机的运行更稳定、输出的能量更多。目前大部分的风力机都是迎风机。

另一个需要考虑的是风力机的叶片数量。也许对于大多数人而言，最熟悉的风力机是常用于老农场抽水的多叶片风车。但这种风车与用于发电的风力机在本质上有所不同。抽水风车必须提供较高的起动转矩来克服重力和摩擦力作用，使得抽水连杆能够在井里上下自由移动，且抽水风车在风速很低时也要旋转以保证全年的连续抽水。因此采用的是多叶片设计，使得风轮有很大的面积正对风向，保证了高转

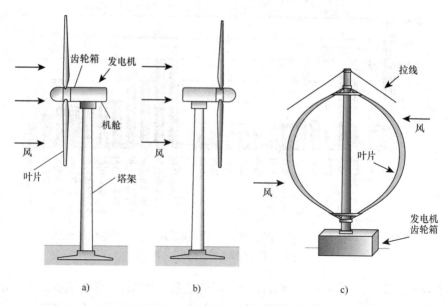

图 7.4　a）HAWT：迎风机　b）HAWT：顺风机　c）VAWT：可以接受来自任何方向的风力

矩和低风速下都能运行。另一方面，多叶片风力机运行时的转速比叶片少的风力机转速低。当风力机的转速上升时，叶片产生的湍流会影响相邻叶片的效率。叶片数较少会使转速加快，但湍流也会变大，而且更快的旋转轴意味着风力机的体积可以制造得较小。

　　曾经有一段时间，水平轴双叶片风力机与三叶片风力机有过竞争。双叶片制造成本更低，吊到塔筒上更容易，而且旋转得更快，从而降低了发电机的成本。但另一方面，由于塔筒干扰和风速随高度变化的影响从风轮转移到传动轴时更均匀，因此三叶片风力机运行更平稳，也更安静。所以，所有大型的现代风力机都采用的是三叶片。

　　垂直轴风力机，如达里轫风力机（Darrieus rotor），主要的优点是运行时不需要任何形式的偏航控制。此外，风力发电舱载的部分重型机械（发电机舱、齿轮箱及其他机械部件）可以安装在地面上，便于维护。由于重型设备没有安放在塔顶，塔身结构不必像要安放水平轴风力机时那么强劲。塔的重量也大大减轻，尤其是当使用拉线绷紧固定时。拉线能使塔筒更好地固定在陆地上，但不能在海上使用。达里轫风力机叶片旋转时几乎总是处在绷紧状态，因此不需要处理水平轴风力机叶片常出现的扭曲等问题，叶片相对轻便、廉价。垂直轴风力机的主要缺点是叶片在风速较低时会更靠近地面，这个缺点导致了这种机型在大容量风力发电时不适用。稍后会看到，风能会随着风速的 3 次方呈正比增加，因此更靠近地面的垂直轴风力机难以获取高空中强风带来的大容量风能。垂直轴风力机的一个应用市场是只能在建筑物或附近安装的小容量风机，单机容量只有几千瓦。

风能转换系统的关键部件如图 7.5 所示。叶片的功能是将风的动能转换成旋转能带动发电机发电。通常，旋转轴转速太慢，不能直接耦合应用到发电机，所以采用变速箱将动力从低速轴转移到高速轴，高速旋转发电机。假设是一台迎风机，会采用另一个变速箱和电机调整偏航以保持叶片在发电时迎风，以及当风力太强，无法安全运行时，将叶片从风中切出。在这种情况下，制动器动作会将叶片锁定在适当的位置。

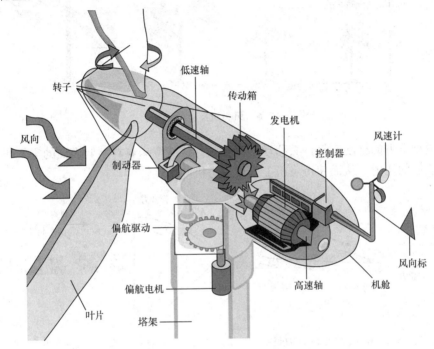

图 7.5 大多数风能转换系统的主要组成部分

7.2 风力机技术：风轮

在 21 世纪初，风力发电技术得到了迅速发展。不仅风力机容量变得大了许多，而且效率也有了很大的提高。在世纪之交，大多数新风力机的额定功率约为 1 ~ 2MW，中心高度为 50 ~ 80m，叶片直径为 80 ~ 100m。如图 7.6 所示，十多年后，主要为更稳定的海上强风而设计的最大容量风力机，其直径超过了 150m，单机功率高达 7MW。可用于尺寸相对比的是，美国橄榄球场从一侧门柱到另一侧门柱的距离约为 110m。

为了便于理解风力机的运行特性，先简单介绍一下风力机叶片是如何利用风能的。首先假设叶片的横向剖面简图如图 7.7a 所示。翼型，无论是飞机的机翼还是风力机的叶片，都是利用伯努利原理来获得升力或推力的。翼型上方的移动空气相

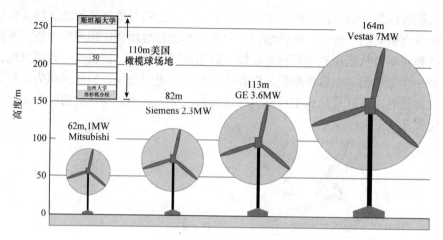

图 7.6　风力机尺寸的增加

比于翼型下方的移动空气，其移动距离要长，这就意味着翼型上表面的空气压力小于下表面的压力，从而使得飞机上升或风力机叶片旋转。

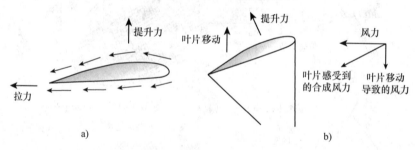

图 7.7　a) 图中的升力是空气更快地滑过叶片顶部的结果 b) 实际风和
叶片运动引起的相对风共同产生了叶片升力的结果

　　风力机叶片的受力情况比一个简单的飞机机翼的受力要复杂。一个旋转的风力机叶片，周围的空气不仅沿着风向移动，而且还沿着叶片旋转的反方向移动。如图 7.7b 所示，风和叶片运动的合成矢量使得叶片最终获得准确的角度推力，使得叶片旋转。由于叶片尖部的运动速度快于靠近轮毂处的速度，叶片必将随着它的长度而发生扭曲以确保角度准确。

　　在一定程度上，增加叶片和风之间的夹角（称为冲角），可以提高推升力，但同时也会导致阻力增加。然而如图 7.8 所示，过度增加冲角会导致一个熟知的现象——失速。当叶片失速时，气流不再紧贴着叶片上表面，导致湍流而破坏推升力。当风力机倾斜的角度越高时，失速的危害就越大。在风力机中，这可能是一件好事。

　　风力发电机提供的功率随着风速的增加而迅速增加。在一定风速下，发电机将会达到其最大容量，此时必须想办法使风力减弱，否则发电机可能会损坏。在大型

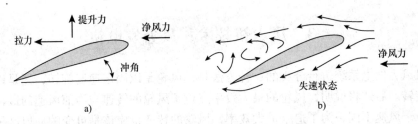

图 7.8 冲角增加可能导致叶片失速

机器上常见的方法有三种：被动失速控制设计、主动变桨距控制系统和两者的主动失速控制组合。

失速控制的风力机，风速过高时，叶片能自动降低效率。不像在变桨距控制中采用的旋转模式，失速控制的风力机中没有运动部件，因此称为被动控制。叶片的空气动力设计，特别是叶片扭曲对叶片至轮毂之间距离的函数关系，必须仔细考虑，保证叶片转速过快时推升力逐渐减小。这种方法简单可靠，但在较低的风速下会牺牲了一定的发电性能，因此一般在体积小于 1MW 的风力机上得到了较多应用。

变桨距控制风力发电机上装有监测发电机输出功率的监控系统，如果输出功率超过额定值，风力机叶片的桨距角就会调整切出一些风能。实际装置中，液压系统驱动叶片绕轴缓慢旋转，以根据具体风况调整叶片角度，从而减少或增加风能转换效率。当风速较高时，将降低叶片的冲角。大多数大型风力发电机组依靠这种方法来控制功率输出。

第三种方法是主动失速控制方案，其中叶片旋转就像在主动变桨距控制方法中一样。然而，不同之处在于，当风力超过发电机额定风速时，非但不会减小叶片的迎角，反而会增加迎角，产生失速。

对于变桨距控制和主动失速控制的机组，可以通过旋转叶片的纵向轴来阻止风轮产生失速。对于失速控制的大型风力发电机组，通常装有弹簧机构，而且叶片桨尖可旋转。当被激发时，液压系统释放弹簧机构，使得叶片桨尖旋转90°，在转动几圈后风力机就会停转。如果液压系统失效，当叶片转速过高时，弹簧会自动动作。一旦控制系统使叶片停转，机械制动阀会将转轴锁住，这对于维修过程的安全防护非常重要。

小型的千瓦级风力发电机组可采用任一种控制方式来切出多余风能。当风速增大时，被动偏航控制可使得风力机的轴越来越偏离强风。这可以通过把风力机安装在塔筒的一边来完成，这样强风就能推动整个风电机组围绕塔筒旋转。另一种简单的方法依赖于与风轮平面平行安置的风向标。当风速很高时，风向标上的风压使得风力机远离风。

7.3 风力机技术：风力发电机

对风力发电系统进行分类的一种方法是，风轮是以固定速度旋转，还是以可变速度旋转。后述将说明，风轮的最大效率点位于风轮的转速与当前风速的最佳匹配点。由于风速不同，为了追求最大效率，风轮的转速也应该是可变的，但这种变速能力是要付出代价的。固定转速的风力机最简单、成本最低，但由于无法控制风力机运行在最大功率点而导致了效率低下。此外，相对固定转速风力机而言，与快速变化的风力相关的机械应力要求更为严苛，这就需要更坚固的结构设计。

图 7.9 所示为目前正在使用的风力发电系统配置。主要可供选择的地方在于风力机是固定转速的还是变速的，发电机是同步的还是感应的，是否有变速箱。图中给出的是最先进的系统配置，采用的是没有变速箱的变速风力发电机，比如永磁同步发电机。这是市场上最大、效率最高的风力机，主要是为离岸应用海上风电而开发的。

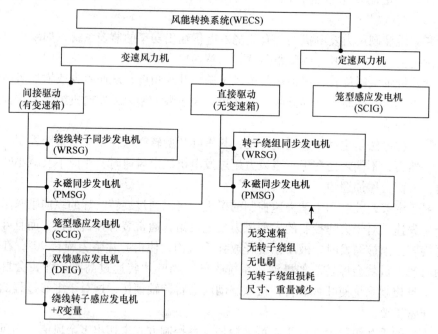

图 7.9 风力发电系统的配置

(基于 Wu 等，2011)

7.3.1 定速同步发电机

第 3 章介绍的几乎生产了世界上所有电力的同步发电机，采用的是固定转速发电机，按照由转子上的极数 p 和电网提供的三相电枢电压的频率 f（Hz）所决定的

旋转速度 N（r/min）精确旋转。

$$N = \frac{120f}{p} \tag{7.1}$$

参见图 3.24 和图 3.25，电枢电流在发电机内产生旋转磁场，与转子本身产生的第二个磁场相互作用。转子磁场既可以通过转子上的永磁体产生，也可以通过集电环传递到转子本身的绕组上。后一种结构称为绕线转子同步发电机（WRSG）。

7.3.2 笼型感应发电机

世界上大多数风力发电机使用感应发电机，而不是刚才提到的同步发电机。与同步发电机（或电动机）不同，感应发电机不以固定速度运转，因此通常被视为异步发电机。虽然感应发电机在风力发电机以外的电力系统中是不常见的，但感应电动机是世界上应用最普遍的电动机，其耗电几乎占全世界总发电量的 1/3。事实上，正如同步电机的情况一样，感应电机也可以作为电动机或者发电机运行，这取决于能量输入（发电机）还是输出（电机）。实际上两种不同的运行模式——作为电动机处于起动阶段时和作为发电机当风力上升时——都是运行在感应发电机状态。感应发电机依赖于电枢绕组中产生的旋转磁场，但它们的转速与旋转磁场的固定转速略有不同。

感应电机有两类：有绕线转子的（绕线转子感应发电机，WRIG）和通常被称为"鼠笼"转子的感应电机（笼型感应发电机，SCIG）。笼型转子由一些铜或铝棒组成，在其末端短接，形成一个像给啮齿类宠物使用的笼子。然后将笼嵌入到铁心中，铁心由薄（0.5mm）绝缘钢层板组成，以帮助其控制涡流损耗。笼型感应发电机最主要的优点是，转子不需要绕线转子感应发电机所需要的励磁器、电刷和集电环。图 7.10 所示为笼型感应发电机中定子和转子之间的相对关系，可见定子可以认为是一对绕笼型转子旋转的磁体。

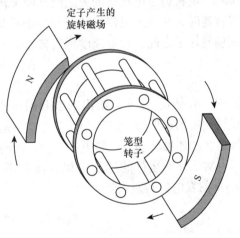

图 7.10　笼型转子由两端短接的粗导电棒组成，其周围是旋转磁场

要了解旋转的定子磁场与笼型转子的相互作用，请参见图 7.11a。旋转的定子磁场向右移动，而笼型转子中的导体是静止的。

参照图 7.11a 来了解旋转的定子磁场是如何与笼型转子耦合作用的。图中旋转磁场向右移动，笼型转子静止不动。从另一个角度可以认为磁场静止不动，导体向左运动切割磁力线，参见图 7.11b。根据法拉第电磁定律，当导体切割磁力线时，导体中将会产生感应电动势，也会有感应电流流过。实际中的笼型转子导体尺寸较粗，阻值较小，电流可以很容易流通。图 7.11b 标记的转子电流 i_R 也将产生围绕导体旋转的转子磁场。转子磁场与定子磁场相互作用，就会产生一个使笼型转子导体向右移动的作用力。换言之，转子将会按照旋转磁场相同的方向旋转——此时是顺时针，以同样的速度旋转定子磁场。

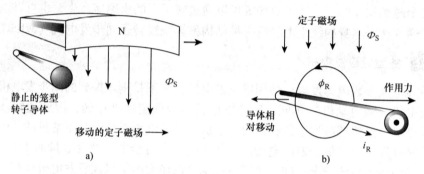

图 7.11　a）旋转磁场向右移动，笼型转子静止不动 b）等效于磁场静止不动，导体向左运动切割磁力线；因此导体上将感应出一个作用力驱动转子试图保持与定子旋转磁场同步

当感应电机的定子接有三相励磁电流时，机轴连接至风力机，风吹动带动机轴旋转，电机将以电动机的方式向其同步转速逼近。当风速足以迫使机轴转速超过同步转速时，感应电机将自动变为三相发电机，将电能通过定子绕组回馈电网。定子磁场与转子之间的相对速度称为转差率 s，定义为

$$s = \frac{N_S - N_R}{N_S} = 1 - \frac{N_R}{N_S} \tag{7.2}$$

式中，N_S 是式（7.1）给出的空载同步速度；N_R 是转子转速。当转子以比定子磁场转速慢的速度转动时，即作为电动机运行时，转差率为正。当转子以比定子磁场转速快的速度转动时，转差率为负，此时作为发电机运行。

对于并网运行的感应电机，转差率通常不超过 ±1%，这意味着，一台 4 极 60Hz 的发电机转速大约为

$$N_R = (1 - s) N_S = (1 - s) \frac{120f}{p}$$

$$= [1 - (-0.01)] \frac{120 \times 60}{4} = 1818 \text{r/min} \tag{7.3}$$

如果变速箱的传动比为 100:1，那么叶片的转速将逼近 18r/min。

式（7.3）给出了一种灵活改变转速的方法。通过定子绕组的巧妙布线，可以远程切换发电机的极数。就转子而言，与定子的极数无关。也就是说，定子可以通过外部连接改变或切换极数，而不需要对转子进行任何改变。例如，一台 4 极 60Hz 发电机以 1800r/min 的转速旋转，而一台 6 极发电机将以 1200r/min 的转速旋转。如果配备的变速箱传动比为 100:1，那么就意味着转子转速在 12 ~ 18r/min。顺便说一句，这种极数切换的运行方式在家用电器电机中很常见，比如洗衣机和排

气扇中的电机，可以进行二、三速的自由切换。

7.3.3　双馈感应发电机

笼型感应发电机与转子之间没有电气连接，具有简单、鲁棒性好的优点。它的转速几乎固定不变，与同步发电机的转速相差不大。不过，即使是这种微小的转速变化，在吸收由风快速波动引起的冲击方面也是有益的。

绕线转子感应发电机增加了复杂性，需要集电环来为转子提供能量，但转子转速控制可以为发电机提供额外的灵活性。最流行的风力发电机之一是基于所谓的绕线转子双馈感应发电机（DFIG）。如图 7.12 所示，双馈感应发电机系统的定子部分是常规的。也就是说，电网提供三相电压，产生定子旋转磁场，定子产生的功率以正常的方式反馈给电网。不同之处在于，转子的设置是为了允许双向潮流进出电网。当转子以低于同步频率（次同步）的速度旋转时，其就像一台电动机在运行，从电网中吸收能量；当它在超同步模式下运行，比同步速度更快的时候，转子产生电力输送回电网。

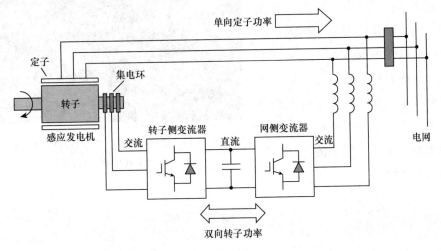

图 7.12　绕线转子双馈感应发电机（DFIG）

7.3.4　变速同步发电机

上述的双馈感应发电机配置了一个相对较小容量的电压源变流器，其额定功率约为风力发电机全功率的 30%，其也只具备同等容量的转速调节能力。下一步是通过为同步发电机配置全容量的变流器来获取对风力发电机转速的全控制，如图 7.13 所示。发电机可以是绕线转子型，在这种情况下需要集电环和励磁电路，也可以采用永久磁铁型转子以避免这些复杂情况。当永磁同步发电机（PMSG）有足够多的极时，变速箱也可以省掉。但是，制造永磁体需要使用稀土材料，如钕，这些材料本身也存在一些问题。稀土材料的资源性，特别是在美国，是一个值得关注的问题，此外稀土材料在高温下有永久失磁的可能性。

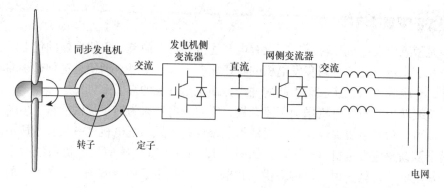

图 7.13　具有全容量变流器的无齿轮变速同步发电机

图 7.13 所示的无齿轮结构对风力发电机吊舱的形状有相当大的影响。它不需要那么长，因为没有变速箱，但它确实需要一个更大直径的吊舱，以便能够容纳多极永磁发电机。这些系统的日益复杂增加了它们的成本，但也减少了它们的维护需求。此类风力发电机正在被大量用于海上系统。其中的一个例子如图 7.14 所示。

图 7.14　通用电气 4.1MW/113m/直驱式永磁变速同步发电机

7.4　风　　能

假设一包空气的质量为 m，移动速度为 v，则其动能 KE 公式是我们所熟悉的表达式：

$$\text{KE} = \frac{1}{2}mv^2 \tag{7.4}$$

由于功率等于单位时间内的能量，那么一个质量为 m、速度为 v 的空气"包"穿过截面 A 产生的功率为

$$\text{流过面积 }A\text{ 的功率} = \frac{能量}{时间} \times \frac{1}{2}\left(\frac{质量}{时间}\right)v^2 \tag{7.5}$$

穿过截面 A 的质量流量 $\dot{m}$ 等于空气的密度 ρ、速度 v 及横截面 A 的乘积，即

$$\left(\frac{流过截面 A 的质量}{时间}\right) = \dot{m} = \rho A v \tag{7.6}$$

把式 (7.6) 代入式 (7.5)，可以得到一个重要的公式：

$$P_{\mathrm{w}} = \frac{1}{2}\rho A v^3 \tag{7.7}$$

在国际单位制中，P_{w} 是风力机功率 (W)；ρ 是空气密度 (kg/m^3) (在温度为 15℃、1atm$^{\ominus}$ 下，$\rho = 1.225$kg/m^3)；A 是截面的面积 (m^2)；v 是垂直吹过截面 A 的风速 (m/s) (1m/s = 2.237mile/h)。风中的功率通常表示为瓦特每单位横截面面积 (W/m^2)，在这种情况下，它被称为比功率或功率密度。

注意：风功率密度与风速的 3 次方呈正比增长。比如风速增大为原来的两倍，则风功率密度将增大到原来的 8 倍。或者可以这样理解，当风速为 20mile/h 时，一个小时的风能相当于风速为 10mile/h 的 8h 的风能，也相当于当风速为 5mile/h 的 64h (超过两天半) 的风能。稍后将了解到：当风速很低时，大部分风力机根本不能工作，而且根据式 (7.7) 可知，损失的能量可以忽略不计。

式 (7.7) 还表明：风功率密度正比于风轮面积。对于一个传统的水平轴风力机，截面积 A 显然等于 $(\pi/4)D^2$，因此风功率密度与叶片直径的 2 次方成正比。叶片直径增加 1 倍，风功率密度就变为 4 倍。这一简单现象有助于解释风电机组大型化带来的规模经济性。风电机组成本的增加基本上与叶片的直径成正比，而功率与叶片直径的 2 次方成正比，因此大尺寸风电机组更具成本效益性。

当然，我们感兴趣的是能量和风速的关系。由于功率和风速之间保持非线性函数关系，因此无法用一个平均风速代入式 (7.7) 来计算总的可用风能，以下具体阐述。

[例 7.1] 不要只采用平均风速。

计算在 15℃、1atm 下，1m^2 截面上以下列风速吹过，获取的风能为多少：

a. 100h，风速 6m/s (13.4mile/h)

b. 50h 的 3m/s，加上 50h 的 9m/s 的风速 (即平均风速 6m/s)

解：

a. 风速固定是 6m/s，只需将式 (7.7) 计算的功率与时间相乘即可，即

$$风能 (6\mathrm{m/s}) = \frac{1}{2}\rho A v^3 \Delta t = \frac{1}{2} \cdot 1.225\mathrm{kg/m}^3 \cdot 1\mathrm{m}^2 \cdot (6\mathrm{m/s})^3 \cdot 100\mathrm{h}$$

$$= 13230\mathrm{W} \cdot \mathrm{h}$$

b. 同理，当风速为 3m/s 时，50h 的风能为

$$风能 (3\mathrm{m/s}) = \frac{1}{2} \cdot 1.225\mathrm{kg/m}^3 \cdot 1\mathrm{m}^2 \cdot (3\mathrm{m/s})^3 \cdot 50\mathrm{h} = 827\mathrm{W} \cdot \mathrm{h}$$

当风速为 9m/s 时，50h 的风能为

$\ominus$　1atm = 101.325kPa，后同。

$$风能 (9m/s) = \frac{1}{2} \cdot 1.225kg/m^3 \cdot 1m^2 \cdot (9m/s)^3 \cdot 50h = 22326W \cdot h$$

总风能等于 $827 + 22326 = 23153W \cdot h$。

根据例 7.1 可知，将平均风速代入式（7.7）来计算风能是不准确的。虽然两种的平均风速相同，但 3m/s 和 9m/s（平均风速 6m/s）风速组合的风能是稳定风速 6m/s 所产生风能的 1.75 倍。稍后将看到，如果风速按某种假定的概率分布，那么风能通常是将平均风速代入式（7.7）所能得到的风能的两倍。

7.4.1 空气密度的温度和高度校正

当给出风能数据时，一般假定空气密度为 $1.225kg/m^3$，也就是说假定空气温度为 15℃（57℉）、气压为 1atm。根据理想气体定律，可以很容易得到其他条件下的空气密度：

$$pV = nRT \tag{7.8}$$

式中，p 是绝对气压（atm）；V 是体积（m^3）；n 是摩尔数（mol）；R 是理想气体常数，值为 $8.2056 \times 10^{-5} m^3 \cdot atm \cdot K^{-1} \cdot mol^{-1}$；$T$ 是绝对温度（K）。$1atm = 101.325kPa$（$1Pa = 1N/m^2$），100kPa 称为 1bar，100Pa 称为 1mbar，bar（巴）是气象工作中常用到的压力单位。

如果以摩尔质量表示气体的分子质量（g/mol），则可以写出空气密度 ρ 的表达式为

$$\rho(kg/m^3) = \frac{n(mol) \cdot 摩尔质量 \cdot (g/mol) \cdot 10^{-3}(kg/g)}{V(m^3)} \tag{7.9}$$

由于研究的是空气，因此可以很容易地通过观察它的组成分子来计算它的等效摩尔质量，这些分子主要包括氮气（78.08%）、氧气（20.95%）、少量氩（0.93%）、二氧化碳（0.039%）等。用各组成分子的分子量（$N_2 = 28.02$，$O_2 = 32.00$，$Ar = 39.95$，$CO_2 = 44.01$）求出空气的等效分子量为

空气等效分子量 $= 0.7808 \times 28.02 + 0.2095 \times 32.00 + 0.0093 \times 39.95 +$
$$0.00039 \times 44.01 = 28.97$$

将空气分子量代入式（7.8）和式（7.9），可以得到以下表达式：

$$\rho = \frac{p \times 摩尔质量}{RT} = \frac{p(atm)}{T(K)} \times \frac{28.97g/mol \times 10^{-3}kg/g}{8.2056 \times 10^{-5}m^3 \cdot atm/(K \cdot mol)}$$

$$\rho(kg/m^3) = \frac{353.1p(atm)}{T(K)} \tag{7.10}$$

例如，在 1atm 和 30℃时，空气密度为

$$\rho = \frac{353.1 \times 1}{30 + 273.15} = 1.165kg/m^3$$

与标准参量 $1.225kg/m^3$ 相比，空气密度下降了 5%。由于风功率与空气密度成

正比，因此风功率也将减少 5%。

空气密度和风能的数值大小取决于大气压力和温度值。由于大气压力是高度的函数，因此一般会采用校正因子来估计海平面以上地点的风力大小。

考虑图 7.15 所示的横截面积为 A 的静态空气柱，空气密度为 ρ，则厚度为 dz 的薄空气柱的质量将为 $\rho A dz$。由于上部空气的重量而作用到该薄空气柱顶部的压力为 $p(z+dz)$，则该薄空气柱底部承受的压力 $p(z)$ 将是 $p(z+dz)$ 加上该薄空气柱自身的重量。

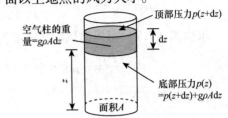

图 7.15　用于决定大气压力和海拔之间静态均衡的空气柱

$$p(z) = p(z+dz) + \frac{g\rho A dz}{A} \tag{7.11}$$

式中，g 是引力常数，9.806m/s^2。

可以进一步写出海拔增加 dz 带来的压力变化 dp 为

$$dp = p(z+dz) - p(z) = -g\rho dz \tag{7.12}$$

因此，有

$$\frac{dp}{dz} = -\rho g \tag{7.13}$$

将式（7.10）代入式（7.13），并进行一定的变换，有

$$\frac{dp}{dz} = -\frac{353.1}{T}\left(\frac{\text{kg}}{\text{m}^3}\right) \times \left(9.806\frac{\text{m}}{\text{s}^2}\right)\left(\frac{\text{atm}}{101325\text{Pa}} \times \frac{1\text{Pa}}{\text{N/m}^2} \times \frac{1\text{N}}{\text{kg}\cdot\text{m/s}^2}\right) \cdot p \tag{7.14}$$

$$\frac{dp}{dz} = -\left(\frac{0.0342}{T}\right)p \tag{7.15}$$

求解式（7.15）比较复杂，因为温度会随着高度的变化而变化，典型的变化速度约为高度每上升 1km 会造成 6.5℃ 的温度下降。如果假设空气柱中的温度保持不变，那么将可以很容易地求解式（7.15），只是会引入较小的误差。

$$p = p_0 \exp(-0.0342z/T) \tag{7.16}$$

设定基准空气压力 p_0 为 1atm，并将式（7.10）代入式（7.16），则可以得到如下温度和高度修正后的空气密度

$$\rho(\text{kg/m}^3) = \frac{353.1\exp(-0.0342z/T)}{T} \tag{7.17}$$

式中，t 的单位为 K，z 的单位为 m。

[例 7.2] **根据温度和海拔修正空气密度。**

海拔 2000m（6562ft）、温度 25℃（298.15K）时，风速为 10m/s，试求风的功率密度（W/m^2）。并与标准 1atm 和 15℃ 条件下的风功率密度进行比较。

解:

根据式 (7.17) 可得

$$\rho = \frac{353.1\exp(-0.0342 \times 2000/298.15)}{298.15} = 0.9415 \text{kg/m}^3$$

根据式 (7.7) 可得出风功率密度为

$$\frac{P}{A} = \frac{1}{2}\rho v^3 = \frac{1}{2} \times 0.9415 \times 10^3 = 470.8 \text{W/m}^2$$

在标准条件下:

$$P/A = \frac{1}{2}\rho v^3 = 0.5 \times 1.225 \times 10^3 = 612.5 \text{W/m}^2$$

可见，在处于较高的海拔和相应较低温度时，风功率密度下降了 23%。

7.4.2 塔筒高度的影响

风功率密度与风速的 3 次方成正比，所以风速的些许增加都可能会明显地影响风力发电的经济性。风力机获取较高风速的方法是将其安置在较高的塔筒上。在高于地面几百米的地方，空气穿过地表引起的摩擦力严重地影响了风速。平滑的表面，如平静的大海，阻力很少，而且海拔引起的风速变化也很小。但是另一种极端场景下，比如森林和建筑物，风速将被大大地削弱。

用来描述地表粗糙度对风速影响的公式如下所示:

$$\left(\frac{v}{v_0}\right) = \left(\frac{H}{H_0}\right)^\alpha \tag{7.18}$$

式中，v 是高度 H 处的风速; v_0 是高度 H_0 处（通常取为 10m）的风速; α 是摩擦系数，有时称为赫尔曼（Hellman）指数或剪切指数。

摩擦系数 α 是风吹过的地形的函数。表 7.1 给出了一些有代表性的地形的摩擦系数。通常，对于开阔的地形，估算摩擦系数 α 一般取值 1/7。

表 7.1 不同地形条件下的摩擦系数

不同地形条件	摩擦系数 α
平整的硬地面、平静的水面	0.10
地面上的高草丛	0.15
高秆农作物、树篱、灌木	0.20
有大量树木的郊区	0.25
有很多树木和灌木丛的小城镇	0.30
有很多建筑物的大城市	0.40

美国通常采用式 (7.18) 给出的功率计算方法，但在欧洲却使用另一种方法，即

$$\left(\frac{v}{v_0}\right) = \frac{\ln(H/l)}{\ln(H_0/l)} \tag{7.19}$$

式中，l 称为地表粗糙度。表 7.2 给出了地表粗糙分类及相应的地表粗糙度取值。建议首选式（7.19），因为它是基于空气动力学理论推导出来的，而式（7.18）不是。当大气温度分布适中时（即大气温度随高度升高的变化率为 $-9.8℃/km$），风边界层内的风速在理论上是呈对数变化的，其中地面上方距离等于粗糙度长度的地点的风速为零风速。本章将继续使用式（7.18）。显然，指数公式和对数公式仅仅为风速随高度的变化提供了初步的近似。实际上，现场实际测量是最好的方法。

表 7.2　式（7.19）中使用的粗糙度分类

粗糙度等级	具体情形描述	粗糙度长度/m
0	水平面	0.0002
1	有部分防风障碍的开阔地	0.03
2	防风障碍物分布间距超过 1km 的农场	0.1
3	带有大量防风障碍的城市街区或者农场	0.4
4	高密度城市或森林	1.6

由于风功率随风速 3 次方的变化而变化，因此可以改写式（7.18）来表示风在高度 H 时的功率与在参考高度 H_0 时的功率相对值，即

$$\left(\frac{P}{P_0}\right) = \left(\frac{1/2\ \rho A v^3}{1/2\ \rho A v_0^3}\right) = \left(\frac{v}{v_0}\right)^3 = \left(\frac{H}{H_0}\right)^{3\alpha} \tag{7.20}$$

图 7.16 中，由其他海拔处与 10m 基准处的风能之比值，可以明显看出风速与风能之间呈 3 次方的函数关系。对于光滑的平面，例如近海风场，当高度从 10m 增加到 100m 时，功率会加倍增长。对于较为粗糙的平面，例如摩擦系数 $\alpha = 0.3$ 的平面，功率在 100m 时会增加到原来的 8 倍。

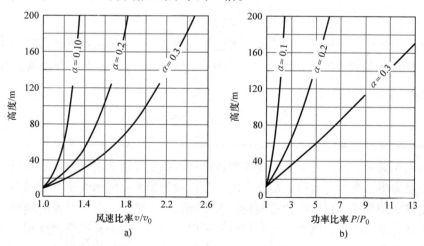

a)　　　　　　b)

图 7.16　以 10m 为参考高度，不同摩擦系数 α 下，风速比率和功率比率对高度的变化特性

[例 7.3] 塔高对叶片应力的影响。

具有 50m 叶片直径的风力发电机将安装在 50m 塔筒或 80m 塔筒上。假设摩擦系数采用经验值的 1/7。

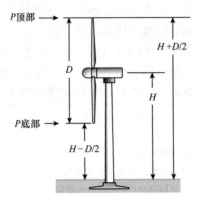

a. 比较每个轮毂高度的风功率密度值。

b. 对于每一高度，试估算叶尖转到最高点和最低点时的单位风功率比值。

解：

a. 将轮毂高度 50m 和 100m 代入式（7.20），有

$$\left(\frac{P}{P_0}\right) = \left(\frac{H}{H_0}\right)^{3\alpha} = \left(\frac{80}{50}\right)^{3 \times 1/7} = 1.22$$

因此，100m 轮毂高度相比于 50m 轮毂高度，可用的风能会增加 22%。

b. 轮毂高度 50m 时，叶片长度 50m，则叶片尖端最高点会达到 75m，最低点为 25m：

$$\left(\frac{P}{P_0}\right) = \left(\frac{75}{25}\right)^{3 \times 1/7} = 1.60$$

可见，叶片摆到最高点时的风功率比运行到最低点时的风功率高出了 60%。

在 80m 的轮毂高度时，风机叶片尖端位于最高点时相对于位于最低点时的功率比是

$$\left(\frac{P}{P_0}\right) = \left(\frac{105}{55}\right)^{3 \times 1/7} = 1.32$$

例 7.3 揭示了风速的变化和叶片旋转掠过面积上穿透功率等重要的知识点。对于大型风力机，当叶片运行到最高点时，会比位于最低点时承受更高的风力。风力机承受风力的变化不仅受叶片的旋转位置影响，也受塔筒本身对风速的影响，特别是对于顺风型风力机，当叶片转到塔筒背后时，塔筒会有明显的遮风作用。风速导致的叶片扭曲会增加风力机的噪声，甚至会导致叶片疲劳，最终损毁。

7.5　风力机输出功率曲线

值得注意的是，能量转换技术受一定的基本约束，限制了由一种形式能量转换到另一种能量时的最大转换效率。对于热机，卡诺效应限制了热机在高温热源和低温热储之间能获取的最大限额的功。对于光电转换，材料的带隙能限制了太阳能转化为电能的效率。对于燃料电池，是吉布斯自由能限制了化学能和电能之间的能量转换。这里，将探讨限制风力机将风的动能转换为机械能的效率约束条件。

7.5.1　贝茨极限

最早推导风力机最大能量转换效率问题的是德国物理学家阿尔伯特·贝茨（Albert Betz），他于 1919 年给出了风能与机械能间的转换关系式。首先探讨风穿过风力机时将会发生什么。如图 7.17 所示，当风从左边吹入风力机时，由于风力机将吸收一部分的动能，因此风速会慢下来。当风离开风力机时，速度较低、风的压力也降低，从而会导致风吹过风力机后会扩张。气流穿过风力机所包络的区域称为流管。

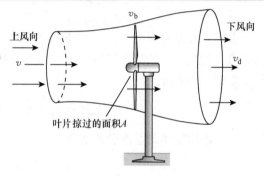

图 7.17　当风离开风力机时，由于部分风动能被吸收，因此速度变低、体积会扩张，产生的流管示意图

为什么风力机不能提取风中全部动能呢？如果能实现的话，空气经过风力机后将完全停止，哪里也不能去，那么将不会再有风穿过风力机。因此穿过风力机后的风速不能为零。上风速和下风速完全一样也没有意义，因为这样风力机没有获得任何能量。这就表明，必须有某种理想的减缓风速才能使风力机获得最大的功率。贝茨所推导的理想风力机能使风速减为原来速度的 1/3。

图 7.17 中初始的上风速为 v，通过风力机叶片的风速为 v_b，下风速为 v_d。流管中空气的质量流量处处相等，称为 $\dot m$。叶片获得的功率 P_b 等于上风向和下风向动能的差，即

$$P_b = \frac{1}{2}\dot m(v^2 - v_d^2) \tag{7.21}$$

计算质量流量最简单的位置在风力机叶片，因为此时的横截面积就等于叶片旋转掠过的面积 A。质量流量等于：

$$\dot m = \rho A v_b \tag{7.22}$$

假设风穿过叶片后的速度恰好是上风速和下风速的平均值（贝茨的推导实际

上没有依据这个假设），那么可以写出表达式

$$P_b = \frac{1}{2}\rho A\left(\frac{v + v_d}{2}\right)(v^2 - v_d^2) \tag{7.23}$$

为了计算简便，定义上风速和下风速的比值为 λ：

$$\lambda = \left(\frac{v_d}{v}\right) \tag{7.24}$$

将式（7.24）代入式（7.23）得

$$P_b = \frac{1}{2}\rho A\left(\frac{v + \lambda v}{2}\right)(v^2 - \lambda^2 v^2)$$

$$= \underbrace{\frac{1}{2}\rho A v^3}_{\text{风功率密度}} \cdot \underbrace{\left[\frac{1}{2}(1 + \lambda)(1 - \lambda^2)\right]}_{\text{利用百分率}} \tag{7.25}$$

由式（7.25）可见，风力机获得的风能等于下风向的风功率密度乘以中括号内的值。因此，中括号内的值也就是风力机叶片的风能利用百分率，该部分也称为叶片效率，用 C_p 表示：

$$\text{叶片效率 } C_p = \frac{1}{2}(1 + \lambda)(1 - \lambda^2) \tag{7.26}$$

那么叶片输出功率的基本公式变为

$$P_b = \frac{1}{2}\rho A v^3 \cdot C_p \tag{7.27}$$

为了计算叶片的最大效率，对式（7.27）进行 λ 求导，并设定其值等于零，得到

$$\frac{dC_p}{d\lambda} = \frac{1}{2}[(1 + \lambda)(-2\lambda) + (1 - \lambda^2)]$$

$$= \frac{1}{2}[(1 + \lambda)(-2\lambda) + (1 + \lambda)(1 - \lambda)] = \frac{1}{2}(1 + \lambda)(1 - 3\lambda) = 0$$

求解得出

$$\lambda = \frac{v_d}{v} = \frac{1}{3} \tag{7.28}$$

换言之，当风速减为未受扰动初始上风速的 1/3 时，叶片获得最大效率。

如果把 $\lambda = 1/3$ 代入求叶片效率的公式（7.26），理论上风力机叶片的最大效率为

$$\text{风力机最大效率} = \frac{1}{2}\left(1 + \frac{1}{3}\right)\left(1 - \frac{1}{3^2}\right) = \frac{16}{27} \approx 0.5926 \approx 59.3\% \tag{7.29}$$

这个结论——风力机的最大理论效率为 59.3%——称为贝茨效率，有时候也称为贝茨定律。

很明显后续的问题是现代风力机的叶片效率与贝茨定律给出的 59.3% 之间差多少呢？在最佳运行条件下，叶片效率接近贝茨效率的 80%，因此风能转换为发

电机转轴上的动能时，叶片效率大约在45%～50%。

当风速已知时，叶片效率是叶片转速的函数。如果叶片转速很慢，由于叶片让太多的风穿过而没有利用，因此叶片效率会显著下降；如果叶片转得太快，也会由于相邻叶片间的湍流影响增加而使叶片效率下降。一般采用叶尖速度比（Tip Speed Ratio，TSR）来表示叶片效率的大小。叶尖速度比是叶片外尖速度与风速的比值，即

$$\text{TSR} = \frac{\text{叶片外尖转速}}{\text{风速}} = \frac{(\text{r/min}) \times \pi D}{60v} \tag{7.30}$$

式中，叶片的转速单位是r/min；D是叶片直径（m）；v是风力机的上风速（m/s）。

不同类型叶片效率与叶尖速度比的关系曲线如图7.18所示。美国多叶片风力机转速相对较慢，最佳叶尖速度比小于1，最大风力机效率刚刚超过30%。双叶片和三叶片风力机转速相对较快，最佳叶尖速度比为4～6之间，最大风力机效率为40%～50%。图中也给出了"理想效率"曲线，当叶片转速增加时，其效率值逼近贝茨效率。最大效率曲线表明，转速缓慢的叶片不能拦截所有的风能，从而使得最大风力机效率低于贝茨效率。

如图7.18所示，现代风力机在叶尖速度比4～6左右时运行最好，这意味着叶片尖端的移动速度为4～6倍的风速。理想情况下，为了获得最大效率，风力机叶片应随着风速的变化而改变转速，这也是7.3节所述的变速发电机能够获取高效率的重要原因之一。

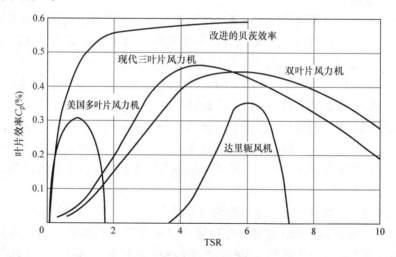

图7.18 叶片数较少的风轮，当转速较高时具有较高的效率

7.5.2 理想风电机组输出功率曲线

风电机组制造商提供的重要信息之一是风速与包含了叶片、变速箱和发电机等部件的完整风力发电系统之间的输出功率关系曲线。图7.19所示为风电机组的理

想输出功率曲线。

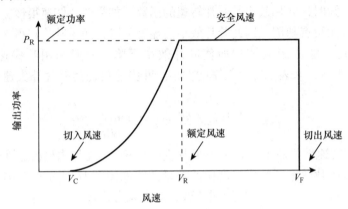

图 7.19　理想功率曲线：风速低于 V_C 时无电力发出；风速位于 V_R 和 V_F 之间时，
发电机输出额定功率；当风速高于 V_F 时，风力机关停

切入风速　速度较低的风没有足够多的能量克服摩擦力而驱动风力机，即使能够驱动风力机旋转，发出的电也不能满足发电机励磁绕组所需的供电要求。切入风速 V_C 是产生净电能输出所需的最低风速。当风速低于 V_C 时，没有电能产生，因此这一部分的风能被浪费掉了。幸运的是这部分低速风的能量不太多，因此通常丢失的能量不是很多。

额定风速　当风速超过切入风速并逐渐增大时，发电机的输出功率按风速的 3 次方增加。当风速达到额定风速 V_R 时，发电机的输出功率恰好等于其设计值。当转速超过 V_R，必须采取措施溢出一些风能，否则会损害发电机。

7.2 节给出了叶片溢出多余功率的三种控制方法。对于桨距控制的风电机组，液压系统会缓慢地绕轴旋转叶片，一次旋转几度，以降低或提高效率。采用的策略是在大风时减小叶片的迎角。对于被动失速控制的风电机组，叶片需精心设计，当风量过度时，可自动降低效率。在主动失速控制方案中，叶片旋转就像在桨距控制方法中一样，但是在强风作用下，叶片非但不会减小迎角，反而会增加迎角导致产生失速。

切出风速或折尾风速　风速过高时会损害风力机。一旦风速达到 V_F，发电机必须停转。V_F 被称为切出风速或折尾风速（"折尾"是航海学常用的名词，用来描述风力过强收起帆板的过程）。风速超过 V_F 时，机械制动器锁定叶片轴，因此输出功率为零。

7.5.3　实际功率曲线

图 7.19 所示的理想输出功率曲线粗略给出了权衡叶片直径和发电机容量选择来提高风电机组输出功率的方法。如图 7.20a 所示，对于同一台发电机，当增大叶

片直径时，功率曲线会上移，这样即使低于额定转速时，功率也能达到额定值，从而增大了低风速时机组的输出功率。另一方面，保持叶片直径不变，增大发电机的容量，功率输出曲线会上升到达新的额定功率。风速较低时，变化不明显；但对于风速较高的场合，增加发电机的额定功率是很好的方法。

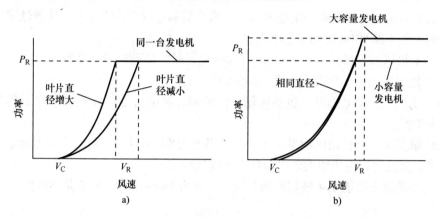

图 7.20　a）针对风速偏低的场合，可以增加叶片直径来降低对额定风速的要求 b）针对风速偏高的场合，可以增加发电机容量来增加额定输出功率

厂商经常会提供一系列叶片直径和发电机额定功率不同的风电机组，这样用户可选择合适的机组型号与风速配套使用。在风速偏低的场合，可以选用叶片直径较大的机组；在风速偏高的场合，最好是增加机组的额定输出功率。

图 7.21 所示为三个风电机组的功率曲线：NEG Micon 风电机组 1500/64（额定功率为 1500kW，叶片直径为 64m）、NEG Micon1000/54 和 Vestas V42 600/42。三者都与理想功率曲线很相似，主要的差异是风速超过额定值时，三种风电机组精确控制保证额定输出功率的能力不同，但都宣称为被动失速风电机组。曲线上额定

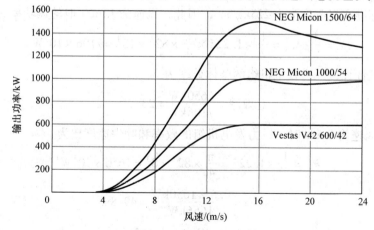

图 7.21　三种大型风电机组的功率曲线展示了不同风速下风电机组额定输出功率的变化

功率对应的部分呈圆弧状，使得确定额定风速 V_R 的值很难。因此，目前的风电机组产品使用文档中很少规定额定风速。

<hr>

[例 7.4] 匹配设计发电机和叶片。

某 82m 高、1.65MW 的定速风力发电机组的额定风速为 13m/s。其通过变速箱连接到一台 4 极 60Hz 的同步发电机。

a. 如果风力机设计为 14.4r/min，那么变速箱的传动比应该是多少？

b. 额定风速下，叶尖速度比是多少？

c. 整个风力发电机组（包括风轮、齿轮箱、发电机等）在额定风速下的总效率是多少？

d. 根据该风电机组的功率输出曲线，风速为 8m/s 时，其输出功率为额定功率的一半，则此时风电机组的效率和叶尖速度比是多少？

e. 如果发电机能从 4 极切换到 6 极，风速为 8m/s，那么 TSR 是多少？

解：

a. 由式 (7.1)，可以计算得到发电机轴转速为

$$N = \frac{120f}{p} = \frac{120 \times 60}{4} = 1800 \text{r/min}$$

因此，传动比为

$$\text{传动比} = \frac{\text{发电机转速}}{\text{叶片转速}} = \frac{1800 \text{r/min}}{14.4 \text{r/min}} = 125$$

b. 在额定风速为 13m/s 时的叶尖速度比为

$$\text{TSR} = \frac{82\pi \text{ m/r} \times 14.4 \text{r/min}}{13 \text{m/s} \times 60 \text{s/min}} = 4.76$$

c. 额定风速下的风力发电机组整体效率计算如下：

假定标准空气密度为 1.225kg/m^3，因此在风速为 13m/s 时的风功率为

$$P_w = \frac{1}{2}\rho A v_w^3 = \frac{1}{2} \times 1.225 \times \frac{\pi}{4} \times 82^2 \times 13^3 = 7106 \times 10^3 \text{W}$$

从而，计算该风力发电机组的整体效率为

$$\text{总效率} = \frac{1650 \text{kW}}{7106 \text{kW}} = 23.2\%$$

d. 当风速为 8m/s 时，风力发电机组的效率和叶尖速度比为

$$P_w = \frac{1}{2} \times 1.225 \times \frac{\pi}{4} \times 82^2 \times 8^3 = 1656 \times 10^3 \text{W}$$

$$\text{总效率} = \frac{0.5 \times 1650 \text{kW}}{1656 \text{kW}} = 49.8\%$$

$$TSR = \frac{82\pi \text{ m/r} \times 14.4 \text{r/min}}{8 \text{m/s} \times 60 \text{s/min}} = 7.7$$

对比图 7.18，可见此时的叶尖速度比处于高位。

e. 如果将风力发电机从 4 极切换到 6 极运行，那么有

$$N = \frac{120f}{p} = \frac{120 \times 60}{6} = 1200 \text{r/min}$$

考虑到传动比为 125，叶片的转速此时将为

$$叶片转速 = 1200 \text{r/min}/125 = 9.6 \text{r/min}$$

对应的叶尖速度比为

$$\text{TSR} = \frac{82\pi \text{ m/r} \times 9.6 \text{r/min}}{8 \text{m/s} \times 60 \text{s/min}} = 5.1$$

可见，此时的叶尖速度比更接近最佳范围。

例 7.4 概述了如何从制造商提供的风电机组功率输出曲线计算得到风电机组的总效率曲线。图 7.22 给出了两个不同类型的风电机组的功率输出曲线和总效率曲线。一种是固定转速的笼型感应发电机（SCIG），另一种是变速的永磁同步发电机（PMSG），并配有全容量功率变换器。请注意，对于笼型感应发电机而言，效率曲线是如何达到顶峰的，这反映了笼型感应发电机有效处理可变风速的能力有限。另一方面，永磁同步发电机具有相当稳定的效率，直到它的额定风速，之后，当然，它将达到溢出风速并且效率下降。

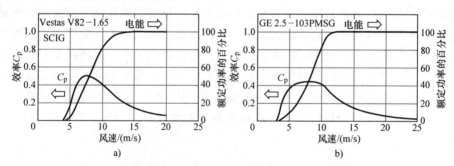

图 7.22　风电机组的功率输出曲线和总效率曲线

a）Vestas v82 - 1.65，主动失速，笼型感应发电机（SCIG）　b）GE 2.5 - 103，永磁同步发电机（PMSG），全容量功率变换器（请注意它们的总效率曲线形状不同）

7.5.4　国际电工委员会对风电机组的分类

制造商给出的风力发电机组技术手册不仅会提供与功率输出曲线相关的数据，而且还会给出风电机组被设计所能承受的风力强度。国际电工委员会（IEC）是非政府组织，其制定了包括风力发电在内的多种电气技术安全标准。

IEC 61400 涵盖了风力发电工业的系列安全和运行相关技术，包括了机械载荷、声学、电能质量、建设安全等不同方面。风电机组的技术参数需要满足 IEC 相

关标准规定，需要考虑平均风速、50 年一遇极端风速、阵风和不同湍流强度等不同风速情况。湍流强度是标准风速偏差与 10min 平均风速的比值。表 7.3 给出了如何根据这些参数来对风电机组进行分类。

表 7.3　IEC 61400 − 1 给出的风的分类

风力发电机分级	I	II	III
轮毂高度平均风速 $V_{avg}/(m/s)$	10.0	8.5	7.5
50 年一遇最大 10min 风速 $V_{ref}/(m/s)$	50	42.5	37.5
50 年一遇极端 3s 阵风 $V_{e50}/(m/s)$	70	59.5	53.5
A 级湍流	16%	16%	16%
B 级湍流	14%	14%	14%
C 级湍流	12%	12%	12%

　　风电机组制造商通常会根据不同的轮毂高度和国际电工委员会的分类而设计不同型号的风力发电机。例如，为 IEC IIA 级风力发电机组会设计为比相对较为简单的 IEC IIIB 级风力发电机组的载荷能力强。IEC IIIB 级风力发电机组可能采用更大的轮毂，这意味着其容量系数（CF）更高，可以更多地发电。

7.5.5　风速测量

　　风力勘探的目的是现场采集到充足的数据来估算出平均风速。最简单的测量方法是采用风杯式风速计，它的旋转速度与风速成正比。世界上大部分的风速数据都是采用这种螺旋桨式的风速计量测得到的。但是，现代风力发电机需要更详细的风力信息，用来针对性设计，以保证其安全运行，同时更准确的风速可以保证精确的风功率及风力发电收益预测。目前两种更先进的风速计主要应用于风场风速测量中，一种是基于声波测量，另一种依赖于多普勒效应（Doppler effect），如图 7.23所示。

风杯式风速计　　　　声波风速计　　声波探测与测距(SODAR)

图 7.23　三种风速计

　　声波风速计的基本原理是向被测量空间发送三个超声波，然后测量声音到达对端传感器的时间差。声音顺风还是逆风传播，会导致声速增加或下降，因此通过计算时间差就可以判断出声音所穿过的风速和风向。如果根本没有风时，那么声波都同时到达三个传感器。这类风速计可以从两个或三个维度实时采集快速变化的风速数据，因此它非常适合于湍流风速测量。这类风速计可以安装在气象观测塔（MET towers）上，也可以安装在风力机本体的机械舱内。

地面安装的声波探测及测距（Sonic Detection and Ranging，SODAR）风速计会向被监测的空间中发射声波脉冲。声波脉冲经过空间中大气粒子的反射回到接收器的时延长度，可以表征出空间中大气粒子的高度。如果大气粒子在移动，利用接收到的信号的多普勒效应频移即可以检测出该移动。在风速计上安装三个声波锥，对接收到的信号进行矢量分析，就可以计算出水平和垂直风速以及风向。激光探测和测距（Light Detection and Ranging LIDAR）风速计的基本原理是相似的，只不过使用的光波信号而不是声波信号。声波探测及测距和激光雷达风速计最适用于测量大型风力发电机扫掠区域内某高度的风速，这个范围大约在距地高度 50~200m。安装常规风速计的气象塔的高度通常小于 60m。

7.6　平均风功率密度

在提出了风力动力方程和描述了风力发电系统的基本组成部分之后，现在是时候将两者结合起来，以确定在各种风力状态下，风力发电机可能会产生多少电能。

风速和风功率密度之间的 3 次方关系表明不能简单地把平均风速代入式（7.7）来算出平均风功率密度。例 7.1 也证实了这一点。首先用平均值重写式（7.7）来探讨这一重要的非线性关系：

$$P_{\text{avg}} = \left(\frac{1}{2} \rho A v^3 \right)_{\text{avg}} = \frac{1}{2} \rho A \, (v^3)_{\text{avg}} \tag{7.31}$$

因此，实际上要找的是风速 3 次方的平均值。要做到这一点，需要先介绍几个统计指标。

7.6.1　离散风速直方图

下一步的工作需要引入数学中的概率统计学，这是一片新的研究领域。为了便于分析，首先介绍一些简单概念，包括风速的离散函数，然后再进一步介绍广义连续函数。

某量值的平均值意味着什么？举个例子，假设收集了某一地区的部分风况数据，接着想知道如何计算出测量时间内的平均风速。平均风速可以看作是吹过该区域的风的总米数、千米数或英里数除以风吹过的总时间。假设在 10h 内，3h 没有风，3h 风速为 5mile/h，4h 风速为 10mile/h。那么平均风速为

$$v_{\text{avg}} = \frac{\text{风吹过的英里数}}{\text{总小时数}} = \frac{3\text{h} \cdot 0\text{mile/h} + 3\text{h} \cdot 5\text{mile/h} + 4\text{h} \cdot 10\text{mile/h}}{3\text{h} + 3\text{h} + 4\text{h}} \tag{7.32}$$

$$= \frac{55\text{mile}}{10\text{h}} = 5.5\text{mile/h}$$

调整式（7.32），也可以等价认为总时间的 30% 里没有风，总时间的 30% 里风

速为 5mile/h，总时间的 40% 里风速为 10mile/h：

$$v_{avg} = \left(\frac{3h}{10h}\right) \times 0mile/h + \left(\frac{3h}{10h}\right) \times 5mile/h + \left(\frac{4h}{10h}\right) \times 10mile/h = 5.5mile/h$$

(7.33)

采用一般表达式来表示式（7.32）和式（7.33）：

$$v_{avg} = \frac{\sum_i \left[v_i \cdot (\text{小时数} @ v_i) \right]}{\sum \text{小时数}} = \sum_i \left[v_i \cdot (v_i \text{ 小时百分率}) \right]$$ (7.34)

如果这些风速是典型值，可以说没有风的概率是 0.3，风速为 5mile/h 的概率为 0.3，而风速为 10mile/h 的概率为 0.4。这样就可以用概率的形式来描述平均风速：

$$v_{avg} = \sum_i \left[v_i \cdot \text{概率}(v = v_i) \right]$$ (7.35)

根据式（7.31）可知，决定平均风功率密度的不是速度 v 的均值，应是 v^3 的均值。求 v^3 平均值的过程与上面举例完全相同，可得出如下公式：

$$(v^3)_{avg} = \frac{\sum_i \left[v_i^3 \cdot (\text{小时数} @ v_i) \right]}{\sum \text{小时数}} = \sum_i \left[v_i^3 \cdot (v_i \text{ 小时百分率}) \right]$$ (7.36)

或者用概率的形式：

$$(v^3)_{avg} = \sum_i \left[v_i^3 \cdot \text{概率}(v = v_i) \right]$$ (7.37)

现在，用式（7.37）来计算出风区的平均功率。假设采用风速计累积测量风区一年中风速为 1m/s（0.5~1.5m/s）的小时数，一年中风速为 2m/s 的小时数（1.5m/s 到 2.5m/s）等，以此类推。即可以得到图 7.24 所示的直方图。下述举例

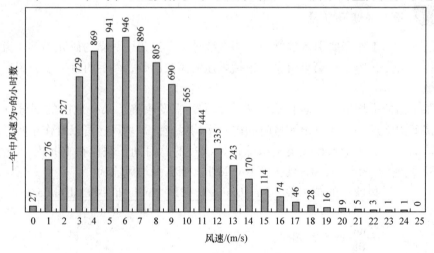

图 7.24　某地区的风速举例，以及低于标定风速的小时数直方图

说明如何采用表格法来计算风的平均功率。

[例 7.5]　平均风功率密度。

根据图 7.24 所示数据,分别计算平均风速和平均风功率密度（W/m²）。假设空气密度为 1.225kg/m³。将结果与代入平均风速计算得到的风功率密度值进行比较。

解:建立表格记录平均风速值以及 v^3 的平均值。以风速 8m/s 的小时数为 805h/年为例,演示表格法计算过程。

$$风速 8m/s 的年小时百分率 = \frac{805h/年}{24h/天 \times 365 天/年} = 0.0919$$

$$v_8 \cdot 风速 8m/s 的年小时百分率 = 8 \times 0.0919 = 0.735$$

$$(v_8)^3 \cdot 风速 8m/s 的年小时百分率 = 8^3 \times 0.0919 = 47.05$$

采用式（7.31）计算平均风功率密度的计算如下所示:

风速 $v_i/(m/s)$	一年中风速为 v_i 的小时数	v_i 的小时百分率	$v_i \times (v_i$ 的小时百分率)	$v_i^3 \times (v_i$ 的小时百分率)
0	24	0.0031	0.000	0.00
1	276	0.0315	0.032	0.03
2	527	0.0602	0.120	0.48
3	729	0.0832	0.250	2.25
4	869	0.0992	0.397	6.35
5	941	0.1074	0.537	13.43
6	946	0.1080	0.648	23.33
7	896	0.1023	0.716	35.08
8	805	0.0919	0.735	47.05
9	690	0.0788	0.709	57.42
10	565	0.0645	0.645	64.50
⋮	⋮	⋮	⋮	⋮
⋮	⋮	⋮	⋮	⋮
22	3	0.0003	0.008	3.65
23	1	0.0001	0.003	1.39
24	1	0.0001	0.003	1.58
25	0	0.0000	0.000	0.00
共计:	8760	1.000	7.0	653.26

平均风速等于:

$$v_{avg} = \sum_i \left[v_i \cdot (v_i \text{ 小时百分率}) \right] = 7.0m/s$$

$(v_i)^3$ 的平均值等于：

$$(v^3)_{\text{avg}} = \sum_i \left[v_i{}^3 \cdot (v_i \text{ 小时百分率}) \right] = 653.24$$

平均风功率密度等于：

$$P_{\text{avg}}/A = \frac{1}{2}\rho\,(v^3)_{\text{avg}} = 0.5 \times 1.225 \times 653.24 = 400\text{W/m}^2$$

如果用平均风速 7m/s 来计算平均风功率密度，结果为

$$P_{\text{avg}}/A(\text{错误}) = \frac{1}{2}\rho\,(v^3)_{\text{avg}} = 0.5 \times 1.225 \times 7.0^3 = 210\text{W/m}^2$$

在上述举例中，利用 v^3 平均值计算平均风功率密度与误用平均风速计算得出的结果的比值为 400/210 = 1.9。正确的风功率密度几乎是将平均风速代入风功率密度式所得结果的两倍。在下一节中将看到这个结论得到的前提是风的概率特性已经假定。

7.6.2 风电概率密度函数

图 7.24 所示的离散风速直方图的包络线表示为一个连续函数，称为概率密度函数（Probability Density Function，PDF）。如图 7.25 所示，定义概率密度函数的特性主要有：曲线包围的面积等于单位 1、任何两个风速之间的曲线包围的面积为风速在此范围内的概率。用数学公式表示：

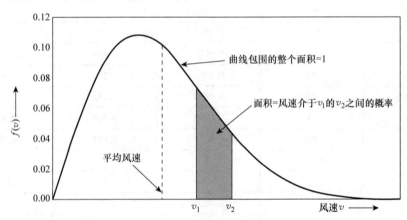

图 7.25　风速概率密度函数

$$f(v) = \text{风速概率密度函数}$$

$$\text{概率}(v_1 \leqslant v \leqslant v_2) = \int_{v_1}^{v_2} f(v)\,\mathrm{d}v \tag{7.38}$$

$$\text{概率}(0 \leqslant v \leqslant \infty) = \int_0^\infty f(v)\,\mathrm{d}v = 1 \tag{7.39}$$

如果想知道风速位于任何两个风速之间时的年小时数，将式（7.39）乘以 8760h 就能很容易地得到：

$$\text{h/年}(v_1 \leqslant v \leqslant v_2) = 8760 \int_{v_1}^{v_2} f(v)\,\mathrm{d}v \tag{7.40}$$

基于风速概率密度函数可以用类似于式（7.35）的离散风速分析方法，计算得到平均风速：

$$v_{\text{avg}} = \int_0^\infty v \cdot f(v)\,\mathrm{d}v \tag{7.41}$$

风速 3 次方的均值也和式（7.36）所示的离散计算形式类似：

$$(v^3)_{\text{avg}} = \int_0^\infty v^3 \cdot f(v)\,\mathrm{d}v \tag{7.42}$$

7.6.3　威布尔和瑞利统计

一般地，初始描述风速的统计特性都采用威布尔概率密度函数：

$$f(v) = \frac{k}{c}\left(\frac{v}{c}\right)^{k-1} \exp\left[-\left(\frac{v}{c}\right)^k\right] \qquad \text{威布尔概率密度函数} \tag{7.43}$$

式中，k 为形状参数；c 为尺度参数。

形状参数 k 的改变对概率密度函数的形状影响很大。如图 7.26 所示，当尺度参数 c 为常数（$c=8$），形状参数 k 改变时的不同曲线形状。当 $k=1$ 时，曲线呈指数分布，因为风速普遍较低，所以这不是一个适于风力机安装的位置。当 $k=2$ 时，风速连续稳定，但有段时间内风速远远大于曲线峰值处的典型风速。当 $k=3$ 时，曲线接近于正态曲线，风持续吹过且速度稳定，如同信风一样。

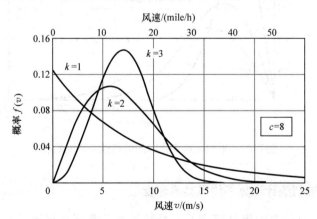

图 7.26　当尺度参数 $c=8$，形状参数 $k=1$、2、3 时的威布尔概率密度函数

图 7.26 所示的三条威布尔概率密度函数曲线，直觉上一般会认为中间的一条，也就是 $k=2$ 时的曲线最能真实地反映风力机安装地的风况，即大部分时候风力相当强劲，一小段时间风速较低，当然也有风速较高的时候。事实上，当对一个选址

的风况知道较少时，一般先假设 $k=2$。当形状参数 $k=2$ 时，概率密度函数特定称为瑞利概率密度函数：

$$f(v) = \frac{2v}{c^2}\exp\left[-\left(\frac{v}{c}\right)^2\right] \qquad 瑞利概率密度函数 \qquad (7.44)$$

尺度参数 c 与平均风速 $\overline{v}$ 之间存在着线性关系。将瑞利概率密度函数代入式 (7.41)，并查找积分表，可以得到如下结果：

$$\overline{v} = \int_0^\infty v \cdot f(v)\,\mathrm{d}v = \int_0^\infty \frac{2v^2}{c^2}\exp\left[-\left(\frac{v}{c}\right)^2\right]\mathrm{d}v = \frac{\sqrt{\pi}}{2}c \approx 0.886c \qquad (7.45)$$

尽管式 (7.45) 是根据瑞利统计函数（当 $k=2$ 时）推导出来的，但是当形状参数 k 取值从 1.5 到 4 之间时（Johnson，1985），该公式都是准确的。把式 (7.45) 代入式 (7.44)，即可以得到更直观，以平均风速 $\overline{v}$ 为变量的瑞利概率密度函数：

$$f(v) = \frac{\pi v}{2\overline{v}^2}\exp\left[-\frac{\pi}{4}\left(\frac{v}{\overline{v}}\right)^2\right] \qquad 瑞利概率密度函数 \qquad (7.46)$$

图 7.27 给出了平均风速变化时瑞利概率密度函数的变化曲线。

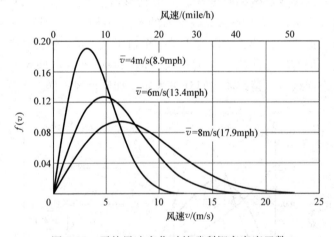

图 7.27 平均风速变化时的瑞利概率密度函数

7.6.4 利用瑞利统计计算平均风功率密度

风能利用，首先要收集足够多的现场数据来估算平均风速。利用风速计（其速度正比于风速）中校准后的转数表，参见图 7.23。用经过的时间划分英里或米的风速，给出平均风速。利用测量得到的平均风速并假设风速变化遵循瑞利分布，就可以很好地估计出平均风功率。

将瑞利概率密度函数式 (7.46) 代入式 (7.42) 可以计算出风速 3 次方的平

均值为

$$(v^3)_{avg} = \int_0^\infty v^3 \cdot f(v)\,dv = \int_0^\infty v^3 \cdot \frac{\pi v}{2\bar{v}^2}\exp\left[-\frac{\pi}{4}\left(\frac{v}{\bar{v}}\right)^2\right]dv \qquad (7.47)$$

查找积分表，可以得到如下非常重要的结论：

$$(v^3)_{avg} = \frac{6}{\pi}\bar{v}^3 \approx 1.91\,\bar{v}^3 \qquad (7.48)$$

式（7.48）非常有用。它说明当风速满足瑞利分布时，风速 3 次方的平均值恰好是平均风速 3 次方的 1.91 倍。因此，假设风速为瑞利分布时，可以重写平均风功率密度的表达式：

$$\bar{P} = \frac{6}{\pi} \cdot \frac{1}{2}\rho A\,\bar{v}^3 （假设满足瑞利分布） \qquad (7.49)$$

即风速满足瑞利分布时，平均风功率密度等于利用平均风速计算的风功率密度乘以 $6/\pi$ 或 1.91。

[例 7.6] 平均风功率密度。

已知高度为 10m 处的平均风速为 6m/s，试求高度为 50m 处的平均风功率密度。假设风速满足瑞利分布，标准摩擦系数 $\alpha = 1/7$，标准空气密度 $\rho = 1.225\text{kg/m}^3$。然后再计算高度为 80m 的平均风功率密度。

解：首先根据 10m 处的风速利用式（7.18）计算 50m 处的风速：

$$\bar{v}_{50} = \bar{v}_{10}\left(\frac{H_{50}}{H_{10}}\right)^\alpha = 6 \cdot \left(\frac{50}{10}\right)^{1/7} = 7.55\text{m/s}$$

因此，根据式（7.49），平均风功率密度为

$$\bar{P}_{50} = \frac{6}{\pi} \cdot \frac{1}{2}\rho A\,\bar{v}^3 = \frac{6}{\pi} \cdot \frac{1}{2} \cdot 1.225 \cdot (7.55)^3 = 504\text{W/m}^2$$

换另一种方法来计算 80m 的平均风功率密度，根据式（7.20）可以写成：

$$\bar{P}_{10} = \frac{6}{\pi} \cdot \frac{1}{2} \cdot 1.225 \cdot 6^3 = 252.67\text{W/m}^2$$

$$\bar{P}_{80} = \bar{P}_{10}\left(\frac{H_{80}}{H_{10}}\right)^{3\alpha} = 252.67 \cdot \left(\frac{80}{10}\right)^{3 \times 1/7} = 616\text{W/m}^2$$

为了避免过于自信，收集的真正风速数据比瑞利假设分布重要很多，如图 7.28 所示，给出了加州最大的风力发电场阿尔塔蒙特山口的风速概率密度函数曲线。阿尔塔蒙特山口大致位于旧金山（海岸）和萨克拉门托（内陆山谷）中间地带。在夏天，萨克拉门托的热气上升，在冷空气的吹动下穿过阿尔塔蒙特山口，形成强劲的夏季季风；但是在冬天，就没有这么大的温差，除非有风暴经过，否则风速很小。阿尔塔蒙特的风速概率密度函数清楚地显现出了两个峰值，一年中大部分时间内风速不是很高，只有夏季午后的风速很高。为了便于比较，图 7.28 中也给

出了和阿尔塔蒙特同样年平均风速（6.4m/s）的瑞利概率密度函数。

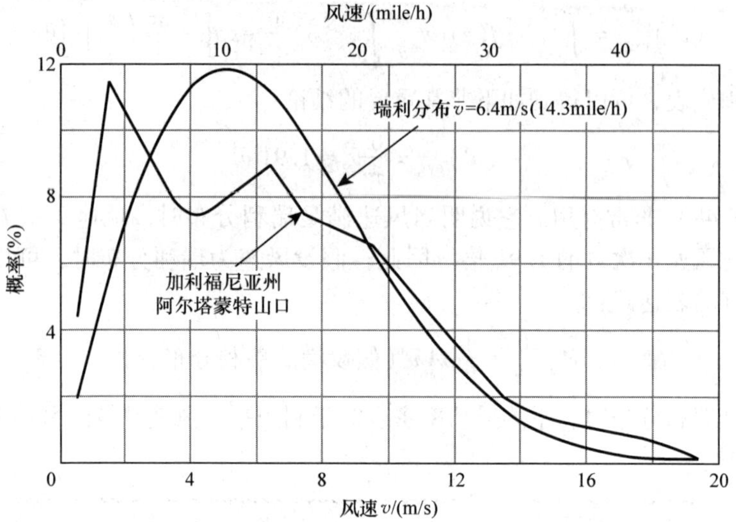

图 7.28　加州阿尔塔蒙特山口风电场的风速概率密度函数曲线，以及平均风速 6.4m/s（14.3mile/h）的满足瑞利分布特性的概率密度函数曲线（数据来自 Cavallo 等，1993）

7.6.5　风力分级

例 7.6 的求解过程通常被用来估算一个地区的平均风功率密度（W/m²）。也就是说，通常用 10m 高处的水平轴风力机的平均测量风速来计算 50m 高处的平均风速和平均风功率密度。满足瑞利统计分布、摩擦系数等于 1/7、0℃海平面空气密度为 1.225kg/m³ 等指标都经常作为假设条件。基于这些假设条件下的标准风力级数划分见表 7.4。

表 7.4　标准风力级数划分

风力级数	10m 处平均风速/（m/s）	50m 处平均风速/（m/s）	50m 处风功率密度/（W/m²）	80m 处平均风速/（m/s）	80m 处风功率密度/（W/m²）
1	0～4.4	0～5.5	0～200	0～5.9	0～250
2	4.4～5.1	5.5～6.4	200～300	5.9～6.9	250～380
3	5.1～5.6	6.4～7.0	300～400	6.9～7.5	380～500
4	5.6～6.0	7.0～7.5	400～500	7.5～8.0	500～600
5	6.0～6.4	7.5～8.0	500～600	8.0～8.6	600～750
6	6.4～7.0	8.0～8.8	600～800	8.6～9.4	750～980
7	7.0～9.5	8.8～12	800～2000	9.4～12.8	980～2400

注：假设风力满足瑞利统计分布、地面摩擦系统等于 1/7、0℃海平面空气密度为 1.225kg/m³、10m 风速计安装高度、50 米轮毂高度。

图 7.29 给出了基于表 7.4 假设的在 50m 高度处的风功率密度的等值线。由图

可见，从得克萨斯州一直到北达科他州的广阔区域有很多的可开发风力资源，其中有大面积的 4 级风速地区和更好的可供利用的风功率密度（50m 高度处超过 400W/m^2）地区。

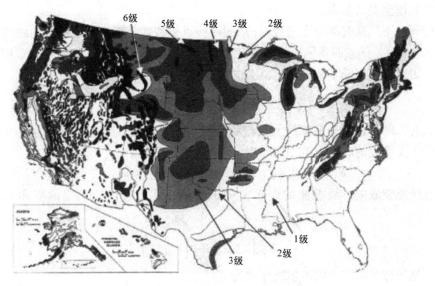

图 7.29　50m 高处的年平均风功率密度
（数据来自美国 NREL 的美国风能资源图集）

应当指出，图 7.29 中使用的风功率分类是 19 世纪 80 年代建立的，当时风力发电机组的标准轮毂高度为 50m。但是现在风力机的高度要高得多，原来的 4 级风功率密度从 400W/m^2 开始，5 级风功率密度从 500W/m^2 开始，但是现在这种风功率密度分类就变得有些不清晰了。例如，80m 时表 7.4 中的风功率密度比 50m 高了一截。80m 时 500W/m^2 的风是否仍可称为 4 级风？工业界还是希望能对风功率密度进行清晰的分类，例如，4 级风定义为 7m/s 时，50m 高度下的功率密度为 400W/m^2。对于其他高度，可以根据式（7.18）进行换算。

7.7　风电机组发电量估算

有多少风能将会被捕获并转化为电能？这个答案受多种因素影响，包括机械部件的特性（叶片、齿轮箱、发电机、塔筒、控制器），地形条件（地形、地表粗糙程度，障碍物），当然还包括风况（速度、高度、时间、可预测性）。这也取决于问题背后的动机。从政策的角度而言，关注具体风电机组的技术细节不如更多地关注评估该风电建设项目是否能提供潜在的效益。对于潜在的投资者来说，关注的是能否用"信封背面"来简单计算该项目是否值得进一步的调研。对于工程师来说，对比两台风电机组的运行性能则需要更仔细地、针对性地具体分析。

要预测风力发电机的输出功率，需要将风力发电机的输出功率曲线与该区域的风能统计模型关联起来。

回顾一下风速概率密度函数 $f(v)$ 的一些重要特性。概率密度函数曲线包围的面积为单位 1，任意两条风速概率密度函数曲线之间的面积等于风速在此范围内的概率。因此，风速低于某一特定值 V 的概率为

$$概率(v \leqslant V) = F(V) = \int_0^V f(v)\,\mathrm{d}v \tag{7.50}$$

式（7.50）的积分值 $F(V)$ 特定称为累积分布函数。风速低于 0 的概率为 0，风速低于无穷大的概率为 1，因此 $F(V)$ 受以下条件约束：

$$F(V) = 概率(v \leqslant V), F(0) = 0, 且 F(\infty) = 1 \tag{7.51}$$

在风能领域里，最重要的概率密度函数就是式（7.52）给出的威布尔分布函数：

$$f(v) = \frac{k}{c}\left(\frac{v}{c}\right)^{k-1}\exp\left[-\left(\frac{v}{c}\right)^k\right] \tag{7.52}$$

因此，累积分布函数的威布尔统计式为

$$F(V) = 概率(v \leqslant V) = \int_0^V \frac{k}{c}\left(\frac{v}{c}\right)^{k-1}\exp\left[-\left(\frac{v}{c}\right)^k\right]\mathrm{d}v \tag{7.53}$$

这个积分看起来相当复杂。求解这个积分的技巧就是利用变量替换，令 $x = \left(\frac{v}{c}\right)^k$，因此

$$\mathrm{d}x = \frac{k}{c}\left(\frac{v}{c}\right)^{k-1}\mathrm{d}v, F(V) = \int_0^x \mathrm{e}^{-x}\mathrm{d}x \tag{7.54}$$

因此有

$$F(V) = 概率(v \leqslant V) = 1 - \exp\left[-\left(\frac{V}{c}\right)^k\right] \tag{7.55}$$

对于瑞利分布特殊情况，将 $k = 2$ 代入式（7.45）可得 $c = \frac{2\bar{v}}{\sqrt{\pi}}$，其中 $\bar{v}$ 是平均风速，那么风速低于 V 的概率就是：

$$F(V) = 概率(v \leqslant V) = 1 - \exp\left[-\frac{\pi}{4}\left(\frac{V}{\bar{v}}\right)^2\right] \quad （瑞利分布时） \tag{7.56}$$

威布尔概率密度函数及其累积分布函数的曲线如图 7.30 所示。图中曲线 $k = 2$，$c = 6$，因此这实际上是一个瑞利概率密度函数。由图中可见，一半以上的时间里风速低于或等于 5m/s，且 $F(5) = 0.5$。但是注意这并不意味着平均风速等于 5m/s。事实上，由于该算例是瑞利概率密度函数，平均风速可由式（7.45）计算得出：$\bar{v} = c\sqrt{\pi}/2 = 6\sqrt{\pi}/2 = 5.32$m/s。

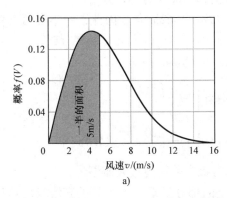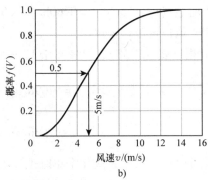

图 7.30 a) $k = 2$，$c = 6$ 威布尔概率密度函数 b) 累积分布函数曲线，一半时间里风速低于或
等于 5m/s，即概率密度函数包围面积的一半位于 $v = 5$m/s 线的左侧

同样有趣的是，风速大于某一定值的概率为

$$概率(v \geqslant V) = 1 - prob(v \geqslant V) = 1 - F(V) \tag{7.57}$$

对于威布尔统计，式（7.57）转换为

$$概率(v \geqslant V) = 1 - \left\{ 1 - \exp\left[-\left(\frac{V}{c}\right)^k \right] \right\} = \exp\left[-\left(\frac{V}{c}\right)^k \right] \tag{7.58}$$

对于瑞利统计，有

$$概率(v \geqslant V) = \exp\left[-\frac{\pi}{4}\left(\frac{V}{v}\right)^2 \right] \qquad （瑞利分布） \tag{7.59}$$

[例 7.7] 把功率曲线和瑞利统计数据联系起来。

一台 2.1MW 的 Suzlon S97 型风电机组的切入风速 $V_c = 3.5$m/s，额定风速 $V_R = 11$m/s，安全风速 $V_F = 20$m/s。如果风电机组置于满足瑞利分布且平均风速为 7m/s 的风中，试求：

a. 一年中有多少小时风速低于切入风速？

b. 一年中有多少小时机组将由于风速过高而停转？

c. 当机组保持额定输出时，一年将会输出多少电能（kW·h/年）？

d. 如果这种风力发电机的总容量系数为 38%，那么在 11m/s 额定风速以下的风会提供多少年能量？

解:

a. 根据式（7.56），风速低于切入风速 3.5m/s 的概率为

$$F(V_c) = 概率(v \leqslant V_c) = 1 - \exp\left[-\frac{\pi}{4}\left(\frac{V_c}{\bar{v}}\right)^2 \right] =$$

$$1 - \exp\left[-\frac{\pi}{4}\left(\frac{3.5}{7}\right)^2 \right] = 0.178$$

一年共有8760h（365×24h），风速低于3.5m/s的小时数为

小时数（$v \leqslant 3.5\text{m/s}$）= 8760h/年 × 0.178 = 1562h/年，因此，一年有两个多月的时间，风速低于切入风速。

b. 根据式（7.58），风速高于$V_F = 20\text{m/s}$的小时数为

$$小时数(v \geqslant V_F) = 8760\text{h/年} \times \exp\left[-\frac{\pi}{4}\left(\frac{V_F}{\bar{v}}\right)^2\right]$$

$$= 8760\text{h/年} \times \exp\left[-\frac{\pi}{4}\left(\frac{20}{7}\right)^2\right] = 14.4\text{h/年}$$

因此，可以预计每年只有几个小时预计风力机会因风力过大而停运。

c. 假设其功率输出曲线在大于V_R以上的部分呈平行于X轴的直线状，则只要风速在$V_R = 11\text{m/s}$到$V_F = 20\text{m/s}$之间时，风力机任何时间的输出功率都等于2100kW。风速大于11m/s的小时数是

$$小时数(v \geqslant 11) = 8760 \cdot \exp\left[-\frac{\pi}{4}\left(\frac{11}{7}\right)^2\right]$$

$$= 1260\text{h/年}$$

因此，每年风速在11m/s至20m/s之间的小时数为1260 – 14 = 1246h/年。此时间段内风力机的输出能量为

$$输出能量(V_R \leqslant v \leqslant V_F) = 2100\text{kW} \times 1246\text{h/年} = 2.62 \times 10^6\text{kW} \cdot \text{h/年}$$

d. 考虑到发电机的容量系数为38%，因此发电机输出电能为

$$2100\text{kW} \times 8760\text{h/年} \times 0.38 = 6.99 \times 10^6\text{kW} \cdot \text{h}$$

假设其中的$2.62 \times 10^6\text{kW} \cdot \text{h/年}$是由高于额定风速的风产生的，因此由低于额定风速的风中产生的部分为

$$从风速 <11\text{m/s}的风中得到的能量的占比 = \frac{6.99 - 2.62}{6.99} = 0.625 = 62.5\%$$

7.7.2 实际功率曲线的威布尔统计

根据已知的功率曲线，可以得出给定风速下的风力机输出功率。如果将某风速下的功率与该风速下的小时数相乘，就可以得出输出电能。如果某风电场只有小时风速数据，那么这些数据就可以用来计算输出的电能值。如果风速数据不足，通常采用威布尔统计，假设一个近似的形状参数k和尺度参数c。

首先用风速离散值和该风速下的年小时数来描述风速的统计性，然后再给出连续的概率密度函数。现在先后退一步，修正连续概率密度函数来估计离散风速持续的时间。如果知道了给定风速的持续小时数和该风速下的风力机功率，只要进行简单计算就可计算出总的输出电能。

假设以这种方式提问：风速为某一指定速度v的概率是多少？统计员将会告诉

你正确的答案是零。风速从不精确到 m/s。正确的问法是：风速在 $(v - \Delta v/2)$ 到 $(v + \Delta v/2)$ 之间的概率多大？对于某概率密度函数，如图 7.31a 所示，概率值恰好是曲线下 $(v - \Delta v/2)$ 到 $(v + \Delta v/2)$ 间的面积。如果 Δv 足够小，就可以像图 7.31b 所示近似为一个矩形面积。因此，可得到下面的近似式：

$$概率(v - \Delta v/2 \leqslant V \leqslant v + \Delta v/2) = \int_{v - \Delta v/2}^{v + \Delta v/2} f(v)\,\mathrm{d}v \approx f(v)\Delta v \qquad (7.60)$$

尽管式子看起来有点复杂，但它确实让计算变得简单。据此我们可以方便地指明风速为 v 的概率等于 $f(v)$，很容易地实现了连续概率密度函数的离散化，从而使统计员感到坐立不安。下例来验证这是否合理。

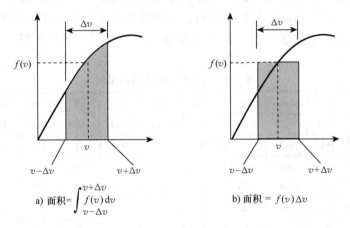

a) 面积 $= \displaystyle\int_{v-\Delta v}^{v+\Delta v} f(v)\,\mathrm{d}v$ \qquad b) 面积 $= f(v)\Delta v$

图 7.31 v 在 $v \pm \Delta v/2$ 之间的概率等于图 a 中的阴影部分。只有 Δv 的值相对较小，图 a 中的阴影面积就可以用图 b 中的阴影面积 $f(v)\Delta v$ 来近似

[例 7.8] $f(v)$ 的离散化。

某风场的风速满足瑞利分布且平均风速 $\bar{v} = 8\text{m/s}$，求风速在 6.5m/s 至 7.5m/s 之间的概率是多少？该值与风速为 7m/s 的概率密度值相差多少？

解：根据式 (7.59)，可以得到：

$$概率(v > 6.5) = \exp\left[-\frac{\pi}{4}\left(\frac{6.5}{8}\right)^2\right] = 0.59542$$

$$概率(v > 7.5) = \exp\left[-\frac{\pi}{4}\left(\frac{7.5}{8}\right)^2\right] = 0.50143$$

所以风速大于 6.5m/s 小于 7.5m/s 的概率为

$$概率(6.5 < v < 7.5) = 0.59542 - 0.50143 = 0.09400$$

现在尝试图 7.31b 中建议的简化。使用瑞利概率密度函数式 (7.46)，7m/s 的概率密度函数为

$$f(v) = \frac{\pi v}{2 \, \overline{v}^2} \exp\left[-\frac{\pi}{4} \left(\frac{v}{\overline{v}} \right)^2 \right]$$

在 $v = 7\text{m/s}$ 附近用 1m/s 增量，矩形近似为

$$\text{概率}(6.5 < v < 7.5) = 1 \times \frac{\pi \cdot 7}{2 \cdot 8^2} \exp\left[-\frac{\pi}{4} \left(\frac{7}{8} \right)^2 \right] = 0.09416$$

近似值 0.09416 仅比正确值 0.09400 高 0.2%。

　　上面的例子再一次验证了概率密度函数离散化计算的正确性，表明可以取整数风速对应的概率密度函数值来得到风速为该值时的概率。结合风电机组制造商提供的功率曲线（表 7.5 给出了部分举例），采用近似风速统计，可以得到估算年风电机组发电量的简捷方法。用一个电子表格很容易实现。例 7.9 演示了估算的全过程。

表 7.5　风电机组电气参数举例

品牌	Vestas	Vestas	Suzlon	Suzlon	GE	GE	GE	Siemens	Siemens	Vergnet
额定功率/kW	7000	3075	2100	2100	2500	1600	1500	3000	2300	275
直径/m	164	112	97	88	103	100	77	101	101	32
风速 /(m/s)	功率 /kW	功率 /kW	功率 /kW	功率 /kW	功率 /kW	功率 /kW	功率 /kW	功率 /kW	功率 /kW	功率 /kW
0	0	0	0	0	0	0	0	0	0	0
1	0	0	0	0	0	0	0	0	0	0
2	0	0	0	0	0	0	0	0	0	0
3	0	20	20	0	10	4	4	60	0	0
4	120	130	80	10	85	60	40	130	100	3
5	480	300	220	130	205	190	120	280	230	18
6	950	550	420	305	400	460	250	480	420	36
7	1630	900	678	540	695	750	420	765	720	58
8	2550	1350	1020	830	1130	1080	640	1175	1100	98
9	3750	1920	1433	1180	1630	1390	920	1650	1530	141
10	5000	2500	1830	1523	2050	1540	1200	2200	2000	189
11	5950	2950	2050	1845	2340	1595	1360	2700	2240	243
12	6695	3060	2090	2040	2480	1620	1450	2900	2300	272
13	6960	3072	2100	2080	2500	1620	1490	2970	2300	275
14	6995	3075	2100	2100	2500	1620	1510	2990	2300	275
15	7000	3075	2100	2100	2500	1620	1510	3000	2300	275
16	7000	3075	2100	2100	2500	1620	1510	3000	2300	275

（续）

品牌	Vestas	Vestas	Suzlon	Suzlon	GE	GE	GE	Siemens	Siemens	Vergnet
风速 /(m/s)	功率 /kW	功率 /kW	功率 /kW	功率 /kW	功率 /kW	功率 /kW	功率 /kW	功率 /kW	功率 /kW	功率 /kW
17	7000	3075	2100	2100	2500	1620	1510	3000	2300	275
18	7000	3075	2100	2100	2500	1620	1510	3000	2300	275
19	7000	3075	2100	2100	2500	1620	1510	3000	2300	275
20	7000	3075	2100	2100	2500	1620	1510	3000	2300	275
21	7000	3075	0	0	2500	1620	1510	3000	2300	0
22	7000	3075	0	0	2500	1620	1510	3000	2300	0
23	7000	3075	0	0	2500	1620	1510	3000	2300	0
24	7000	3075	0	0	2500	1620	1510	3000	2300	0
25	7000	3075	0	0	2500	1620	1510	3000	2300	0

[例 7.9] 使用表格估算年发电量。

假设一台额定功率为 3075kW 的 Vestas112 风电机组安装在一个具有瑞利风统计数据的地点，在轮毂高度的平均风速为 8m/s。

a. 求 7m/s 时的风能量（实际上是 6.5 ~ 7.5m/s）；

b. 求风电机组的年总发电量；

c. 根据上步计算结果，计算风电机组的总体平均效率；

d. 求在此风况下风电机组的年容量系数。

解：

a. 根据式（7.46）可计算出，在平均风速为 8m/s 的情况下，7m/s 的瑞利概率密度为

$$f(v) = \frac{\pi v}{2\,\bar{v}^2}\exp\left[-\frac{\pi}{4}\left(\frac{v}{\bar{v}}\right)^2\right]$$

$$f(7) = \frac{\pi \cdot 7}{2 \cdot 8^2}\exp\left[-\frac{\pi}{4}\left(\frac{7}{8}\right)^2\right] = 0.09416$$

一年有 8760h，风速为 7m/s 时的小时数估算为

7m/s 的小时数 = 8760h/年 × 0.09416 = 824.9h/年

从表 7.5 可知，该类型风电机组在 7m/s 时的输出功率为 900kW。因此计算 7m/s 时的风能量为：

风能量（@7m/s）= 900kW × 824.9h/年 = 742394kW·h/年

b. 电子表格的其余部分如下所示。产生的总能量为 12.41×10^6 kW·h/年。

风速/（m/s）	功率/kW	概率 $f(v)$	风速 v 持续时间 /（h/年）	电能 /（kW·h/年）
0	0	0	0	0
1	0	0.02424	212	0
2	0	0.04674	409	0
3	20	0.06593	578	11551
4	130	0.08067	707	91870
5	300	0.09030	791	237299
6	550	0.09467	829	456134
7	**900**	**0.09416**	**825**	**742394**
8	1350	0.08952	784	1058702
9	1920	0.08175	716	1374962
10	2500	0.07194	630	1575522
·	·	·	·	·
·	·	·	·	·
21	3075	0.00230	20	61967
22	3075	0.00142	12	38299
23	3075	0.00086	7	23049
24	3075	0.00050	4	13510
25	3075	0.00029	3	7713

共计：12414981

c. 风电机组的平均效率是指实际转化为电能的那一部分风能相对总风能的占比。假定该地点的风能满足瑞利统计模型，因此基于式（7.49）即可以求出直径长 112m 的风轮的平均风功率（假设空气密度标准值等于 1.225kg/m³）：

$$\overline{P} = \frac{6}{\pi} \cdot \frac{1}{2}\rho A \, \overline{v}^3 = \frac{6}{\pi} \times 0.5 \times 1.225 \times \frac{\pi}{4}(112)^2 \times (8)^3 = 6.045 \times 10^6 \text{W}$$

一年有 8760h，因此总风能为

$$\text{风能} = 8760\text{h/年} \times 6045\text{kW} = 52.96 \times 10^6 \text{kW} \cdot \text{h}$$

从而计算得出风电机组的平均效率为

$$\text{平均效率} = \frac{12.415 \times 10^6 \text{kW} \cdot \text{h/年}}{52.96 \times 10^6 \text{kW} \cdot \text{h/年}} = 23.4\%$$

d. 在此风况下风电机组的年容量系数为

$$\text{容量系数 CF} = \frac{\text{实际发电量}}{\text{额定容量发电量}} = \frac{12.415 \times 10^6 \text{kW} \cdot \text{h/年}}{3075\text{kW} \times 8760\text{h/年}} = 0.461 = 46.1\%$$

图 7.32 给出了上例中每一种风速下对应的年小时数和年兆瓦时柱状图。注意：图中风速较低时，尽管持续的小时数较多，但产生的电能却很少。这又说明了功率和风速之间成 3 次方的函数关系。

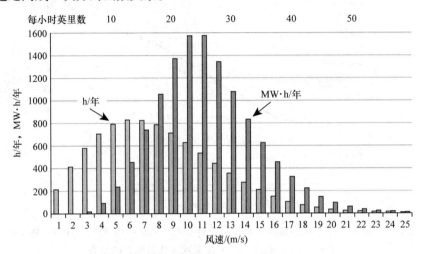

图 7.32 在瑞利风模型中，Vestas112 风力发电机在平均风速为 8m/s 的不同
风速下的每年小时数和每年兆瓦时数（基于例 7.9）

7.7.3 一种估算容量系数的简便方法

例 7.9 展示了如何将风功率曲线与风能概率密度函数相结合来估算风力发电机的发电量，以及如何基于该数值计算出风力发电机的容量系数。本节将介绍估算容量系数的简便方法，主要适用于风电场和风力发电机参数缺失的情况。

如果重复例 7.9 的计算步骤，但是改变平均风速数值，即可以很容易地得到任意风概率密度函数下任何型号风力发电机的容量系数相对于平均风速的一组曲线。图 7.33 所示为在瑞利概率密度函数下 Vestas 112 型号风力发电机的曲线图。一般风资源较好的风电场，平均风速在 5~9m/s 之间。注意，在此风速段，容量系数曲线呈线性变化。超过此风速段的风，由于包括了较多的高于风力机额定风速的风，因此容量系数递增开始趋缓，甚至有些轻微下降。当风速低于此切入风速时，容量系数曲线也会出现类似的趋缓变化，原因是此时的风基本上无法驱动风力机发电。

图 7.33 中的 S 形曲线是基于瑞利概率密度函数分布的风中得到的风力发电机的容量系数曲线。事实证明，所有类型的风力发电机在实际运行中可能遇到的平均风速范围内，基本上其容量系数曲线形状都类似。请注意，这个结论与单纯考虑风速本身对风力发电机输出功率的影响时的结论是多么的不同，风力发电机输出功率会随着风速 3 次方的增加而增加。这就像是风速与风功率之间的强非线性功率变化被风力发电机的强非线性出力特性相互抵消一样，从而使得平均风速与风力发电机

的发电量之间呈现了非常简单的线性关系。

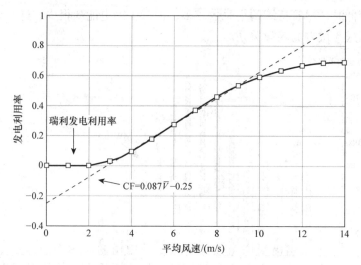

图 7.33 在例 7.9 中假设风速满足瑞利统计分布，Vestas112 型风力发电机的容量
系数（CF）曲线，以及在平均风速段的直线拟合

这说明在 5～10m/s 的风速范围内可以采用直线拟合出其曲线特性。对于该 Vestas112 型风力发电机，图 7.33 中所示的直线拟合结果如下：

$$CF = 0.087\overline{V} - 0.25 \tag{7.61}$$

该风力发电机的额定功率 P_R 为 3075kW，风轮直径 D 为 112m。计算以 kW 为单位的额定功率值与以 m 为单位的风轮直径的 2 次方之比，其结果恰好是

$$\frac{P_R}{D^2} = \frac{3075kW}{(112m)^2} = 0.25 \tag{7.62}$$

这是一个有趣的巧合。

对于平均风速范围的风，可以将容量系数写成：

$$CF = 0.087\overline{V} - \frac{P_R}{D^2} \quad [瑞利风（Rayleigh winds）] \tag{7.63}$$

式中，$\overline{V}$ 是平均风速（m/s）；P_R 是额定功率（kW）；D 是叶片直径（m）。请注意，要使式（7.63）成立，必须采用上述单位。

令人惊讶的是，尽管式（7.63）是从单台风力发电机的运行参数中推导出来的，但在许多情况下，它都能很好地预测出风力发电机的容量系数。在本书的第 1 版中，使用式（7.63）对许多 2000 年流行的不同型号风力发电机计算得到了容量系数，发现其与使用瑞利概率密度函数计算得到的结果一致性非常强。目前的风力发电机容量大得多，设计也更先进，但是当在表 7.5 中采用式（7.63）对目前的 10 种主流风力发电机进行计算时发现，其结果仍然与基于瑞利概率密度函数假设

计算得到的结果基本一致，特别是在实用性较强的容量系数 0.2 ~ 0.5 范围内。图 7.34 所示为 2000 年和 2012 年的不同型号风力发电机的容量系数相关性分布，这些风力发电机的容量从 250kW 一直到 7000kW 不等。

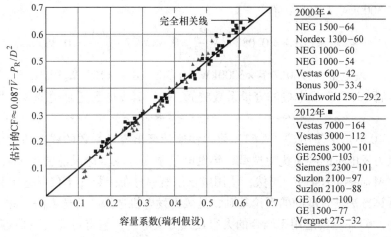

图 7.34 基于瑞利假设的容量系数与式（7.63）给出的简单估计之间的相关性

这种简单的容量系数计算方法非常方便，因为它只需要风力发电机的额定功率和叶轮直径，以及平均风速，当然，一旦估计出容量系数，就可以很容易地估算出年发电量。同样，要小心使用正确的单位：额定功率 P_R（kW），平均风速 $\overline{V}$（m/s）和叶片直径 D（m）。

$$年发电量(kW \cdot h/年) = 8760h/年 \cdot P_R(kW)\left\{0.087\overline{V}(m/s) - \frac{P_R(kW)}{[D(m)]^2}\right\}$$

$$(7.64)$$

还有一个问题需要回答：高容量系数是好还是坏？高容量系数意味着，风力发电机在功率曲线中超过额定风速的平滑部分将获取更多的能量。这就意味着风力发电机输出较高的稳定功率，有利于风力发电机并网发电。但另一方面，较高的容量系数意味着，由于叶片要规避一部分风来保护发电机，因此将损失很大一部分风能利用。当然最好是采用大容量的发电机来获取更高风速的风能，此时发电量增加但容量系数减小。当然容量大的发电机，造价也高。换言之，容量系数不是判断风电场经济性好坏的指标。

[例 7.10]   **用简单的容量系数估计法计算发电量。**

对于平均风速为 7m/s 的风电场，请对比分析一台与 2500kW 或 3000kW 发电机相连的 100m 叶轮所提供的容量系数和年发电量。

解：

对于 2500kW 发电机，根据式（7.63）和式（7.64），可以得出：

$$容量系数 CF = 0.087 \, \overline{V} - \frac{R_R}{D^2} = 0.087 \times 7 - \frac{2500}{100^2} = 0.359$$

$$发电量 = 8760h/年 \times 2500kW \times 0.359 = 7.9 \times 10^6 kW \cdot h/年$$

对于 3000kW 发电机，有

$$容量系数 CF = 0.087 \, \overline{V} - \frac{P_R}{D^2} = 0.087 \times 7 - \frac{3000}{100^2} = 0.309$$

$$发电量 = 8760h/年 \times 3000kW \times 0.309 = 8.1 \times 10^6 kW \cdot h/年$$

因此，尽管 3000kW 发电机的容量系数较低，但是其发电量还是稍微多一些的。

例 7.10 展示了使用式（7.63）可以快速计算出容量系数的线性估计值，从而应用于风力发电机的容量优化选型、年发电量预测以及全球风能估计等（例如 Jacobson 和 Masters, 2001）。当然，使用威布尔概率分布函数（不仅仅是瑞利）的电子表格计算方法具有准确的理论基础，是风力发电机选型的首选方法。此外，请记住，式（7.63）主要适用于当今的大容量风力发电机，它有可能会高估容量较小、效率较低、家用型的风力发电机的容量系数估算值。此外，它也可能会低估未来可能出现的效率更高、无齿轮箱的、带有全容量变流器的直驱式风力发电机（如图 7.13）的容量系数值。

式（7.64）一个有趣的用途是在不同风况下分析发电机容量大小与叶片直径尺寸的优化选择。固定叶片直径值，以 P_R 为变量，对式（7.64）求导，并令其值为零，可得

$$\frac{d(年发电量)}{dP_R} = \frac{d}{dP_R}\left[8760 P_R \left(0.087 \, \overline{V} - \frac{P_R}{D^2} \right) \right] = 8760 \left(0.087 \overline{V} - \frac{2P_R}{D^2} \right) = 0 \tag{7.65}$$

给定叶片直径值，求解最佳发电机容量值为

$$P_R(kW) = 0.0435 \, \overline{V}(m/s) \left[D(m) \right]^2 \tag{7.66}$$

图 7.35 绘出了满足上述关系的曲线。例如，对于具有 7m/s 平均风速的风电场，规划设计工程师会基于此图快速进行多种方案的经济性比较，比如说是采用 2000kW、80m 的风电机组还是采用 3000kW、100m 的风电机组，由图中可以看到这两种方案从容量系数的角度来看都是"最优"的。但是，从图中也可以容易看出，采用 100m 叶片、2000kW 的发电机组合方式就很不合理。

有很多关于式（7.66）的涵义和深化应用，这里先来看看式（7.66）能为最佳容量系数的计算提供什么启示。重新排列式（7.66）可以得到

$$\frac{P_R}{D^2} = 0.0435 \overline{V} \tag{7.67}$$

将其代回式（7.64），可以得到最优容量系数的估计值：

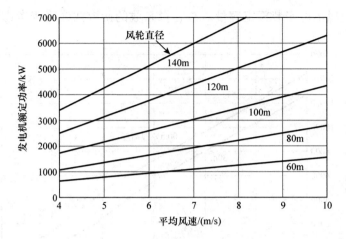

图 7.35　基于式（7.64）计算得到容量系数曲线，来分析叶片尺寸和发电机容量的优化组合

$$容量系数 \ \mathrm{CF} = 0.087 \ \overline{V} - \frac{P_\mathrm{R}}{D^2} = 0.087 \ \overline{V} - 0.0435 \ \overline{V} = 0.0435 \ \overline{V} \qquad (7.68)$$

例如，加州的风电场大多位于风速约为 7m/s 的地区，式（7.68）表明，这些风电场的目标容量系数约为 0.0435 × 7 = 0.30。而在从北达科他州到得克萨斯州的风带中，8m/s 更常见，根据式（7.68）可知，此时目标容量系数要高一点，约为 0.35。这两个容量系数在这些地区的风电场中都是有代表性的（Wiser 和 Bollinger，2012）。

7.8　风　电　场

除非是在特殊场地只安装一台风力发电机，例如独立运行不并网的家用风力发电，一般情况下当风力发电场址选定后就意味着要安装多台风电机组，通常称为风电场或风电园。将多台风电机组聚集安装到一个风电场的好处是显而易见的。降低了风电场的开发成本，简化了与输电线路的连接，而且可以集中运行和维护等因素，都是非常重要的考虑因素。

7.8.1　陆上可开发利用的风能

人们自然会有这样的问题：是否具备足够的风能资源以满足主要的用电需求，以及风场所需的土地面积是否过大？为了回答第一个问题，美国可再生能源实验室（NREL）早在 20 世纪 80 年代就开始开发美国风能资源地图，包括绘制出了图 7.29 所示的 50m 中心高度风概率密度分布图。以这些地图为基础，美国可再生能源实验室试图估算美国在荒野地区、公园、城市地区和其他不太适合开发地区以外土地上的可供开发总风能资源量。图 7.36 给出了 80m 和 100m 轮毂高度，以 GW

为单位的陆上风电可安装额定容量对总容量系数的函数曲线（未考虑风轮尾流损失等因素）。

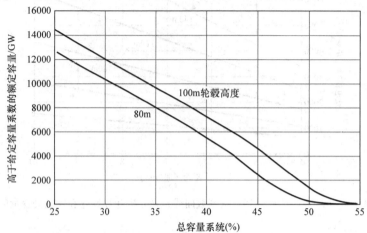

图 7. 36　美国本土毗邻的 48 个州在轮毂高度 80m 和 100m 处，以 GW 为单位的陆上风电可安装额定容量对总容量系数的函数曲线（未考虑风能损失）
（来自美国可再生能源实验室网站，2012）

[例 7. 11]　美国可开发利用风能资源。

将目前的 40 亿 MW·h 的美国电力需求同美国所有的 80m 高、具有 35% 容量系数的陆上风能相比较，再与 100m 高、40% 容量系数的风能相比较。假设风力机之间的风轮尾流损失是 10%。

解：

如图 7. 36 所示，高度 80m、容量系数 35% 时，风能可以提供约 8000GW 的功率。考虑到 10% 的尾流损失，则有

可利用能量（80m，35%）＝0. 35 × 8760h × 8000GW ×（1 − 0. 10）
　　　　　　　　　　　＝22. 1 × 10⁶GW·h/年 ＝22. 1 × 10⁹MW·h/年

这是目前美国所需电量的 5 倍之多。

如果高度 100m、容量系数 40% 时，风能可以提供大约 7500GW 的电力，则有可利用能量（100m，40%）＝0. 40 × 8760h × 7500GW ×（1 − 0. 10）
　　　　　　　　　　　＝23. 6 × 10⁶GW·h/年 ＝23. 6 × 10⁹MW·h/年

这几乎是现在正在使用的总电量的 6 倍。

显然，风能足以对当前和未来的电力需求供应产生重大影响。

美国可再生能源实验室最近的一份报告（Denholm 等，2009）主要介绍了美国大量在建风电项目的实际土地面积需求情况。在该报告中，研究人员将土地用途分为了直接用途和间接用途。直接土地使用主要指永久土地占用，包括在风电项目周期内存在的出入道路和塔筒占地，以及在施工期间占用但在施工建设完成后可恢复

到其他用途的土地。间接土地主要指风力机间距和其他边界考虑所需的土地区域。报告中给出的结论是：永久直接使用占用土地面积约为每兆瓦装机容量 0.74acre[⊖]，这部分主要用于修建道路，此外还有 1.7acre[⊖]/MW 的临时直接使用土地。这两个数值都存在着较大的不确定性。上述数值所指的土地不包括风力机间距和其他缓冲用途占用的面积，其中风力机间距面积的大小主要取决于风力机的布局方式，大约能达到 5~10 倍叶片直径的大小。

[例 7.12] 永久占用的土地面积。

估计采用风电供应美国 40 亿 MW·h/年电力需求的一半时，所需的风电场永久性占用土地面积。假设风电场平均风速为 7.5m/s，并采用美国可再生能源实验室给出的数据：永久性直接使用土地面积为 0.74acre/MW。

解：

基于式（7.68），在 7.5m/s 平均风速下，其容量系数为

$$容量系数 CF = 0.0435 \overline{V} = 0.0435 \times 7.5 = 0.326$$

因此，所需的风力发电机总额定功率将是

$$P_R = \frac{0.5 \times 4 \times 10^9 MW \cdot h/年}{8760h/年 \times 0.326} = 0.70 \times 10^6 MW$$

按照 0.74acre/MW 计算所需的永久性直接用地面积为

$$A = 0.74acre/MW \times 0.70 \times 10^6 MW$$
$$= 520000acre = 810mile^2 = 2100km^2$$

这还不到美国可用耕地 3 亿 acre 的 0.2%。

上述举例只计算了用于风电场道路、塔筒、电网等永久性占地面积，并没有考虑风力机间距以及风场周边缓冲地带的占地面积。当然，风力机间距过近，尾流效应会由于风速变缓，从而影响下风向风力机的出力。风速会在离开风力机叶片直径大约 10 倍的距离之后，恢复到正常值，因此风力机的间距不应小于该距离。同时根据风力机的间距，也可以计算出两排风力机之间的尾流损失量为多少。实际中，风场中风力机的布局需要仔细评估风向、地形的不规则性、进出道路、输电和并网设备、当前投运风力机及预留未来风力机间距用地等多种因素等。对于陆上风电项目，由于考虑了这些约束，常常会导致长串的风力机布局，或者不呈行列分布的风力机集群布局。如果具备成行、成列布局时，风力机的行间距通常是 5 倍叶片直径长度的倍数，一般会取值 10 倍叶片直径长度左右。这种布局一般称为 $5D \times 10D$ 阵列布局，如图 7.37 所示。

⊖ 英亩（acre），1acre = 4046.856m²，后文同。

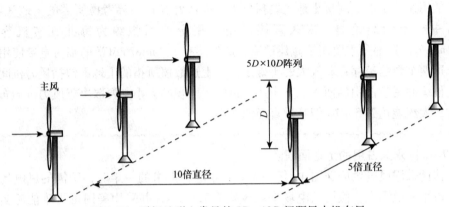

图 7.37　平坦地形上常见的 $5D \times 10D$ 间距风力机布局

在美国，统计了大量风电场实测数据表明，直接和间接用地面积（包括缓冲区域）约为 $85 \pm 50 \mathrm{acre/MW}$，或平均约为 $7.5 \mathrm{MW/mile^2}$（Denholm 等，2009）。图 7.38 所示为包含了缓冲区设计的风力机阵列布局示例。

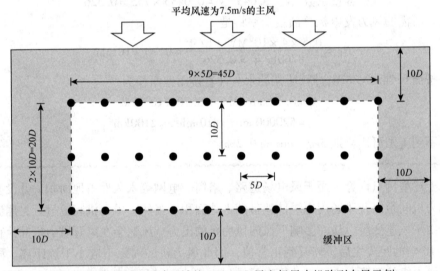

图 7.38　带有 $10D$ 缓冲区域的 $5D \times 10D$ 风电场风力机阵列布局示例

[例 7.13]　风力发电场所需土地面积。

采用 $5D \times 10D$ 风力机间距布局方式，估算由 32 台 2MW 的风力机，按照 3 排、每排 10 台风力机，间距 90m 的方式布局，所需占用的土地面积。然后再在风电场外围考虑增加 $10D$ 的缓冲区域，请计算此时所需的土地面积。同时也请计算出两种布局方式下的风电场功率密度比。

解：

风电场占用的土地面积是

$$风电场阵列所需土地面积 = (9 \times 5D) \cdot (2 \times 10D) = 900D^2$$
$$= 900 \cdot (90)^2 = 7.29 \times 10^6\,\mathrm{m}^2$$

以单位功率计算风电场功率密度为

$$风电场功率密度 = \frac{60\mathrm{MW}}{7.29 \times 10^6\,\mathrm{m}^2} \times \frac{2.59 \times 10^6\,\mathrm{m}^2}{\mathrm{mile}^2} = 21.3\,\mathrm{MW/mile}^2$$

顺便提一句，上述计算结果可见风电场土地的功率密度仅略高于 $8\mathrm{W/m}^2$，这比光伏发电所考虑的日照强度要小得多。

考虑了风电场缓冲区域面积后，所需的风电场总土地面积为

$$风电场阵列所需土地面积 = (9 \times 5 + 20)D \cdot (2 \times 10 + 20)D = 2600D^2$$
$$= 2600 \cdot (90)^2 = 2.106 \times 10^7\,\mathrm{m}^2$$

考虑了风电场缓冲区域土地面积后，风电场功率密度变为

$$风电场功率密度 = \frac{60 \times 10^6\,\mathrm{W}}{2.106 \times 10^7\,\mathrm{m}^2} = 2.85\,\mathrm{W/m}^2 = 7.4\,\mathrm{MW/mile}^2 = 2.9\,\mathrm{MW/km}^2$$

这个结果与美国可再生能源实验室报告（Denholm 等，2009）中所提到的均值 $7.5\mathrm{MW/mile}^2$ 大致相同。

在上述举例中，风电场中塔筒占地、内部道路等永久性用地土地面积仅有总占地面积的 1%。风力机阵列覆盖了总土地面积的 1/3，其余 2/3 用地为缓冲区域占地。未来预期，按照 33% 容量系数供应美国一半的电力需求，大约需要 70 万 MW 的风电装机。如果采用上述举例的假设参数，那么永久性占用土地面积将约为 $800\mathrm{mile}^2$，这其中包括了风力机阵列面积 $33000\mathrm{mile}^2$，还不到美国本土 48 个州陆地面积的 1%。另外 2/3 的占地为缓冲区，总面积约为 $100000\mathrm{mile}^2$，相当于怀俄明州的面积。图 7.39 所示为上述数据。

图 7.39 满足美国一半电力需求的风电场占用估算面积

风电场总面积的99%有可能用于传统农业或牧业，因此存在着多种类型互利互惠的土地利用机会。农民不太可能想拥有和经营风电场，但他们可以将自己的土地出租给风电项目开发商来获得可观的收入。年度支付可以基于每英亩或每台风力机的收入，也可以基于出租土地所产生的发电量。下面举例分析这些可供的选择。

[例7.14] 对比分析风电场的收入。

假设您拥有如例7.13所述的5200acre（$21.06 \times 10^6 \mathrm{m}^2$）的风电场土地。风电开发商为您提供了以下收入选择，以承租您的土地建设风电场。

a. 每发$1\mathrm{kW \cdot h}$电，付给您0.35美分；

b. 每英亩土地100美元；

c. 每兆瓦装机容量9000美元/年；

假设平均风速为$7\mathrm{m/s}$和风力机尾流损失为10%，试比较这三种方案。

解：

考虑采用2MW、90m风力机，平均风速为$7\mathrm{m/s}$，因此基于式（7.63），有

$$容量系数\ \mathrm{CF} = 0.087\ \overline{V} - \frac{P_R}{D^2} = 0.087 \times 7.0 - \frac{2000}{90^2} = 0.362$$

考虑了10%的尾流损失，则30台2MW的风力机的发电量为

$$\mathrm{kW \cdot h}/年 = 60000\mathrm{kW} \times 8760 \times 0.362 \times (1 - 0.10) = 171.24 \times 10^6\ \mathrm{kW \cdot h}/年$$

a. 如果接受了0.35分/$\mathrm{kW \cdot h}$的选择，则土地拥有人的收入为

$$171.24 \times 10^6\mathrm{kW \cdot h}/年 \times 0.0035\ 美元/\mathrm{kW \cdot h} = 599340\ 美元/年$$

b. 以每英亩计，按0.35美分/$\mathrm{kW \cdot h}$计算的收入将是

$$每英亩收入 = \frac{599340\ 美元/年}{5200\mathrm{acre}} = 115.26\ 美元/\mathrm{acre}$$

因此，0.0035美元/$\mathrm{kW \cdot h}$的收益方案比每英亩100美元的方案更好一些。

c. 0.35美分/$\mathrm{kW \cdot h}$，每兆瓦装机选项下的收入为

$$每兆瓦收入 = \frac{599340\ 美元/年}{30\ 台 \times 2\mathrm{MW}/台} = 9989\ 美元/年/\mathrm{MW}$$

这也比每兆瓦风电装机容量9000美元/年的方案要好。

因此，如果风力机出力能够如同期望的那样平稳，则土地所有者选取0.35美分/$\mathrm{kW \cdot h}$的方案最好，而不是选择按照每英亩或每兆瓦装机容量来收益的方案。然而，风力可能不如预计的那么强劲，而且风力机的性能也可能不如预期的那么良好，因此按照每千瓦时的收益方案可能会带来更大的风险。这也就是通常的权衡问题——大风险会带来大收益。

上述示例说明了一个重要的问题。风电场与传统耕种非常容易兼作，特别是牛牧场，农民可以通过出租土地给风电场而增加收入，其出租土地获益常常会超过在

该土地上耕种所获得的收益。因此，农场主和农民正在成为风力发电的最强有力的支持者之一，因为风力发电既可以提高他们的收益，还不会影响到他们继续从事农业耕种。

7.8.2　海上风电场

虽然陆上风电场一直是全球风力发电的主要来源，但目前规模较小但增长迅速的海上市场在未来具有相当大的潜力。海上风电固有的优势包括更接近大型沿海城市负荷中心，这可以避免长距离输电的费用和限制。事实上，美国一半以上的人口居住在邻近海洋或大湖的地区，以及有沿海边界的州，这些人口使用了美国 3/4 的电力。此外，沿海地区的电价往往较高，从而提高了风电的经济竞争力。海上的风也更强，更稳定，不会剧烈波动，而且它们经常在下午电价最高时起风。如果距离海岸足够远，视觉影响和可听到的噪音影响可能比陆上风电场要小。但是另一方面，海洋环境恶劣，维修可能很困难，而且建设费用比陆地上建设要高得多。例如，美国可再生能源实验室（Musial 和 Ram，2010）指出，海上风力发电的平均成本大约是陆上风电的两倍。

截至 2012 年，美国还没有运营的海上风电场，但美国可再生能源实验室在针对 2030 年实现 20% 供电来自风电的最小成本优化模型分析发现，到那时，超过 50GW 的发电容量可来自海上风电，如图 7.40 所示。与此同时，全球大部分海上风电装机容量都在北欧，尤其是丹麦和英国。欧洲的目标包括将海上风电装机容量从 2012 年的 10GW 增加到 2030 年的 150GW。

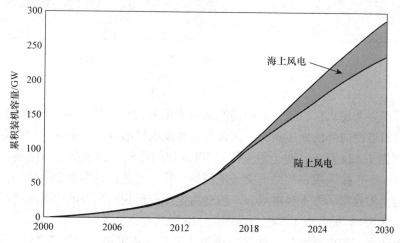

图 7.40　美国到 2030 年实现 20% 供电来自风电发展过程中的累积风电装机容量能力
（来源：Doe，2008）

可开发的近海风能资源不仅取决于风速，还取决于水深和离海岸距离。其他更详细的限制因素还包括波浪、洋流和暴风雨强度，以及对航道和传统渔场的潜在影响等。目前的海上风电场安装水域深度一般不超过 30m，这样风力机塔筒可以安装在支撑到海底海床上的一根大型钢管上。对于这种浅埋深度，也可以使用预应力混凝土重力式基座设计。对于 30～60m 所谓的过渡深度水域，基座使用的是石油和天然气工业开发常使用的导管架式固定平台结构，也有采用浅水中使用的简单单桩式基座结构的。目前仍在开发的最新技术是与底部分离的浮动式基座结构设计，如图 7.41 所示。

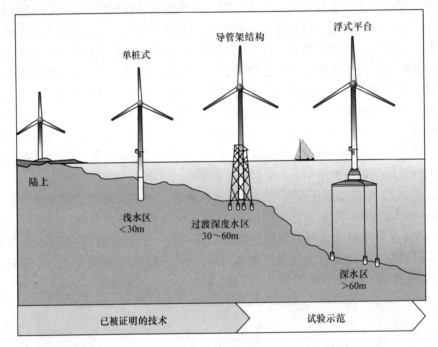

图 7.41　海上风能技术。重绘自美国可再生能源实验室
（Musial 和 Ram, 2010）

　　不仅需要考虑水深，距离海岸的距离也影响着设计方案。为了减少输电损耗，每个风力机塔筒内部的变压器和开关设备会将发电机出口电压从 690V 转换到 30～36kV。如图 7.42a 所示，对于距离海岸 30km 以内的较小容量海上风电场，该电压等级足以保证直接采用多根海底交流电缆即可将电能输送到岸基变电站中。对于较远距离的更大容量的海上风电场，一般会将电压提升到更高的电压等级进行电能输送，比如从 33kV 提升到 132kV，如图 7.42b 所示。

　　海上和岸上变电站之间的连接一般采用海底三相电缆，如图 7.43 所示。三相电缆中的三根导线间距非常近，因此其分布电容值会比陆上架空线路的大得多。架空线本质上呈感性，吸收无功功率，而海底电缆则会发出无功功率（var）。为了进行无功补偿，一般会在海上平台和岸上变电站同时安装无功补偿装置。海底三相电缆就像细长条的电容器，每个周期都要进行充电和放电。充电电流使得电缆可传输

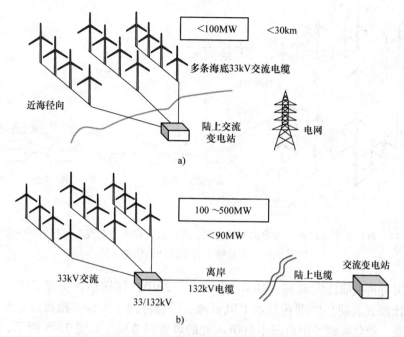

图 7.42 a) 近海岸小型海上风电场，可能采用多根海底交流电缆直接将风电机组发出的
电能输送到岸上　b) 更远距离的大型海上风电场会采用变压器进一步提高电压，然后再将
电能传送到岸上

负荷电流值降低，这意味着可供使用的海底
电缆实际长度会受到限制。

对于离岸超过 50km 的大型海上风电
场，可选择采用高压直流（HVDC）输电；
而对于离岸距离超过 100km 的情况，这几
乎是唯一可供选择的输电方式。高压直流输
电意味着需要在海上平台安装交流 - 直流整
流器和在陆上安装直流 - 交流逆变器如图
7.44 所示。虽然这些额外的设备增加了系
统的复杂性和成本，但也带来了一些固有的
优势：第一，它可以实现风电机组无缝地连
接到固定频率的电网上；第二，它还可以将

图 7.43　Vattenfall 132kV 海底电缆截图

远距离输电损耗降低到几乎可以忽略不计的程度。此外，由于电缆可以传输比交流
更多的直流电流，目前应用于中型交流风电场的电缆以后可以通过增加变流器而直
接用于更大容量的风电场。最后，变流器中的电力电子器件允许更好地实施有功和
无功功率控制，从而输出如同传统的蒸汽同步发电机一样的输出特性。

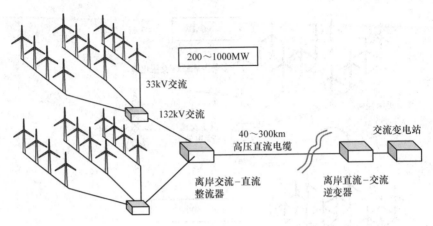

图 7.44 对位于更远距离的海上大型风电场，高压直流输电方案成为可行的——在某些
情况下——也是唯一可供选择的输电方案

美国可再生能源实验室（Musial 和 Ram，2010）试图估计美国沿海以及大型
水体（比如五大湖）的潜在总水上风资源。综合考虑了水深、距离海岸距离和风
速等因素，量化得到了距离海岸 100km 处的风资源总量，如图 7.45 所示，风资源
总量估计超过了 4000GW，约为目前美国所有发电厂总发电量的 4 倍。不利的是，
大多数风资源丰富的地区都位于海平面 60m 以下的深度。例如，加利福尼亚州拥
有巨大的风能资源，但其海底沿着海岸线会迅速下降。风力强、深度浅的地区主要
位于东海岸以及得克萨斯州和路易斯安那州的海岸线上。

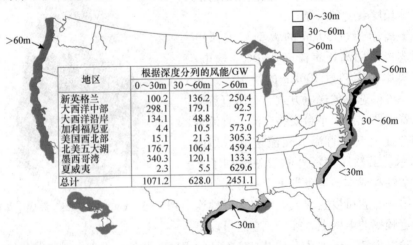

地区	根据深度分列的风能/GW		
	0～30m	30～60m	>60m
新英格兰	100.2	136.2	250.4
大西洋中部	298.1	179.1	92.5
大西洋沿岸	134.1	48.8	7.7
加利福尼亚	4.4	10.5	573.0
美国西北部	15.1	21.3	305.3
北美五大湖	176.7	106.4	459.4
墨西哥湾	340.3	120.1	133.3
夏威夷	2.3	5.5	629.6
总计	1071.2	628.0	2451.1

图 7.45 年平均风速超过 7m/s 的地域按照区域和深度列表的美国近海风能资源，目前，
美国的总发电量约为 1000GW（Musial 和 Ram，2010）

图 7.45 所示的大西洋中部地区相对较浅的水域中外大陆架向外延伸了数英里，

这为远离人口稠密的海岸线进行大规模风电开发提供了可能性。一个名为大西洋风能接入（Atlantic Wind Connection，AWC）的项目提出了一个输电框架方案，设计给出了有限数量的海上风电陆上接入点，以尽量减少对环境的影响，如图 7.46 所示。不同海上风电场之间将通过海底高压直流输电电缆连接，这可以更容易地连接和控制多个风电场。

图 7.46　大西洋海上风电场接入输电框架方案

一项对东海岸潜在风能资源的研究指出：大约 1/3 的美国总用电量，相当于佛罗里达州到缅因州的所有电力需求量，可以由大西洋沿岸的近海风电提供。此外，这些海上风电可以非常好地满足用电峰值的需求。因此除了夏季以外，从弗吉尼亚州到缅因州的所有负荷高峰都可以由这些州附近的海上风电来提供（Dvorak 等，2012）。

[例 7.15]　估算浅水风能资源。

基于美国可再生能源实验室数据，假设每平方千米水域上安装一台 5MW 风力发电机，该水域平均风速为 7m/s，试估算不到 30m 深的水域面积和潜在发电能力。

解：

从图 7.45 可见，美国在不到 30m 深的水域的总风能资源估值为 1071.2GW。该数值是针对平均风速 7m/s 而得出的，因此将 7m/s 代入式（7.68）进行保守计算：

$$\text{容量系数 } CF = 0.0435\,\overline{V} = 0.0435 \times 7 = 0.305$$

$$\text{年发电量} = 0.305 \times 8760\text{h/年} \times 1071.2\text{GW} = 2.86 \times 10^{6}\text{GW} \cdot \text{h/年}$$

美国目前的总发电量约为 400 万 GW · h/年，因此可见浅水区域的潜在发电能力能占总发电量的一半以上。

对于 5MW 单机容量，可计算得到

$$\text{所需风力发电机数量} = \frac{1071.2\text{GW}}{5\text{MW/台}} \times \frac{1000\text{MW}}{\text{GW}} = 214000 \text{ 台}$$

因此，如果在每平方千米水域上安装一台 5MW 风力发电机，所覆盖的面积约为 214000km² （82000mile²）。

7.9　风力发电的经济效益

在过去的 30 年里，风力发电技术得到了迅速的发展。风力发电机越来越大，容量系数越来越高，系统成本也大幅下降。风电已成为当今最具成本效益的可再生能源技术，预测显示，在短短几年内，风能将会便宜得像任何传统能源一样，在没有特殊激励的情况下提供能源。

风力发电的经济性取决于若干关键因素，包括：

- 整个系统的资本成本，包括完整的风电机组（叶片、发电机、塔筒和地基）、施工、电网建设、初始项目工程和允许费用。这些约占风能平准化能源成本（LCOE）的 80%（Blanco，2009）。
- 可变成本，主要是运营和维护，但也包括每年的保险、税收、土地租赁以及持续的管理和行政费用。这些是余下 20% 的风能平准化能源成本中的大部分。
- 地理位置，主要指陆上系统还是离岸系统。离岸系统的成本大约是陆上系统的 2 倍。
- 容量系数取决于风源、轮毂高度和发电机额定功率与扫掠面积之比。
- 激励措施可以是生产或投资税收抵减、公用事业退税、可再生能源信贷和加速折旧福利等形式。
- 融资，包括债务和股权的混合，以及投资回收系统的结构。

7.9.1　风力发电的年均电价

在风力发电发展的头 20 年，风电机组价格似乎遵循着典型的变化规律，每增加一倍的累积装机容量，价格就会下降约 10%。但风电成本在 2003 年开始触底并上涨，主要是由于大宗商品价格突然上涨，尤其是铜和钢铁价格的突然上涨，影响了整个传统电力行业，而不仅仅是风力发电。铜和钢铁这两种基本材料的成本在

10 年内翻了 3 倍。此外还有新技术快速进步引起的供应链瓶颈，再加上需求激增等因素。风电机组的价格在 2009 年达到了顶峰，成本较 2003 年翻了一番，但在随后的几年里，风电机组价格开始恢复了下降的趋势。

图 7.47 所示为陆上风力发电系统的资本成本分解，其中近 2/3 的成本来自于风电机组本体。而风电机组成本的 50% 来自于叶片和塔筒。对于海上风力发电系统来说，由于增加了风电机组基础建设和输电等方面的成本，因此风电机组本体的成本下降到了总成本的 50% 左右。

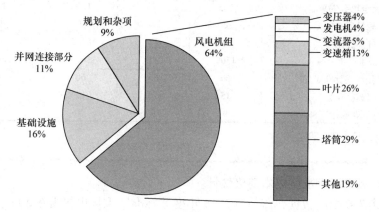

图 7.47　风电系统资本成本分解
［基于 Blanco（2009）和 EWEA（2007）数据］

为了估算风力发电的平准化成本，需要计算风电场的年度成本除以年发电量。为了确定风电场的年度成本，需要将总资本成本平均分散到整个投资周期内，然后再加上年度运营和维护的估算成本。该方法在 6.4.2 节中分析光伏发电系统时进行过介绍，现在再让我们利用该方法简化分析风力发电系统的成本。

一般情况下，风电工程都是贷款建设的，可以用近似的投资回收系数（CRF）将基本建设费用年均化，投资回收系数与利率 i 和贷款期限 n 有关。贷款的年还款额为

$$A = P \cdot \text{CRF}(i,n) \tag{7.69}$$

式中，A 表示每年的应还款额（美元/年）；P 是贷款额度（美元）；i 是利率（十进制小数；例如 0.10 表示 10% 的利率）；n 是贷款期限（年），且

$$\text{CRF}(i,n) = \frac{i(1+i)^n}{(1+i)^n - 1} \tag{7.70}$$

资本回收系数的单位为每年，同时利息和贷款期限也都是按年来表示的。

为了计算年度成本，表 7.6 首先列出了相关的风电场平准化能源成本的代表性成本。之所以选择 2002 年和 2009 年的数据，主要是因为历史上这两年的风电场成本最高。2013 年数据涉及两种风电场，分别采用了铭牌功率参数相同的，但叶片

直径和轮毂高度不同的风电机组，一种是基于标准风设计的风电机组，另一种是为低风速条件设计的风电机组。损耗主要指叶片尾流损失和电力损耗影响。未来可能会增加的损失，是指当风电装机容量超过了电网对风电需求的情况下，可能会减少风电场并网发电量。

表 7.6　风电场平准化能源成本的代表性成本

特征	2002 年	2009 年	2013 年风电机组定价	
技术类别	标准	标准	标准	低风速
额定功率/MW	1.5	1.5	1.62	1.62
轮毂高度/m	65	80	80	100
叶片直径/m	70.5	77	82.5	100
安装成本/（美元/kW）	1300	2150	1600	2025
运营费用/（美元/kW/年）	60	60	60	60
损耗（%）	15	15	15	15
融资成本（标称）（%）	9	9	9	9

资料来源：Wiser 等，2012。

[例 7.16]　风电场平准化成本简化估计。

利用表 7.6 中的数据，试估算 2013 年度"标准"型风电机组在 50m 高处 7m/s 平均风速（四级风起始风速，见表 7.4）情况下的年度成本。假设风电系统的生命周期为 20 年，同时考虑 1/7 占比的风切部分。

解：

首先，考虑计算 80m 高度处的平均风速，基于式（7.18）可得

$$\bar{v}_{80} = \bar{v}_{\text{Ref}} \left(\frac{H_{80}}{H_{\text{Ref}}} \right)^{\alpha} = 7 \cdot \left(\frac{80}{50} \right)^{1/7} = 7.49 \text{m/s}$$

采用式（7.63）来计算容量系数（注意采用正确的变量单位）：

$$容量系数 \ CF = 0.087 \ \bar{V} - \frac{P_{\text{R}}}{D^2} = 0.087 \times 7.49 - \frac{1620}{82.5^2} = 0.413$$

计及 15% 的损耗，则每年发出的电能将为

$$发电量 = 0.413 \cdot (1 - 15\%) \cdot 8760 \text{h/年} \cdot 1620 \text{kW} = 4.98 \times 10^6 \text{kW} \cdot \text{h/年}$$

现在来计算年度成本，基于式（7.70），有

$$\text{CRF}(9\%, 20) = \frac{0.09 (1 + 0.09)^{20}}{(1 + 0.09)^{20} - 1} = 0.1095/年$$

该风电系统的资本成本为 1600 美元/kW × 1620kW = 2592000 美元。根据上面算出的投资回收系数 CRF，则年度成本为

$$A = 2592000 \ 美元 \times 0.1095/年 = 283944 \ 美元/年$$

再考虑到 60 美元/kW/年的运维费用：

$$运维费用 = 60 \ 美元/kW/年 \times 1620 \text{kW} = 97200 \ 美元/年$$

因此，每千瓦时发电的平准化成本是

$$平准化成本 = \frac{283944\ 美元/年 + 97200\ 美元/年}{4.98 \times 10^6\ kW \cdot h/年} = 0.076\ 美元/kW \cdot h$$

如图 7.48 所示，对 2013 年度标准型风电机组（例 7.16）和表 7.6 中的 2013 年度低风速风电机组进行了成本灵敏度分析。两台风电机组具有相同的额定发电功率，但低风速风电机组叶片更大，轮毂更高，所以建造成本更高。目前，随着针对风电场风速情况的风电机组定值设计，地球上风能资源可以比以前预计的被更经济地捕获得到。

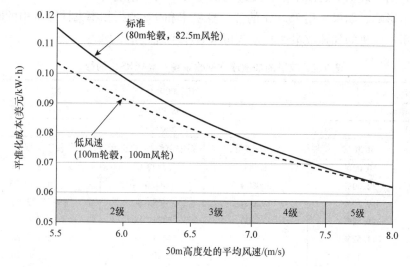

图 7.48　与低风速风电机组相比，表 7.6 中 2013 年度标准型风电机组的平准化成本敏感性分析

7.9.2 带有改进的加速成本回收系统和生产税抵减的平准化能源成本

图 7.48 给出的简单分析忽略了为鼓励发展可再生能源而制定的若干经济激励措施。它也忽略了与这些可再生能源系统相关的略微复杂的现实财务问题。这两个因素都取决于美国国会的相关政策，因此这里描述的相关因素可能会随着时间的推移而继续改变。除了财政激励措施外，美国各州还颁布了可再生能源配比标准（Renewable Portfolio Standards，RPS），要求零售电力供应商必须提供一定比例的可再生能源发电，包括风力发电。这些都是推动风电和光伏发电系统快速增长的强劲动力。

美国风电系统的主要税收激励有生产税抵减（Production Tax Credit，PTC）和投资税抵减（Investment Tax Credit，ITC）两种。生产税抵减最初是作为 1992 年能源政策法案的一部分而设立的，其在风电系统的头 10 年提供了可根据通货膨胀率调整的 1.5 美分/kW·h 的所得税抵减。到了 2012 年时，生产税抵减率达到了 2.2 美分/kW·h。随着时间的推移，生产税抵减的适用期已经被延长了，通常一次只延长几年，而且国会常常允许它在完全过期了之后还能继续重新延期使用。不用说，这种不确定性往往会周期性地对行业的健康发展造成破坏。生产税抵减的替代方案是 30% 的投资税抵减方案，有时国会会允许在风电项目投入运行后提前现金支付给项目方。

另一项税收激励措施是使用一种称为改进的加速成本回收系统 (Modified Accelerated Cost Recovery System, MACRS) 的快速折旧方案，该方案在 6.4.6 节已经进行了介绍。表 7.7 展示了使用改进的加速成本回收系统对于一个 1000000 美元系统的成本影响。如果采用 38.9% 的公司税税率和 9% 的折扣率来计算货币的时间价值，使用了改进的加速成本回收系统可节省净系统成本 30% 多一点。

表 7.7 改进的加速成本回收系统 (MACRS) 的影响

系统费用			1000000 美元	
公司税税率			38.9%	
公司折旧率			9%	
年	MARCS	折旧/美元	折旧节税收益/美元	节税收益现值/美元
1	20.00%	200000	77800.00	71376.15
2	32.00%	320000	124480.00	104772.33
3	19.20%	192000	74688.00	57672.84
4	11.52%	115200	44812.80	31746.52
5	11.52%	115200	44812.80	29125.25
6	5.76%	57600	22406.40	13360.20

总计：308053.28 美元

净系统成本：691946.72 美元

表 7.8 给出了类似的现值计算，以展示 10 年生产税抵减的影响。如表所示，针对每年每百万千瓦时发电，生产税抵减节省税收的现值收益为 141188 美元（忽略了影响生产税抵减的任何通货膨胀）。

表 7.8 生产税抵减 (PTC) 的影响

每年发电千瓦时数		1000000
生产税抵减(PTC)/(美元/kW·h)		0.022
公司折旧率		9%
年	生产税抵减(PTC)/美元	节税收益现值/美元
1	22000	20183
2	22000	18517
3	22000	16988
4	22000	15585

（续）

年	生产税抵减(PTC)/美元	节税收益现值/美元
5	22000	14298
6	22000	13118
7	22000	12035
8	22000	11041
9	22000	10129
10	22000	9293

每 10^6 kW·h 节税收益：14188 美元

［例 7.17］包括税收优惠在内的平准化发电成本。

例 7.16 的风电系统安装费用为 2592000 美元，每年的运维费用为 97200 美元。其发电量为 498 万 kW·h/年。公司税率为 38.9%，折扣率为 9%。求使用了改进的加速成本回收系统和 2.2 美分/kW·h 的生产税抵减优惠政策之后的平准化发电成本。

解：

从使用改进的加速成本回收系统（MACRS）开始。从表 7.7 中可见，每 1000000 美元的安装成本，使用改进的加速成本回收系统就能节省 308053 美元的税费收益，因此，对于本例中该风电系统，节省税费收益现值为

$$使用改进的加速成本回收系统的节省税费 = \frac{308053\ 美元}{1000000\ 美元} \times 2592000\ 美元$$
$$= 798474\ 美元$$

就投资税抵减（PTC）而言，每发电 100 万 kW·h/年，即可节省税费收益现值 141188 美元。所以有

$$生产税抵减的节省税费 = \frac{141188\ 美元}{10^6\ kW·h/年} \times 4.98 \times 10^6\ kW·h/年 = 703116\ 美元$$

使用了改进的加速成本回收系统（MACRS）和生产税抵减（PTC）节省税费的系统现值成本是：

$$总成本净额 = 安装成本 - MACRS - PTC$$
$$= 2592000\ 美元 - 798474\ 美元 - 703116\ 美元 = 1090410\ 美元$$

基于例 7.16 得出的 CRF(9%，20 年)=0.1095/年进行年均计算，可得

$$年化第一年度成本 = 1090410\ 美元 \times 0.1095\ 美元/年 = 119400\ 美元/年$$

加上 97200 美元/年的运维费用之后，再除以每年的发电量，即可得到平准化发电成本 LCOE：

$$平准化发电成本\ LCOE = \frac{122688\ 美元/年 + 97200\ 美元/年}{4.98 \times 10^6\ kW·h/年} = 0.044\ 美元/kW·h$$

因此，由于使用了改进的加速成本回收系统（MACRS）和投资税抵减（PTC），平准化发电成本（LCOE）已从7.6美分/kW·h降至4.4美分/kW·h。

图7.49所示为2013年度标准型风电机组的平准化发电成本灵敏度分析，分别给出了：没有税收优惠，只有改进的加速成本回收系统效益，以及改进的加速成本回收系统与投资税抵减共同发挥作用三种情况。

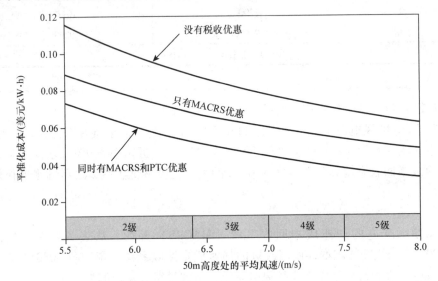

图7.49　表7.6中2013年度标准型风电机组考虑或未考虑税收优惠不同情况下的
平准化发电成本（1620kW，80m轮毂，82.5m叶片，1600美元/kW）

平准化发电成本的方法最适合对比分析两个系统所采用的不同优惠政策。然而，对于可再生能源系统来说，平准化发电成本方法忽略了一些重要的因素，比如可再生能源可调度性差，其出力难以根据负荷需求的变化而变化。对于电力系统而言，可调度性价值非常高，因此将风电与传统的燃气轮机进行平准化发电成本比较时，这种比较的结果会有点误导。尽管如此，如果将税收优惠包括在内，风电系统的平准化成本已经具备了与任何一种不可再生能源发电系统进行竞争的能力了。

7.9.3　风电系统的债务与股权融资

目前大型风电项目的经济可行性评估都是基于风电场业主－投资者团队和同意并网接入的电网公司之间签署的电力购买协议（Power Purchase Agreement，PPA）来进行的。风电系统的电力购买协议与6.4.7节介绍的光伏发电系统类似。合同主要包括了商定的电力购买协议基准费率等内容，该费率可通过表6.10所示的交货时间系数来按小时进行调整。

项目通常由所有者提供的权益和贷款机构如银行提供的债务共同出资。与贷方相比，所有者在股权投资中承担的风险更大，因此需要更高的回报率。放款人承担较少的风险，但希望项目在考虑折旧、利息扣除以及其他财务处理之前的年度营业收入高于债务支付。分析这样一笔投资是否合理的出发点是获得详细的年度现金流。如果业主有很大的税收意愿，分析可以相对直观一些，因为可以利用所有这些早期的税收优惠。表 7.9 给出了一个 75% 债务和 25% 股权融资的举例数据表格，采用的是 2013 年度标准型风电机组。经过对 20 年的现金流分析，可见投资者可以获得 22.8% 的良好内部收益率。

表 7.9　在头 20 年，分析投资者股本收益达 22.8% 的购电协议现金流量

（数据分析采用的是表 7.6 中的 2013 年度标准型风电机组）

输入	值	说明
单个风力发电机额定功率/kW	1620	2013 年"标准型"
风轮直径/m	82.5	
轮毂高度/m	80	
50m 平均风速/(m/s)	7	
轮毂处的平均风速/(m/s)	7.486	$V = V_{50}(\text{Hub}/50)^{1/7}$
风电机组容量系数 CF	0.4133	$CF \approx 0.087 V_{\text{avg}} - P/D^2$
风电场损耗(%)	15	
发电量/(kW·h/h)	4985172	CF×8760×额定功率×(1−损耗)
安装成本/(美元/kW)	1600	
安装成本/美元	2592000	美元/kW×总额定功率
股权比例(%)	75	
股份/美元	1944000	占比×安装成本
债务/美元	648000	安装成本−股份
债务利息(%)	8	
债务年限/年	15	
债务 CRF(i,n)/年	0.11683	$i(1+i)^n/(1+i)^{n-1}$
债务支付/(美元/年)	75706	债务×CRF
$t=0$ 时的运维费用/(美元/kW/年)	60	
$t=0$ 时的运维费用基数/美元	97200	运维 美元/kW/年×额定 kW·h
运维费用增长率(%)	1.5	
业主税率(%)	38.9	
生产税抵减/(美元/kW·h)	0.022	10 年利好
第 0 年电力购买协议价格/(美元/kW·h)	0.1	
$t=0$ 时电力购买协议价值/美元	498317	电力购买协议 美元/kW·h×kW·h/年
电力购买协议价格增长率/(%/年)	2	

（续）

年	0	1	2	3	…	20
营业收入（电力购买协议）/美元		508488	518657	529030	…	740770
运营费用/美元		98658	100138	101640	…	130914
营业收入/美元		409830	418519	427390	…	609856
债务/美元		75706	75706	75706	…	—
债务利息/美元		51840	49931	47869	…	0
负债余额/美元	648000	624134	598360	570523	…	0
折旧（5年MACRS）/美元		518400	829440	497664	…	—
应纳税收入/美元		（160410）	（460851）	（118142）	…	609856
所得税（w/o PTC）/美元		（62400）	（179271）	（45957）	…	237234
生产税抵减/美元		（109674）	（109674）	（109674）	…	
所得税/美元		（172073）	（288945）	（155631）	…	237234
税后净资产现金流量/美元	（1944000）	506197	（631759）	（507316）	…	372622
累计内部收益率（%）		−74	−28.5	−7.9	…	22.8
	20年内部收益率＝22.8%					

如果投资者不能立即享受与贷款利息、折旧和税收抵减等相关的税收优惠，他们可能会选择采用某种巧妙的产权谈判策略。最受欢迎的策略之一是让"税收投资者"和"赞助商"在所谓的"战略投资者转换"中分享所有权（Cory和Schwabe，2009）。也就是，在改进的加速成本回收系统（MACRS）和投资税抵减（PTC）提供主要税收优惠的最初10年里，税务投资者几乎拥有该公司的全部股权。但是在税务投资者获得了满足他/她所需的目标税收收益之后，所有权将发生转换，主要投资方将作为所有者继续接管该项目。在随后的系统生命周期之中，投资方将获得几乎所有的利润。

7.10　风力发电对环境的影响

风力发电系统对环境有正面也有负面的影响。制造和安装风力机的负面影响主要是鸟类的死亡、噪音、地形地貌的改变和环境污染。正面影响是风能代替了其他污染严重的能源。

鸟类就像碰撞汽车、电话塔、玻璃窗和高压电线一样，也经常碰撞风力机。尽管风力机导致的鸟类死亡率相对于其他人类设置的障碍物而言微乎其微，但这仍然值得关注。早期的风电场，机组容量较小但转速较高，鸟类死亡非常普遍；新型大容量风电机组的转速相对缓慢，鸟类更容易躲避。一些欧洲的研究认为，当鸟类在感知到前方有风力机时会改变航向，死亡事件很少发生。在丹麦关于成年鸟类和海洋风电场的研究表明，即使诱饵在风力机附近时，成年鸟类也能有效躲避风力机。研究中还故意将风力机停转，然后观察鸟类的反应，发现没有任何变化。人类的审美感觉是风电机组选址的重要因素。只需要加入一些简单的想法，就能使人们更愿意接受风电场的选址。简单地把同一型号的风力机按行和列统一排放，就如同将风力机涂成浅灰色一样，很容易与天空融为一体。大容量机组旋转相对缓慢，使得它们看起来不是那么扎眼。单机噪音和机群噪音是另一个潜在的引起争议的现象，现代新型机组在设计时就规定要控制其噪音。由于风本身的噪音就很大，因此很难在现场具体测定风力机引起的噪音等级。但如果只是相隔几倍叶片直径的距离，风力机的噪音能使得人耳感到很不舒服。

风力发电在空气环保方面的优点很显著。风力发电系统不会释放 SO_x、NO_x、CO、挥发性有机化合物和其他燃料燃烧发电系统产生的有害物质。由于风力发电没有碳排放，因此如果碳释放开始收税后，风力发电肯定会得到快速地蓬勃发展。

参 考 文 献

Blanco MI. The economics of wind energy. Renewable and Sustainable Energy Reviews 2009; 13(6–7):1372–1382.

Cavallo AJ, Hock M, Smith DR. Wind energy: Technology and economics. In: Burnham L, editor. *Renewable Energy, Sources for Fuels and Electricity*. Washington, DC: Island Press; 1993.

Cory K, Schwabe P. Wind levelized cost of energy: a comparison of technical and financing input variables.2009 October. NREL/TP-6A2-46671.

Denholm P, Hand M, Jackson M, Ong S. Land-use requirements of modern wind power plants in the United States. 2009. NREL/TP-6A2-45834.

DOE. 20% wind energy by 2030: increasing wind energy's contribution to U.S. electricity supply.2008 July. DOE/GO-102008-2567.

Dvorak MJ, Corcoran B, Ten Hoeve J, McIntyre N, Jacobson M. *US East Coast offshore wind energy resources and their relationship to peak-time electricity demand*. Wind Energy, Wiley Online Library; 2012. DOI:10.1002/we.1524.

Elliott DL, Holladay CG, Barhett WR, Foote HP, Sandusky WF. *Wind Energy Resource Atlas of the United States*. Golden, CO: Solar Energy Research Institute, U.S. Department of Energy; 1987. DOE/CH 100934.

EWEA. *Wind Directions*. Brussels: European Wind Energy Agency; 2007.

Jacobson MZ, Masters GM. Exploiting wind versus coal. Science 2001;293:1438.

Johnson, GL. *Wind Energy Systems*. Englewood Cliffs, NJ: Prentice Hall; 1985.

IRENA. Renewable energy technologies: cost analysis series, Volume 1. International Renewable Energy Agency; 2012 June.

Musial W, Ram B. Large-scale offshore wind power in the United States: assessment of opportunities and barriers. National Renewable Energy Laboratory; 2010 September. NREL/TP-500-40745.

Wiser R, Bolinger M. 2011 wind technologies market report. Lawrence Berkeley National Laboratory; 2012.

Wiser R, Lantz E, Bolinger M, Hand M. Recent developments in the levelized cost of energy from U.S. wind power projects. National Renewable Energy Laboratory; 2012 February.

Wu B, Lang Y, Zargari N, Kouro S. *Power Conversion and Control of Wind Energy Systems*. Hoboken, NJ: Wiley IEEE Press, 2011.

第8章　更多类型可再生能源发电系统

8.1　引　　言

本书重点介绍最受关注的可再生能源系统技术，主要是基于风能和光伏的能源系统，但也有其他类型的小型或大型可再生能源系统技术。聚焦式光热发电系统、潮汐和波浪能发电、水电、生物质和地热发电技术越来越到了人们的关注。

8.2　聚焦式光热发电系统

全球大部分的电力都是由将热能转化为机械做功的发电厂发出的。热源加热水至沸腾形成高温高压的蒸汽，蒸汽膨胀经由涡轮机而驱动发电机旋转发电。聚焦式光热（Concentrating Solar Power，CSP）发电的特点是，它们从阳光中获得热量，而不是从化石或核燃料中获得热量。为了保持命名的清晰，聚焦式光热发电系统将热能转化为电能，而集中光伏（Concentrating Photovoltaic，CPV）系统则将光子转换为电能。

聚焦式光热发电系统有四种设计方法：线性抛物线型槽式，塔式（太阳能塔），线性菲涅耳反射式（Linear Fresnel Feflectors，LFR）和带斯特林发动机的抛物面盘式聚光器，如图8.1所示。其共同的优势在于使用太阳能作为燃料，其共同

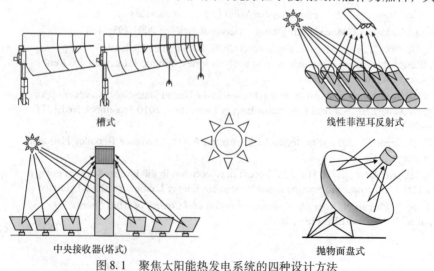

槽式　　　　　　　　　　　　　线性菲涅耳反射式

中央接收器(塔式)　　　　　　　抛物面盘式

图8.1　聚焦太阳能热发电系统的四种设计方法

的挑战是所有类型的热机都必须采用最经济的方法来形成一个高温热源和低温热储。本节将首先讨论这些共性问题，然后再对比分析不同的技术实现上述挑战而达到的水平。

8.2.1　热机的卡诺效率

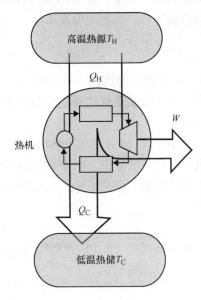

热机的工作流程很简单，首先从一个高温热源（比如像锅炉）获取 Q_H 的热能，然后一般采用旋转转矩的方式将其中的部分热量用来做功 W，再将剩余热量 Q_C 注入像空气或就地的水源等低温热源中。图 8.2 所示为描述该热机的一般模型。

热机的热效率等于所做功与从高温热源获取的能量之比：

$$热效率 = \frac{输出净功}{总热量输入} = \frac{W}{Q_H} \qquad (8.1)$$

因为能量的转化关系为

$$Q_H = W + Q_C \qquad (8.2)$$

因此热效率可以表示成

$$热效率 = \frac{Q_H - Q_C}{Q_H} = 1 - \frac{Q_C}{Q_H} \qquad (8.3)$$

图 8.2　热机将从高温热源中吸收的部分热量用于做功，剩余部分排往低温热储中

法国工程师萨迪·卡诺（Sadi Carnot）在 19 世纪 20 年代首先设计出了能够在高温热源和低温热源之间运行的高效热机。为了便于描述卡诺方程的基本原理——即描述热机的最大可能效率和高低温热源温度之间的关系，首先介绍熵的概念。

在热动力学中，经常会出现定义某个非常重要的指标，但是定义的描述很不直观的局面。熵可以被描述为：对分子异常或分子无序性的一种度量。熵的一种极端情况是纯晶体在绝对零度的情况下。由于每个原子按照固定的次序被锁定在的预知的位置上，因此熵被定义为零。总体上，固体物质的分子排列更有秩序，因此比液态和气态物质的熵要低。当燃烧煤的时候，气化后物质的熵比燃烧的煤块的熵要高。也就是说，与能量不同，熵在此过程中并不守恒。实际上对于每一个发生的实际过程，都会有无序性以及宇宙整体熵的增加。

熵增加的概念很重要。它告诉在一个独立系统中，比如宇宙中，整体的能量不能改变，但系统内部的自发过程会导致系统熵的增加。其含义说热量只能从高温物体流向低温物体；同时也指明了某种化学反应的方向。

当分析图 8.2 所示的热机时，给出的是能量流动示意图。在热动力学第一定律中，能量以热转移的方式来考虑，并且认为热机做功将导致能量增加。对于熵分

析，该方法不行。如果将做功考虑成理想过程，即不会导致无序性的增加，那么也就不会带来熵的转移。这是能量与熵分析的一个重要的区别。只要是进程就将涉及到热转移和做功。热转移就伴随着熵转移，但是做功与熵没有联系。

为了便于分析，熵不仅要从逻辑中分析，还应当以方程的形式表示出来。回忆热机的内容，如果热量 Q 从某个温度为 T 的大型热储中移出（其体积足够大，保证移出热量后，热储的温度不变），那么热储中损失的熵定义为

$$\Delta S = \frac{Q}{T} \tag{8.4}$$

式中，T 是绝对温度值，可以是开氏或兰金温度。式（8.4）表明当温度上升时熵下降。由于高温热量比等量低温热量更有用，因此可以讲熵不是希望的东西，越少越好。

如果将式（8.4）用于热机，并且要求热机在运行中熵增加，可以很容易得出热机的最大可能效率。由于热机做功中没有熵交换，熵必须增加的要求说明低温热储上增加的熵一定大于来自高温热源中的熵。

$$\frac{Q_C}{T_C} \geqslant \frac{Q_H}{T_H} \tag{8.5}$$

重新排列式（8.5）并将其代入式（8.3），我们可知，热机的最大可能效率为

$$\eta_{\max} = 1 - \frac{T_C}{T_H} \tag{8.6}$$

这就是卡诺给出的经典结论。观察式（8.6），可以立即看到高温热源的温度增加或低温热储的温度降低，都将使得热机的最大可能效率增加。实际上，无穷高的高温热源和绝对的 0 度低温热储都是不存在的，因此不存在效率 100% 的将热能转换为机械能的实际装置。肯定会有部分的废热排入外界环境中。

聚焦式太阳能发电技术将太阳能转化为热能来驱动热机发电。在依靠周围环境做低温热储时，热机的效率与高温热源的温度直接相关。如果不聚焦的话，太阳光温度并不高，无法保证热机的热效率，但是采用聚焦技术后则不同。已经有四种方法成功实现了聚焦式太阳光发电：线性槽式光热发电系统、塔式定日镜反光发电系统、线性菲涅耳聚光发电系统、带斯特林发动机的抛物面盘式聚光发电系统等。前三个发电系统都是基于相对传统的朗肯循环热机，这意味着它们可以配置储热单元而进一步提高发电系统的运行时间，有助于满足峰值负荷供电需求，也可以平抑云层遮蔽等导致的光伏发电系统出力的波动。当没有日照时，其也可以利用化石燃料作为热源产生蒸汽，从而提高该系统的经济可行性。

8.2.2 直接日照强度

储热能够使聚焦式光热发电系统比光伏发电系统更具经济优势，但是要意识到无论是光热系统还是光伏系统，太阳能的聚集性取决于将太阳光聚焦到接收器上的

能力。直接使用总日照强度中的直射部分太简单直接，丧失了对散射和反射部分光照的利用。因此，相当数量的入射日照强度无法用于太阳能聚焦，抵消了太阳能聚焦的一部分储能优势。

聚焦式光热发电系统通常使用南北向水平单轴跟踪光伏阵列，或者使用两轴跟踪光伏阵列，可以实现对全天太阳的移动轨迹进行跟踪。这两种方式只适用于对法向直接日照强度（Direct Normal Irradiance，DNI）部分的跟踪，分析其损失的日照强度也是很有趣的一件事情。表8.1给出了美国五个城市的日照强度数据，这些城市是美国国内日照强度最强的部分城市。表中分别给出了完全水平安装、南向固定倾角（倾角等于维度角）安装、双轴跟踪系统对应的数据。对于法向直接日照强度，对比了水平单轴光伏阵列和能够连续跟踪太阳移动轨迹的光伏阵列数据。

由表8.1中可见，在日照充足的地区，单位集热面积上，双轴跟踪系统非聚光光伏发电阵列比双轴聚焦式光热发电系统的可用日照强度多25%～33%。比较法向直接日照强度，双轴聚焦式系统感受到的日照强度比单轴水平向的系统感受到的日照强度多出了12%～15%。

表8.1　5个晴天地区不同朝向的日照强度数据对比

日照强度 /(kW·h/m²/天)	达盖特，加利福尼亚州	图森，亚利桑那州	拉斯维加斯，内华达州	艾帕索，得克萨斯州	阿尔布开克，新墨西哥州
完全水平	5.8	5.7	5.7	5.7	5.6
完全南向固定倾角 $= L_{at}$	6.6	6.5	6.5	6.5	6.4
完全双轴跟踪	9.4	9.0	9.1	8.9	8.8
单轴南北轴水平法向直接日照强度	6.6	6.2	6.2	6.0	5.9
单轴跟踪法向直接日照强度	7.5	7.0	7.1	6.7	6.7
比率					
完全双轴跟踪/双轴法向直接日照强度	125%	129%	128%	133%	131%
双轴法向直接日照强度/单轴水平法向直接日照强度	114%	113%	115%	112%	114%

资料来源：美国可再生能源实验室（NREL）红皮书的数据。

只能聚焦法向直接日照光的缺点表明，聚焦式光热发电系统需要安装在日照强度非常强的地方，才能具有竞争力。图8.3所示为美国符合上述日照强度要求的地域在地图上的标注，不出意外，这些地点集中在美国炎热、干燥、日照丰富的西南部地区。在全球范围，适合聚焦式光热发电系统的地区包括北非、中东、南部非洲、澳大利亚和南美洲的西部。与受制于安装地域限制等类似的问题还有，是否具备充足的土地或日照强度，是否靠近负荷中心，使得可以使用聚焦式光热发电系统作为主要的供电电源，而无需增加新的输电系统的大额投资。

相关资源评估结果表明，不到全国面积1%的西南部地区的聚焦式太阳能发电

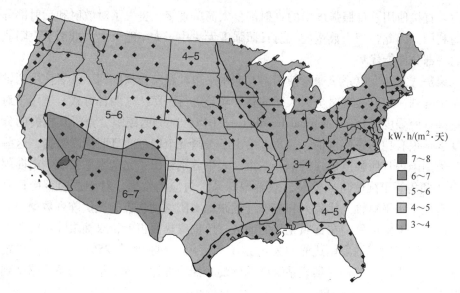

图 8.3　双轴跟踪聚焦光伏阵列上的法向直接日照强度（数据来自 NREL）

可提供美国目前电力需求量 4 倍以上的电能（Stoddard 美国可再生能源实验室，2006）。这些地区的土地目前没有什么重要的用途，其蕴含的太阳能资源至少为6.75 千瓦时/平方米/日。该数据估计是基于 5 英亩/兆瓦、27% 容量因数而估算出来的。

8.2.3　聚焦式光热发电系统的冷凝器冷却

　　抛物线性槽式、线性菲涅耳反射式和塔式聚焦式光热发电系统使用热能驱动水蒸气进行朗肯循环，这意味着系统中需要有一个冷凝器冷却工作流体使得其能够冷却后回流至蒸汽机。冷凝器可以是水冷的，也可以是空冷的，也可以是两者的混合，如图 8.4 所示。由于这种类型的发电厂往往位于沙漠地区，因此，是否有充足的水用于水冷将是关键的问题。干式冷却法避免了这一问题，但是其投资成本高，辅助运行耗电量高，而且制冷效果一般，特别是在高峰负荷出现的炎热天气下，使得机组的卡诺效率降低。

　　抽取热量的最简单的方法是"单次流过式"冷却方式，采用来自附近的河流或海洋的大量的水（≈25000gal/MW）流经冷凝器。但是由于大多数聚焦式光热发电系统往往位于沙漠地区，因此这种冷却方式不适用。而最常用的方法采用的是蒸发式循环冷却。冷却水在冷凝器中被加热然后注入到机械通风冷却塔中。风扇从塔底部反方向向降落的水滴吹风，从而带走热量。在塔底收集到的冷却水会回流至冷凝器，除了蒸发损失外，冷却塔还必须定期冲洗积存的盐，这意味着需要额外的水来弥补这些损失。此外，所有类型的聚焦式光热发电系统的反射镜面都必须定期清洗以保证其良好的日照反射率。

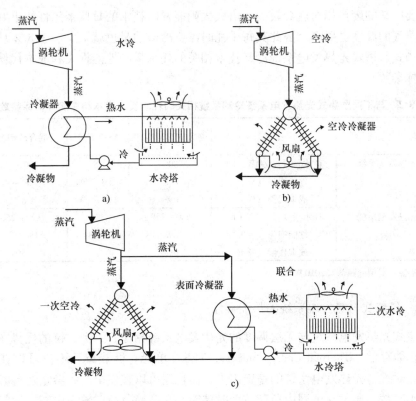

图 8.4　聚焦式光热发电系统冷凝器的三种冷却方法

a）蒸发式循环冷却　b）空冷式冷凝器的干式冷却　c）两种冷却方式的组合方式

干式冷却系统通过空冷换热器将热量传递到空气中，从而避免了几乎全部的水损耗。与水冷方式中将废水蒸气从蒸汽机输送到冷凝器不同，干式冷却是通过一系列的风冷热交换管将废水蒸气输出的。向这些热交换管吹风的风扇功率非常大，而且干式冷却后水蒸气的温度会高于水冷冷却后的水蒸气温度。特别是，当外界环境温度升高时，风冷的效果会下降，因此在天气最热的时候，也就是最需要电力的时候，风冷系统的发电效率反而会降低。

混合冷却方式是对控制水损耗量和冷却性能之间作出的一种折衷方案。如图 8.4c 所示，该系统同时具有水冷和风冷系统，两个系统可以独立运行。风冷系统作为主要散热方式，往往是唯一运行的系统。然而，在天气最热的时候，蒸汽机中的一部分水蒸气会被输送到水冷系统中，从而减少了风冷系统的负荷。由于减少了负荷，因此即使在炎热的天气下，风冷系统的性能也将很不错。但是，只要运行了水冷系统，就会带来水的损耗。由于减小了风冷系统的容量，因此混合冷却方式比全风冷系统会便宜 些。

聚焦式光热发电系统的耗水量取决于所使用的光热发电技术以及冷却系统采用的方式。蒸汽温度越高，发电效率也就越高，这就意味着热能更多地转移给了电能，需要冷却的废热相对就会较少。塔式太阳能发电技术的日照聚焦性能更好，产生的水蒸气的温度也更高，因此其每千瓦时需要冷却的量也就更少。表 8.2 总结了与线性槽式、塔式光热发电系统冷却技术相关的耗水量、性能损失和成本代偿等相关的指标参数。

表 8.2　与不同聚焦式光热发电系统冷却系统相关的耗水量、成本和性能等指标参数

光热发电系统	指标	蒸发式循环冷却	空冷方式	混合冷却方式
槽式光热发电系统	耗水量/(gal/MW·h)	800	78	100 ~ 450
	性能损失（%）	0%	4.5% ~ 5%	1% ~ 4%
	成本代偿（%）	0%	2% ~ 9%	8%
塔式光热发电系统	耗水量/(gal/MW·h)	500 ~ 750	90	90 ~ 250
	性能损失（%）	0%	1% ~ 3%	1% ~ 3%
	成本代偿（%）	0%		5%

资料来源：美国能源部（2010）

8.2.4　聚焦式光热发电系统的热能存储

聚焦式光热发电系统与无法调度的光伏发电系统相比，一个关键的优势在于其包含了热能存储（Thermal Energy Storage，TES）单元。储热单元不仅可以在云层遮蔽阳光时维持光热发电系统的稳定出力，而且还可以在发电厂满容量运行时提高其运行小时数。通过在电网中负荷较低时储能，在高峰负荷时输送电能，储能单元可以提高所售电量的价值，从而有助于抵消储存单元的投资成本。图 8.5 所示的图形展示了这一过程。通过配置储能单元，聚焦式光热发电系统可以实现稳定出力，从而成为一种可供调度的电源。

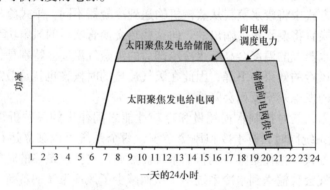

图 8.5　配置储能单元可以实现输出功率的时间可控性

（来自 Stoddard，NREL 2006）

储热系统主要以熔融硝酸盐作为储能介质，有时候也作为热传导流体（Heat Transfer fluid，HTF）。熔盐的成分主要由硝酸钾和硝酸钠组成，有的成分中还包括硝酸钙。熔盐相比于目前应用的高温热油有很多优点。其允许更高的存储温度，从而降低了所需的存储体积，也更便宜，而且其不易燃、无毒的特性使得其更加环保。其效率更高，其充放电的循环效率可超过 98%，待机热损耗约 0.03%/h（Sioshansi 和 Denholm，2010）。熔盐在常压下是液态的，但是其熔化温度比水的沸点高得多，这意味着其需要在夜间之间保持热度，以避免一旦其凝结成固态后带来的系统复杂性。这种凝结问题是可以通过间接设计方案来避免的，在这种方案中，传热油从光伏阵列中采集热能，然后通过热交换器将热量转移到熔盐储能单元中。图 8.6 所示的系统给出了这种间接设计方案，采用的是槽式光伏阵列采集能量，当然可以采用塔式光伏阵列系统提供能量。

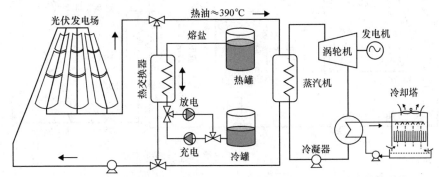

图 8.6　一种采用双罐熔盐储能、热油作为传热流体构成的间接储能系统

　　这种间接系统的缺点是热油作为导热介质其最高温度相对较低，约为 400℃，从而限制了熔盐的储能温度，从而导致了较大的储能体积和增加的成本。在直接储热方式中，熔盐既作为采集系统，也作为储能罐体中的导热介质，因此不需要附加昂贵的热交换器。除了避免了热交换器部分损耗的效率下降之外，直接储热系统可以在高温下运行，这也提高了运行的效率。图 8.7 所示为直接储热系统的示意图，包括了一个太阳能塔和一个风冷冷凝器。

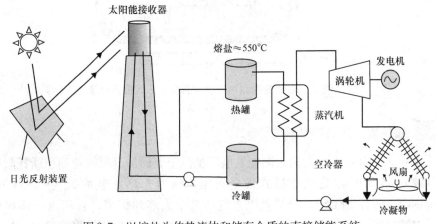

图 8.7　以熔盐为传热流体和储存介质的直接储能系统

未来的设计方案将只使用单个储能罐体，罐体中既有导热流体又有制冷流体，而不再采用两个罐体的设计方案，如图 8.8 所示。单罐体储能系统设计方案是利用了热浮力作用的优势，低密度的高温液体会漂浮在密度较高的低温液体上层。这种分层现象在我们在池塘或湖泊中潜水时从表层的温水向底部的冷水游动时会经常遇到。温度从热跃迁到冷的两个分层之间的区域称为温跃层，因此这些系统实际上提供了单罐体温跃层储能。除熔盐外，石英岩、石英砂等低成本填料将占体积的很大一部分。填料的作用是抑制层间垂直混合，同时减少所需的流体体积。

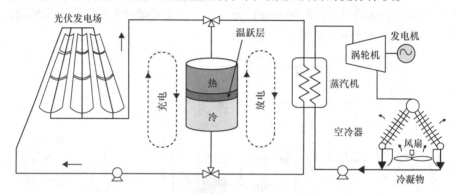

图 8.8　单罐体温跃层熔盐直接储能系统

对于中期和短期储能系统（分钟级），还有一种采用饱和蒸汽和加压热水的相对简单的单罐体储能方案。其被称为卢斯（Ruths）储能器，图 8.9 所示为其工作原理。

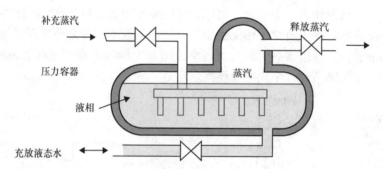

图 8.9　卢斯储能器以饱和蒸汽和加压热水的混合方式提供单罐体短期储能

8.2.5　线性槽式光热发电系统

几十年来，世界上最大的太阳能发电厂是位于美国加利福尼亚州巴斯托附近莫哈韦沙漠的 354MW 抛物线性槽式发电设施，称为光热发电系统（Solar Electric Generation System，SEGS）。光热发电系统由九个大阵列组成，它们由一排排抛物线形反射镜组成，这些反射镜将太阳光反射并集中到沿着抛物线聚焦的线性接收器上。每个阵列都包含中很多抛物柱面反射镜将太阳光聚焦到位于抛物线焦点的线性热能采集器上。热能采集器或热能采集单元（Heat Collection Elements，HCE）由外覆玻璃层的不锈钢管组成，二层之间用真空隔开以减少热损耗；不锈钢管内部流动的传热介质将热量传递到传统的蒸汽发电机发电。SEGS 占地超过两百万平方米，采用南北轴向布置，每天从东向西转动以跟踪太阳轨迹。

光热发电系统 I 期（SEGS I）装机容量为 1.34MW，于 1985 年投入运行，发电系统最后一期（SEGS IX）装机容量 80MW，于 1991 年投入运行。SEGS I 设计了热存储单元，在太阳落山之后还能够继续维持几个小时的发电。热能的存储是通过将一种高燃点的矿物油（称为 Caloria）升温而实现的。很遗憾，1999 年的一场事故点燃并烧毁了热存储单元。之后设计的 SEGS 都没有热存储单元，而是采用了无太阳光的情况下燃烧燃料驱动发电机的混合发电模式。截至 2012 年，克拉默君斯电厂仍是世界上最大的线性槽式太阳能发电厂，但拥有超过 1500MW 装机容量的西班牙已成为线性槽式太阳能发电总容量最大的国家，其拥有由三个 50MW 发电模块组成的装机容量 150MW 的安达索发电站，每个发电模块均具备 7.5h 的储热能力。

图 8.10 所示为一个典型的槽式太阳能采集系统的示意图。在位于抛物线焦点上的热能接收器中，热交换介质被加热到 400℃ 左右，然后通过一系列的热交换产生高温高压的蒸汽来驱动发电机。图中系统既有热存储单元，也设计了在太阳能不足时燃烧燃料发电的部件。混合式发电有两种模式，一种采用燃烧天然气加热传热介质来带动槽式太阳能采集系统运行发电，另一种则是通过燃料燃烧产生水蒸气发电，使得该系统看起来更像一个带辅助太阳能热源的传统蒸汽发电站。

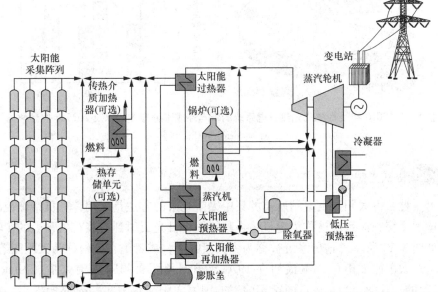

图 8.10　带辅助蒸汽发电的槽式太阳能采集系统示意图，其中包括了热存储单元和两种燃烧化石燃料辅助发电模式（来自 NREL 网站）

正如风力发电机的容量因数可以通过简单地增加叶片直径来增加一样，线性槽式光热发电系统的容量因数可以通过增大太阳能采集器阵列的尺寸来增加。参数"**太阳倍数**"通常用来描述槽式光伏阵列的相对大小和发电机的额定功率。太阳倍数定义为光伏阵列的实际尺寸与在理想条件下输出额定容量所需的尺寸之比。对于不带储热单元的系统，通常太阳倍数约为 1.4，意味着容量因数约为 28%。带储热的光热发电系统太阳倍数数值更大，但是这需要从经济性的角度来权衡增加储热小时数带来的成本增加额与可供调度的电量增加所带来的收益额。相关研究表明，对于一个 6h 的储热系统，对应着容量因数为 40% 的太阳倍数 2.1 是最优值。对于一个 12h 的储热系统，太阳倍数 3.0 会将容量因数提高至 57% 左右（IRENA，2012）。

在所有的聚焦式太阳能发电技术中，线性槽式太阳能发电技术保持着最好的运行记录。在几十年的历史运行过程中，该技术稳定可靠，目前其发电成本已经具备了与传统火电进行竞争的水平。如图 8.11 所示，线性槽式太阳能发电厂的发电成本，在未来的不久即使包含了储热单元，预计也将会下降到 6 美元/W 左右，这意味着，考虑 10% 的永久性投资税收抵免情况下，其平均发电成本可达到 115 美元/MW 时（Stoddard，NREL，2006）。至于美国资源部分数据，同样来自 NREL 的研究估计，仅在加州，线性槽式太阳能发电就能输出 160 万 kW·h/年的电量，约占美国目前用电量的 40% 左右。

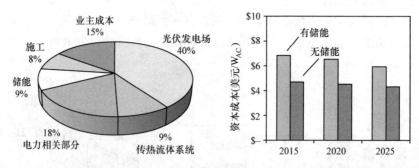

图 8.11 2010 年线性槽式光热发电系统的资本性成本分布图，以及 2025 年的预测值
（来自 Stoddard，NREL 2006）

8.2.6 塔式光热发电系统

另一种获得太阳能发电站所需的集中太阳光束的方法是采用计算机精确控制的反射镜面系统，该系统被称为定日镜，其能够将日光反射到安装在塔顶上的接收器上，如图 8.12 所示。这种系统被称为中央接收塔，或者更直白地称为太阳能塔。

塔式太阳能发电的方案最初在 1976 年被新墨西哥州阿尔伯克基（Albuquerque）市的圣地亚（Sandia）国家实验室的国家太阳能热力实验研究所提出。之后短时间内世界上建立了许多太阳能发电的实验塔，其中最大的实验塔被称为"太

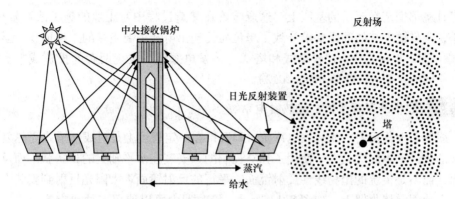

图 8.12　塔式光热发电系统结构示意图，其中定日镜将日光反射到加热器上

阳能一号（Solar One）"，位于加利福尼亚州巴斯托（Barstow）市附近，高 90m，容量为 10MW。在太阳能一号中，水被抽到塔顶的热能接收器里，并被加热变成水蒸气送回来驱动蒸汽机发电。水蒸气也可以被储存在一个充满油和沙砾的大箱子中，用来在缺少太阳光时或夜间发电。

太阳能一号从 1982 年开始运行，直到 1988 年被拆除；但其中一部分，包括 1818 个定日镜和整个太阳能塔，被重新用于组装另一个 10MW 的实验太阳能塔 "太阳能二号（Solar Two）"。太阳能一号用水作为换热介质，用的是油/岩石储罐，太阳能二号使用了两个储罐，熔盐，储热装置，能够在日落后 3h 提供完整的 10MW 输出。在运行了 3 年后，太阳能二号于 1999 年退役。

太阳能一号和太阳能二号都是试验装置，不是商业化产品。第一座真正实现了商业售电的太阳能塔是西班牙塞维利亚附近的 Planta Solar（PS10）11MW 塔式发电站。第一个带储热的商业化中央接收塔是 20MW 的双星塔式发电站（最初作为 Solar Tres 而被知晓），也是在西班牙。该发电站于 2011 年完工，采用熔盐作为高温热交换介质和储能介质。该熔盐储能系统可在无日照情况下保证系统正常发电输出 15h。

截至 2013 年，世界上最大的塔式光热发电系统装机容量为 370MW，由三个 140m 高的太阳能塔组成，太阳能塔的周围环绕着 300000 多个定日镜，位于加利福尼亚州伊万帕干湖上，占地 3500acre。发电机组部分采用特制的汽轮机，带有空气冷却式冷凝器，使得用水量减少至约 30gal/MW（而线性槽式光热发电系统的湿式冷却用水量为 850gal/MW）。

相关评论表明，塔式光热发电系统可能比线性槽式光热发电系统更有优势。将日光更好地聚焦至加热器，实现更高的温度和压力，从而会使得发电模块效率更高。不需要使用几英里长的吸收器管道循环热交换介质，意味着需要较少的泵浦功率和热损耗的降低。平面状定日镜槽式光热发电系统中使用的弧形反射镜更便宜，也更容易安装。此外，定日镜对所在地形的轻微变化不太敏感，因为每个独立控制的定日镜都安装在自己的基座上，这意味着在建造过程中对土地的施工改造较少。但是，定日镜安装的间距要求导致了单位兆瓦输出电能需要更多的土地面积。至于成本，2012 年相关分析比较槽式和塔式光热发电系统，发现两者的投资成本实际上是相同的（Black 和 Veatch，2012）。

8.2.7 线性菲涅耳反射式光热发电系统

线性菲涅耳反射式光热发电系统（LFR）在一定程度上是对线性槽式光热发电系统的改进。不同之处在于使用了独立控制的、安装在水平轴上的长条状平面反射镜面，而不是传统的抛物线性反射镜面。平行的反射镜面将太阳光反射到安装在镜面上方的固定接收器上，如图 8.13 所示。接收器中可以使用多种热交换介质，比如导热油、熔盐或水来加热汽化接收器热循环管中的水，水蒸气再直接输送到汽轮机中做功。直接蒸汽转换也可以应用到其他方面，比如海水淡化、太阳能吸收式空调或其他工业过程所需的水蒸气等。

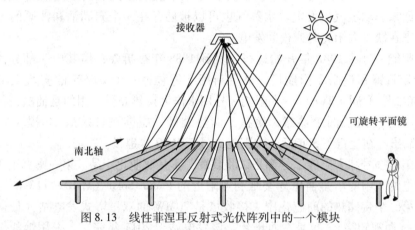

图 8.13　线性菲涅耳反射式光伏阵列中的一个模块

与线性槽式光热发电系统相比，线性菲涅耳反射式光热发电系统更具优势。由于接收器是固定安装的，线性菲涅耳反射式光热发电系统的管道系统更简单，可以避免线性槽式系统中复杂的管道接头。而且由于使用了便宜的平面玻璃反射镜面使得其支撑结构更轻、更简单，也更易于安装。其更靠近地面，而且跟地面几乎平行，因此风载荷大大减少，因此系统的整体结构稳定性更好，大大降低了镜面玻璃破碎的概率，也可以保证更一致的聚焦性。由于线性菲涅耳反射式光伏阵列比槽式光伏阵列的布局更加紧密，因此减小了对土地面积的要求。此外，在某些气候条件下，镜面导致的阴凉处也可以在较少灌溉的情况下种植厌光作物。

较早的线性菲涅耳反射式光热发电系统产生的水蒸气温度较低，但是目前的新系统使用了带真空吸热管的太阳能加热器，也可以输出高压、高温水蒸气，从而大大提高了发电效率。目前在运行的该类型光热发电系统不多，因此可控成本趋势是最低的。事实上，第一个线性菲涅耳反射式太阳能商业化发电系统是 2009 年位于西班牙波多黎各的 1.4MW 光热太阳能发电厂。第二个系统与第一个系统临近，额定容量为 30MW，于 2012 年投产发电。这两个系统直接产生 500℃ 的水蒸气，而没有采用热油等热交换介质，这明显高于线性槽式光热发电系统输出的水蒸气典型温度 390℃。其使用风冷冷凝器，并具备创新的镜面玻璃清洗技术，保证了用水量最少。每个单独的控制单元由 128 个反射单元组成，覆盖着宽 17m、长 45m 的矩形区域，可输出 270kW 的交流功率。将控制单元按行、按列组合，可以创建任何容量大小的光热发电厂。

8.2.8　**碟式斯特林光热发电系统**

　　碟式斯特林系统使用由多个反射镜组成的呈抛物面碟状的集中器，如图 8.14 所示。碟式系统远比槽式、菲涅耳反射式、塔式系统具有更好的太阳跟踪能力和日光聚焦度。聚焦的日光加热接收器，形成非常高温的热源，产生水蒸气，但一般会驱动一种特殊类型的热机，称为斯特林发动机。接收器由内部充满热交换介质（常是氦或氢）的一组管道组成，热交换介质同时也是发动机的工作流体。另一种

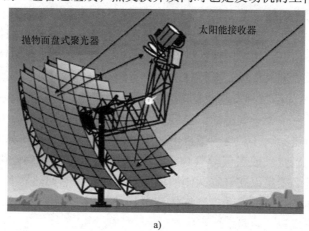

a)

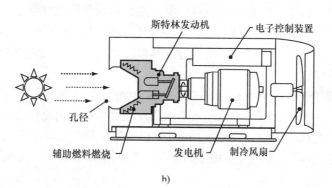

b)

图 8.14　a）碟式斯特林跟踪接收器草图　b）带有发动机、发电机和制冷风扇的接收器

方法是采用热传导管道，利用中间流体的沸腾和凝结将热量从接收器传递到斯特林发动机。斯特林发动机的低温侧采用水冷、风扇增强散热器系统，类似于普通汽车的制冷方式。作为一个风冷封闭系统，除了清洗镜面所需的水外，几乎不需要再补充水量。

斯特林发动机与传统的采用火花塞点火的柴油往复式发动机有很大不同。斯特林循环发动机是活塞驱动的往复式发动机，其活塞运动依赖于外部而不是内部燃烧驱动。因此，它几乎可以运行于任何热源驱动，如常规燃料燃烧或聚焦式日照等。当采用燃烧作为热源时，燃料燃烧缓慢、持久，不发生爆炸。因此，这种发动机原理上就非常安静，非常适用于潜艇使用。事实上，潜艇上的需求大大推动了该技术的应用。

斯特林循环发动机于 1816 年由苏格兰教堂的一位牧师罗伯特·斯特林（Robeort Stirling）发明的。当时，教区居民面临着质量低劣的内燃机可能意外爆炸的危险，处于对教区居民安全的担忧，促使了他发明了该技术。该发动机工作在相对较低的压力下，不存在爆炸的危险。斯特林发动机的首次知名应用是在 1872 年由英籍美国发明家约翰·爱立信（John Ericsson）实现的。此后一直到 20 世纪初，斯特林发动机都得到了广泛使用，但随着蒸汽机和点火式发动机的技术进步，表现出了更高的效率和更强的通用性，斯特林发动机才基本上退出了市场。如果碟式聚焦式光热发电系统进入市场，斯特林发动机肯定会再一次名副其实地回归市场。

图 8.15 所示为斯特林发动机的基本原理。由图中可见，斯特林内燃机的气缸中有两个活塞，一个位于气缸的低温侧，一个位于气缸的高温侧，中间由能短时储热的装置——回热器隔开。与内燃机中使用的是空气不同，斯特林发动机内部但一般采用的是氮气、氦气或氢气等气体。回热器可能是金属、陶瓷网或其他多孔活塞，但是其质量必须足以在气缸两侧形成温度梯度；当然回热器上的孔也必须能够让气缸中的气体来回自由流动。当气体流过回热器时，根据气体流动的方向不同，回热器将会吸收或释放热量。

如图所示，回热器的左侧空间被热源加热，热源可能是持续燃烧的火焰，也可能是聚焦的日光；右边空间由于辐射冷却或者由循环热交换流体的主动制冷而保持低温。如果采用的是主动制冷，制冷过程释放的热量可用于热电联产，例如在独立家庭供电系统中。

斯特林循环包括四个状态和状态之间转换的四个过渡过程。如图 8.15 所示，循环起始时，热活塞刚刚开始远离回热器的高温表面而冷活塞已经大大远离回热器的低温表面。在状态 1 中，实际上所有的气体都是冷的（只可能在回热器的气孔中有少量的热气体），此时气缸中压力最低，气体体积最大。下面描述了四个状态之间的过渡过程：

状态 1→状态 2：热活塞保持静止，冷活塞向左移动压缩气体同时使热量向低温端传送。理论上这是一个等温过程，也就是说气体的温度保持常量 T_C。

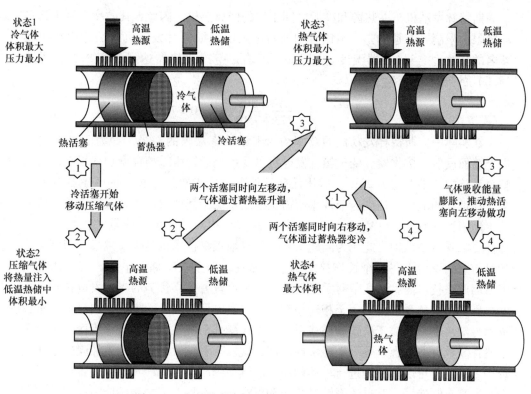

图 8.15　斯特林循环过程中的四个状态及转换过程

状态 2→状态 3：两个活塞同时同速率地向左移动，气体通过回热器进入到气缸的高温区，气体从回热器上吸收热量，温度和压力上升，但体积不变。

状态 3→状态 4：气体在高温区吸收能量并膨胀，推动热活塞向左移动，这是做功冲程。

状态 4→状态 1：两个活塞同时同速率地向右移动，保持气体的体积不变，气体通过回热器到低温区，将热量传递给回热器，气体温度和压力下降。

为了便于理解斯特林循环中的不同状态及过渡过程，图 8.16 所示为理想的压力 - 体积（$P-V$）曲线。在热力学分析中，类似这样的 $P-V$ 曲线可以很直观地说明问题，其中被曲线包围的面积就代表了整个循环的净做功量。

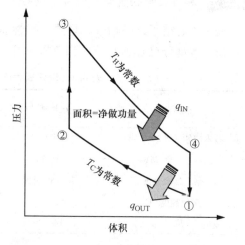

图 8.16　斯特林循环的理想压力 - 体积曲线

斯特林发动机是在热源和冷源之间工作的经典热机。因此，其效率受到卡诺循环极限的限制（有趣的是，卡诺直到斯特林发明了斯特林发动机之后才提出了其著名的公式）。当接收器温度达到750℃左右，空冷散热器达到30℃时，根据式（8.6）的限制，效率为

$$\eta < 1 - \frac{T_C}{T_H} = 1 - \frac{273 + 30K}{273 + 750K} = 0.70 = 70\% \tag{8.7}$$

在实际中，斯特林发动机的效率约为卡诺效率极限的一半，约为35%。再考虑上镜面反射、接收器、变速箱、发电机以及系统运行所需的自身功率损耗，因此整个系统的效率大约为20%，这比任何其他聚焦式光热发电技术的效率都要高得多。在良好的地点，达到这个效率所需土地面积低于其他聚焦式光热发电技术所需的土地面积（约4acre/MW）。另一方面，在多个相对较小的接收器中大量的移动部件意味着后期维护可能成为问题。精确的双轴跟踪技术也是一个挑战，特别是其相对较重的发动机在一个长连接结构上。而且，由于没有储热单元，其无法被调度，因此该技术的主要竞争对手是具有成本和投资者信心优势的光伏发电技术。

碟式斯特林系统可以用于相对小型的独立发电厂，而且不需要使用燃料输送管道和冷却水源。相对于槽式和塔式系统，单体碟式系统在千瓦容量等级而不是在几十兆瓦或数百兆瓦容量等级上经济性最佳，这意味着数百或数千个单体蝶式系统在现场组装之前可以多次地进行单体制造、测试和修改。因此，其生产过程类似于一个小型汽车制造厂。其单体系统容量小和可在不平坦地形上安装的能力使得其在农村电气化项目上应用具有优势。大规模安装可能更容易融资，因为从项目设计到实施发电的时间可能非常短，第一批发电系统几乎在合同签署时就要求立即上线。短的准备时间意味着可以根据负荷的增长再相应地增加发电容量，以避免一次性大规模上马安装发电设施，导致供过于求的局面。

8.2.9 聚焦式光热发电系统技术总结

表8.3总结了线性槽式、塔式、线性菲涅耳反射式和碟式斯特林系统的主要特征。其中大部分已在前几节中加以探讨过，但这里仍然给出了更全面的评述。

表8.3 聚焦式太阳能发电技术评价

指标参数	线性槽式	塔式	线性菲涅耳反射式	碟式斯特林
技术成熟度（2012年）	商业应用	商业试点	试验工程	示范工程
典型容量/MW	10～300	10～200	10～200	0.01～0.025
聚光器聚光度	70～80日照	>1000日照	>60日照	>1300日照
运行温度/℃	350～550	250～565	390～500	550～750
发电厂峰值效率（%）	14～20	23	18	30

（续）

指标参数	线性槽式	塔式	线性菲涅耳反射式	碟式斯特林
年太阳能发电效率（净额）（%）	11 ~ 16	7 ~ 20	13	12 ~ 25
年容量因数（%）	25 ~ 28（不含储热） 29 ~ 43（7h 储热）	55（10h 储热）	22 ~ 24	25 ~ 28
太阳能场最大斜率（%）	<1 ~ 2	<2 ~ 4	<4	10 或更多
需水量/（m³/MW·h）	3（水冷） 0.3（空冷）	2 ~ 3（水冷） 0.25（空冷）	3（水冷） 0.2（空冷）	0.05 ~ 0.1 （镜面清洗）
土地占用量	大	中等	中等	小
储热系统	熔盐	熔盐	加压水蒸气	无

修改自 IRENA, 2012 年。

　　线性槽式光热发电系统是最成熟的聚焦式太阳能发电技术，但仍有很大的改进空间。大多数该类型早期的发电厂不带储热，大多数在相对较低的水蒸气温度下运行，主要采用湿冷方式来实现冷却。其长形的接收器采集热量运行需要平坦的安装地形，从而导致了需要更多的泵浦功率，也增加了接收器中的热损耗。该技术是唯一长期实用化的聚焦式太阳能发电技术，使得其在金融避险方面居有明显的优势。

　　与槽式光热发电系统相比，塔式系统日照聚焦度更强、蒸汽温度更高，因此发电效率更高。不使用长距离的接收器传输管道，也不需要使用热油作为导热流体，使得其更容易发挥直接蒸汽或熔盐的高效性。高温带来了储热系统的低成本，储热对于聚焦式太阳能发电的未来成功大量应用至关重要。

　　与线性槽式光热发电系统相比，线性菲涅耳反射式光热发电系统更具成本优势。便宜的反射镜面，较低的风荷载带来的结构支撑系统更简单，低价反射器与昂贵接收器的较高比率，都使得其成为了一种很有前途的光热发电方式。但是，该方式聚光效率有限，影响了其发电性能，而且其目前的产生蒸汽方式的接收器也使得难以配置储热单元。但是，其简单性也使得其具有一定的竞争力。

　　碟式斯特林系统可以在聚焦式光热发电系统中独居特色。其小型化、模块化结构使得其适合快速规模化生产，也适合在不规则地形快速安装。其聚焦度是行业中最高的，因此其也具有最高的峰值和年均效率。其本身就具备风冷特性，不需要附加制冷装备，因此其适合在干燥的沙漠环境下运行。该方式系统目前仍处于开发示范应用阶段，因此给出的最终平均成本估计最多是基本估算值。其主要缺点是无法与传统的储热系统兼容。

　　由表8.4可见，仅在加州适合的土地上，聚焦式太阳能发电量就能满足的美国电力需求总量的很大一部分。由表可见，地形因素和效率因素影响都在可用的总资源基数上体现出来了。抛物碟式技术具有最高的效率和地形适应性，可以为整个国家提供足够的电能，而太阳能塔只能提供 1/3 的能量。作为对比，聚焦光伏发电可以提供比线性槽式或塔式光热发电技术更多的电量。

表 8.4 聚焦式太阳能发电技术评估

	单位土地面积 （$mile^2$）的 太阳能资源	潜在容量 /GW	发电潜能 （$10^6 GW \cdot h/$年）
线性槽式光热发电，无储热，<1% 斜率	5900	661	1.61
线性槽式光热发电，6h 存热，<1% 斜率	5900	471	1.64
太阳能塔，6 小时存热，<1% 斜率	5900	342	1.23
抛物碟式，<3% 斜率	11600	1480	3.37
抛物碟式，<5% 斜率	14400	1837	4.20
聚焦光伏发电，<3% 斜率	11600	1235	2.86
聚焦光伏发电，<5% 斜率	14400	1534	3.56
美国总产能和需求（2012 年）		1070	3.90

资料来源：Stoddard，NREL 2006。

聚焦式光热发电系统曾经是世界各地安装的第一个大型可再生能源系统。随着几十年的实际运行，最初的线性槽式光热发电系统已经清楚地证明了其健壮性和可靠性，但是其他类型的聚焦式太阳能发电技术以往主要是试验示范项目，直到最近才开始商业运行。随着越来越多更多的光热发电系统投入商业运行，其遇到的是低成本、电网容量级别的光伏发电系统的激烈竞争。光伏发电系统不仅具有发电成本竞争力，而且也被金融界认为投资风险比聚焦式光热发电系统要小得多。此外，光伏发电系统不需要面临大多数聚焦式光热发电系统所面临的对用水需求的挑战。但是大多数聚焦式光热发电系统可以配置储热单元，这是其主要优势之一。

8.3 波浪能发电

目前正在探索新的技术以挖掘海洋提供电能的巨大潜力。这包括了波浪能发电技术（Wave Energy Conversion，WEC）、洋流和潮汐盆地的潮汐能发电技术、海洋热能发电技术（Ocean Thermal Energy Conversion，OTEC）以及盐度梯度技术等。其中，最有希望短期实现的是波浪能和潮汐能发电技术，这两种技术目前都处于开发示范阶段。

8.3.1 波浪能源

太阳能辐射在全球范围内造成了温度和压力的不均匀分布，产生了从高压地区吹向低压地区的风。风过海洋表面时会产生波浪。因此，从这个意义上说，可以把波浪能看作是另一种形式的太阳能。它与其他可再生能源有类似的问题，包括可变性和可预测性。显然，波浪能发电系统的输出功率是剧烈变化的，但是这种变化在几天的时间尺度下是可以预测的。由东太平洋的风暴形成的波浪几天后才能到达北美洲的西海岸。这一时延特性为电网调度提供了比太阳能或风能资源更大时间尺度的可调度性。事实上，一个令人信服的案例是将海上风电和波浪能发电技术结合起来，因为它们在时间具有互补性（Stoutenburg 等，2010 年）。

风暴产生的复杂而不规则的波浪，最终会形成相对平稳的波浪并以相对较小的能量损失移动数千英里。当这些波浪接近陆地时，与海床相互作用会导致波浪高度的增加，同时波浪的周期将会减小。理想正弦波的功率可由第一定理（例如，Twiddell 和 Weir，2006 年）得出：

$$P = \frac{\rho g^2 H^2 T}{32\pi} \tag{8.8}$$

式中，P 为沿波峰方向每米长度的功率（W/m）；ρ 为海水密度（1025kg/m³），g 为重力加速度（9.8m/s²）；H 为波谷至波峰的高度（m）；T 为波动周期。

例如，周期为 8s 的正弦波 3m 波浪的功率等于

$$P = \frac{\rho g^2 H^2 T}{32\pi} = \frac{1}{32\pi} \times 1025\,(\text{kg/m}^3) \times [\,9.8\,(\text{m/s}^2)\,] \times (3\text{m})^2 \times 8\text{s}$$

$$= 70500\,\frac{\text{J/s}}{\text{m}} = 70.5\text{kW/m}$$

然而，海洋中实际波浪是由多种不同波长的波组合而成，而不是式（8.8）所用的单一正弦波。例如，考虑四个不同频率的简单正弦波相加后的波形，如图 8.17 所示。

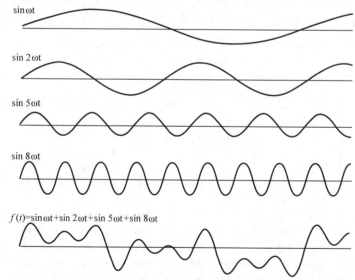

图 8.17　四个不同频率的正弦波叠加后组成的复杂波形

因此，考虑到真实波浪的复杂波形，如何修改式（8.8）来分析这种复杂波形？波谷至波峰的高度 H，波动周期 T 如何表征？这些问题在船舶设计中非常重

要，因此在该领域中已经研究了很长时间（例如，Michel，1968 年）。至于波高，水手们记录时通常忽略较小的波浪，因此一种测量方法是只统计三分之一最高的波浪高度（$H_{1/3}$）。更科学的统计方法是基于浮标测量，被称为有效波高 H_S，其数值非常接近 $H_{1/3}$。

至于复杂混合波的周期，有各种不同的处理方法。一种是统计超过平均水位的次数来计算。另一种叫峰值周期 T_p，是统计达到波长谱分布峰值的时间。利用实际浮标数据，波谱是可以被测量的，但为了方便，一般假设波谱的分布函数特性。采用常用的皮尔逊 - 莫斯科维茨（Pierson - Moskowitz）波谱，用 H_S 来表征波高，可以得到如下方程：

$$P \approx 0.86 \times \frac{\rho g^2}{64\pi}(H_S)^2 T_P \tag{8.9}$$

式中，P 是沿波峰方向每米长度的平均功率值（W/m），H_S 为有效波高（m），T_P 为波峰周期（s）。系数 0.86 表征了两种确定波周期方法的差异性（Paasch 等，2012 年）。当将常数代入式（8.9）时，就可以得到如下平均功率（kW/m）的简单方程：

$$P = 0.42(H_S)^2 T_P \tag{8.10}$$

例如，如果有效波高为 3m，波峰周期为 8s，则用式（8.10）估计波浪的平均功率为

$$P = 0.42 \times 3^2 \times 8 = 30.24 \text{kW/m}$$

H_S 和 T_P 这两个参数都是极有价值的数据集的一部分，称为分布数据表，可由浮标长期测量到。例如，表 8.5 所示的旧金山深水浮标（美国数据浮标中心，NDBC 46026）的分布数据表给出了每个海况每年出现的小时数。

表 8.5　每种海况的年小时数分布表

H_S/m	峰值波周期 T_p/s													总小时数
	3	4	5	6	7	8	9	10	11	12	14	17	20	
5.5	0	0	0	0	0	0	1	1	0	1	4	6	1	14
5.0	0	0	0	0	0	1	1	2	2	2	8	13	3	32
4.5	0	0	0	0	0	3	2	3	4	6	14	19	4	55
4.0	0	0	0	0	1	6	5	7	13	38	32	8		116
3.5	0	0	0	0	5	21	16	17	18	38	85	53	12	265
3.0	0	0	0	3	13	62	39	36	47	97	161	76	23	557
2.5	0	0	0	12	47	139	82	82	110	200	253	105	38	1068
2.0	0	0	4	41	126	272	165	168	226	325	302	132	51	1812
1.5	0	3	21	127	212	367	263	292	301	338	308	195	52	2479
1.0	2	18	35	97	117	255	224	210	213	246	387	264	37	2105
0.5	2	4	3	4	7	11	37	26	25	22	37	62	1	257
0.125	0	0	0	0	0	0	0	0	0	0	0	0	0	0
													总计:	8760

旧金山浮标 NDBC 46026，数据来源：Previsic 等，2004。

表 8.5 所示的海况分布数据表是计算波浪能量的数据基础。例如，如果我们问在旧金山有效波高 3m，峰值周期为 8s 时，每米波浪能提供多少能量？根据表 8.5 可知，符合波高 2.75~3.25m 之间，波浪周期在 7.75~8.25s 之间的时间有 62h。将上述数值范围的中间值代入式（8.10），可以计算得到

$$能量 \approx 0.42 \times 3^2 \times 8kW/m \times 62h/年 = 1875kW \cdot h/(年 \cdot m)$$

重复上述简单计算过程计算整个表格所示的海况，就可以估算出浮标处的可用年均能量值。对于这个特定的浮标，表 8.6 得到了沿波峰方向每米长度的总能量为 173MW·h/年。平均超过 8760h/年，表明在这个浮标处的波浪能资源为 19.7kW/m。其远大于太阳能或风能提供的能量密度。

表 8.6　基于式（8.10）和浮标 46026 数据计算得到的旧金山年波浪能分布数据表 [kW·h/(m·年)]

H_S /m	波峰周期 T_p/s													总小时数
	3	4	5	6	7	8	9	10	11	12	14	17	20	
5.5	0	0	0	0	0	0	114	127	0	152	711	1296	254	2655
5	0	0	0	0	0	84	95	210	231	252	1176	2321	630	4998
4.5	0	0	0	0	0	204	153	255	374	612	1667	2747	680	6693
4	0	0	0	0	47	323	363	336	517	1048	3575	3656	1075	10940
3.5	0	0	0	0	180	864	741	875	1019	2346	6123	4636	1235	18018
3	0	0	0	68	344	1875	1327	1361	1954	4400	8520	4884	1739	26471
2.5	0	0	0	189	864	2919	1937	2153	3176	6300	9298	4686	1995	33516
2	0	0	34	413	1482	3656	2495	2822	4176	6552	7103	3770	1714	34217
1.5	0	11	99	720	1402	2775	2237	2759	3129	3833	4075	3133	983	25156
1	3	30	74	244	344	857	847	882	984	1240	2276	1885	311	9975
0.5	1	2	2	4	8	31	25	26	25	47	91	36	2	299
0.13	0	0	0	0	0	0	0	0	0	0	0	0	0	—
												总计：		172939

类似于上述计算，可以得到美国沿海地区的年均波浪能量估计值。如图 8.18 所示，西海岸地区的总波浪能量约为 440TW·h/年，即使能量转化率仅为 10%，那么也是目前美国电力需求量 4TW·h/年的 10 倍。所以该资源非常丰富。

图 8.19 所示为美国代表性地点的波浪能量的巨大季节性变化，例如加利福尼亚州、俄勒冈州、阿拉斯加州和夏威夷州等。遗憾的是，由于夏季海洋风暴并不常见，因此在最需要电力的几个月里，波浪能资源有所下降。同样，最具开发价值的近海岸波浪能资源也远低于远海波浪能资源。尽管如此，即使在夏季，西海岸的近海波浪功率仍高达 20kW/m，该数值已经非常高了。

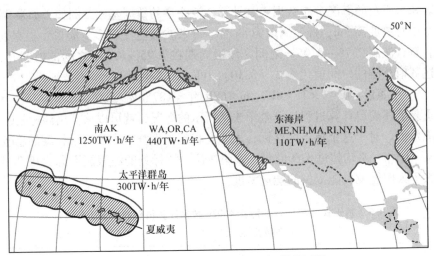

图 8.18 对波浪功率至少为 10kW/m 的某地估算其波浪能量值

（来自于 Bedard 等人的报告，2004）

AK：阿拉斯加州　WA：华盛顿州　OR：俄勒冈州　CA：加利福尼亚州
ME：缅因州　NH：新罕布什尔州　MA：马萨诸塞州
RI：罗得岛州　NY：纽约州　NJ：新泽西州

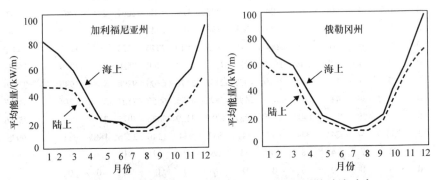

图 8.19 加利福尼亚州和俄勒冈州选定浮标的平均波浪功率

（重新绘制于 Paasch 等人数据，2012 年）

8.3.2 波浪能发电技术

波浪能发电行业还处于起步阶段，因此会不断出现新的技术以及对现有技术的完善改进。在早期阶段，出现了四种不同的波浪能发电技术：截止式、消耗式、点吸式和越浪式。

1）截止式波浪能发电装置是部分淹没在水中的结构，其方向与波浪的方向一致，从而使得海水能流入装置。一种称为振荡水柱（Oscillating Water Column，OWC）的截止式波浪能发电装置设计可以使得海水做功压缩位于水柱上方小室内的空气。小室内的空气膨胀驱动涡轮机发电。在近海岸或浅水区域，这中波浪能发电装置可以直接安装在海底，其也可以安装在锚定的浮动平台上。图 8.20a 所示为该方案结构。

2）消耗式波浪能发电装置采用的是漂浮在水面、端部铰链的多筏浮体结构，看上去像一条漂浮的蛇。多筏浮体间彼此对齐，筏浮体结构的前端朝向波浪的来向。筏体间的连接部分在波浪冲击是允许各筏体间垂直和水平地相对运动。液压传动系统可用于将这种相对运动转化为发电机的机轴驱动力。其中一种类型的装置取名为 Pelamis（以一种海蛇命名），由四个 30 米长的圆柱状浮筒组成，如图 8.20b 所示。

3）点吸式波浪能发电装置是一种锚定在海底的浮动平台，其利用波浪导致的浮子的上下波动捕获波浪能量并转化为机械能驱动发电机。其中一种类型的装置 PowerBuoy，其结构如图 8.20c 所示，波浪使得浮子相对于锚定在海底的圆筒上下移动。机械齿轮结构将这种上下运动转换为旋转力驱动发电机。

4）越浪式波浪能发电装置与陆基水力发电厂有些相似，它们都有一个蓄水池，并通过放水驱动水轮机发电。实际上，越浪式波浪能发电装置可以安装在岸上，也可以安装在锚定的海上浮动平台上。无论哪种安装方式，波峰都会使水溢过蓄水池的上沿，并从底部流出驱动低水头水轮机，如图 8.20d 所示。

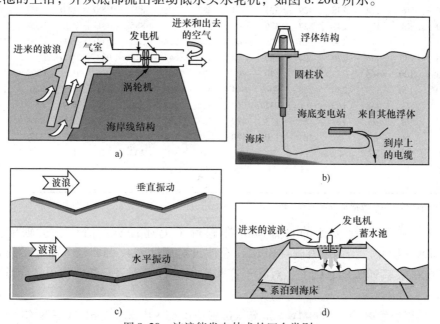

图 8.20　波浪能发电技术的四个类别

8.3.3　波浪能发电性能预测

浮标数据提供的波高 H_S 和波周期 T_P（月小时数或年小时数）是任何波浪能发电技术分析的基础。将浮标数据与波浪能发电系统性能数据结合在一起，就可以给出分布表，用于估算波浪能发电系统输出的能量。

表 8.7 给出了 1MW 振荡水柱式波浪能发电系统的性能数据。表中给出的功率数据是将波浪功率转换到涡轮机轴上的机械功率，因此没有考虑发电机效率。假如该系统位于旧金山 NBDC 浮标 46026 附近，使用表 8.5 中的浮标散点分布数据以及表 8.7 中给出的 Energetech 发电设备性能参数，可估算出该系统的年发电量。例如，假设某特殊海域水深 3m，波浪周期 8s。根据表 8.5，出现这种海况的时间为 62h/年，则根据表 8.7，该时间内波浪能发电系统将发出 344kW 的涡轮机轴功率。

$$机轴能量(3m,8s) = 334kW \times 62h/年 = 21328kW \cdot h/年$$

表 8.7 1MW 波浪能发电系统（kW）的输出功率数据分布表

H_S /m	3	4	5	6	7	8	9	10	11	12	14	17	20
8.5	60	137	195	259	308	364	444	555	700	860	1000	1000	1000
8.0	64	146	207	275	327	387	471	589	742	913	1000	1000	1000
7.5	67	154	218	290	345	409	498	622	784	965	1000	1000	1000
7.0	71	162	229	305	363	429	523	653	824	1000	1000	1000	1000
6.5	74	168	239	317	378	447	544	680	857	1000	1000	1000	1000
6.0	76	173	246	326	388	459	560	699	882	1000	1000	1000	1000
5.5	76	174	248	329	393	464	566	708	891	1000	1000	1000	1000
5.0	78	174	247	327	389	462	561	699	885	1000	1000	1000	1000
4.5	91	171	244	315	375	448	548	674	864	1000	1000	1000	1000
4.0	133	170	229	304	360	422	511	643	814	988	1000	1000	1000
3.5	100	165	232	293	340	401	486	601	754	916	1000	1000	1000
3.0	120	179	230	268	303	344	411	509	643	781	911	926	1000
2.5	73	118	163	196	231	269	325	401	500	596	699	652	652
2.0	58	93	125	151	173	199	237	285	348	413	455	444	776
1.5	44	67	86	101	110	120	132	164	183	226	317	332	234
1.0	25	37	47	53	50	57	64	105	132	140	152	122	3
0.5	12	16	18	23	11	15	24	4	7	8	23	10	13
0.125	0	1	2	3	4	5	6	7	8	9	10	11	12

Energetech OWC 波浪能发电装置；Previsc 等，2004。

表 8.8 对该浮标处的每种海况都进行了上述计算，估计总机轴能量为 2698MW·h/年。美国电科院（EPRI）在假设可用性系数 95%、方向性系数 85% 和发电机效率 90% 的基础上，对基于这些数据进行了深入分析，得出了年均发电量为

$$年均发电量 = 2698MW \cdot h/年 \times 0.95 \times 0.85 \times 0.90 = 1961MW \cdot h/年$$

表 8.8 表 8.7 中位于旧金山浮标 46026 附近涡轮机的预期年均机轴能量（MW·h/年）

H_S/m	峰值波浪周期 T_p/s													总兆瓦时
	3	4	5	6	7	8	9	10	11	12	14	17	20	
5.5	0.0	0.0	0.0	0.0	0.0	0.0	0.6	0.7	0.0	1.0	4.0	6.0	1.0	13.3
5.0	0.0	0.0	0.0	0.0	0.0	0.5	0.6	1.4	1.8	2.0	8.0	13.0	3.0	30.2

（续）

峰值波浪周期 T_p/s													
4.5	0.0	0.0	0.0	0.0	0.0	1.3	1.1	2.0	3.5	6.0	14.0	19.0	4.0	50.9
4.0	0.0	0.0	0.0	0.0	0.4	2.5	3.1	3.2	5.7	12.8	38.0	32.0	8.0	105.7
3.5	0.0	0.0	0.0	0.0	1.7	8.4	7.8	10.2	13.6	34.8	85.0	53.0	12.0	226.5
3.0	0.0	0.0	0.0	0.8	3.9	21.3	16.0	18.3	30.2	75.8	146.7	70.4	23.0	406.4
2.5	0.0	0.0	0.0	2.4	10.9	37.4	26.7	32.9	55.0	119.2	176.8	68.5	24.8	554.4
2.0	0.0	0.0	0.5	6.2	21.8	54.1	39.1	47.9	78.6	134.2	137.4	58.6	39.6	618.1
1.5	0.0	0.2	1.8	12.8	23.3	44.0	34.7	47.9	55.1	76.4	97.6	64.7	12.2	470.8
1.0	0.1	0.7	1.6	5.1	5.9	14.5	14.3	22.1	28.1	34.4	58.8	32.2	0.1	218.0
0.5	0.0	0.0	0.1	0.1	0.6	0.6	0.1	0.2	0.3	1.4	0.2	0.0		3.8
0.125	0.0	0.0	0.0	0.0	0.0	0.0	0.0	0.0	0.0	0.0	0.0	0.0	0.0	0.0
													总计	2698

平均输出功率为

$$平均功率 = \frac{1961\,\mathrm{MW \cdot h/年}}{8760\,\mathrm{h/年}} = 0.224\,\mathrm{MW} = 224\,\mathrm{kW}$$

8.3.4　波浪能发电的未来

由于实际运行的波浪能发电设备很少，而且需要考虑各种技术方法，因此波浪能发电的经济性还不是很好。2012 年 Black 和 Veatc 等人的相关研究给出了一系列该技术未来实施的场景，学习率预测值（每装机容量加倍时的成本下降百分比数）以及最初在最佳地点安装发电设备相关的影响因素，后续安装会导致成本增加。根据他们的估计，2015 年度第一座波浪能发电站的投资成本基本值是 9240 美元/kW，其中 2/3 用于了点吸式波浪能水动力装置和发电设备。到了 2045 年，投资成本基本值能下降到每千瓦 4000 美元。

根据其分析，到了 2050 年波浪能发电装机容量达到 5GW 时，其发电成本会降到 17 美分/kW。最佳的局面是，当采用更快的学习率和安装部署速度、较低的投资成本情况下，到 2050 年，发电成本会降至 9 美分/kW·h。

要使波浪能发电更具成本效益性，一种方法是将其与海上风力发电同时使用。显然，由于两种发电系统可共享离岸设备至岸上电气设备的输电线通道，因此经济效益性更高，如图 8.21 所示。此外，两种发电方式都面临着保护海洋环境的挑战，因此两者在同一海岸线上实施可增加找到适合地点的可能性。还有，深水域建造波浪能发电设施更容易，因此可以在同一海岸线的近海岸安装风力发电设施而在更远的海域安装波浪能发电设施。

此外，海上风力发电和波浪能的混合发电组合具有互补的优势。当风变慢时，过一段时间波浪才会减弱，反之亦然。较好的波浪能功率预测能力可以抵消海上风功率预测的部分不确定性。此外，两种发电能源在时间上也具互补性。夜间风能会

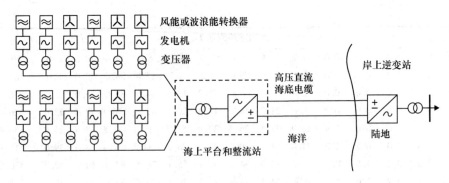

图 8.21　海上风电系统、波浪能发电系统共享输电线通道
（重绘自 Stoutenburg 和 Jacobson 给出的数据，2011）

增加，而波浪则会平静下来。例如，在一项研究中，风能（占比 75%）和波浪能（占比 25%）混合发电场的无发电小时数显著下降（Stoutenburg 等人，2010 年）。100% 海上风力发电场的无发电小时数为 1330h/年，100% 的波浪能发电场的无发电小时数为 242h/年，而在 25% 波浪能和 75% 风力发电的混合发电场，无发电小时下降到了 70h/年。

8.4　潮汐能发电

几个世纪前人类就开始使用潮汐能了，当时欧洲人建造了潮水储存坝（称为阻水坝），可用于存储上涨的潮水。然后，释放储能就可以驱动水车用于磨面等用途。半个多世纪前，第一个大型潮汐能发电厂（240MW）在法国的朗斯河入海口投入运行。随后，又建成了几座大型的潮汐能发电厂，包括 2011 年在韩国建成的 254MW 潮汐能发电厂。目前菲律宾、俄罗斯、英国和韩国正在计划建设几座兆瓦级的潮汐能发电厂。即使尽全力鼓励发展利用潮汐能，但是在未来全球能源体系中潮汐能也难担重任。主要原因是：不仅潮汐能资源丰富和适宜安装潮汐能发电机的地点相对较少，而且在敏感的沿海海岸线上建造大型项目的投资和对环境的影响也带来了巨大的挑战。

8.4.1　潮汐能发电基本原理

潮汐能的未来似乎取决于所谓的潮汐洋流能转化（Tidal In‑Stream Energy Conversion，TISEC）计划。浸没在海水中的涡轮机，其中一些与传统的风机非常相似，可以利用由大自然驱动的海水涨潮、退潮反复运动过程中的潮汐洋流能量。

潮汐能与大多数其他可再生资源相似，本质上存在着高度可变性，这给大规模应用带来了挑战。但是潮汐资源的可变性是完全可预测的，这使得其可利用价值大增。在现代电力市场中，一种资源不需要价值固定不变，事实上，在某些情况下，无法根据负荷变化而作出相应输出功率调整的发电厂本身才是有问题的。潮汐能具有可变性，但完全可以预测，因此其发电可以很容易地与其他类型发电技术相结合，以满足负荷需求的变化。

　　潮汐发电技术还处于起步阶段，大多数装置都是试验示范装置。部分参数指标还在测试和完善中，这些指标可采用多种方式进行简单分类。大多数透平机是水平轴的，采用三叶片及相关的控制策略来应对潮汐洋流方向的变化。在有些缓流区，也会采用转子围绕垂直轴旋转的方式。也有的采用两个方向相反的两个转子的结构。也将转子设计为螺旋状，使得其在涨潮和退潮时都可以工作。也可以通过加装转子护罩以加速通过透平机的水的流速如图 8.22b 所示。垂直轴透平机技术也在发展中，其优点是不需要附加特殊控制就可以实现其总是朝向水流方向。

　　如图 8.22a 所示，支撑结构可设计为与透平机垂直连接的底座。其完全浸没在水下。另一种方法是将单孔塔一侧安装到水底深处的海床上，另一侧延伸到水面上以实现安装和维护的便利性。一个横担悬臂可以实现在单个塔上安装几个透平机。也可以采用浮动平台的方式，可以在其上安装多个塔以及伸到水面下潮汐洋流中的多个配套的透平机。

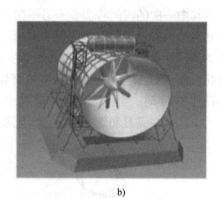

a)　　　　　　　　　　　　　　　　　　b)

图 8.22　水平轴潮汐发电透平机实例

8.4.2　引发潮汐的原因

　　潮汐变化主要是月球引力造成，当然也受部分的太阳引力作用。图 8.23 所示为月球和地球关系的简单模型，可直观地解释地球上不同地点在不同季节时的潮汐变化情况。在图 8.23a 中，月球位于地球轨道的黄道面上，这意味着它在赤道正上方环绕着地球旋转。这将会发生在三月和九月。地球表面覆盖的海洋所受的引力原本会将其变得更加呈椭圆状。在阴历的某一天，我们会经历相对相等的两个潮汐周期：高潮、低潮、高潮、低潮。这被称为半日潮汐周期。

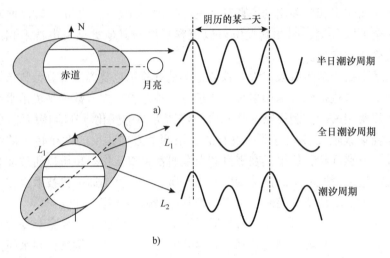

图 8.23　a）当月亮位于赤道正上方时导致了半日潮汐周期　b）随着月球向北移动，
在纬度 L_1 处将出现一全日潮汐周期，而其他纬度地区的潮汐周期将会处于全日和半日之间

在图 8.23b 中，月亮位于更高的纬度上（图中为了强调而有所夸大）。在北纬 L_1 处，每天只有一个潮汐周期，称为全日潮汐周期。在其他纬度地区，每天会有两次涨潮，但其中一次的时间将会长于另一次。当然，在现实中，某个特定地点的潮汐也会受到当地地形地貌等因数的很大影响。这里给出的解释仅为简化分析。

图 8.24 所示为太阳对地球的引力影响。虽然太阳的质量要大得多，但离地球太远，因此对潮汐的影响只有月球影响的 45% 左右。由于阴历每日为 24.84 小时，而阳历每日为 24 小时，因此太阳和月球对潮汐的影响是不同步的，这就引入了大潮和小潮的概念。在满月和新月期间，太阳和月亮运行保持同步，此时潮汐的波动

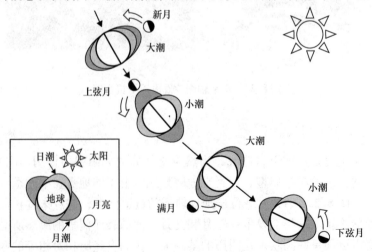

图 8.24　月球和太阳同步运行时会产生大潮，而两者运行相差 90°时则会产生小潮

最大，因此被称为"大潮（Spring）"，取名并不是因为发生在春天，而是衍生于德语的"Springen"单词，意思是跳跃。当太阳和月球的运行周期相差90°时，就像在1/4和3/4满月时那样，此时涨潮时的高潮较低，而低潮较高。图8.25所示为小潮和大潮时潮汐洋流的样子。

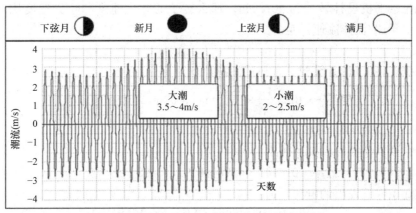

图 8.25　大潮和小潮对潮汐洋流的影响举例

8.4.3　估算潮汐功率

近岸潮汐的变化会引起强海流，特别是在岛屿之间或长的进水口之间。利用这种动力的技术与风力发电非常相似，事实上，潮汐功率的计算类似于第7章中提出风功率计算。

采用推导风功率计算式（7.7）的相同方法，潮汐功率的基本方程完全相同：

$$P = \frac{1}{2}\rho A v^3 \tag{8.11}$$

式中，P 为潮汐能（W）；ρ 为海水的密度（1025kg/m³）；A 为扫掠面积（m²）；v 为归一化至潮汐发电工作区域的洋流流速（m/s）。与风功率计算公式相比，该方程的最大不同是海水密度是空气密度的837倍（1025/1.225 = 837）。当然，另一个不同之处是潮汐洋流流速，通常比风速要低得多。例如，在功率密度相等的情况下，较为温和的1m/s的潮汐洋流与较为活跃的9.4m/s的风的功率密度是相同的（两者都为513W/m²）。

与风相似，对于未加护罩的透平机，当透平机将潮汐洋流流速减缓至其原始流速的1/3时，贝茨最大抽取效率为16/27（59.3%）。

[例8.1]　潮汐发电机。

某水平轴、3叶片直径为5m的潮汐发电机运行在2m/s（3.89节，每4.47mile/h）的潮汐洋流中运行。试求出潮汐功率，并在假定以下效率时，计算出系统的整体效率和预期发出的电功率。

透平机 = 贝茨极限的 75%

传动机构 = 96%

发电机 = 95%

功率调节 = 98%

如果透平机设计转速为 40r/min，那么转子的叶尖速度和叶尖速度比（尖速比 = 叶尖转速/流体流速）是多少？

解：

根据式（8.11），流过透平机的潮汐功率为

$$P = \frac{1}{2} \times 1025\ \frac{\text{kg}}{\text{m}^3} \times \frac{\pi}{4}(5\text{m})^2 \times (2\text{m/s})^3 = 80503\,\text{W}$$

透平机的效率是 0.75 × 59.3% = 44.48%。

考虑到其他损耗，整体效率为

$$\text{效率} = 0.4448 \times 0.96 \times 0.95 \times 0.98 = 39.7\%$$

在此条件下发出的电功率为

$$P = 0.397 \times 80.503\text{kW} = 31.96\text{kW}$$

以 40r/min 的速度，计算叶尖速度为

$$\text{叶尖速度} = \frac{40\text{r/min} \times (\pi 5)\,\text{m/r}}{60\text{s/min}} = 10.47\text{m/s}\,(23.4\text{mile/h})$$

则尖速比为

$$\text{TSR} = \frac{10.47\text{m/s}}{2\text{m/s}} = 5.2$$

同样，这与风机的尖速比非常相似。

上述举例预测的是在单一潮汐洋流速度下的发电量。当然，在多潮汐流速情况下，我们不能简单地只将平均潮汐流速代入式（8.11），并期望计算出平均功率值。正确的做法是采用与第 8 章中介绍的风电功率计算同样的步骤。首先，用式（8.11）给出的基本关系表示出平均功率为

$$P_{\text{avg}} = \left(\frac{1}{2}\rho A v^3\right)_{\text{avg}} = \frac{1}{2}\rho A (v^3)_{\text{avg}} \tag{8.12}$$

为了简化起见，首先假设潮汐流速呈平滑的半日正弦函数变化，则可表示为

$$v = V_{\text{m}}\sin(\omega t) \tag{8.13}$$

并假设透平机在潮汐涨潮、退潮两个方向上都能同样良好地工作。则该半周期正弦函数的立方的平均值为

$$(v^3)_{\text{avg}} = \frac{1}{T}\int_0^T f(t)\,\mathrm{d}t = \frac{1}{\pi}\int_0^\pi (V_{\text{m}}\sin t)^3\,\mathrm{d}t = \frac{4}{3\pi}V_{\text{m}}^3 \tag{8.14}$$

图 8.26 给出了作为两个、正值、半周期函数的潮汐洋流的幅值，以及其立方值对应的功率值。

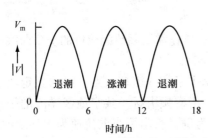

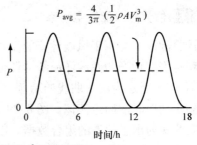

图 8.26　求解正弦潮汐洋流 v^3 的平均值

将式（8.14）代入式（8.13），可以得到呈半周期正弦波的潮汐洋流的平均功率为

$$P_{avg} = \frac{1}{2}\rho A \frac{4}{3\pi} V_m^3 = \frac{2}{3\pi}\rho A V_m^3 \tag{8.15}$$

[例8.2]　潮汐洋流发出的平均电功率。

试对比直径 5m 的透平机在最大速度为 4m/s 的正弦大潮和最大速度为 2.5m/s 的正弦小潮所发出的平均电功率值（类似于图 8.25）。

解：

分别将大潮、小潮的洋流流速代入式（8.15）：

$$P_{avg}（大潮） = \frac{2}{3\pi} \times 1025 \times 5^2 \times 4^3 = 348kW$$

$$P_{avg}（大潮） = \frac{2}{3\pi} \times 1025 \times 5^2 \times 2.5^3 = 85kW$$

可见，大潮的发电量是小潮发电量的 4 倍左右。

发电量与潮汐流速的立方成正比，因此在混合潮汐条件下（一天中高、低流速变化）潮汐流速的不同对其发电量将会产生很大的影响。但混合潮汐条件才是最常见的潮汐条件。图 8.27 所示为之前的功率呈流速的 3 次方的波形变为了两个高功率峰接着的两个低功率峰的波形。

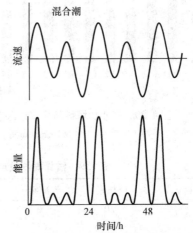

图 8.27　对于常见的混合潮汐情况，潮汐洋流的发电功率在一天内可显示出巨大的差异

8. 4. 4　估算潮汐能发电功率

计算潮汐能与用于风能计算的流程类似。首先需要潮汐涡轮机的功率曲线，也需要获得安装现场的潮汐洋流统计评估数据。

图 8.28 所示为功率曲线的示例，也表示出了切入流速，发电机的额定功率和输出额定功率时的额定流速。图 8.29 给出了华盛顿塔科马狭窄地区洋流的统计分析。表 8.9 列出了两者的组合数据。以某行为例，给出了当前流速为 1.9m/s 的概率为 0.063。按照这个速度，预计涡轮机/发电机的发电量为 600kW。因此，当潮汐流速为 1.9m/s 时，输出的电量预计为：

$$输出的电量 = 0.063 \times 8760h/年 \times 600kW = 331128kW \cdot h/年$$

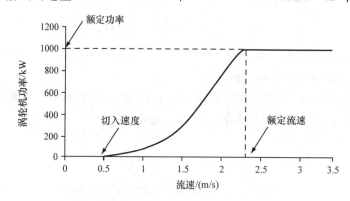

图 8.28　潮汐涡轮机/发电机的功率曲线示例

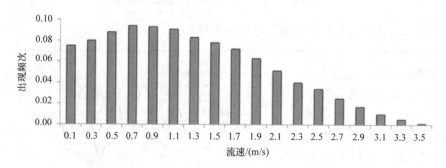

图 8.29　华盛顿塔科马狭窄地区表层潮汐洋流速度概率分布

（Hagerman 等，2006）

表 8.9　估算潮汐发电厂输出的电量

潮汐流速/(m/s)	概率	h/年	功率/kW	电能/(kW·h/年)
0.0	0	0	0	
0.1	0.075	657	0	0
0.3	0.080	701	0	0

（续）

潮汐流速/(m/s)	概率	h/年	功率/kW	电能/(kW·h/年)
0.5	0.088	771	0	0
0.7	0.094	823	20	16469
0.9	0.093	815	55	44807
1.1	0.091	797	98	78122
1.3	0.083	727	170	123604
1.5	0.078	683	270	184486
1.7	0.072	631	410	258595
1.9	0.063	552	600	331128
2.1	0.051	447	800	357408
2.3	0.040	350	980	343392
2.5	0.034	298	1000	297840
2.7	0.025	219	1000	219000
2.9	0.017	149	1000	148920
3.1	0.010	88	1000	87600
3.3	0.005	44	1000	43800
3.5	0.001	9	1000	8760
			总计	2543930

发电厂装机为图 8.28 所示的 1000kW 涡轮机，潮汐流速数据如图 8.29 所示。

该系统的总装机能量为 $2.54 \times 10^6 \mathrm{kW \cdot h/}$年，这表明该涡轮机的容量因数为

$$容量因数 = \frac{2.54 \times 10^6 \mathrm{kW \cdot h/年}}{1000 \mathrm{kW} \times 8760 \mathrm{h/年}} = 0.29 = 29\%$$

这个估计值是基于塔科马狭窄地区表层潮汐洋流数据计算得到的，所以更详细的分析还需要使用相关深度的潮汐洋流数据。进行该计算可参考 Hagerman 和 Polagye（2006）的 EPRI 报告。

8.5　水　力　发　电

水力发电是电力来源的重要组成部分，其容量接近 1TW，大约占全球发电总量的 16.5% 左右（3400 万亿 kW·h）。全球有 20 多个国家，水电发电量超过了其国内总发电量的 90% 以上。大多数的新建水电设施都在亚洲（以中国为首）和拉丁美洲（以巴西为首）。事实上，两个最大的水力发电厂分别位于中国（三峡，22.4GW）和巴西（Itaipu，14GW）。中国迄今为止的最大装机容量为 210GW，而且还在积极寻求建设新的项目。水力发电占美国总发电量的 8%，听起来可能不算多，但仍然远远超过了其他可再生能源发电量的总和。美国和其他经济合作与发展组织（Organisation for Economic Co–operation and Development，OECD）中的大部分国家，由于在最适合开发水电的地方都已经建设了水电站，因此其重点已经从开

发新的水电站转向了改善现有水电设施，以及在现有的无动力水坝上增加发电能力等方面。水力发电技术已经是非常成熟的发电技术，目前还在研究开发小容量和低水头应用场景下的廉价高效新技术。

水力发电比大多数其他可再生能源技术更灵活，更具优势。它可以提供基荷发电，调峰发电，旋转备用和能量储存等多种类型供电。与传统火电厂相比，其能更快、更灵活地满足负荷的分钟级波动。由于具备储能能力，其可作为时变、不可预测的可再生能源发电的理想补充供电方式。

8.5.1 水力发电系统结构

水力发电厂可根据其与水资源进行转换的方式来进行分类。"顺河式"水电厂也就是没有或很少有大坝蓄水的水电系统，因此不会由于大坝或水库而影响生态环境。图8.30所示为"顺河式"水电系统的举例，可见一部分河水被引入到管道中（称为"引水压力管道"），水流从高处流入海拔低于入水口的发电站中的水轮发电机，依靠水压驱动水轮机发电后，再从低处流出。根据系统的设计不同，发电站可能还配备有蓄电池组以应对超出发电机平均输出功率的负荷峰值。

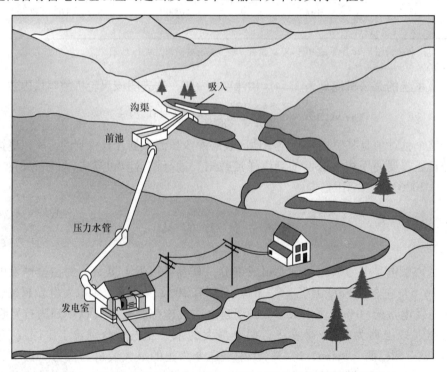

图8.30 微型水电系统举例，水通过引水压力管道驱动下游的发电站

传统的带蓄水池的水电系统是最常见的水电厂。这种系统除了发电之外，还有城市供水、防洪、灌溉以及娱乐等多种用途。蓄水储能的最重要的优势是，不受雨

雪等自然天气的影响可为负荷提供平稳可靠的供电。水电系统的容量大小直接决定着该系统工程对当地经济和环境的影响。小型水电项目可以为当地提供巨大社会效益的同时，而对当地生态环境的影响最小。但是大型水力发电项目则无法实现对所在地造成一定的生态影响的同时，也为当地提供巨大的社会效益。例如，中国的三峡工程，造成了当地一百万居民的移民，但其巨大的发电量不仅是对当地社会效益的提升，而是使得整个国家受益。

美国正在进行一场有趣的辩论，讨论大型水力发电设施在不同州间可再生能源配额制框架（Renewable Portfolio Standards，RPS）下是否被视为可再生能源系统。这些争论涉及随着全球变暖的进展，是否能指望未来的降水保证水电的额定输出电量。也有对环境影响的担心，大坝是否最终会淤塞并导致水电系统停止运行。带有可再生能源配额指标的大多数州一般只统计小水电系统，但是如何定义小水电系统弹性很大。

第三种水力发电系统是抽水蓄能发电系统，其蓄水用于在电网高峰负荷时发电。当电网中电价较低时，其从低海拔的水源抽水至高海拔处蓄水。当需要发电时，将从高海拔至低海拔放水驱动水轮机发电。在这个循环过程中，总体效率常常可达到80%以上。抽水蓄能不仅可为电网提供稳定的供电服务，而且也是打捆时变的可再生能源发电系统并网的最简单的方法。事实上，在某些地理环境下，直接将可再生能源发出的电力用于抽水蓄能系统用电，比直接并网发电更合理。

8.5.2　水力发电的基本原理

水中储存的能量以三种方式呈现：势能、水压能、动能。首先水从高处相对低处来说（在例中即电站所处的地方）存在高度差因而具有势能。在引水压力管道中受到挤压的水释放后也可以做功，因此水也有压力能。同时，水的流动也包含了动能。图 8.31 所示为水从水轮机前池流动到引水压力管道再从管口流出时三种能量的转化示意图。

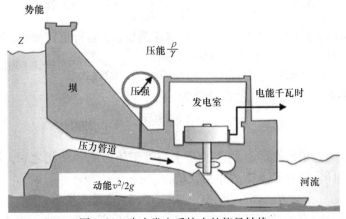

图 8.31　水力发电系统中的能量转换

很容易以重量为基准衡量这三种形式的能量，此时能量被称为"水头"；如果考虑水流长度，则相应单位为英尺水头（feet of head）或米水头（meters of head）。水包含的总能量是位头、压头和速度头的总和：

$$水头能量 = z + \frac{p}{\gamma} + \frac{v^2}{2g} \tag{8.16}$$

式中，z 为水源相对于电站的高度差（m 或 ft）；p 为水的压力（N/m²）或磅(lb)/ft²；γ 为比重（N/m³ 或 lb/ft³；v 为水流的平均速度（m/s 或 ft/s）；g 为重力加速度（9.81m/s²）。

讨论水电系统时，特别是在美国，可能会接触到不同的单位。表 8.10 列出了一些美制常用单位及换算关系：

表 8.10　水的计量单位及转换关系

	美制单位	国际单位
1ft³	7.4805gal	0.02832m³
1ft/s	0.6818mile/h	0.3048m/s
1ft³/s	448.8gal/min	0.02831m³/s
水的密度	62.428lb/ft³	1000kg/m³
1lb/in²	2.307ft 水	6896N/m²
1kW	737.56ft·lb/s	1000N·m/s

[例 8.3]　美制单位换算。

假设一个直径 4in 的引水压力管道输送 150gal/min 的水，流经的高度差是 100in。当到达发电站时，引水压力管道中的水压是 27lb/in²（psi），则引水压力管道中损耗了多少可供使用的水头？最终有多少能量（kW）可供水轮机使用？

解：

由式（8.16）可计算出

$$水压头 = \frac{p}{\gamma} = \frac{27\text{lb/in}^2 \times 144\text{in}^2/\text{ft}^2}{62.428\text{lb/ft}^3} = 62.28\text{ft}$$

根据 $Q = vA$，其中 Q 是水流量，v 是水流速度，A 是管道截面积，可得

$$v = \frac{Q}{A} = \frac{150\text{gal/min}}{(\pi/4)(4/12\text{ft})^2 \times 60\text{s/ft} \times 7.4805\text{gal/ft}^3} = 3.830\text{ft/s}$$

所以，根据式（8.16），动能计算为

$$动能 = \frac{v^2}{2g} = \frac{(3.830\text{ft/s})^2}{2 \times 32.2\text{ft/s}^2} = 0.228\text{ft}$$

到引水压力管道底端时，剩余的总水头等于压力能和动能之和，为 62.28ft + 0.228ft = 62.51ft。这就是所谓的净头，H_N。

$$H_N = 62.28 + 0.228\text{ft} = 62.51 \text{英尺水头}$$

考虑在高处时水的动能可以忽略，因此从 100ft 高处流下来，引水压力管道损

耗为 $100 - 62.51 = 37.49$in，即损耗率为 37.49%。

利用表 8.10 所列的换算率，消去分子分母中相同的单位后，150gal/min 62.51英尺水头的水流下的能量为

$$P = \frac{150\text{gal/min} \times 62.428\text{lb/ft}^3 \times 62.51\text{ft}}{60\text{s/min} \times 7.4805\text{gal/ft}^3 \times 737.56\text{ft} \cdot \text{lb/(s} \cdot \text{kW})} = 1.77\text{kW}$$

如果忽略管道中的损耗，则理论上某地的可用能量由水源和水轮机之间的海拔差（称为总水头 H_G），以及水流量 Q 所决定。采用简单量纲表示，可以写出

$$P = \frac{能量}{时间} = \frac{重量}{体积} \times \frac{体积}{时间} \times \frac{能量}{重量} = \gamma Q H \tag{8.17}$$

将国际标准单位和美制单位准确带入上式，可以得到如下重要函数关系：

$$P(\text{W}) = \frac{Q(\text{gal/min}) H_G(\text{ft})}{5300} \tag{8.18}$$

$$P(\text{W}) = 9.81 Q(\text{m}^3/\text{s}) H_G(\text{m}) \tag{8.19}$$

式（8.18）和式（8.19）无法区分大高度差、小流量水电站与小高度差、大流量水电站之间的差别，但实际中这两种水电站还是有差别的。如果高度差大、水流量小，则水流更容易进入引水压力管道，水流更加平稳，同时也可以采用廉价的小型水轮机。家用水电系统采用适当流量、小高度差的结构，可以方便实现系统建造方便、简单、投资收益比高。

8.5.3　水轮机

水能有三种存在方式——势能、压力能和动能，相应地将水能转换成驱动发电机转轴的机械能也有三种方式。冲击式水轮机通过水流高速冲击轮上的水斗来获取水的动能，但是在反击式水轮机中水流的动能只起到很小的作用，而是通过水的压力能造成水轮机叶片两端的压力差形成转矩。一般来说，冲击式水轮机适用于高水头、低流量的情况，而反击式水轮机则更适用于低水头、大流量的情况。最后一种，运动缓慢但是强劲的传统水车可以将水的势能转换成机械能。水车的低转速与发电机需要的高转速相差甚远，所以并不适合于发电。

冲击式水轮机在微型水电系统中应用最多。1880 年佩尔顿（Lester Pelton）发明并申请专利了第一台冲击式水轮机，现代改进后的冲击式水轮机仍然沿用了他的名字（佩尔顿水轮机）。在佩尔顿水轮机中，水流从喷嘴中喷出，打到连接水轮的水斗上。水斗的设计考虑了充分获取水流的动能，同时能让水流流出，不妨碍下一次水流的冲击。四喷嘴佩尔顿水轮机结构如图 8.32 所示。这种类型水轮机的典型效率为 $70\% \sim 90\%$。

最初佩尔顿水轮机的效率随着流率的增加而有所下降，主要是由于流率增加后从水斗流出的水和新注入的水发生碰撞，有所损失。另一种冲击式水轮机——斜击

式（Turgo）水轮机，和佩尔顿水轮机原理类似，但是水斗的形状不同。在斜击式水轮机中，水从一个方向冲入水斗，但从另一个方向流出，这样很大程度上解决了水流碰撞的问题。斜击式水轮机还允许一个喷嘴同时向多个水斗喷射，这使它比佩

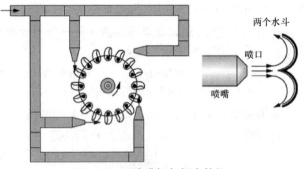

图 8.32　四喷嘴佩尔顿水轮机

尔顿水轮机拥有更高的转速，也更符合发电机的高转速需求。

　　还有一种冲击式水轮机被称为双击式水轮机，这类水轮机特别适用于中低水头的情况（5 ~ 20m）。这类水轮机也被称为班基（Banki）、米切尔（Mitchell）或奥森博格（Ossberger）水轮机，这三个名字分别是这类水轮机发明者、原理改进者和目前制造商的名字来命名的。这类水轮机很容易制造，使得其在发展中国家得到了广泛应用。

　　在低水头、大流率的情况下，比较适用反击式水轮机。不同于冲击式水轮机依靠水流冲击驱动叶轮转动，反击式水轮机的叶轮全部都浸没在水面下，依靠大量的水流流过叶轮来驱使其转动。在微型水电系统中应用的反击式水轮机叶轮外形像外置的马达推进器。叶轮可能有三到六个叶片，在小系统中叶片往往采用固定斜度。叶轮角度可变并且带有其他调整装置的大型水轮机被称为卡普兰（Kaplan）水轮机，其在低水头情况下（2 ~ 40m）得到了广泛使用。如图 8.33 所示为一直角驱动转桨式水轮机，图中的球状物中含有连接水轮机和外部发电机的齿轮组。对于最大的系统，另一种混流式水轮机（10 ~ 350m 水头），称为弗朗西斯水轮机，得到了广泛的应用。

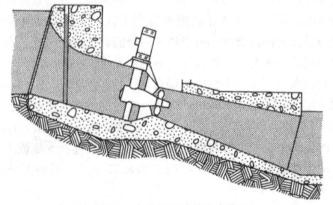

图 8.33　直角驱动转桨式水轮机

（数据来自 Inversin，1986）

8.5.4　损耗计算

式（8.18）和式（8.19）没有考虑管道损耗，也没有考虑水轮机和发电机的效率影响。净水头 H_N 等于总水头（实际海拔差）减去管道损耗量。管道损耗主要受管道直径、水流速率、管长、管壁粗糙度、管转弯的次数、管阀以及水流过的急弯数等影响。在 6.6.3 节光伏抽水系统部分讨论了这些问题。图 8.34 说明了总水头和净水头的差异。

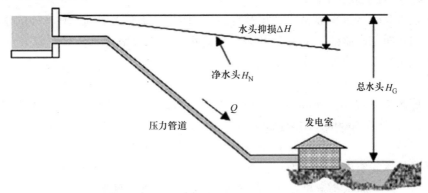

图 8.34　考虑管道损耗后剩余的净水头部分

从实际应用的角度来考虑，式（8.18）和式（8.19）需要用净水头 H_N 来代替总水头 H_G 来重新表示，而且由于是为了估计系统实际发出的电功率值，因此还需要考虑到水轮机和发电机的效率，也就是考虑了水轮机和发电机本身的损耗部分。

$$P(W)_{产出} = \frac{\eta Q(\text{gal/min})H_N(\text{ft})}{5300} = 9.81\eta Q(\text{m}^3/\text{s})H_N(\text{m}) \qquad (8.20)$$

图 8.35 给出了以英尺水头为单位，100ft 长不同直径聚氯乙烯（PVC）和聚乙

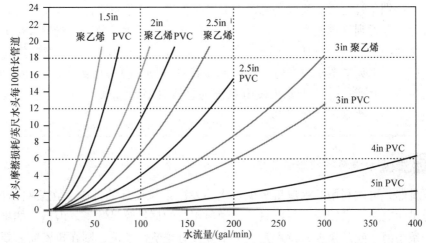

图 8.35　以英尺水头/100ft 长管道为单位，不同直径 160psi 聚氯乙烯（PVC）和聚乙烯管道的水头摩擦损耗数据

烯管道的摩擦损耗数据。相比较而言，聚氯乙烯（PVC）管道摩擦管损更小，同时价钱也更便宜，但是聚乙烯管道直径小、更柔软，容易安装，从 100ft 到 300ft 长的聚乙烯管道可以卷成卷放置。大直径的聚乙烯管道长度更短，可以根据现场需要对接安装。但这两种管道都要避免阳光直晒，因为紫外线会加速材料的老化、更容易破碎。

[例 8.4] 小型水力发电。

假设 150gal/min 的水从小河里被直径 3in 的聚乙烯管道引到 1000ft 外的水轮机发电，水轮机与水源的高度差为 100ft，假定水轮机的效率为 80%，估算一个月 30 天水轮发电机共发出的电能是多少？

解：

从图 8.35 中查出，150gal/min 的流率下，直径 3in 的聚乙烯管每 100ft 约损失 5ft 的水头。管长 1000ft，则摩擦损耗为

$$1000ft \times 5ft/100ft = 50ft \text{ 水头损耗}$$

提供给水轮机的净水头为

$$净水头 = 总水头 - 摩擦损耗水头 = 100ft - 50ft = 50ft$$

将水轮机轮/发电机效率 80% 代入式（8.20），可计算出输出功率为

$$P(\text{kW})_{产出} \approx \frac{\eta Q(\text{gal/min}) H_N(\text{ft})}{5300} = \frac{0.80 \times 150 \times 50}{5300} = 1.13 \text{kW}$$

考虑一个月 30 天的月发电量为 24h × 30 天/月 × 0.75kW = 540kW·h。不计取暖、空调和加热水用电，该数值大概是一个美国家庭的月平均用电量。

大约一半的能量被管道损耗掉了，因此例 8.4 的系统设计并不好。因为大直径管道的损耗较小，所以从发电的角度来说管道直径越大越好。但是直径越大管道价格越贵，特别是管道所需要配备的阀门和其他配套元件很贵，因此采用大直径管道也不合理。考虑到管道成本占了微型水电系统成本的很大一部分，管道直径的选择应基于合理的系统经济分析。因此，保持水流流量小于 5ft/s，管道摩擦损耗小于20%，应是高水头微型水力发电系统的基本设计准则。再考虑到水轮机/发电机的效率为 80%，因此一个小型水力发电系统的总体效率约为 60%。大型水力发电系统的损耗最小，效率可达 90% 以上。

8.5.5 微型水电系统的流量测量

很显然，可供利用的水流量多少是水力发电系统设计的基础。在某些情况下，水源充足而电力需求较少，所以只需要做出粗略的估计就足够了。但是，如果水源只是一条小河，或是泉水，特别是如果水源带有季节性的话，则在投资前需要对水流量进行谨慎地观测。在这些情况下，常规测量至少需要一整年的时间。

估算水流量的方法有很多种，从最简单的水桶－秒表法直到许多非常复杂的方法，比如一种使用螺旋转子流量计或杯式驱动流量计来测量整个河流截面上的水流速度。对于微型水利系统来说，最好的方法是在小河上建造一个临时的夹板、水泥或金属坝，被称为"围堰"。可根据水流出围堰槽口时的高度计算其流量。

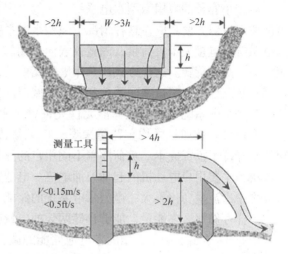

围堰上的槽口可以有不同的形状，比如长方形、三角形或梯形。槽口边缘需要陡峭，使得水流通过堰之后水流高度能够迅速降低。为了测量精确，围堰后面的水池必须保证水流缓慢，使得水面在接近围堰时保持水平。同时需要树立某种测量工具，测量围堰上游的水面高度。对于如图8.36 所示的长方形围堰，当高度 h 大于 5cm（2in）时，流量可以按照如下估算：

图 8.36　用于测量水流流速的长方形围堰
（基于 Inversin，1986）

$$Q = 1.8(W - 0.2h)h^{3/2}, Q \text{ 取 m}^3/\text{s}, h \text{ 取 m}, W \text{ 取 m} \qquad (8.21)$$

$$Q = 2.9(W - 0.2h)h^{3/2}, Q \text{ 取 gal/min}, h \text{ 取 in}, W \text{ 取 in} \qquad (8.22)$$

[例 8.5]　围堰设计。

设计一个能够测量在 100～500gal/min 流量的围堰。

解：在 100gal/min 的低流量下，采用上述建议的最小水面高度高于槽口 2in。则根据式（8.22）：

$$W \leqslant \frac{Q}{2.9h^{3/2}} + 0.2h = \frac{100}{2.9 \times 2^{3/2}} + 0.2 \times 2 = 12.6\text{in}$$

对于预期的高流量，我们必须采用一种反复试验的方法来求解方程（8.22）。让我们取 $W = 12\text{in}$，并尝试 $h = 6\text{in}$：

$$Q = 2.9(W - 0.2h)h^{3/2} = 2.9(12 - 0.2 \times 6)4.2^{3/2} = 460\text{gal/min}$$

6in 的缺口对我们 500gal/min 的目标来说是短暂的。若是 7in，流量可以是 570gal/min。这意味着，一个 $12 \times 7\text{in}$ 的缺口可能会运行得很好。

8.5.6　微型水轮机的电气特性

较大的微型水电系统可以直接作为交流电源与使用同步发电机的交流电网并网

发电。由于发电机的转速决定输出频率，因此需要精确的调速控制系统。传统上一般采用机械和手动控制阀来控制发电机的转速，而现代电力系统均采用了由单片机控制的电子控制装置。

对于小容量的家用微型水电系统，一般采用直流发电用于电池充电。但是如果电网供电可以方便获取，这种情况下微型水电系统也可以并网发电；此时如果微型水电系统发电量大于负荷量，测量仪表向一侧偏转；如果发电量小于负荷量，则仪表向另一侧偏旋转。这样方式比采用电池储能的供电方式更加简单、廉价。在本书的第6章已详细介绍过并网系统和带电池储能的独立发电系统的相关技术。

微型水电系统中的电池储能元件允许整个水电系统（包括管道、门阀、水轮机、发电机）按照日平均负荷量来设计而无须按照负荷峰值设计，从而减小系统容量、降低了投资成本。负荷随着不同用户的开关而时刻变化，但是真正的负荷峰值取决于主要用户电动机的起动浪涌电流。电池储能可以很好地解决该问题。因为一天之中水流量变化不大，微型水电系统的储能元件可以不用像光伏电站中的储能元件一样存储那么多能量，能够存储两天的电量就足够了。

图8.37给出了一个典型的带电池储能的微型水电系统的基本结构图。为了防止电池由于过度充电而损坏，系统中包含了一个充电控制器。当电池充满电后，充电控制器会将多余的电能转通过一个并联负荷，比如电热水箱中的加热部件而消耗掉。该系统还可采用其他的控制措施，如采用调控器来调整通过水轮机的水流量或通过调整发电机的励磁电流来控制其出力。如图所示，电池可以直接向负荷提供直流电，如果需要交流电，则需通过逆变器来获得。

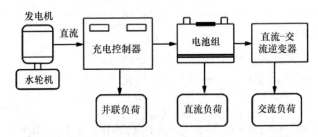

图8.37　带电池储能的微型水电系统的电气结构框图

8.6　抽水蓄能发电

大容量抽水蓄能发电（Pumped – Storage Hydroelectric，PSH）已经是一种完全商业化的技术，全球范围内其提供了近130GW的储能容量，占全球所有电网储能的99%。在美国，抽水蓄能发电占全国总发电量的2.2%，而在日本占到了18%，在澳大利亚占到了19%（Irena，2012）。大多数商业规模的抽水蓄能系统使用的是混流式水泵水轮机直接驱动电动机/发电机，因此抽水蓄能和放水发电采用的是同一套设备，如图 8.38 所示。系统的典型综合效率为 75%~85%，该技术是目前最具成本效益性的大规模储能技术。与抽水损耗相关的损失可以很容易地由非负荷高峰时段用低价电抽水蓄能而在高峰时段放水发出高价电而获得的经济收益所抵消。

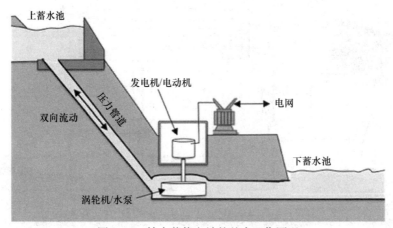

图 8.38　抽水蓄能电站的基本工作原理

抽水蓄能除了能用于调峰发电之外，还有许多其他的优势。其可以在几分钟之内快速启动和关停，并且可以在不到半小时之内从蓄水模式切换到发电模式。其对各种负荷的快速响应能力使得其成为了负荷跟踪、保证电网稳定和提供无污染旋转备用容量的理想电源。在大规模、大容量的电网储能方面，抽水蓄能比任何其他竞争对手都具有更高的成本效益性（参见下一章图 9.9）。其主要竞争对手是传统的大型带有蓄水的水电站，这一般是具备地理条件的地方的首选方式。

随着可再生能源在电网中的渗透率越来越高，抽水蓄能不仅可以在风力或日照强度下降时提供备用电力，还可以在发电容量过剩时避免浪费这些能源。一个有趣的应用前景是，乡村规模的抽水蓄能建设建议使用双水道系统设计，经上水道抽水的动力直接由可再生能源提供，而为负荷供电则由水库从下水道放水发电实现，如图 8.39 所示。储能提供了可再生能源发电和负荷供电之间的解耦，因为两者都是时变的，具有不确定性。

相对于底层水库，上层水库可存储的能量为

$$E = \frac{\rho A \Delta h H}{3.6 \times 10^6} \tag{8.23}$$

式中，E 为能量（kW）；ρ 为水的密度（1000kg/m³）；A 为上层水库的表面积（m²）；Δh 是可允许的水平面变化量（m）；g 是重力加速度（9.81m/s²）；H 是这两个水库的平均海拔差（m）；系数 3.6×10^6 用于将焦耳转换为千瓦小时。

[例 8.6]　双水道抽水蓄能系统。

图 8.39 中所示系统为某平均负荷为 100kW 的小村庄供电。将在现有湖泊之上

250m 海拔处建造蓄水池塘。池塘深3m，但只有顶部的2m 可用于储能。假设每个水道的效率为90%，水泵和水轮机的效率都为85%，那么在可再生能源无法发电的情况下，蓄水池能建多大才能保证 2 天的供电量呢？

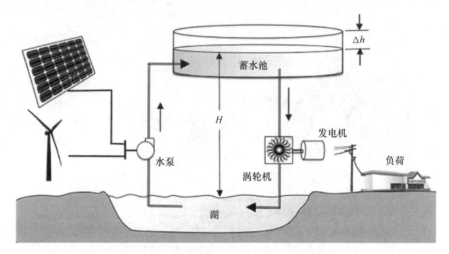

图 8.39　带专用可再生能源发电的双水道抽水蓄能发电系统

解：

　　两天需要的用电量为

$$E = 100kW \times 24h/天 \times 2 天 = 48kW \cdot h$$

　　考虑到工作效率，蓄水池需要提供的能量为

$$E（从池内） = \frac{4800kW \cdot h}{0.90 \times 0.85} = 6274.5kW \cdot h$$

　　由式（8.23）可得

$$E = \frac{1000 \times A \times 9.81 \times \Delta h \times H}{3.6 \times 10^6}$$

$$A = \frac{3.6 \times 10^6 \times 6274.5}{1000 \times 9.81 \times 2 \times 250} = 4605.14m^2$$

　　其面积大约是一个美国足球场的大小。

8.7　生物质发电

　　生物质发电利用的是植物光合作用吸收的太阳能。尽管光合作用将太阳能转换为化学能时的效率较低，但是植物本身已经解决所有利用太阳能必须解决的两个重要问题：有太阳时如何吸收太阳能；如何存储太阳能以备无太阳时使用。利用植物发电也是解决温室效应的一个好途径，因为发电时产生的二氧化碳正好可以被植物光合作用所吸收，因此发电的二氧化碳净排放量为零。

目前，规模化种植工业培育能量作物，并将其转换为酒精燃料供车辆使用的技术已经很成熟了。对于用地紧张的地区，种植燃料作物与农田粮食作物会产生竞争，而且与使用汽油相比，通常碳排放没有净减少。事实上，在一项研究中，将生物质转化为电力驱动电动汽车的研究发现，与在内燃机中使用乙醇相比，每英亩农作物的平均运输里程要多出 80%。此外，从农作物到发电再到电气化交通将会产生两倍的温室气体抵消（Campbell 等，2009）。

生物质发电不需要种植特殊的生物质能作物，其可以进一步利用农业、森林工业甚至市政建设的垃圾发电。由于垃圾总是要被分解处理掉的，将其用于生物质能发电则可能是低成本、零成本甚至是负成本的。

目前，大约 11GW 的生物质发电供应了美国 1.4% 的电力。大部分的生物质电站都采用了传统的朗肯循环蒸汽发电技术，但一些较新的电站采用了热电联产技术。由于远距离运输大量分散的生物燃料要耗费不少钱，所以大多数生物质能电站都是小规模、靠近燃料来源建造的，这也使其无法与大型蒸汽发电站规模化发电的经济性相比。为了减少小型生物质电站的高昂投资成本，建设中经常采用低质量的钢材等材料，也就意味着发电机不能在高温高压的情况下运行，因此效率也不高。同时，生物燃料往往含水量较高，一部分燃烧产生的能量将被水蒸气带走，因此目前生物质能发电技术的总体效率很低，一般低于 20%。尽管燃料价格便宜，但如此低的发电效率使得发电成本仍然相对较高，大约是 10 美分/kW·h。大约 2/3 的现有生物质发电厂可以同时输出电能和有用热能，这几乎使其可用能量输出增加了一倍，考虑上其输出热量的价值，可使其发电净成本减少约 1/3。

建设小型、低效的生物质发电站的一种替代方案是，在传统的蒸汽循环电站使用的化石燃料中加入生物燃料一起燃烧，被称为"共烧"。由于在效率较高的电站中燃烧生物燃料，因此这种生物质能发电方式更经济，同时由于生物燃料的燃烧比煤更清洁，电站的总排放量也会减少。

新型联合循环发电并不需要很大的规模就可以达到令人满意的效率，所以新一代生物质发电可以考虑采用燃气轮机来替代蒸汽机。但是，燃气轮机不能直接使用生物质燃料燃烧产生的燃气，因为其中的水蒸气和杂质会损伤燃气机叶片，必须要加入一个中间处理环节。如果能够将生物质燃料气化并在燃烧之前进行净化，则将生物燃料应用于燃气轮机是可行的。图 8.40 所示为将生物质燃料气化的两个过程。在第一步中，生物质原料被加热，一些挥发性成分被气化，这个过程称为高温分解。随着燃料被加热，水分首先变成水蒸气逸出，然后大约在 400℃ 时生物质燃料开始分解，产生大量的燃气或合成气，主要包括氢气（H_2）、一氧化碳（CO）、甲烷（CH_4）、二氧化碳（CO_2）和氮气（N_2）等，还有焦油。高温分解的固体副产物是焦炭和炉灰。在第二步中，焦炭被加热到约 700℃ 并与氧气、水蒸气和氢气反应，产生另一部分合成气。生物质燃料气化过程中所需要的热量可以通过燃烧一部分焦炭来获得。

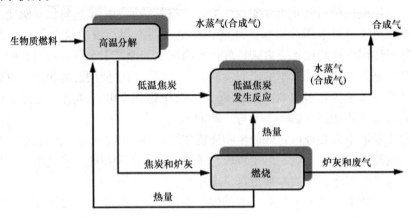

图 8.40 生物质燃料气化过程

将生物质燃料转换为能量的另一种方法是在微生物的作用进行厌氧分解，主要产生甲烷和二氧化碳的混合气。其中的生物化学过程十分复杂，用化学方程式简单表示如下：

$$C_nH_aO_bN_cS_d + H_2O + 微生物 \rightarrow CH_4 + CO_2 + NH_3 + H_2S + 新细胞$$

式中，第一项表示生物质燃料中的有机物，显然方程不是平衡的。该技术的理论基础较为简单，即在一个封闭的器皿（消化池）中进行厌氧化学反应。最终产物是甲烷，消化器内产生的气体甲烷所占的比例一般为 55% ~ 75%。

厌氧消化池在市政的污水处理工程中应用最为广泛，主要用于将污水变成无毒害、特性稳定的最终产物，以进行垃圾掩埋或者重新利用来改善土壤状况。厌氧消化池可以使用多种生物质料，包括食品加工过程中产生的废料、各种农业废料、市政固态垃圾、甘蔗渣和水生植物如海藻、水葫芦等。生物质燃料气体被脱硫之后，可用于活塞式内燃机发电和生产热能。

8.8 地热发电

地热能丰富，但是分布分散。其不随时间变化，因此，当开发利用它时，可作为具有非常高容量因数的基荷电力。其起源于地球深处，那里放射性衰变不断地将地核加热到超过 6000℃的温度。地心的热量通过地幔向地表移动，地幔温度约为1000℃。来自地幔的热流穿过地球 30km 厚的地壳，能量通量仅为 $0.06W/m^2$，远低于我们在地球表面感受到的太阳、风、潮汐和海浪能的通量密度。如此小的能量通量不具开发性，因此尽管其蕴含的能量巨大，而且已经积累了无数年，但是对其开发利用还正在进行中。对于某些特定地点，开发该资源所消耗的能量甚至要超过地热本身的能量，长时间开发会导致当地资源的枯竭，因此有人质疑这种丰富的资源是否真的应该被称为可再生资源。

　　地球地幔的温度梯度平均约为30℃/km，但在靠近构造板块边界的地方，已经建成了很多地热发电厂，其温度坡度通常在80℃/km以上。目前，大多数地热井的深度不超过3km，即使在具备正常的30℃/km的温度梯度的地点，也可产生大约100℃的温度，足以满足工业过程或社区供热的要求，但是如果该温度用于发电，则效率太低。对于最好的地热地区，水已经渗透下来形成了深的、高温/高压含水层，其中含有纯水蒸气，或者水蒸气和液体的混合物，或者高压热水。天然存在的通道会从这些深层含水层将水引导回地表，形成备受人们喜爱的温泉和间歇泉。这种具有自然对流热水的热液区是地热发电的主要地区，但这种地区并不常见。

　　热干岩（Hot Dry Rock，HDR）的分布比更易开发的热液区更为广泛。花岗岩和其他热传导性不良、渗透性液较差的岩石埋在地表深处，已经积累了数百万年的热能。在地球陆地很大地表面积之下，热干岩的温度可以大大高于200℃。一种基于裂化热干岩的新型强化地热开发系统（Enhanced geothermal System，EGS）正在研发中，以开发这种巨大的资源。将高压冷水注入开发井中增大岩石的天然裂缝，从而提高岩石的渗透性。初次裂化后，通过注水井往热岩进行注水，通过热裂缝的加热，可以由浅层返回井收集到250℃左右的热水。与热液资源相比，采用了这种EGS后，估计美国的地热资源可增加1000倍。截至2012年，只有少数小型EGS地热电厂在欧洲运行，第一个大型的EGS地热电厂仍在澳大利亚处于开发之中。

　　第一代地热发电厂通常位于拥有间歇泉的特殊地址，直接利用了含水层中产生的热干蒸汽。热干蒸汽，通常在230℃以上，由抽水井直接抽取输送到地面的汽轮机上，如图8.41a所示。从汽轮机排出的蒸汽通常通过冷凝器，水凝结后再注入地面或注入地下含水层中。更简单、更便宜但效率较低的发电系统可能不使用冷凝器，也称为背压式汽轮机，而是将蒸汽可以排放到大气中，或者用于局部供热。

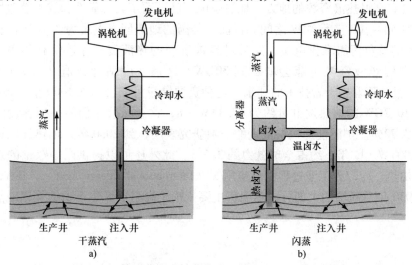

图8.41　热干蒸汽和闪蒸蒸汽地热发电厂的基本原理

遗憾的是，能提供热干蒸汽的含水层很少。更容易找到的是温度超过 175℃ 的高压含水层。高压下，水的沸点升高，因此即使温度远高于 100℃ 时水仍然能保持液态。当压力降低时，水就会闪蒸变为蒸汽。图 8.41b 给出了闪蒸蒸汽地热发电厂的基本原理，从含水层中抽取的过热水通过减压分离器或闪蒸槽，释放出蒸汽驱动汽轮机。大多数现有的地热发电厂都使用的是闪蒸地热发电机。

　　第三类地热发电厂使用的是双循环方式，从地下提取的热水通过换热器将热量传递到第二循环回路中沸点比水低的其他工作流体中，如图 8.42 所示。工作流体通常采用氨或丁烷、戊烷或异戊烷等有机化合物，在换热器中吸收热量而实现蒸发，变为蒸汽在常规的郎肯循环或卡利循环系统中驱动汽轮机做功。这些双循环地热发电厂的优点是，可以利用对于常规蒸汽发电厂而言温度很低（100 ~ 175℃）的资源来发电。这种利用低质量资源发电的能力大大提升了可经济开采和利用的地热能资源量。这些系统的另一

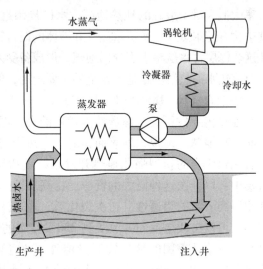

图 8.42　双循环地热发电厂

个优点是，与抽取的含水层水或蒸汽有关的污染物永远不会与汽轮机回路接触。现有的效率为 11% 的地热发电厂采用的就是双循环发电厂，目前大多数新的发电厂正计划使用这项技术。

　　在具有高温热液资源的地方，地热发电厂已证明了其可靠性和成本效益性，发电成本在 50 ~ 100 美元/MW 之间。目前，美国的地热能发电量为 3.1GW，提供了约 0.4% 的总负荷需求供电量，此外已经被发现的热液资源存量仅有 7GW 左右。未被发现的热液资源可能会增加到 30GW，这是适度估计数值（Augustine 等，2010）。但是随着热干岩技术的到来，这种资源储量可能会增加 1000 倍。2010 年，全世界 10.7GW 的地热发电量约为 67.3TW·h，这意味着它们的平均容量因数相当高，为 72%。国际能源机构最近的一项研究表明，到 2050 年，地热发电量可提供约 1400TW·h/年，约占全球电力的 3.5%，此外还可以提供同等数量的热能用于空间加热、冷却和工业过程供热应用等（International Energy Agency，IEA，2011年）。2030 年后新增的大部分地热能将主要依赖于高温干燥岩石中的强化地热开发系统。

参 考 文 献

Augustine C, Young K, Anderson A. Updated U.S. geothermal supply curve. Presented at Stanford Geothermal Workshop. Golden, CO: National Renewable Energy Laboratory; 2010 Feb. NREL/CP-6A-47458.

Bedard R, Hagerman G, Previsic M, Siddiqui O, Thresher R, Ram B. Offshore wave power feasibility demonstration project, final report. Palo Alto, CA: EPRI; 2005. E21 EPRI Global WP009-US Rev 2.

Black & Veatch Cost and performance data for power generation technologies. Prepared for the National Renewable Energy Laboratory (NREL), Golden, CO:NREL; 2012 Feb.

Campbell JE, Lobell DB, Field CB. Greater transportation energy and GHG offsets from bioelectricity than ethanol. Science 2009;324:1055–1057.

Hagerman G, Polagye B, Bedard R, Previsic M. Methodology for estimating tidal current energy resources and power production by tidal in-stream energy conversion (TISEC) devices. Palo Alto, CA: EPRI; 2006 June.

IEA Technology roadmap, Geothermal heat and power. Paris: International Energy Agency; 2011.

Inversin AR. *Micro-Hydropower Sourcebook*. Arlington, VA: National Rural Electrification Cooperative Association; 1986.

IRENA Renewable energy technologies: cost analysis series, Volume 1: Power sector, issue 3/5, hydropower. Bonn, Germany: International Renewable Energy Agency; 2012 June.

Kelly B. Nexant parabolic trough solar power plant systems analysis; task 2 comparison of wet and dry rankine cycle heat rejection. Golden, CO: National Renewable Energy Laboratory; 2006. NREL/SR-550-40163.

Michel WH *Sea spectra simplified*. Washington, DC: Marine Technology; 1968.

Paasch R, Ruehl K, Hovland J, Meicke S. Wave energy: a Pacific perspective. Philosophical Transactions of the Royal Society A 2012;370: 481–501.

Previsic M, Bedard R, Hagerman G, Siddiqui O. System level design, performance and costs for San Francisco California Pelamis offshore wave power plant. Palo Alto, CA: EPRI. 2004.

Sioshansi R, Denholm P. *The value of concentrating solar power and thermal energy storage*. Golden, CO: NREL; 2010. NREL-TP-6A2-45833.

Stoddard L, Abiercunas J, O'Connell R. Economic, energy, and environmental benefits of concentrating solar power in California. Golden, CO: NREL; 2006. NREL/SR-550-39291.

Stoutenburg E., Jenkins N, Jacobson M. Power output variations of colocated offshore wind turbines and wave energy converters in California. Renewable Energy 2010; 35(12):2781–2791.

Stoutenburg ED, Jacobson MZ. Reducing offshore transmission requirements by combining offshore wind and wave farms. IEEE Journal of Oceanic Engineering 2011; 99.

Twiddell J, Weir T. *Renewable Energy Resources*. 2nd ed., London: Taylor & Francis; 2006.

U.S. Department of Energy. Concentrating solar power commercial application study: reducing water consumption of concentrating solar power electricity generation. Report to Congress. 2010.

U.S. Department of Energy. Report to Congress on the potential environmental effects of marine and hydrokinetic energy technologies. Energy Efficiency and Renewable Energy; 2009 December.

第9章 以计量电表为分界的两侧系统

9.1 引 言

电力行业正处于一个剧烈的转变过程之中。曾经，无论用户何时需要，只要电价合理，其就能够为用户提供高可靠性的供电。但其只控制电力系统侧，也就是计量电表的供应侧。而现在，随着现代通信技术、传感器和智能电表的出现，这种控制或运行模式正开始转向同时管理计量电表的供给侧和需求侧。

本章将从计量电表的供应端开始，介绍即将到来的智能电网技术，但重点将放在计量电表的另一边（需求侧）。由于美国 3/4 的电力消耗在建筑物中，大部分用于照明、空调和由墙上插座供电的用电负荷上，因此在家庭和办公室中采用新的用电管理技术会对电网产生重要影响。而且，电动汽车负荷也可以作为储能为电网所用，当然要很好地实现这一点并不容易。用户侧可能的发电技术，包括了光伏发电、燃料电池，也许还有车辆到电网（Vehicle to Grid，V2G）的供电等，这意味着配电网中的潮流是双向的。与电网根据负荷的需要而实时调控不同，负荷可以使用需求侧响应（Demand Response，DR）以及就地发电技术来解决供电侧的变化，如图 9.1 所示。

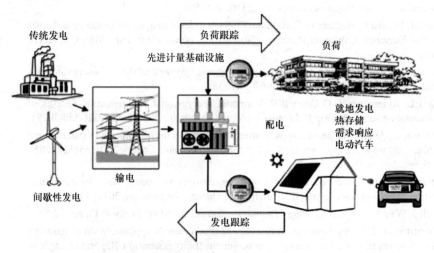

图 9.1 使用就地发电和需求侧响应，负荷可以跟随供给侧的变化而变化，
而不是传统的电网跟踪负荷变化的方式

9.2　智　能　电　网

美国工程院将电气化称为 20 世纪最伟大的工程成就。但自爱迪生和西屋时代以来，电网的基本结构变化很少。信息技术在 21 世纪改变了我们生活的方方面面，但是电力行业还没有充分利用好信息技术带来的潜在优势。

虽然"智能电网"的定义仍然有些含糊不清，但它通常包含以下特征：

- 能够实现自动化输电和配电功能，而且可以使得电力系统可观、可控、具备自适应控制和自愈能力。
- 具备消纳和促进可再生能源、分布式发电、热电联产（Combined Heat and Power，CHP）系统和储能在计量电表的两侧（系统侧和需求侧）灵活并网的能力。
- 通过使用智能电表、智能电器、用户信息和激励计划等措施，具备并鼓励需求侧响应和需求侧管理（Demand – Side Management，DSM）的能力。
- 通过鼓励并预先签署电动汽车充电协议等，实现智能充电计划以及可能的车辆到电网双向潮流流动。
- 随着对计算机、智能电子设备、软件和通信技术的依赖越来越强，确保智能电网的网络安全非常重要。

9.2.1　配电自动化系统

除了安全性之外，电网的供电可靠性最为重要。实际上，目前电网的供电可靠性达到了非常高的 99.97%。停电每年给美国经济造成的损失大约在 800 ~ 1600 亿美元之间，这意味着全国范围内的平均停电损失额为 2 ~ 4 美分/kW·h（GTM，2008 年）。虽然存在着恶劣天气影响、动物、车辆撞击等不受供电公司可控的停电影响因素，但供电公司担负着正确的供电设备维护和电网管理职责以避免电网过载。智能电网可以尽量减少停电影响的用户范围并缩短停电时间。同时，智能电网也应具备通过系统侧实时调度管理和用户侧快速的需求侧响应管理来避免大停电的能力。

可能会令人惊讶的是，许多供电公司仍然是在收到了用户打来的有关停电询问的电话之后，才意识到某条线路发生了故障。来自停电区域的电话有助于确定故障发生的可能地点，现场电力工作人员会沿着停电线路开车，目测寻找实际的故障点。在确定了故障点之后，就可以手动拉开负荷开关隔离故障点，为不受影响的区域恢复供电。然后就可以开始维修线路上的故障点了。

有了智能电网，具备记录故障发生时间的传感器可以大大缩短这一过程。新的自动控制系统，被称为故障检测、隔离和恢复（Fault Detection Iso Lation and Restoration，FDIR）系统，可自动隔离故障区段，维修人员到达现场后就能立即展开抢修工作。该系统还可以通过电话或电子邮件自动向停电所影响区域的客户发出提醒。用户和供电公司之间的良好沟通，以及更短的停电时间，可以显著改善两者之间的关系。

图 9.2 所示为这一过程涉及的相关技术。在许多可能的供电方案中，图中给出了变电站向用户供电的两条供电线路。当其中一条发生故障时，故障电流指示器向监控和数据采集（Supervisory Control and Data Acquisition，SCADA）系统发送警报信号，然后 SCADA 系统会向线路上的自动开关发送命令隔离故障区段。待故障点修理完成后，SCADA 系统会命令重合器为线路恢复供电。

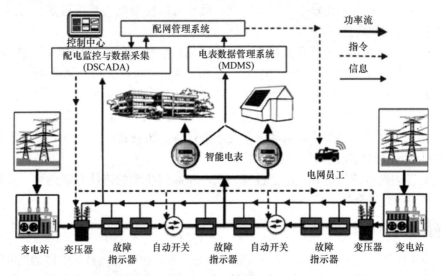

图 9.2　配电系统停电恢复系统架构。基于 GTM（2008 年）

9.2.2　电压/无功功率优化

在电力系统正常运行中，电源供给侧和负荷需求侧的微小不平衡表现为频率的变化，发电机通过调节输出电压和功率因数来自动响应。当电网中电压过高时，可以通过改变变压器的抽头和调整电容器组以减少无功功率来略微降低馈线电压。当有了智能电网，则可以通过所谓的电压/无功优化来自动实现该过程。只要电压保持在规定的最低值 114V 以上时，电压值一定程度上的降低就可实现用电需求量几个百分点的下降，而不会影响到用户的正常供电。虽然可以在变电所内调整电压值，但操作人员必须谨慎处理，以防止馈线末端用户侧的电压偏低，因此这种操作在实际中效果并不十分有效。智能电网可提供智能控制功能，可以实现馈线沿线上的电压/无功优化控制，达到更好的效果，如图 9.3 所示。

随着屋顶光伏发电和其他民用发电技术的发展，电压/无功优化的需求将变得越来越重要。当馈线上电流可能双向流动时，配电网上的这些潜在可变输入可能会破坏馈线沿线的电压分布。

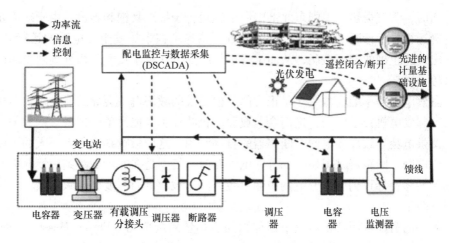

图 9.3 基于分布集中式控制的电压/无功优化的体系架构

随着智能电表和能够远程闭合和断开用户供电的先进计量设施（Advanced Metering Infrastructure，AMI）的出现，在电力系统出现紧急情况时，用户侧的直接响应变为了可能。今天，当遇到地震或暴风雨等自然灾害摧毁了发电厂等紧急情况是，发电量不足，保持供电系统功率平衡的唯一方法是切断整条馈线。如图 9.3 所示，有了智能电表，就可以灵活地有选择地控制馈线上的个别负荷，保证警察局、医院和紧急避难所等重要核心负荷的供电，而切断重要等级较低的用户供电。

9.2.3 电网控制优化

大多数停电都是短时的，只会影响到局部配电网，比如如果有人开车撞到电线杆上，可能会导致相关区域的照明短时熄灭。有些停电是可以预见的，比如在2000—2001 年间加利福尼亚一直在进行的电力市场放松管制试验导致的大规模停电事件。而影响最大的是那些在输电系统中出现的不可预见的负荷过载或短路事件。例如，2003 年 8 月，美国中西部和东北部以及加拿大安大略省发生的大规模停电事故，造成了 5000 万人的供电中断，部分地区的供电恢复周期长达四天，美国因此而造成的损失达到了约 40 ~ 100 亿美元。2012 年发生在印度的世界上最大的停电事故造成了 5 亿人失去了电力供应。

大规模停电事故一般发生在电网输电容量接近饱和的时候，而对于美国大部分地区来说，这种情况会发生在夏季最热的时候，此时对空调的需求会达到最高水平。也许令人惊讶的是，在那些炎热的日子里，导致停电的最常见原因之一是没有对输电走廊范围内的树木进行有效的管理。输电线路温度会随着传输电流的增加而升高，在炎热、无风的天气，线路温升会导致输电线路膨胀、下垂，使得其与下面的树木之间的绝缘间距显著缩短。2003 年美国东北部的大停电事故就是由于郊野地区的输电线路与树木之间绝缘击穿放电，引发了几英里之外的发电厂跳闸而诱发的。当时，天气炎热，美国东北部电网已经运行于接近其饱和容量。由于缺乏足够的电网运行异常诊断支持技术，调度员难以快速掌握事故发生后电网的运行状态，并作出快速正确的调度控制，从而引发了最终的 100 多家发电厂相继跳闸脱网的严重事故。

虽然电网频率的轻微变化是正常的，但较大的频率偏差会导致发电机的转速变化，引起发电机转子振动，进而会造成原动机叶片和其他设备的损毁。严重的三相不平衡供电会导致部分电网中断路器的自动跳闸，这会影响到成千上万人的正常供电。当电网中断路器跳闸切除部分输电线路时，特别是在非计划跳闸的情况下，由于潮流转移会导致剩余部分电网中输电线路的过载，进而可能会导致剩余输电线路的相继跳闸。

新兴的智能电网技术可以采用称为同步相量测量单元（Phasor Measurement Unit，PMU）的设备实时获取电网的运行状态。一般来讲，功率潮流会从高电压的节点流向低电压的节点，但也可以在电压幅值完全相同但彼此相位不同的两个节点之间流动，如图 9.4 所示。长线路上的相角差有助于潮流的传递，但是太大的相位差反而会限制其传输容量。PMU 通过来自卫星的同步时钟信号来保持多点之间的高精度时间同步，因此可以测量出两点之间的准确相对相位差值，通常被称为同步相量。目前，电力系统调度运行人员已经可以获取到其监控电网的潮流信息，但其对电网的实时运行状态的监测能力，包括电压和电流之间的相位角，仍然有限。

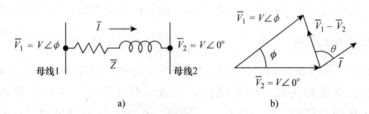

图 9.4　如何在电压幅值相等的两个母线之间传递功率
a）电压相位差　b）相量图

基于同步相量测量的输电网监控为电网提供了更好的稳定控制技术。由于电源中心和负荷中心之间往往相距很远，很有可能会发生功率振荡，要求电力系统调度员尽量控制保持系统的功率平衡和稳定。振荡可产生破坏性的电压或功率潮流波动，会触发自动安全装置动作保护电气设备。现有的输电网监控系统每 4s 报告一次系统状态，但这无法保证对电网失稳作出快速反应。而同步相量测量可以更快地测量出系统参数，从而为紧急情况下的快速响应提供更多的时间。事实上，美国能源部对 2003 年东北部大停电事故的研究表明，输电网同步相量量测可以给运行人员提供足够的时间来隔离故障，防止最终的大停电发生。

9.2.4　智能电表

先进计量设施（AMI）的核心是智能电表，除此之外，还包括了支撑用户和电网之间实现双向信息交互的通信技术。智能电表是对传统机械式电表的升级，其可以几乎实时地测量和上传用户用电量，而不是以往的每月一次的人工抄表。智能电表的属性包括：

- 通过电力线或相邻的无线通信技术向供电公司上传用户的电表数据，通常每隔 15min 一次。采用智能电表最简单的经济性表现在其消除了人工抄表相关的经济性成本。

- 远程闭合和断开控制功能，使得用户业主变更时，供电公司可以方便地实现账单变更。这项功能也使得电网紧急情况下的精准切负荷变为了可能。在适当的情况下，也可以实现用户的预付费用电功能。

- 供电公司可以实时采集用户的用电量，使得一种新的电费费率结构成为了可能，这种费率结构鼓励用户对供电公司自身需面对的不同的发电成本而做出相应的响应。智能电表可以很容易地实现传统的分时电价，这种费率结构通常是按照一天中不同的时段、一周中的某一天和一年中的某个季节预先设定不同的电价。更进一步的是采用实时定价，在这种定价方案中，电价能更准确地反映出电力的瞬时成本，而无需考虑何时、这些成本随时间的变化而产生的多少变化量。介于两者之间的是某些关键峰值负荷定价方案，在这种方案中，除了每天的某几个小时和每年的某几天之外的其他时段，供电公司给出了一个低成本的平稳费率或分时电价费率方案。而对于那些特殊的日子，会在实施关键峰值负荷电价的前一天宣布，给出较高的电价收费标准。

- 通过智能电表可实现与用户及供电公司的双向通信。通过智能电表，客户可以获得实时信息以帮助提高用电效率和负荷管理，而不是以往的仅仅是每月收到一次数周之前的电费账单。

图 9.5 所示为智能电表通过与广域网（Wide Area Network，WAN）连接的邻域局域网（Neighborhood Area Network，NAN）实现与供电公司通信的框架结构。广域网实现了用户与变电站和供电公司的通信连接。在计量电表的另一边，我们可以想象出可以通过家居局域网（Home Area Network，HAN）实现对如空调、电热水器、智能电源板和游泳池泵等负荷进行自动控制。在用电负荷高峰时期，只要能减少百分之几的建筑负荷，就可以避免建设和运营大量的昂贵的调峰发电厂。

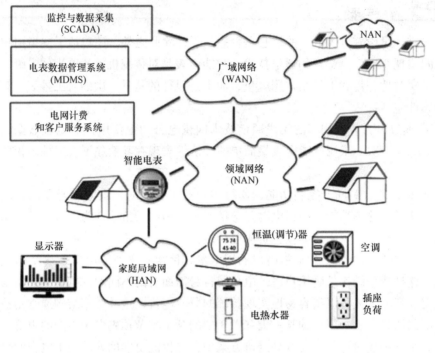

图 9.5　智能计量通信网络

9.2.5　需求侧响应

智能电表和家庭局域网为用户负荷管理提供了新的机会。具备了远程闭合和断开单个负荷的能力，再加上几乎实时的电价信息或来自供电公司的其他激励政策，因此很容易设想出鼓励用户将高峰负荷调至其他时段运行的相关程序。因此，何时运行洗碗机或洗衣机将直接在电费账单上体现出不同结果。

呈现明显的热质量块特性的负荷对温度的变化非常缓慢，所以延迟一会使用热水器、冰箱或空调将对居民而言基本没什么影响。在电价信号的驱动下，延迟或即时投入使用这些负荷可以自动完成。热质量效应从某种意义上也可以认为是一种储能。对于即将到来的炎热的某天下午，在早上比平常多让大楼降温一些，同样可以实现炎热下午时大楼内凉爽的温度。在国内的某些地区，风电并网的弃风问题已经呈现，而且随着可再生能源在电网中所占比例的增加，该问题将变得更加严重。与其减少可再生能源并网发电量，还不如自动调高电热水器上恒温器的温度，存储更多的热能来消纳更多的可再生能源并网发电。

夏季午后中最大的高峰负荷是由建筑物中的照明和制冷负荷造成的。在加利福尼亚州，夏季几乎所有每日用电负荷的变化均是由这两类负荷变化造成的（参见图 1.17）。幸运的是，与发光二极管（LED）技术发展密切相关的照明效率和控制技术的重大进展正开始实现商业化。LED 照明比现在常使用的荧光灯效率更高，其寿命是荧光灯的 10 倍，不涉及汞的问题，而且其也更容易实现光线变暗调节。传感器可以实现在固定位置上感受到自然日光或者接收到需求侧响应控制信号时自动将光线调暗。商业建筑照明系统产生的余热增加了制冷负荷，因此，使用更高效和可控的照明系统也可以减少对空调的使用需求。

美国电力科学研究院（Electric Power Research Institute，EPRI）最近的一项研究评估了需求侧响应可提供的夏季高峰负荷时段节约的用电量以及相关的节能措施（EPRI，2008）。结论是，2008 年和 2030 年之间在美国，通过需求侧响应有望抵消 37% 的用电负荷增长和 40% 的夏季高峰负荷需求增长所需的用电量。换句话说，2030 年通过能效管理计划预期节约占总用电量的 8.5%，通过需求侧响应计划将抵消夏季高峰负荷需求增长所需用电量的 14%。这一效果将通过市场驱动的用电能效，供电及相关设备标准，建筑法规以及能源立法等多手段措施共同实现。

9.2.6　动态调度

需求侧响应（DR）是指在负荷高峰时段的快速甩负荷技术，这意味着该技术不经常使用，一旦使用时会对涉及的用户造成一定程度上的不便。一个新概念，称为需求侧调度，类似于需求侧响应，其也是控制负荷的接入和切出，但不同的是，其可能在一天中的任何时候、一年中的任何一天经常操作。需求侧调度也与计量电表的系统侧应用的发电机组连续调度有些类似。两者都是为了保持发电或负荷的平衡。短时的切除部分负荷与短时的增加发电出力效果是相同的。发电机组调度和需求侧调度都可以提供 1.4.2 节中所介绍的调频辅助服务。

根据 Brooks 等人在 2010 年所述，需求侧调度利用了某些负荷的可灵活调度性。例如只要确保第二天早晨能充满电便于出行，电动汽车在晚间可以采用灵活的充电时间表。适合用作需求侧调度的负荷选择标准包括：

- 第二天所需的能量是可知的。
- 不需要不断地吸收电能来实现这一目标。
- 何时运行对用户而言并不重要；相反，主要的目标是在指定的时段内汲取所需的电能。

可能的候选负荷包括：洗碗机、洗衣机和烘干机、电热水器、用于消费电子产品的电池充电器、冰箱的除霜循环功能以及电动汽车等。在不久的将来，这类设备将会内置双向通信单元，可以让电网运行人员在需要时直接干预这类设备的用电。控制一台冰箱负荷对电网的影响微乎其微，但是如果能集中控制大量的此类可控负荷，就可以解决目前供电公司正在努力解决的一些有关供电容量建设的关键问题。例如，当云层遮蔽了大型的光伏电池板时，通过可调度负荷的快速切出一段时间即可保证电网供电的平衡，而不会对电网中的其他用户造成任何的影响。

需求侧调度更好的用途是调频功能。图 9.6 所示为调频发电厂和采用需求侧调度两种方式实现频率调节的不同效果对比。大多数发电厂可以缓慢地上下移动频率曲线，以跟踪相对平稳、可预测的负荷日变化。而需求侧调度可提供连续的负荷平衡微调服务。调频调度 4s 一次，可以增加功率输出，也可以较少功率输出。电力供需不平衡的关键表征指标是偏离额定频率 60Hz 的数值。当用电需求超过发电供给时，电网频率将下降；而当发电供给超过用电需求时，电网频率会上升。

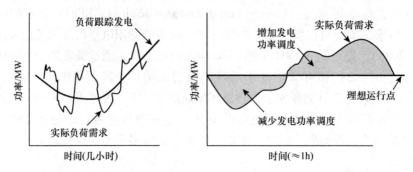

图 9.6　需求侧调度提供了应对负荷变化的快速响应，保持了发电和负荷的平衡

很多负荷内部配置了测频单元，可以根据电网频率的下降而自动调低功率需求。该过程不需要调度介入，而自动完成。但是，如果负荷可以由供电公司直接控制，那么就可以实现更好的控制。比如集中调度电动车辆，可以向公网提供需求侧调度服务。电动汽车一旦插电接入电网，即会自动向将系统提供有关所在位置、电池状态以及充电站的充电能力等信息。司机也将提供关于后续所需里程数以及充电所能接受的最长时间等信息。系统即可根据在线充电的电动汽车的数量及状态、需求等信息，提供优化充电方案。充电收费也会根据用户的不同充电要求而不同。一般情况下，都是在傍晚到家后，插上充电插头，只要到第二天早上能充满电即可。与在中午，利用用户午餐的短时间内快速充满电服务相比，这种晚间充电的的收费是最低的。

可以实现多辆电动汽车控制的控制中心，则可以接受来自电网调度员的需求侧调度命令。一旦接收到命令，控制中心将在几秒钟内，安排决定哪些车辆入网充电。由于需求侧调度需要一天 24 小时服务，因此其在晚间负荷较低时和负荷高峰时段都是有价值的。电网公司会向控制中心付费，然后再部分转付给提供参与该服务的电动汽车用户。例如，大约每小时每兆瓦 35 美元，相当于每度电几美分（Brooks 等，2010）。这足以抵消相当一部分的车辆充电费用。

随着电动汽车的普及，可以最大限度地利用电动汽车的需求侧调度能力，最小化电网的调度管制，实现电网运行在期望的优化运行点上（如图 9.7 中的 POP）。这将实现大量的电动汽车一天 24h 随时充电，但不会增加电力负荷的峰值。谷歌公司仿真了在 PJM 电网（美国一家负责 13 个州以及哥伦比亚特区电网运营的公司）实施电动汽车需求侧调度，结果表明，该电网具为 320 万辆电动汽车提供备提供

10kW·h/日供电的能力，该电量可满足每辆车30mile/日的驾驶需求。当然了，要等到这么多的电动汽车上路，还需要很长的时间。

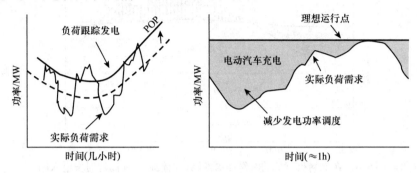

图 9.7　向上移动发电出力曲线增加了可调度电网容量，以满足电动汽车的充电需求

特拉华大学教授 Willett Kempton 的计算表明，电动汽车用户每天可通过参与每天 18h 的需求侧调度而收益可观。根据其计算结果，即使扣除了充电桩的安装费和加速电池老化带来的更新费用，车主的净收入也远远超过车辆的充电费（Kempton 和 Tomic，2005）。

9.3　电能存储

随着风能、太阳能和其他可再生能源的快速发展，保持电网动态平衡将变得越来越具有挑战性。相关的措施包括：保持适度的渗透率和优异的功率预测能力，在风速减缓或云层遮蔽光伏电池板时采用快速响应调峰机组，例如燃气轮机和水力发电厂等弥补功率缺额。同时，大规模固定式储能技术也在研究中。此外，电动汽车不仅可以提供需求侧调度服务，还可以提供电网级的储能服务，潜力很大。

9.3.1　固定式蓄电池存储

作为负荷管理技术，储能允许供电公司削峰填谷，如图9.8所示。有些存储系统不仅可以在负荷高峰时段提供电力，还可以为电网提供辅助服务，包括快速响应的"旋转备用"容量、电压稳定、调频和无功支撑等。

直到最近，电网级的唯一储能技术就是传统的抽水蓄能技术，其在电网负荷低的时候用水泵抽水蓄水至上游水库，而在电网负荷高的时候放水发电入网。但是抽水蓄能电站的选址很难，而且只有在容量很大的时候才具经济性，但是其储能效率却非常高，大约在75%～85%之间。最新的储能技术包括：电池储能系统、飞轮储能、超级电容储能、压缩空气储能和带储氢的可逆电解/燃料电池等。图9.9所示为其中一些储能技术的每kW·h成本经济性比较。

图9.10所示为固定应用的全钒氧化还原电池储能系统举例。其也叫液流电池，

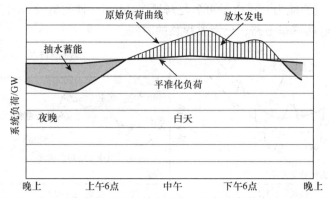

图 9.8 在电网负荷低的时候抽水蓄能，以便在负荷高峰时发电入网

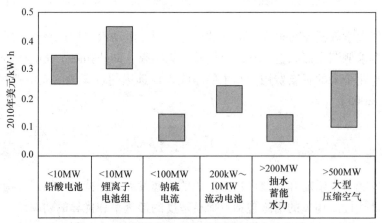

图 9.9 大容量储能系统生命周期成本的比较

原因是在实际发生反应的电池单元中始终循环流动着来自存储在大型塑料储罐中的电解液。增加储罐的体积即可以增加储能容量，而增加电池堆的数量即可增加系统所能提供的功率。

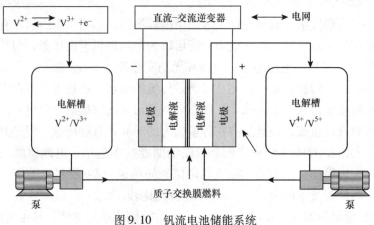

图 9.10 钒流电池储能系统

　　钠硫（NaS）电池是另一个有希望电网级应用的大规模储能新技术。其能量密度高、转换效率高（89% ~ 92%）、生命周期长，而且其使用的材料成本也较低。其缺点是属于液态金属电池，通常在高温下（300 ~ 350℃）工作。液体钠具有腐蚀性，而且当暴露在空气和湿气中时高度易燃，在早期的钠硫电池建设项目中已经出现了好几次重大火灾事故。目前正在开发的新技术已经可以允许钠硫电池在低于100℃的温度下运行。

9.3.2　电动汽车与移动式电池存储

　　电池系统有许多重要指标，包括成本、重量、体积、生命周期、储能千瓦时数和功率千瓦数。图 9.11 所示为不同类型电池的两项参数数值范围 – 比功率（W/kg）和比能量（W·h/kg）。对于固定安装的用于电网的储能系统，重量和体积不太重要，但重量和体积对于车辆而言却极为重要。

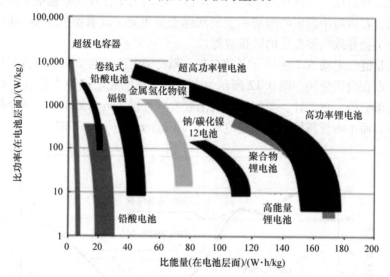

图 9.11　不同类型电池的比功率和比能量

（基于 Johnson Control 和 SAFT 数据）

　　车载电池必须小巧轻便。目前电池技术已经在笔记本电脑和手机应用方面取得了令人难以置信的进展，相关技术可以借鉴应用到车载电池上。最有前途的车载电池技术是锂电池。如图 9.11 所示，锂电池的能量密度大约是镍 – 金属氢化物（NiMH）的 2 倍，是镍 – 镉（NiCd）的 4 倍，是传统铅酸电池的 10 倍。

　　锂电池同样包含不同的类型。第一代成功的锂电池采用的是锂碳阳极和锂钴氧化物（Li_xCoO_2）阴极。放电过程中电子从阳极转移到阴极的基本反应是：

$$阴极(-):LiC \rightarrow Li^+ + e^- + C$$
$$阳极(+):Li^+ \rightarrow e^- + Li_xCoO_2 \rightarrow Li_{1+x}CoO_2$$

$$(9.1)$$

式 (9.1) 所示反应阴极采用的是钴氧化物，但其他材料也有应用，包括磷酸铁锂（LiFePO$_4$）、氧化镍锂（LiNiO$_2$）和锂锰氧化物（LiMn$_2$O$_4$）等。这些材料的比能量在 0.15 到 0.25kW·h/kg 之间。对其他锂离子技术的研究表明，在阴极反应中可实现传递两个甚至三个电子的能力，这将大大减少所需阴极材料的数量，并能显著增加未来的能量密度提高潜力。

随着这些新型轻便大容量的电池技术的出现，电动汽车的梦想已经成为了现实，并且随着这一现实的出现，人们开始关注车辆与电网之间可能的相互作用。目前已经有两种类型的电动汽车出现。一种是混合电动汽车（Plug – in Hybrid Electric Vehicle，PHEV），可以在备用发动机（Internal，Combustion Engine，ICE）启动之前由额外增加的电池驱动，延长了行驶里程。另一种是全电动汽车（Battery Powered Vehicle，BEV），它不像混合电动汽车那么结构复杂，但是也丧失了采用油箱带来的额外舒适性。这两种类型的汽车都称为电动汽车，其优势包括了减少了对石油的依赖，石油对于国家的经济和安全问题至关重要，改善空气质量和健康水平，以及减少了会导致气候变化的碳排放等。

无论是混合电动汽车还是全电动汽车，都希望电池能在负荷和电价都较低的夜间充电，而在白天使用。图 9.12 所示为电动汽车夜间充电这种"填谷"行为负荷特性的简单分析。据估计，美国电网的闲置容量可以为近总量 3/4 的当今轻型汽车提供能量，而不需要新增容量或输电通道（Kintner – Meyer，2007）。

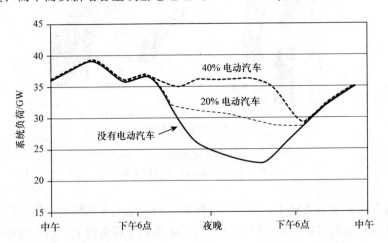

图 9.12　春季加州电动汽车夜间充电对电网负荷曲线的影响：基于 3mile/kW·h 和 2800 亿车次/mile/年数据

电动汽车并网不仅仅是导致峰值负荷增加的问题。充电时的功率需求也很重要。表 9.1 给出了不同等级情况下的典型功率需求值。Ⅰ级指普通的 120V 家庭用电功率容量，Ⅱ级充电功率可高达 14.4kW，比此再高的就划为Ⅲ级。表中给出了每小时充电对应的可行驶英里数，其中假设给电池每充一度电可供行驶 3mile。

表 9.1　电动车辆充电容量举例

等级	典型位置	电压/V	电流/A	功率/kW	每小时充电里程/mile
Ⅰ级	住宅	120	15	1.8	5.4
Ⅱ级	住宅	240	30	7.2	22
Ⅲ级	城市街道	240	60	14.4	43
直流快速充电	高速公路	500	120	60	180

注：假设为 3mile/kW·h。

由于每辆电动汽车在家用 240V 充电时功率约为 7kW，因此可能会对临近的馈线电能质量造成一定的短期影响。假设为居民供电的馈线平均功率为每个家庭 7kW。那么每一辆新电动汽车充电时，都相当于在馈线上增加了一个家庭。馈线变压器容量一般为 6~12 户家庭用电容量。因此如果多个家庭共用附近的同一台变压器，此时如果再加上几台电动汽车同时充电，那么变压器的容量将可能不足而失效。

有趣的是，电动汽车不仅仅从电网中购电，而且也可以向电网反向输出电力。一台汽车一般一天只使用 1h，其他的时间都是停在停车场。如果电动汽车接入 240V、30A 的家庭供电电路中，则可能从电网中购买或出售给电网 7kW 左右的电力。如果美国一亿三千万户家庭都有一辆电动汽车，则总发电量就可以与整个美国电网容量相媲美了。这种车辆到电网（V2G）系统一般不会用作基荷电源，主要是因为传统发电厂的成本会比它便宜很多，但合理的调度和控制的 V2G 系统可以为电网提供大容量快速响应的高附加值服务。

9.4　需求侧管理

在 20 世纪 80 年代，监管机构开始认识到除了传统的能源供应外，节约能源也可以看作能源的来源渠道之一。如果公用事业公司能够引导消费者更有效的使用电力，或是能够用更少的能源提供同等的能源服务，又或者是能够以更低的成本提供能源，则站在公共利益的角度应该积极鼓励这种节约能源的方式。正是在这种背景下，综合资源规划（Integrated Resoure Planning，IRP）应运而生，有时也把它成为最低成本规划（Least - Cost Planning，LCP）。

综合能源规划的一个新内容就是设计各种控制消费者能耗的公用事业管理计划，又称为需求侧管理（DSM）。需求侧管理虽然绝大多数情况下指的是节约能源计划，但从广义上来讲也包括任何尝试改变消费者能源使用状况的计划。因此，它包含以下几类：

1）节能/能源效率利用计划. 对消费者的整个需求过程进行控制，减少能源消耗。

2）负荷管理计划：把部分高峰期的电力需求转移到非用电高峰时期，以此减少高峰期的电力需求。

3）燃料替代计划：引导消费者进行能源使用的选择，如在电力和天然气服务方面的选择等。比如用吸收式冷却系统代替压缩式冷却系统，则可以显著消除空调的用电需求。

需求侧管理包含着各类策略技术，例如：①能源信息工程，包括能源审计；②节能设备及其他设备的退税计划；③引导能源服务公司（Energy Service Company，ESCO）降低工商业消费者需求的激励计划；④远程控制能源消费设备，比如热水器、空调等的负荷管理计划；⑤为转移或减少负荷而设计的价格计划（分时电价、基本电价、流量电价、可中断率）。

9.4.1 传统电价定价模式导致的不利影响

一般来讲，供电公司是通过销售电量来盈利的，那么怎么样来实现售电量最低但收益最高呢？要理解这个问题，需要首先了解国家管理公用事业委员会（Public Utility Commissions，PUC）是如何制定投资商所有电力公司（Investor – Owned Utility，IOU）被允许的盈利率和收益的。

通常情况下，电价是基于供电公司向公用事业委员会提供的有关发电成本和预计需求量的依据——通常称为一般费率数据，来确定的。一般费率数据只关注供电公司的非燃料成本部分（设备折旧、纳税、非燃料运行和维护费用、投资回报率以及基本行政管理费用等）。将这些费用平摊到预计售电量中，就可以得到纳税人每用 1 度电需要交纳的基本费用。由于燃料成本比基本费用的变化要快，因此需要单独处理。一般情况下，纳税人对燃料发电成本将单独交纳，因此燃料价格的变化将直接反映在纳税人的账单上。

要理解这种电价决策过程对增加售电量的刺激和对需求侧管理的不利，可以观察如图 9.13 所示的电价收费与预计售电量之间的关系。在该举例中，供电公司每年至少需要 3 亿美元的收入，作为设备以及其他固定投资的资本回收费用，而其余的收入则取决于售电量的多少。在该例中，每发 $1kW \cdot h$ 电，就需要增加 1 美分的发电成本；这 1 美分/$kW \cdot h$ 被称为短期边际成本，意味着它是基于目前现有的发电容量来计算的。而长期边际成本指的是额外的电力需求导致了现有的发电厂、输配电线路的扩张所产生的成本。

如果图 9.13 所示的供电公司预期售电量在 100 亿 $kW \cdot h$/年，则每年至少需要 400 万美元的收入。两者的比值是 4 美分/$kW \cdot h$，这将成为供电公司在下一次一般费率数据提交之前使用的售电价格。

现在可以观察出电价制定的不合理性，将刺激图 9.13 的供电公司销售比预计的 100 亿 $kW \cdot h$ 更高的电量。由于电价定为 4 美分/$kW \cdot h$，则超过 100 亿 $kW \cdot h$/年后的销售部分每 $kW \cdot h$ 将带来 4 美分的收入。由于每多发一度电只需 1 美分的边际成本，但因为仍然是按每 $kW \cdot h$ 电 4 美分销售，因此每卖出 $1kW \cdot h$ 电将带来额外的 3 美分净利润。

同时，也要注意到如果这个供电公司的年售电量小于 100 亿 kW·h，则这家公司便会亏损。少发出 1kW·h 电成本降低 1 美分，但收入却减少了 4 美分。换句话说，这种电价制定方法不仅刺激供电公司增加售电量，而且也极大地阻碍了会导致其售电量下降的节能计划的实施。

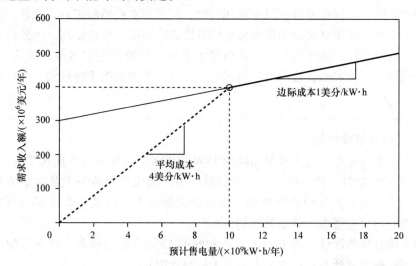

图 9.13　预计售电量为 100 亿 kW·h 时至少需要 4 亿美元的收入，因此基本电价
（不考虑燃料费用）为 4 美分/kW·h

9.4.2 有效需求侧管理的必要条件

由上述举例可见，无论从供电方还是用电侧来讲，传统的电价制定决策倾向于鼓励多售电，而惩罚能源节约。从 20 世纪 80 年代至 90 年代早期，能源规划者和公用事业委员会致力于寻找公平合理的电格制定程序，旨在改变现有的趋势，允许运行及能源利用高效的企业进行竞争。要实现需求侧成功管理必须满足如下三个条件：

1）实现供电公司售电量与利润之间的分离；

2）需求侧管理成本的回收：允许供电公司依靠需求侧管理赢利；

3）需求侧管理激励机制：鼓励供电公司进行需求侧管理。

监管机构采取了很多措施实现供电公司售电量与利润之间的脱钩，其中电价调整机制（Electric Rate Adjustment Mechanism，ERAM）是非常成功的例子。电价调整机制把所有高于或低于一年的预计售电量，并入下一年的授权基本电价中，通过这种方式根除了传统模式对售电量增加的激励，也扫除了售电量降低的不利影响。很明显，售电量与利润之间的分离只是需求侧管理的一个必要条件，而不是充分条件。

第二个条件则允许供电公司可以跟提供电力赢利的模式一样，可以从需求侧管理中赢利。需求侧管理成本的回收是通过把需求侧管理成本与供电公司的基本投资成本以及设备成本等一并归入基本成本计算中。采用这种方式，供电侧和用电侧的投资都可以获取规则允许的一定费率回报。另外，需求侧管理成本也可以作为一项单列的费用转嫁给纳税人。

经验表明：仅仅依靠分离售电量和利润、调整基本价格制定方式或转嫁需求侧管理成本，并不能很好地激励供电公司积极地追求用电效率的提高。因此需要对供电公司及其股东提供额外的激励；从而带来了分享节能计划的出现，在该计划中，股东将允许保留需求侧管理所节省费用的一部分。下面的例子将说明这一计划的具体内容：

[例 9.1] 共享节能计划。

假设供电公司选用发光效果相同的 18W，10000h 的紧凑型节能荧光灯（CFL）代替 75W 的白炽灯，将获得 2 美元的返款。另外假设每安装一个紧凑型节能荧光灯需要额外花费 1 美元的管理费用。供电公司的发电边际成本是 3 美分/kW·h，有 1 百万的用户希望参与该返款计划。

如果该分享节能计划将节约下的纯利润的 15% 分配给股东，85% 分配给纳税人，则需求侧管理计划将给双方带来多大的好处呢？

解：

$$节能收益 = (75 - 18)\,W/节能灯 \times 8000h \times 0.03\ 美元/kW \cdot h \times 10^6$$
$$= 1.368 \times 10^7\ 美元$$
$$项目成本 = (2\ 美元 + 1\ 美元)/节能灯 \times 10^6 = 3 \times 10^6\ 美元$$
$$供电公司净收益 = (1.368 - 0.3) \times 10^7\ 美元 = 1.068 \times 10^7\ 美元$$
$$股东收益 = 15\% \times 1.068 \times 10^7\ 美元 = 1.6 \times 10^6\ 美元$$
$$纳税人收益 = 85\% \times 1.068 \times 10^7\ 美元 = 9.08 \times 10^6\ 美元$$

在上述举例中，假设荧光灯 10000h 的使用寿命能实现的话，可以很容易估算出用 18W 的紧凑型节能荧光灯代替 75W 白炽灯节能所带来的收益。对于其他的增效措施，节能带来的收入估算要复杂一些；比如，对用户家中的隔热层进行升级带来的节能，这是不容易预测的。

更复杂的负荷降低估计问题是"搭便车"问题和"变卦"问题。"搭便车"指的是即使供电公司不提供激励机制也打算购买节能设备的那部分顾客。在上述举例中，假设一百万美元的返款是付给了那些如果没有激励机制就不使用荧光灯的顾客。"变卦者"指的是在安装节能设备之后改变主意的顾客；例如，有的用户在安装隔热系统后，却仍然使用自动调温器，这样会削弱节能的效果。

因为在节能收益估算中会出现"搭便车"、"变卦"及其他不确定性问题，导致了需求侧管理对供电公司的收益并没有预期的那么大，因此有人便认为节能所带来的环境效益并没有供电公司的损失大。实际上有些供电公司已经试图把环境的外部效应纳入到需求侧管理可避免的成本收益中了。

9.4.3　需求侧管理的成本－效益措施

综合资源规划的目标是合理地整合供电侧和用电侧的资源，使得用户获取可靠能源服务的成本最低。但是很遗憾，用电侧的成本效益的准确测量很大程度上取决于所属人的意愿，也就是说需求侧管理的最大成本效益对于供电公司的股东，和对于用电侧的用户而言会完全不同。实际上，电力用户也会根据是否从节能激励中收益，或电力用户从未、未来也不会从节能激励中收益的不同，比如：有的顾客已经在激励机制出台之前购买了最节能的冰箱，从而看待问题的角度也不同。考虑到各种看待问题的不同视角，制定了很多标准化需求侧管理成本效益的计算方法。

纳税人效果评估法（Ratepayer Impact Measure，RIM）

纳税人效果评估法主要评估实施需求侧管理对供电公司电价的影响。基于该方法评估的高成本效益的需求侧管理计划，要求供电公司的电价不能提高；也就是说，即使不参与节能的用户也不会使自己的电费增加（或者在实行需求侧管理后，不参与者的电费只有微弱的上升）。所以这种方法又被称为"无亏损方法"。显然，这种效果很难实现。

总资源成本（Total Resource Cost，TRC）**检验**

总资源成本检验主要回答了从社会整体的角度来看需求侧管理是否有利或有弊的问题。同以前分析一样，降低燃料、运行维护以及输电损耗的费用，获取的效果与减少供电公司容量增加的效果是一样的，因此该问题仍然是一个成本效益计算的问题。总资源成本不仅包括了供电公司的需求侧管理成本，也包括了用户购买高效产品时增加的任何额外成本，因此总资源成本或多或少有些不同。因为供电公司提供高效率奖励返款，用户得到了返款，从整体的社会成本上来讲，净收益为零，因此在总资源成本检验中计算任何一方的效益－成本时，都不包括该部分。通过了总资源成本检验，供电公司的费率可能上升也可能下降，但平均电价是降低的。总资源成本检验是应用最普遍的评估需求侧管理成本效益的方法。总资源成本检验的一个变化称为社会性检验，区别在于它包括了环境外部因素对成本和效益计算的量化影响。

发电成本检验（Utility Cost Test，UCT）

发电成本检验同总资源成本检验一样，比较需求侧管理项目的成本和效益，但只从供电公司的角度出发。因为是从供电公司的角度看问题，需求侧管理项目的成本既包括返款费用，也包括管理的成本。如果能够通过发电成本检验，总能量费用将降低；电费可能上升也可能下降，因此对于未参与项目的用何电价可能升高。参与者能够获得较低的能量费用，但是由于支付更昂贵的节能设备，同样也可能会没有多余的没钱去购买相同的能量服务（例如照明）。

图 9.14 所示为用户需求侧管理成效最有说服力的示例。加州率先将供电公司售电利润与售电量脱钩，采用成本最低的规划方法允许用户提高能源使用效率，从而与供电公司的能源供应相竞争，鼓励高效的需求侧管理并给予高效用电用户额外的红利激励。通过供电公司的政策管理，再加上电器和建筑能效标准的快速提高，30 年来几乎保持了人均用电需求不变，而在此期间美国大部分地区的人均用电量呈持续增长势态。同时，美国的人均 GDP 也同比快速增长。

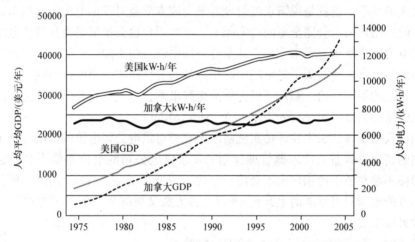

图 9.14　加州人均用电需求和 GDP 与全国其他地区的比较（来源于加州能源委员会）

9.5　能源效率的经济性分析

已经发展出两种方法来描述能源效率方案的潜在经济性影响。节能特性曲线给出了实施多种效率措施的累积影响，其结果以节省每度电所需的费用来表示。节约每度电的成本（CCE，美元/kW·h）可以直接与发出每度电的成本相比较。第二种方法是利用节能成本来评估提高能源转换效率作为减少温室气体排放方法的成本。

9.5.1　节能特性曲线

将提高能源效率的成本归算到每年，并除以每年节省的能量，就能方便、准确地得出每年节省能量的成本，也被称为"节能成本（Cost of Conserved Energy，CCE）"，单位是美元/度，有时也被称为省能成本（Cost of Saved Energy，CSE）。

$$节能成本 = \frac{年均节能成本（美元/年）}{年节能量（kW·h/年）} \tag{9.2}$$

如果将节能成本考虑为附加的初始投资成本时，那么年节能成本在数值上就很容易采用投资回收系数来准确表示。对于更复杂的情况，首先需要估算投资成本在未来的现值，然后使用投资回收系数和燃料节省系数进行年均化计算。

[例 9.2] 照明改造工程的节能成本计算。

一般需要花费 60 美元和人力安装新的灯泡，并替换掉传统四荧光灯罩中损毁的镇流器。但是如果有 75 美元的经费，则在保证照明效果的前提下，可以采用更高效的灯泡，从而可以将电耗从 150W 降低到 100W。这些照明系统安装在 3000h/年的办公室中，那么请问所需经费为 10 年，6% 利率的贷款，而且假设灯泡至少能够运行这么长的时间，那么采用新型照明系统后的节能成本是多少？其中电网的售电价是 10 美分/kW·h。

解：

附加成本是 75 美元 − 60 美元 = 15 美元。根据式 (1.7)：

$$\text{CRF}(6\%, 10 \text{ 年}) = \frac{i(1+i)^n}{(1+i)^n - 1} = \frac{0.06(1.06)^{10}}{(1.06)^{10} - 1} = 0.13587/\text{年}$$

因此年均改造成本等于

$$A = P \times \text{CRF}(i, n) = 15 \text{ 美元} \times 0.13587/\text{年} = 2.038 \text{ 美元/年}$$

年节约能源为

$$节能量 = (150 - 100)\text{W} \times 3000\text{h/年} \div 1000\text{W/kW} = 150\text{kW·h/年}$$

节能成本等于

$$节能成本 = \frac{2.038 \text{ 美元/年}}{150 \text{ kW·h/年}} = 0.0136 \text{ 美元/kW·h} = 1.36 \text{ 美分/kW·h}$$

因此可以选择是用 10 美分去购买照明所需的 1kW·h 电，还是花费 1.36 美分来避免这些照明负荷的需求。两种情况下的照明负荷数相等，但是需要注意的是，采用了效率更高的系统后，用户的基本容量电费将下降。

节能成本给出了某工厂或公司的用电效率改进措施的经济收益性，同时它也是一种能源需求预测手段。通过对大量的效率改进措施进行分析，并作出其潜在的节能效果，则决策者就可以估计出是否能采用比购买电量费用更低的成本实现总节约能量。

表 9.2　四种假定的独立节能方法举例

节能措施	节能成本 /(美分/kW·h)	节能量 /(kW·h/年)	累积节能量 /(kW·h/年)	累积节能成本 /(美分/kW·h)
A	1	300	300	300
B	2	200	500	700
C	3	500	1000	2200
D	10	200	1200	4200

考虑四种假定的节能方式 A、B、C、D，其对应的节能成本及年节能量见表 9.2。采用方式 A，在成本 1 美分/kW·h 的基础上可以节约 300kW·h/年的能源；如果同时采用方式 A 和 B，可以另外节约 200kW·h/年的能量（假设两种节能方法彼此独立，节约的能源互不影响），即共节约 500kW·h/年的能量；自然总成本将要增加。如果所有四种措施都被实施，则会节约 1200kW·h/年的能量，总成本为 4200 美分/年。图 9.15 所示为节能边际成本对节能量的特性曲线，该曲线也被称为"节能供给曲线"。

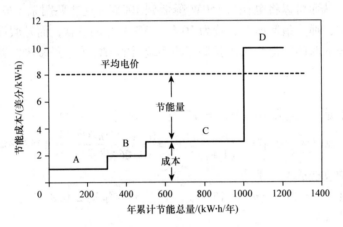

图 9.15　表 9.2 所示举例的节能曲线

这些节能特性曲线的一个重要优点是其推导过程不依赖于对任何竞争性发电技术的成本进行假设。推导出曲线后，就可以将其与供电公司的电价，或者当地非常重要的发电技术的发电成本进行对比。

图 9.15 中也给出了美国平均零售电价为 8 美分/kW·h，其中 A、B 和 C 方式的节约成本都低于该价格，因此实施具有成本效益，总共能节约 1000kW·h/年的能源。但是方法 D 的成本达到了 10 美分/kW·h，并不经济，还不如直接购买更加便宜的电力。但是如果同时实施 4 种节能方式会怎样呢？总价为 4200 美分/年的1200kW·h/年的能源被节约，平均节能成本约合 3.5 美分/年。经济学家会认为如果某项节能措施的边际成本超过了电价，就不具备实施的意义；但是环保专家却认为某项措施除了能节约能源以外，还会节约社会财富，因此该措施应该实施。问题是两种情况都有可能遇到，因此必须弄清楚累积节能效率是基于边缘节能成本还是基于平均节能成本来计算的。

图 9.16 所示为一个实际的节能特性曲线示例。最大的一项，照明改造，预计将在 2030 年减少 1690 亿 kW·h 用电，每度电的节能改造成本为 1.2 美分。按照现在的民用零售电价 9.4 美分/kW·h 来算，照明系统节能改造需要总投资 20 亿美元，将会节省电费 140 亿美元。在这项研究中，如果采用了图中所列的所有节能措

施，将需要投资 52 亿美元，到 2030 年就能节省 5720 亿 kW·h/年的电量，相当于美国基本用电需求量的 30%。

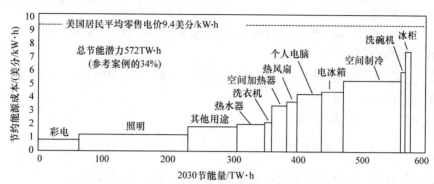

图 9.16　2030 年美国居民用电的节能潜力。同时采用多种节能措施将会使 2030 年的用电需求减少 572TW·h/年（来源于 Brown 等，2008）

9.5.2　温室气体减排曲线

节能特性曲线镜像反转过来也就形成了令人信服的温室气体（Greenhouse Gas，GHG）减排成本曲线。节能成本给出的需要投资多少钱来实现能源节约。节能成本与如果没有实施节能措施的能源成本之间的差别在于，提高了能源效率而节省的钱数。如果将碳排放率附加到这部分节能带来的收益上，就可以得到减少碳减排的成本数。该数值一般为负数。负成本有助于抵消应用其他清洁能源技术比如风能、光伏等带来的正的投资成本。

[例9.3]　减排温室气体的成本。

某大型商业建筑的照明改造工程总投资成本为 320 万美元，资金来源为简单 5% 利率、30 年期贷款。项目完工后预计将节省 450 万 kW·h/年的电量。当地电网的电价为 0.12 美元/kW·h，其总碳排放系数为 $0.5kg_{CO_2}/kW·h$（约为燃煤电厂的一半）。

忽略其他潜在的经济激励措施，请求出节能成本和碳减排的成本数。

解：

根据式（1.7）中，该系统投资的摊销成本为

$$A = P \cdot \text{CRF}(5\%,30\ 年) = 3.2\ 美元 \times 10^6 \left[\frac{0.05(1.05)^{30}}{(1.05)^{30}-1} \right] = 208165\ 美元/年$$

将节省电费：

节省电费 $= 4.5 \times 10^6 kW·h/年 \times 0.12\ 美元/kW·h = 540000\ 美元/年$

节能成本为

$$节能成本 = \frac{208,165 \text{ 美元/年}}{4.5 \times 10^6 \text{kW} \cdot \text{h/年}} = 0.046 \text{ 美元/kW} \cdot \text{h}$$

年净成本为

$$净成本 = 208165 \text{ 美元/年} - 540000 \text{ 美元/年} = -331835 \text{ 美元/年}$$

减少碳排放：

$$4.5 \times 10^6 \text{kW} \cdot \text{h/年} \times 0.5 \text{kg}_{CO_2}/\text{kW} \cdot \text{h} = 2.25 \times 10^6 \text{kg}_{CO_2}/\text{年}$$

即减少碳排放 2250t/年。

减少碳排放的成本为

$$减少碳排放的成本 = \frac{-331835/年}{2250 \text{t}_{CO_2}/年} = -147.5 \text{ 美元/t}_{CO_2}$$

是的，这是一个负数。这是旧金山一个真实项目的实际数据。

正如节能特性曲线标示的能效增加的累积效果一样（例如图 9.16），也可采用类似的方法标示温室气体的累积减排成本。采用柱状图来表示，每个柱表示一种特定的减排技术，其中宽度为每年减排二氧化碳的吉吨（Gt）数，高度为每吨减排所需的成本（以欧元计），因此柱状图给出了碳减排的成本曲线。麦肯锡公司（Mc Kinsey & Company）已经给出了一系列非常有影响力的减排特性曲线。图 9.17 给出了到 2030 年全球建筑行业的温室气体减排潜力图。建筑行业低于其基线标准的预计减排数总量为 $3.5 \text{Gt}_{CO_2}/$年，平均负成本为 32t/欧元。

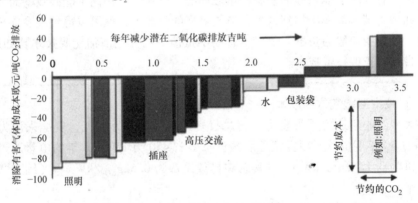

图 9.17　2030 年建筑行业全球温室气体减排特性曲线（来源于麦肯锡公司，2009）

2009 麦肯锡公司对全球碳减排分析认为，到 2030 年温室气体排放量将减少 35% 达到 1990 年的排放水平，这足以保证全球变暖温升保持在 2℃ 以下。政府间气候变化问题小组（Intergovernmental Panel on Climate Change，IPCC）认为，如果要避免非常严重的气候变化，就必须这样做。他们估计，实现这一目标的年度成本为 2000~3500 亿欧元，不到 2030 年全球 GDP 预测值的 1%。

9.6 热电联产系统

对会出现卡诺效率极限的热机做功过程分析时（参见 8.2.1 节），一般假定唯一有用的输出是热机做的功或发出的电。尽管这种分析过程没有什么错误，但是其却忽略了收集和使用发动机所排出的余热会带来的潜在好处。这种余热可用于水、建筑物空间或工业生产过程中的加热，也可以用于建筑物制冷。利用单一燃料相继输出电能和有用热能的系统过去一般称为同时发热发电系统，但现在更常被称为热电联产（Combined Heat and Power，CHP）系统。

9.6.1 热电联产系统提高效率的措施

图 9.18 所示为热电联产系统提高效率的示例。在该例中，热电联产系统输入了 100 个单位的能量，输出了 35 个单位的电能和 50 个单位的可用余热热能，整体转换效率为 85%。如果采用效率为 30% 的电网提供这 35 个单位的电能，再采用效率为 80% 的锅炉提供这 50 个单位的热能，则总共需要 180 个单位的燃料输入。

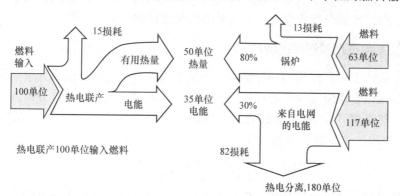

图 9.18　在本例中，热电联产（CHP）系统只需输入 100 个单位的燃料，就能输出与分别由电网和锅炉输入 180 个单位的燃料，所输出的相同电能和有用余热热能

燃烧燃料来发电，然后收集和利用余热，与单独的由电网发电和燃气锅炉相比，一次能源需求减少了大约 40%。这种效率提高的同时也降低了温室气体的减少。图 9.19 对比了传统发电厂的碳排放量与简单循环和联合循环热电联产发电厂的碳排放量。可见，联合循环燃气热电联产发电厂相比于传统的燃煤发电厂，可减少 80% 以上的碳排放。

高温热量可用于蒸汽工艺、吸收式冷却、空间加热等，用途更广；而低温热量只能用于简单的水加热等用途。长距离的热量传输成本很高、损耗也很大，因此热负荷与发电机之间的距离也很重要。因此，是否合理地确定电力需求和热量需求在时间和数量上的配置，将会严重影响热电联产的经济性。比如，如果热量只用于空

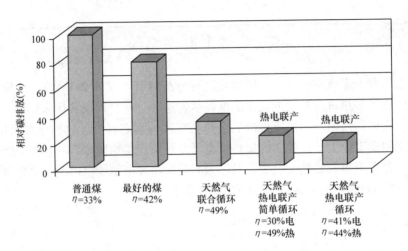

图 9.19　比较有无热电联产发电厂的碳排放量。废热回收假设为可取代效率为 83% 的锅炉

间加热，那么这些热量在夏天将没有任何利用价值，但是如果既能应用于空间加热也能用于制冷，那么在全年中该热量都可以有效利用。如果废热能够用于代替购买昂贵的燃料，比如丙烷或电力，那么整个的经济性将会显著提高。

9.6.2　热电联产系统的经济性分析

热电联产发电厂使用同一种燃料，但是输出的单位电力价值远大于单位热量价值，因此难以合理配置两者的投资成本和收益，需要发展新的统计分析方法。

描述热电联产电站效益的最简单方法，是基于同一单位下，用总能量输出（包括电能和热能）除以总能量输入：

$$\text{总热效率} = \left(\frac{\text{电能输出} + \text{热量输出}}{\text{热量输入}}\right) \times 100\% \tag{9.3}$$

尽管这种方法经常被使用，但是该方法并没有对电力和再生热量输出的价值进行区分。例如，图 9.18 中热电联产系统的总效率为 85%，而单独使用电网和锅炉系统的效率仅为 57%。另一种方法称为总体节能，它被定义为

$$\text{总体节能} = \left(1 - \frac{\text{包括 CHP 的热量输入}}{\text{不包括 CHP 的热量输入}}\right) \times 100\% \tag{9.4}$$

当然，对比的两种办法（采用或不采用 CHP）的输出电能和热能应相等。对于图 9.18 中的示例，

$$\text{总节能量} = \left(1 - \frac{100}{63 + 117}\right) \times 100\% = 44.4\%$$

上述举例说明了热电联产可以实现社会总能量（燃料）的节约，但是工业界看待热电联产的看法会略有区别。假设工业上随时需要热量供应，比如蒸汽处理工艺，采用热电联产发电所需要的额外热量输入可用"供出电能所消耗能量值（Energy Chargeable to Power，ECP）"来表示：

$$\text{ECP} = \frac{\text{总热量输入} - \text{被取代热量输入}}{\text{电力输出}} \tag{9.5}$$

其中转移的热量输入应基于所使用的锅炉效率来考虑。ECP 的单位和常规发电厂的热耗率相同，是 Btu/kW·h 或者 kJ/kW·h。热回收对经济很重要，因为在某种意义上，它有助于补贴更重要的产出－电力的成本，因此应该更仔细地研究它所起的作用。

式（9.5）定义的 ECP 可进一步采用发电效率和锅炉效率来表示。根据图 9.20 所示，可以得出每单位燃料输入系统中：

$$\text{ECP} = \frac{1}{\eta_P}\left(1 - \frac{\eta_H}{\eta_B}\right) \tag{9.6}$$

式中，η_P 是 1 单位的热电联产系统燃料输入转换为电力的效率；η_H 是 1 单位的热电联产系统燃料输入转换为可利用热量的效率；η_B 是如果不采用热电联产机组而应使用的锅炉效率。

分别使用 3412Btu/kW·h 和 3600kJ/kW·h 两套单位来表示式（9.5），可以得到

$$\text{ECP}(\text{Btu/kW} \cdot \text{h}) = \frac{3412}{\eta_P}\left(1 - \frac{\eta_H}{\eta_B}\right) \tag{9.7}$$

$$\text{ECP}(\text{kJ/kW} \cdot \text{h}) = \frac{3600}{\eta_P}\left(1 - \frac{\eta_H}{\eta_B}\right) \tag{9.8}$$

余热回收直接影响着热电联产的经济性。如果 ECP 只统计所耗费燃料的费用，则热电联产附加发电的费用测量很简单，该部分费用被称为"供出电能的运行成本值（Cost Chargeable to Power，CCP）。"

$$\text{CCP} = \text{ECP} \times \text{能源单位价格} \tag{9.9}$$

供出电能的运行成本值的单位是美元/度。这可以很容易地将热电联产与其他备选方案进行经济性比较。

[例 9.4]　燃料电池的发电成本。

一个 10kW 燃料电池的发电效率为 35%，热转换效率为 50%，容量因子为 90%。所需的 50000 美元建设资本由利率 5%、20 年贷款提供，年贷款还款额为 4012 美元。其使用的天然气价格为 8 美元/10^6Btu，其热输出取代了现有的效率为 80% 的高效燃气锅炉，为公寓提供热水。

利用图 9.20 给出的计算流程，计算系统的电功率潮流，并计算如下指标：

a. 请计算出供出电能所消耗能量值（ECP，Btu/kW·h）

b. 请计算出供出电能的运行成本（CCP，美元/kW·h）

c. 总发电成本是多少（燃料成本＋摊销燃料电池成本，美元/kW·h）

d. 每天能将多少加仑的水从 60℉ 加热到 140℉？

解：

基于图 9.20 所示的计算流程，从输出 10kW 功率开始计算，首先得到所需输入的热电联产系统所需的燃料值，然后计算得出热电联产系统可用的热量值，继而得出锅炉所需的燃料输入能量值。

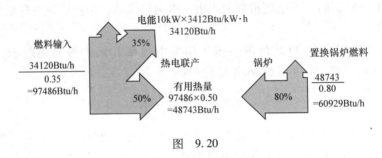

图 9.20

a. 使用上图和式（9.5），可计算出供出电能所消耗能量值为

$$ECP = \frac{总热量输入 - 替代的热量输入部分}{发电量}$$

$$= \frac{(97486 - 60929) \ \text{Btu/h}}{10\text{kW}} = 3656\text{Btu/kW} \cdot \text{h}$$

或者，使用式（9.7），有

$$ECP = \frac{3412}{\eta_P}\left(1 - \frac{\eta_H}{\eta_B}\right)\text{Btu/kW} \cdot \text{h} = \frac{3412}{0.35}\left(1 - \frac{0.50}{0.80}\right) = 3656\text{Btu/kW} \cdot \text{h}$$

这远小于火电厂典型的 10500Btu/kW·h。

b. CCP 是

$$CCP = 3656\text{Btu/kW} \cdot \text{h} \times 8 \text{ 美元}/10^6 \text{Btu} = 0.0292 \text{ 美元/kW} \cdot \text{h}$$

c. 在容量因子为 90% 时，年发电量为

$$年发电量 = 10\text{kW} \times 8760\text{h/年} \times 0.90 = 78840\text{kW} \cdot \text{h/年}$$

每年发电的燃料成本是

$$燃料成本 = 78840\text{kW} \cdot \text{h/年} \times 0.0292 \text{ 美元/kW} \cdot \text{h} = 2306 \text{ 美元/年}$$

则每年的发电成本（燃料成本 + 燃料电池摊销成本）为

$$年均发电成本 = \frac{燃料成本 + 燃料电池摊销成本}{年发电量} = \frac{2306 \text{ 美元/年} + 4012 \text{ 美元/年}}{78840\text{kW} \cdot \text{h/年}}$$

$$= 0.080 \text{ 美元/kW} \cdot \text{h}$$

d. 当燃料电池全功率运行时，传输给水的能量是

$$热水 = \frac{48743\text{Btu/h} \times 24\text{h/天}}{8.34\text{lb/gal} \times 1 \text{ 英热/lb} \cdot \text{°F} \times (120 - 60)\text{°F}} = 2338\text{gal/h}$$

9.7 热电联产技术

与单独提供这些服务相比,热电联产系统通常可以节省近一半的燃料和排放量。大部分热电联产系统的燃料都是天然气,比当今世界燃烧的煤要清洁得多,因此很值得推广。参见图 9.19,用天然气为燃料的热电联产取代煤炭可以轻松地减少 3/4 的碳排放。此外,热电联产系统也可以采用可再生能源作为燃料,例如生物质,甚至太阳能(例如,从用于冷却集中式光伏发电系统的循环水中收集余热)。

9.7.1 高热值与低热值

在介绍分布式发电的新兴技术之前,首先须要根据现有发电厂的能源效率进行精细的分类。当燃料燃烧时,一部分的能量将蕴含为燃烧产生的水蒸气中的热量而被释放掉(大约 1060Btu/lb 水蒸气,或者 2465kJ/kg)。一般情况下,这些水蒸气和燃烧产生的其他废气一起通过烟囱被排放掉,自然其中蕴含的热量也就被浪费掉了。但是有些时候,比如用于家庭供暖的最先进、高效(效率高于 90%)的锅炉已经可以在水蒸气排出烟囱之前,充分利用其中蕴含的热量直至冷凝成水。根据燃烧产生的水蒸气中蕴含的热量是否被利用,可将燃料的热值分为两类:高热值或称为总热值,包含了水蒸气中的热量;低热值或者称为净热值则不包含该部分热量。

表 9.3 给出了不同燃料的高、低热值以及高低热值之间的比值。由于天然气由甲烷、乙烷和其他气体混合组成,表格中只给出了典型值。天然气的高、低热值之差大约在 10% 左右。

表 9.3 不同燃料的高热值与低热值

燃料	高热值(HHV)		低热值(LHV)		
	(Btu/lb)	(kJ/kg)	(Btu/lb)	(kJ/kg)	LHV/HHV
甲烷	23,875	55,533	21,495	49,997	0.9003
丙烷	21,699	50,402	19,937	46,373	0.9201
天然气	22,500	52,335	20,273	47,153	0.9010
汽油	19,657	45,722	18,434	42,877	0.9378
4 号油	18,890	43,938	17,804	41,412	0.9425

气体是在干燥 60°F,30in Hg 压强条件下的测量数值。天然气的数值只是参照值

数据来源:Babcock and Wilcox 1992 年,Petchers 2002 年的实验结果

发电厂效率等于发电厂的发电量与输入燃料能量的比值,但是问题是采用哪种燃料热值呢?是高热值还是低热值?很遗憾,两种热值都有使用。大型发电站一般以高热值为基准来计算发电效率,而对于普通的分布式发电技术,比如微型燃气轮机和活塞式发电机来说,则是以低热值为基础计算效率的。为了使这两种效率具有

可比性，可采用以下换算公式：

$$热效率(高热值) = 热效率(低热值) \times \frac{低热值}{高热值} \qquad (9.10)$$

其中低热值/高热值之比可从表 9.3 中查询。

[例 9.5] 微型燃气轮机效率计算。

已知某微型燃气轮机每发 1kW·h 电需要消耗 13700Btu（低热值）的天然气，求微型燃气轮机的低热值效率和高热值效率。

解：

采用 3412Btu/kW 的能量转换，低热值效率为

$$效率(低热值) = \frac{3412Btu/kW \cdot h}{13700Btu/kW \cdot h} = 0.2491 = 24.91\%$$

根据表 9.3，可知天然气低热值/高热值之比为 0.9010；因此通过式（9.10）计算高热值效率：

$$效率(HHV) = 24.91\% \times 0.901 = 22.4\%$$

9.7.2 微型燃气轮机

微型燃气轮机也就是小型的燃气轮机，其发电量从大约 25kW 至几百千瓦不等，同时也会产生大量的余热。其一般以常规天然气为燃料，但也可以采用来自填埋场或废水处理厂的低质生物质废气、丙烷、氢或柴油等作为燃料。该系统具备可扩展能力，这意味着多个小系统可组合在一起，以输出更大容量的电力。

微型燃气轮机既可以是传统的简单循环燃气轮机，也可以是带有内部热交换器的余热回收燃气轮机。简单循环燃气轮机成本低、可靠性好，但发电效率很低，约为 15% 左右，其排出的大量余热温度也较高。无论是哪一种类型的热电联产，其都是通过是热交换器收集废气中的余热来实现的。

图 9.21 所示为带回热循环的微型燃气轮机的基本结构图。当余热被收集和利用时，即使热回收器的发电效率仍然较低，约为 25% ~ 30%，系统的总效率仍可达 80% 以上。微型燃气轮机的经济性与余热的热值密切相关，对于带回热循环的微型燃气轮机来说，这种热量往往来自 50 ~

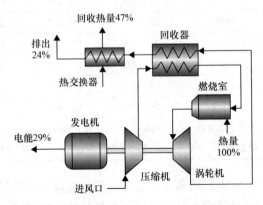

图 9.21 带回热循环的微型燃气轮机示意图，其中的发电效率数值是基于低热值计算得到的

80℃温度相对较低的热水。优秀的微型燃气轮机应保证全年运行，且应能尽可能多地利用余热。酒店、洗衣房、公寓楼和游泳池里的水加热负荷，如果需要全年都被加热的话，就是很好的例子。图 9.21 给出了一个微型燃气轮机系统的示意图，它包括了一个用于提高燃气轮机效率的热回收器和一个捕获余热的热交换器。

如下面的例子所示，微型燃气轮机的经济性相当好。

[例 9.6] 微型燃气轮机的经济性。

一台价值 12 万美元的 60kW 天然气微型燃气轮机的容量因子为 80%。其发电效率为 30%，40% 转化为了有效热量，用于取代效率为 75% 的供热锅炉。运维费用是 0.015 美元/kW·h。使用该燃气轮机的工厂的购电电价是 0.10 美元/kW·h，高峰时段的用电容量收费为每月 10 美元/kW，天然气的价格为 8 美元/10^6Btu。

请求出初始投资回报率（ROI），即第一年节省的费用与初始投资的比率。

解：

总发电量为
$$发电量 = 60kW \times 8760h/年 \times 0.80 = 420480kW·h/年$$

每年微型燃气轮机的燃料和运维费用为
$$燃料费用 = \frac{1}{0.30} \cdot 420480 \frac{kW·h}{年} \cdot 3412 \frac{Btu}{kW·h} \cdot \frac{8 美元}{10^6Btu} = 38258 美元/年$$

$$运维费用 = 420480kW·h/年 \cdot 0.015 美元/kW·h = 6307 美元/年$$

$$总费用 = 38258 美元 + 6307 美元 = 44565 美元/年$$

节省的购电和负荷高峰时段的容量费用（假设使用燃气轮机使得负荷峰值时段的容量需求下降 60kW）

$$节电 = 420480kW·h/年 \times 0.10 美元/kW·h = 42048 美元/年$$

$$负荷峰值时段的容量需求费用节省 = 60kW \times 12 月/年 \times 10 美元/月/kW = 7200 美元/年$$

燃气轮机提供的热能为
$$热量 = 40\% \times \frac{420480kW·h/年 \times 3412Btu/kW·h}{0.30} = 1.913 \times 10^9 Btu/年$$

因此，不使用效率为 75% 的锅炉所节约的燃料是
$$燃料节省费用 = \frac{1.913 \times 10^9 Btu/年}{0.75} \times \frac{8 美元}{10^6Btu} = 24404 美元/年$$

$$总节省费用 = 42048 美元 + 7200 美元 + 20404 美元 = 69652 美元/年$$

净成本减去节省费用部分等于
$$净成本减去节省费用部分 = 44565 美元 - 69652 美元 = -25087 美元/年$$

因此，12 万美元投资的初始回报率是
$$初始回报率 = \frac{年节约资金}{初始投资} = \frac{25087 美元}{120000 美元} = 0.209$$

$$= 20.9\%$$

也就是说，该系统的简单回报周期约为5年。

9.7.3 活塞式内燃机

目前主流的分布式发电系统采用的是活塞式内燃机驱动恒速交流发电机的模式；容量在0.5kW～6.5MW不等，效率接近37%～40%（低热值效率）；可使用多种燃料，像汽油、天然气、煤油、丙烷、燃油、酒精、沼气和氢气等。这是模式是目前各种分布式发电技术中最廉价的一种，而且在使用天然气为燃料时，活塞内燃机的燃烧过程相对清洁。活塞式内燃机在目前的热电联产市场上占有很大的份额。

大多数活塞式内燃机采用传统的四冲程，与轿车和卡车中的内燃机很相似。如图9.22所示，四冲程包括进气冲程、压缩冲程、做功冲程和排气冲程。在进气冲程中，活塞向下移动造成局部真空，使得空气或空气与气化燃料的混合物通过进气阀压入气缸。在压缩冲程中，进气阀和排气阀都关闭，活塞向上移动压缩、加热空气；当活塞接近冲程顶部时，燃料开始燃烧。燃烧产生的热空气膨胀，在做功冲程中推动活塞向下移动，带动曲轴转动。在最后的冲程中，活塞上升使燃烧完毕的热空气通过排气阀排出，完成了一个冲程循环。

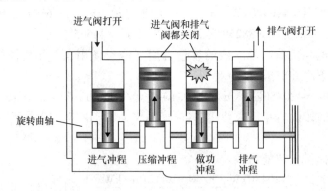

图9.22 四冲程内燃机基本结构示意图

除了四冲程内燃机以外，还有一种两冲程活塞内燃机——其两冲程中隔一个冲程就有一个做功冲程。活塞在做功冲程下降到接近底部时，排气阀打开，排出废气并且同时打开进气阀吸入新鲜空气和燃料；排气阀和进气阀在压缩冲程开始时同时关闭。同样体积下两冲程内燃机的马力更大，但是由于其进气和排气过程效率较低，导致其整体效率不如四冲程内燃机，而且两冲程内燃机的废气排放量较大。由于在选择分布式发电地点时，空气质量受到严格限制，因此两冲程发动机在分布式发电中的应用潜力不大。

四冲程内燃机有两种重要的变类：点燃式（奥托循环）和压燃式（狄塞尔循环）。点燃式内燃机采用汽油、天然气或丙烷等着火点低的燃料。每次进气冲程吸入空气—燃料混合物并经压缩冲程压缩后，由外部的时控火花点燃燃料开始燃烧。

与此相对比的，压燃式内燃机采用密度更大的石油提取物如柴油、汽油等作燃料。这些燃料不和空气混合，而是在压缩冲程的最后，被高压直接注入到气缸中。压燃式狄塞尔发动机比点燃式发动机的空气压缩率更高，也就意味着在压缩冲程中空气将被加热到更高的温度。随着压力增加，温度也逐渐升高，最终燃料达到自燃点，发生爆炸进入做功冲程。除了空气压缩率高以外，狄塞尔发动机比采用燃料以相对缓慢燃烧的方式做功的点燃式发动机要经受更大的冲击。高压缩比和大冲击都意味着狄塞尔内燃机需要比点燃式内燃机更坚实、笨重。尽管狄塞尔内燃机的制造对材质要求较高，但是其效率更高，也就意味着在同等输出功率下，狄塞尔内燃机体积更小、更廉价。一般来说，狄塞尔内燃机需要的运行和维护费用要比点火式内燃机高，而且废气排放量更大，在空气质量受到严格控制的地区不太适用。

在空气或空气与燃料混合物进入气缸之前对其进行预压缩可以提高内燃机的效率，这一措施被称为增压吸入。增压吸入可以用涡轮增压器——由废气驱动的小型涡轮机实现，也可以采用由内燃机辅助转轴机械驱动的普通增压器实现。点燃式内燃机从燃料输入到马力输出的热效率可以达到低热值41%、高热值38%，狄塞尔内燃机可以达到低热值效率46%、高热值效率44%。增压带来的另一个好处是它使内燃机内的空气 – 燃料混合物更加干净，从而降低燃烧温度，减少了氮氧化合物的排放。

对于热电联产来说，活塞式内燃机的余热主要以排出热燃气，或由涡轮或燃油冷却器驱动冷水环绕冷却气缸后产生的热水两种方式排出。二种方式所含可利用的热量基本相等，其中燃气的温度较高（约450℃），而热水的温度大约在100℃，因此燃气的用途更多样。图 9.23 所示为活塞式内燃机的热量守恒举例，热电联产系统中的废热锅炉以及其他的热交换器将内燃机的余热传递给，像吸收式空调、热水器、锅炉加热等，低热量负荷需求使用。燃料到电能的转化效率大约为 36%，燃料到可利用热能的转化效率大约为 49%，因此热电联产系统的整体效率约为 85%。

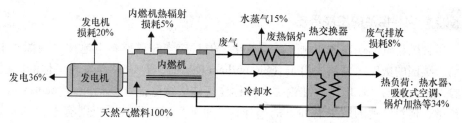

图 9.23 整体效率85%的活塞式内燃机热电联产系统的热量守恒举例（数据来自 Petchers）

9.8 燃料电池

我相信总有一天水会被用作燃料，构成水的氢和氧，无论是单独使用，还是一起使用，都会提供取之不尽的热和光。

——儒勒·凡尔纳（Jules Verne），《神秘岛》，1874 年

上述儒勒·凡尔纳（Jules Verne）对使用氢气和氧气提供热量和光源的表述，非常正确地描述出了燃料电池的基本工作原理。当然，他对"水本身就是燃料"的描述也不是非常准确，主要是因为在水分解成氢气和氧气的过程中比从氢气和氧气复合成水的过程需要更多的能量，因此水本身不能被认为是一种燃料。更准确的描述应该是：燃料电池看作是一种只要能够持续输入富能燃料（通常是氢），就能输出电能（和热能）的电池。

与其他能量转换系统相比，燃料电池有其潜在的优点。燃料电池将贮藏在燃料中的化学能（氢气、天然气、甲醇、汽油等）直接转换成电能。通过省略了将燃料首先转换成热能，推动机械运动做功再转化为电能这一中间环节，燃料电池的效率不受卡诺热机效率的局限。燃料到电能的转换效率能够高达 65%，即燃料电池效率基本上能够达到目前运行的中央发电站平均效率的两倍左右。

燃料电池运行不会排放像氧化硫（SO_x）颗粒物，一氧化碳（CO），以及多种未燃烧或部分燃烧的碳氢化合物等一般燃烧产生的污染物，当然燃料电池在高温运行时也会有少量的氮氧化物释放。高效率不仅能够节省燃料，而且如果燃料是碳氢化合物，比如天然气的话，其主要排放物——温室气体二氧化碳（CO_2），也会大为降低。事实上，如果燃料电池是利用可再生能源，如风力发电，水电或光伏发电来电解水获取氢气的话，则基本上不排放温室气体。

燃料电池运行几乎保持静止，没有震动，而且考虑到污染物排放量也很低，因此其适合安装在紧邻负荷的区域，例如建筑物的地下室中。紧邻负荷发电，不仅能够避免输配电过程中的损耗，而且其发电过程中排放的余热可用于直接用于空间加热、空调和加热水等热能直接利用或者热电联产。燃料电池热电联产系统的整体转换效率可达 80% 以上。

9.8.1 燃料电池的发展历史

尽管燃料电池现在才刚刚开始商业化，但是应当知道燃料电池技术始源于 170 年前。英国的威廉·葛洛夫爵士（Sir William Grove），于 1939 年发表了他的原创性实验，从此发明了原电池，在论文中被称作气体伏特电池（gas voltaic battery）。在文章中，他对电池的效果有如下的描述："如果 5 个人手拉手，则有电击的感觉；而如果作用到一个人身上，则会感觉到疼痛。"

葛洛夫发明的电池工作需要稀有昂贵的气体持续供应，而且当时认为腐蚀将导

致电池寿命过短，因此该技术没有继续发展下去。50 年之后，蒙德（Mond）和莱格（Langer）继续开展了葛洛夫电池的研究，实现了一种 1.5W、效率 50% 的电池，并命名为"燃料电池"（Mond and Langer，1890）。又过了缓慢发展的半个世纪，弗朗西斯·培根（Francis T. Bacon）——17 世纪著名科学家的后裔，于 1932 年开始该领域的研究，并最终实现了目前认可的第一个应用化燃料电池。到 1952 年，培根（Bacon）已经能够实现一个可以为 2t 叉车供电的 5kW 碱性燃料电池（Alkaline Fuel Cell，AFC）。同年，艾利斯·查尔姆斯（Allis Chalmers）设计出了一个由 20hp[⊖]燃料电池供电的拖拉机。

美国航空航天局（NASA）对航天器机载供电的需求促进了燃料电池的快速发展。双子座系列地球环绕卫星上采用了交换膜式燃料电池，而后来的阿波罗探日系统以及后来的航空器都使用了基于培根研究基础上改进了的碱性电池。燃料电池不仅可以提供电力，其副产物——纯净水，也可以给宇航员作为饮用水供应。

燃料电池技术发展的目标曾经是到 20 世纪末实现燃料电池在地面上的应用，在当时研究重点大多集中在了电动汽车用氢动力燃料电池上。然而，由于来自电池驱动技术的竞争使得燃料电池汽车不太可能成为现实，相反，用于固定安装应用场合的燃料电池市场看起来更加可行。

9.8.2　燃料电池的基本原理

基于燃料电池的同一基本原理，燃料电池可分为很多种类，其中比较常用的一种结构如图 9.24 所示。单电池单元中包含被电解质隔离的两个多孔气体扩散电极。燃料电池的分类主要是根据电解质的不同来区分的。

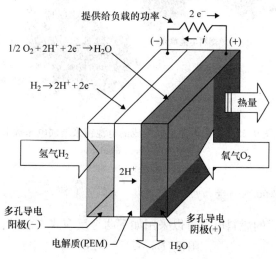

图 9.24　质子交换膜燃料（PEM）电池的基本结构

⊖　英马力（hp），1hp = 745.7W

图 9.24 中的电解质由一层薄膜构成，它能够传导正离子，而隔离电子或中性气体。在流场板的导引下，燃料（氢气）进入电池的一端，而氧化剂（氧气）进入电流的另一端。输入的氢气较容易被分解成质子和电子，如下式所示：

$$H_2 \leftrightarrow 2H^+ + 2e^- \tag{9.11}$$

在电极或交换膜上添加催化剂可以加速反应式向右反应。氢气在左侧电极（阳极）上释放质子，所以在两侧电极中间的交换膜左右会产生浓度梯度。这种浓度梯度使得质子将通过交换膜扩散，留下孤立的电子。因此，阴极上带有了正电荷，而阳极上带有负电荷。释放质子剩余的孤立电子将向带正电荷的阴极移动，但是由于电子不能透过交换膜，因此电子移动必须寻找其他的路径。此时，如果在两个电极之间设置一条外部路径，则电子将通过该路径到达阴极。同时，电子穿过外部路径的传输过程也给外部负荷提供了电流。（请注意通常电流的方向与电子的移动方向相反，因此电流 I 的方向是从阴极流向阳极）。

如图 9.24 所示的单燃料电池单元，开路电压一般在 1V 左右或以下，在正常运行状态下端电压大约为 0.5V 左右。为了获取更高的电压，电池需要串联使用。如图 9.25 所示，在串联电池组中，气体流场设计为双极传输，即可以同时为邻近的两个电池单元的电极输送氢气和氧气。

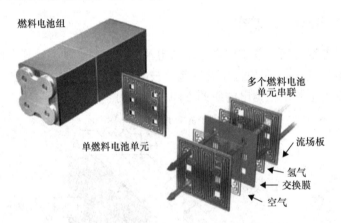

图 9.25　多个电池串联组成的电池组来增加电压输出

（数据源自 www.ballard.com）

9.8.3　燃料电池的热力学：焓

图 9.24 中所示的燃料电池可以采用如下两个反应式来表示：

$$阳极：H_2 \rightarrow 2H^+ + 2e^- \tag{9.12}$$

$$阴极：\frac{1}{2}O_2 + 2H^+ + 2e^- \rightarrow H_2O \tag{9.13}$$

合并上述两式，就得到了通常表述氢气燃烧的反应式：

$$H_2 + \frac{1}{2}O_2 \rightarrow H_2O \qquad (9.14)$$

式（9.14）中的反应是放热反应，即释放热量，与此对应的是吸热反应——反应必须吸收热量才能进行。由于式（9.14）是放热反应，因此该反应可以自发进行——氢气和氧气结合生成水。该反应释放的能量被燃料电池用于发出电力传递给负荷。当然问题是，式（9.14）的反应能释放了多少热量？有多少转换为了电能？要回答这个这一问题，首先需要阐明三个热力学的量：焓、自由能和熵。但是很遗憾，要准确地给出这三者的直观的定义很难。而且，这些定义中的一些部分已经超出这里研究的内容，要想采用简化说明这复杂的定义并不容易。

物质焓 H 的定义为内能 U 与体积 V 和压强 P 乘积之和：

$$H = U + PV \qquad (9.15)$$

物质的内能 U 指的是物质内部微结构特性，包括了分子动能、以及与分子间、分子内原子间和原子内部各粒子间相互作用力相关的能量。物质的总能量等于上述内能之和，加上外观表现出来的能量，比如动能和势能。焓的单位通常是 kJ/mol。

系统内分子具有能量的形式有很多种，包括了显现的以及潜在的能量形式，主要取决于温度和状态（固态，液态，气态）；化学能（与分子结构密切相关），以及原子核能（与原子结构密切相关）。但是燃料电池研究主要关心化学能变化，而这种变化采用焓变的概念最好描述。

正如通常讨论能量的情况一样，对燃料电池的研究主要关心的是化学能的变化量是多少，而并不关心化学能的绝对值是多少。例如，讨论势能问题，指物质重量乘以该物质相对参考海拔的高度。对参考海拔高度的具体数值是多少无关紧要，重要的是物体从一个高度提升到另一个高度，克服地球引力导致势能变化了多少。同样的理解可用于焓的定义上。必须基于某任意确定的参考条件，才能描述焓的意义。

对于焓，参考温度为 25℃，参考压力为 1 个标准大气压，该条件也是标准条件（STP）下的温度和压力。同时假设在标准条件下物质的化学稳定结构的焓等于 0。例如，在标准条件下氧的化学稳定结构是氧气，因此氧气 O_2（g）的焓是 0，其中（g）表示该物质为气体状态。但是由于氧原子并不稳定，因此氧原子的焓值不是 0，而是 247.5kJ/mol。但是必须对物质在标准条件下的状态特别注意。例如，水银在 1 标准大气压和 25℃下是液态，因此标准条件下液态 Hg（l）的焓是 0，这里（l）表示液态。

一种分析焓的办法是测量该物质各组成元素反应合成该物质过程中需要的能量。该物质的焓与该物质中基本元素的焓之差被称为生成焓。该部分能量实际上就是在化学反应过程中，存储在物质内部的能量。表 4.6 给出了标准条件卜部分物质的生成焓。为了表示该数值是标准条件下的数值，表中各符号的右上角加注了"o"表示（例如 H^o）；该表示方法对于其他的热力学参数，比如熵和自由能，同样适用。

表 9.4 同时给出了另外两种热力学参数：绝对熵和吉布斯自由能的数值；该数值在后续分析燃料电池的最大可能效率时会用到。注意当某物质的生成焓值为负数时，意味着该物质内部的化学能少于形成该物质的各元素所包含的能量。也就是说，在反应过程中，反应物的某些能量没有作为化学能最终存储在生成物内。

表 9.4　在标准状态下给定物质的生成焓 H^o，绝对熵 S^o，和吉布斯自由能 G^o

物质	状态	$H^o/(kJ/mol)$	$S^o/[kJ/(mol \cdot K)]$	$G^o/(kJ/mol)$
氢	气态	217.9	0.114	203.3
氢气	气态	0	0.130	0
氧	气态	247.5	0.161	231.8
氧气	气态	0	0.205	0
水	液态	−285.8	0.0699	−237.2
水	气态	−241.8	0.1888	−228.6
碳	固态	0	0.006	0
甲烷	气态	−74.9	0.186	−50.8
一氧化碳	气态	−110.5	0.197	−137.2
二氧化碳	气态	−393.5	0.213	−394.4
甲醇	液态	−238.7	0.1268	−166.4

在化学反应中，生成物与反应物的焓差值说明了在反应中释放或者吸收了多少能量。当生成物的焓小于反应物的焓时，热能被释放，也就述说该反应是放热反应。相反则为吸热反应。

分析式（9.14）的反应，氢气与氧气的焓等于 0，因此生成焓值就简单地等于生成物水的焓值。注意观察表 9.4 中，水的焓值取决于于其为液态还是气态。当是液态水时：

$$H_2 + \frac{1}{2}O_2 \rightarrow H_2O(液态) \qquad \Delta H = -285.8kJ \qquad (9.16)$$

当是水蒸气时：

$$H_2 + \frac{1}{2}O_2 \rightarrow H_2O(气态) \qquad \Delta H = -241.8kJ \qquad (9.17)$$

式（9.16）、式（9.17）中负的焓变表明该反应是放热反应，释放热量。液态水和水蒸气的焓的差值等于 44.0kJ/mol。因此，该数量就是日常所熟知的水的潜热量。回想起含氢燃料的潜热在其高热值和低热值的情况下是不同的。高热值包括了在燃烧中产生水蒸气所需的 44.0kJ/mol 的潜热，而低热值则不包括该部分潜热。

[例 9.7]　甲烷的高热值。

以 kJ/mol 和 kJ/kg 为单位，计算甲烷氧化生成二氧化碳和液态水过程中的高热值。

解：反应方程式如下，并且下标注了根据表 9.4 获取的焓值：

$$CH_4(气态) + 2O_2(气态) \rightarrow CO_2(气态) + 2H_2O(液态)$$
$$(-74.9) \quad 2 \times (0) \quad (-393.5) \quad 2 \times (-285.8)$$

由于要匹配方程，从而得到每种物质的摩尔数是多少。同时注意，这里使用了液态水的焓值来计算高热值。

整个反应物和生成物的总焓值之差为

$$\Delta H = [(-393.5) + 2 \times (-285.8)] - [(-74.9) + 2 \times (0)]$$
$$= -890.2 kJ/mol(CH_4)$$

结果是负值，表明在燃烧过程中释放热量，也就是放热反应。高热值等于上述总焓值之差的绝对值——890.2kJ/mol。

由于甲烷总量是 12 + 4×1 =16kJ/mol，因此得到甲烷高热值为

$$高热值 = \frac{890.2 kJ/mol}{16 g/mol} \times 1000\ 克/千克 = 55638 kJ/kg$$

9.8.4　熵与燃料电池的理论效率

通过焓变可以得知燃料电池在反应中释放了多少能量，但是没有回答有多少能量转化成了电能。想回答这个问题，需要回顾另外一个热力学概念——熵。在8.2.1 节介绍热机时，已经介绍了熵的基本概念，当时主要用于分析卡诺热机的效率极限。在这里，仍然基于熵的概念来分析燃料电池的最高效率问题。

首先应该注意，不同类型的等量能量的作用并不相同。例如，1J 的电能或机械能远比等量的热能有用得多。我们可以将这 1J 的电能或机械能 100% 地转换成热能，但是却无法将 1J 的热能 100% 地转换成电能或机械能。也就是说，能量的类型也分等级，某些类型的能量形式比其他类型的能量更好用。电能和机械能（做功）被认为是最好用的能量类型。理论上，可以实现电能和机械能的 100% 转换。而热能的利用率则较低，低温热能的可利用率更低。那么化学能会是什么情况呢？它比热能要好，但是不如机械能和电能。借用熵的概念可以帮助我们说明这一点。

回忆一下当从某足够大的热源移出热量 Q，热源温度保持不变，也就是说热量移出过程中热源保持恒温，损失的熵值定义为

$$\Delta S = \frac{Q}{T} \tag{9.18}$$

式中，Q 以 kJ 为单位；T 以 K 为单位（$K = ℃ + 273.15$），熵的单位是 kJ/K。回忆一下，熵值只与热传递有关，而电能和机械能的转换效率是 100%，因此熵值为 0。同时对于任一实际系统而言，如果计算整个系统的熵变，根据热力学第二定律，熵值是要增加。以下采用这些观点来分析燃料电池。

如图 9.26 所示，燃料电池将化学能转换成电能和废热。燃料电池内部的反应

方程式（9.16）和（9.17）都释放热量，因此焓变为负值。"负焓值做功"的表达比较拗口，我们可以另表述为：燃料电池的内部反应如图9.26所示，类似于一个热焓源，可以用于转换为热量、输出功。

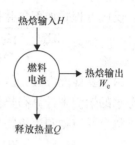

图9.26 燃料电池的能量守恒

电池发出部分电能 W_e，也释放出一部分热能 Q 到环境中。由于存在着热量转换，而且这是个实际系统，因此必然有熵值的增加。基于此，我们可以来衡量最小的热排放量从而计算燃料电池能发出的最大的电能。首先需要仔细的分析燃料电池反应中的熵变：

$$H_2 + \frac{1}{2}O_2 \rightarrow H_2O + Q \tag{9.19}$$

其中考虑热量释放为 Q。反应物氢气和氧气的熵值随着反应过程的发生而消失，但是新的熵值会出现在生成物——水中，同时也会出现热量 Q 中。由于反应过程是恒温的，这一假设对燃料电池而言是合理的，因此可以写出释放热量部分的熵值为

$$\Delta S = \frac{Q}{T} \tag{9.20}$$

那么燃料电池反应做功（发电）部分的熵值是多少呢？由于在电能或机械能做功中没有热量传递，因此熵值为零。

剩下还需要考虑反应物和生成物的熵值，而且一般情况下，还需要定义基准条件。通常定义纯晶体物质的熵值在绝对零度时是0（热力学第三定律）。相对于零基准条件下，其他条件下物质的熵值被称为绝对熵值，表9.4中给出了多种物质在标准条件（25℃，1个标准大气压）下的绝对熵值 $S°$。

根据热力学第二定律，实际燃料电池内部反应，其熵值一定会增加（而理想燃料电池将释放出足够的热量，从而使得燃料电池增加的熵值为零）。因此，可以写出释放的热量和生成物水（液态水）的熵值一定大于反应物（氢气和氧气）的熵值：

$$生成物的熵 \geq 反应物的熵 \tag{9.21}$$

$$\frac{Q}{T} + \sum S_{生成物} \geq \sum S_{反应物} \tag{9.22}$$

从而推导出

$$Q \geq T\left(\sum S_{反应物} - \sum S_{生成物}\right) \tag{9.23}$$

式（9.23）给出了燃料电池中发生反应释放的最小热量。即不可能将燃料的能量百分之百的转化成电能，肯定会有热量损耗。但至少，这一损耗比采用热机发电要少得多。

至此，可以方便地求出燃料电池的最大效率。根据图9.26，化学反应提供的

热焓值 H 等于发出的电 W_e 加上释放的热量：

$$H = W_e + Q \tag{9.24}$$

由于需求的是电能输出，因此可以求出燃料电池的效率为

$$\eta = \frac{W_e}{H} = \frac{H - Q}{H} = 1 - \frac{Q}{H} \tag{9.25}$$

如果要求出最大效率，则将式（9.23）中确定的最小释放热量 Q 带入上式即可。

[例 9.8] **计算燃料电池的释放热量。**

假设燃料电池运行在 25℃（298K）、1 个标准大气压条件下，产生液态水（这里考虑氢气燃料的高热值）：

$$H_2 + \frac{1}{2}O_2 \rightarrow H_2O(\text{液态})$$

$$\Delta H = -285.8 \text{kJ/mol}(H_2)$$

计算每摩氢气的最小释放热量是多少？

燃料电池的最大效率是多少？

解：

由反应方程可见，1mol 的氢气和 0.5mol 氧气反应，生成 1mol 的液态水。查表 9.4 可以得到每摩尔氢气反应损耗的熵是

$$\sum S_{\text{反应物}} = 0.130 \text{kJ/(mol·K)} \times 1 \text{mol}(H_2)$$
$$+ 0.205 \text{kJ/(mol·K)} \times 0.5 \text{mol}(O_2)$$
$$= 0.2325 \text{kJ/K}$$

生成物水的熵值为

$$\sum S_{\text{生成物}} = 0.0699 \text{kJ/(mol·K)} \times 1 \text{mol}(H_2O \text{ 液态}) = 0.0699 \text{kJ/K}$$

根据式（9.23）可知，反应过程中最小的释放热量为

$$Q_{\min} = T(\sum S_{\text{反应物}} - \sum S_{\text{生成物}})$$
$$= 298 \text{K}(0.2325 - 0.0699) \text{kJ/K} = 48.45 \text{kJ/mol}(H_2)$$

根据式（9.16），在从氢气和氧气合成水的过程中可供使用的焓值为，$H = 285.8 \text{kJ/mol}(H_2)$。

可能的最大效率对应着 Q 的最小值，因此根据式（9.25），有

$$\eta_{\max} = 1 - \frac{Q_{\min}}{H} = 1 - \frac{48.45}{285.8} = 0.830 = 83.0\%$$

9.8.5 吉布斯自由能和燃料电池的效率

在燃料电池反应中消耗的化学能可认为由两部分组成：一部分与熵无关，被称

为自由能 ΔG，该部分能够直接转换成电能或机械能；另一部分是释放的热量 Q。在自由能中以 G 来表示，主要是为了纪念约西亚·威拉德·吉布斯（Josiah Willard Gibbs，1839—1903），他是第一个揭示自由能作用的人，而且 G 也用来表示吉布斯自由能量的单位。自由能 G 等于化学反应过程中创造的焓 H 减去反应中释放的热量 $Q = T\Delta S$（根据热力学第二定律）。

吉布斯自由能 ΔG 对应着化学反应中的可能输出的熵无关的最大电能或机械能。根据表 9.4，在标准条件下，可以通过对反应物和生成物吉布斯能量做差获得：

$$\Delta G = \sum G_{生成物} - \sum G_{反应物} \tag{9.26}$$

因此，燃料电池的最大可能效率等于吉布斯自由能与焓变值 ΔH 的比值：

$$\eta_{max} = \frac{\Delta G}{\Delta H} \tag{9.27}$$

[**例 9.9**] 基于吉布斯自由能求得最大燃料电池效率。

在标准条件下，质子交换膜燃料电池，采用氢气高热值计算下的最大可能效率是多少？

解：

高热值对应的生成液态水，所以反应式是：

$$H_2 + \frac{1}{2}O_2 \rightarrow H_2O(液态)$$

$$\Delta H = -285.8 kJ/mol(H_2)$$

从表 9.4 中查到的反应物氢气和氧气的吉布斯自由能都是 0，而产物——液态水的吉布斯自由能是 -237.2kJ，因此

$$\Delta G = -237.2 - (0 + 0) = -237.2 kJ/mol$$

根据式（9.27），可得出

$$\eta_{max} = \frac{\Delta G}{\Delta H} = \frac{-237.2 kJ/mol}{-285.8 kJ/mol} = 0.830 = 83.0\%$$

这与在前面例 9.8 中应用熵得到的答案是一致的。

9.8.6 燃料电池的理想电气特性

吉布斯自由能 ΔG 表示燃料电池的最大可能做功。由于电能与燃料的做功之间相关转换无损耗，所以也可以说是燃料电池的最大可能传输能量。因此，对于理想的氢气燃料电池，最大可能的电能输出等于吉布斯自由能 ΔG 的幅值。从表 9.4 可得，由于燃料电池反应生成的水，因此在标准条件下，最大可能的电能输出等于：

$$W_e = |\Delta G| = 237.2 kJ/mol(H_2) \tag{9.28}$$

以下调整式（9.28）中电能输出 W_e 单位为传统的 V、A、W 等电气单位。首先给出下述物理常量的定义：

q = 一个电子的带电量 = 1.6×10^{-19} C

N = 阿伏伽德罗常数 = 6.022×10^{23} 分子/mol

v = 标准状态下 1mol 理想气体的体积 = 22.4L/mol

n = 燃料电池的氢气输入速率（mol/s）

I = 电流（A），1A = 1C/s

V_R = 两个电极之间的理想（可逆）电压（V）

P = 输出的电能（W）

如图 9.24 所示，每单位摩尔氢气输入理想燃料电池，将有两个电子流过负荷。因此可以写出流过负荷的电流是

$$I(A) = n(mol/s) \cdot 6.022 \times 10^{23}(氢气分子/mol) \cdot \frac{两个电子}{氢气分子} \cdot 1.602 \times 10^{-19}(C)$$

$$I(A) = 192945n \tag{9.29}$$

根据式（9.28），流过负荷的理论功率值等于 237.2kJ/mol（H_2）乘以使用的氢气数量，即：

$$P(W) = 273.2(kg/mol) \times n(mol/s) \times 1000(J/kJ) \cdot 1W/J \cdot s = 237200n \tag{9.30}$$

且理想燃料电池的可逆端电压为

$$V_R = \frac{P(W)}{I(A)} = \frac{237200n}{192945n} = 1.229V \tag{9.31}$$

注意：电压值与输入的氢气数量无关。同时，随着温度的升高，电池的理想端电压将会下降，因此质子交换膜燃料电池在日常运行温度（80℃）下，的端电压大约为 1.18V 左右。

因此，可以很容易地得到理想燃料电池每发一度电需要的氢气供给量为

$$氢气产生率 = \frac{n(mol/s) \times 2(g/mol) \times 3600s/h}{237200n(W) \times 10^{-3}(kW/W)} = 30.35g(H_2)/kW \cdot h \tag{9.32}$$

9.8.7　燃料电池的实际电气特性

正如热机不能保持理想卡诺热机效率一样运行，实际中的燃料电池也不能完全输出吉布斯自由能量。催化剂触发反应需要的能量称为活化损耗。在阴极，氧气与质子、电子结合生成水的反应速度相对较慢，制约了燃料电池的发电效率。电流流过电极、交换膜以及不同介质之间的接口时，在各介质上内阻产生的损耗，称为欧姆损耗。还有一种损失，叫做燃料渗透损耗，主要是由于燃料没有释放电子而渗透过电解质而导致的损耗。最后还存在一种质量传输损耗，是由于氢气和氧气难以到达电极时造成的。这种情况主要在阴极生成水之后，阻塞了催化剂时尤其明显。对于上述各种原因，实际的燃料电池只能达到理论最大效率的 60% ~ 70%。

图9.27 所示为典型燃料电池的电流－电压函数关系特性；（光伏发电的 $I-V$ 曲线与此非常相似）。注意：电流为零时的电压——开路电压，略小于1V，比理论值1.229V 少了将近25%。同时图中也给出电压与电流的乘积——功率特性。由于功率在零电流或零电压的情况下，都是零，因此在两个零点之间肯定有一点为功率的最大值。如图所示，燃料电池最大输出功率在单电池输出电压大约为0.5V 左右，在该点它的发电量将达到 $0.75W/cm^2$。

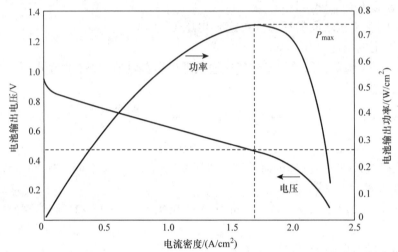

图9.27　典型的燃料电池电压－电流特性曲线。图中也给出了电压与电流的
乘积——输出功率特性

如图所示，在大部分曲线上，电压下降与电流增加保持线性关系。可等效为电压源与线性内阻串联的模型。将图中欧姆损耗部分的数值代入方程，进行曲线拟合，可得出如下的方程：

$$V = 0.85 - \frac{0.25}{A}I \qquad (9.33)$$

式中，V 是电池电压（V）；A 是电池面积（cm^2）；I 是电流（A）。

[例9.10]　家用燃料电池的参数估算。

1kW 燃料电池组持续运行可为一个典型美国家庭全部用电供电。如果这样一个电池组产生直流48V 电压，每块电池电压为0.5V，那么需要多少块式（9.33）所示的电池模块？每块电池的交换膜面积为多大？

解：

所有0.5V 的电池单元串联，因此需要 $48/0.5 = 96$ 块电池，来产生48V 的直流电压。流过电池的电流值为

$$I = \frac{P}{V} = \frac{1000W/96\ 块电池}{0.5V/\ 电池单元} = 20.83A$$

根据式（9.33）计算每块电池的面积是

$$A = \frac{0.25I}{0.85 - V} = \frac{0.25 \times 20.83}{0.85 - 0.5} = 14.8 cm^2$$

9.8.8 燃料电池的种类

到目前为止，对燃料电池中发生的式（9.12）、式（9.13）所描述的反应，以及质子从阳极透过交换膜向阴极运动过程的分析都是假设氢气为燃料。实际上以氢气为燃料的燃料电池也是最适合于交通工具、小型发电站的燃料电池技术，当然也有使用其他电解质的燃料电池技术，适合于其他领域的应用。

质子交换膜燃料电池（Polymer Electrolyte Fuel Cell，PEMFC）

最初被称作固态聚合物电解质（Solid Polymer Electrolyte，SPE）燃料电池，有时也被称为聚合电解质交换膜电池，该电池也是燃料电池中研究最久的技术。早期的 Gemini 空间项目推动了该技术的发展，目前该技术的快速发展主要是由于该技术非常适合混合电动汽车（HEV）供电。其功率密度是所有燃料电池类型中最高的。由于其可以在低温下快速启动和停止，因此非常适合便携式应用场合，特别是交通工具。

质子交换膜燃料电池发电量大约为 $0.5 W/cm^2$ 交换膜，端口电压大约为 $0.65V$，电流密度为 $1 A/cm^2$。为了控制水蒸气从交换膜蒸发逃逸，质子交换膜燃料电池需要主动制冷来保持电池温度在期望的 $50 \sim 80℃$ 之间。在这种低温运行条件下，废热只能用于家居使用的简单水和空间加热。质子交换膜燃料电池必须使用非常纯净的氢气作为燃料，而从碳氢化合物，比如甲醇或者甲烷等分解得到的氢气由于含有一氧化碳，将影响催化剂的作用。当阳极表面的催化剂吸收了一氧化碳，将减少，甚至完全丧失氢气进行反应的催化剂面积。目前质子交换膜燃料电池技术的主要研究集中在降低一氧化碳对催化剂的影响，合理设计电池组中的水和热循环，降低材料和制造工艺的成本等方面。

直接甲醇燃料电池（Direct Methanol Fuel Cell，DMFC）

这种电池与质子交换膜燃料电池使用相同的聚合电解质，但是由于可以使用液态燃料，比如甲醇（CH_3OH），代替氢气作燃料，从而使得该种电池表现出了非常明显的优点。采用液态燃料使得电池更加适合用于便携式的应用场合，比如交通工具以及任何从小型的移动电话、笔记本电脑以及活塞式发电机的电源供给部分等。

甲醇电池的阳极和阴极上发生的化学反应如下：

$$CH_3OH + H_2O \rightarrow CO_2 + 6H^+ + 6e^- \qquad （阳极） \qquad (9.34)$$

$$\frac{1}{2}O_2 + 2H^+ + 2e^- \rightarrow H_2O \qquad （阴极） \qquad (9.35)$$

总反应方程式为

$$CH_3OH + \frac{3}{2}O_2 \rightarrow CO_2 + 2H_2O \qquad （总反应） \qquad (9.36)$$

当然直接甲醇燃料电池还存在着很多重要的技术问题需要研究，包括对持续燃料透过交换膜时甲醇毒性对膜腐蚀的控制，降低一氧化碳和甲醇反应生成物其他对催化剂的影响等问题。但是其便于携带以及对燃料处理简单等方面的优势，表明在不远的未来该技术必将实现大规模的商业化应用。

磷酸燃料电池（Phosphoric Acid Fuel Cell，PAFC）

这种电池在 20 世纪 90 年代推入市场，到目前为止已经有数百台 200kW 的熔融碳酸盐型燃料电池组由 IFC 公司 ONSI 事业部生产并投入运行。熔融碳酸盐型燃料电池的运行温度比质子交换膜燃料电池的运行温度要高，接近 200℃，因此电池产生的废热更加有用，可用于建筑物中吸收式空调以及水和空间加热等用途。

磷酸燃料电池里的化学反应与质子交换膜燃料电池中的反应相同，只是采用的电解质则是磷酸而不是质子交换隔膜。这种电池对一氧化碳的耐受性比质子交换膜燃料电池要好，但是它对硫化氢（H_2S）相当敏感。尽管目前已经有一定数量的磷酸燃料电池投入了使用，但是该类型电池的市场前景将受是否能将生产成本降低至足以与其他联合发电技术相竞争的水平而影响。

碱性燃料电池（Alkaline Fuel Cell，AFC）

阿波罗空间项目中研发了高效率和高可靠性的燃料电池，采用的电解质是氢氧化钾（KOH），电荷载体是羟基 OH^- 而不是氢离子 H^+。电化学反应方程式如下：

$$H_2 + 2OH^- \rightarrow 2H_2O + 2e^- \qquad （阳极） \qquad (9.37)$$

$$\frac{1}{2}O_2 + H_2O + 2e^- \rightarrow 2OH^- \qquad （阴极） \qquad (9.38)$$

碱性燃料电池主要问题是不能暴露在二氧化碳气体下，即使在二氧化碳含量很低的大气中也不行。由于空气是阴极反应物氧气的来源，因此这种电池不适合在陆地上应用。

熔融碳酸盐型燃料电池（Molten – Carbonate Fuel Cell，MCFC）

这种电池的运行温度很高，大约在 650℃ 左右，因此其反应中排放出来的废热，可以用于蒸汽或燃气发电机再发电。在如此高温下，燃料电池排放的废热足以在燃料内部将碳氢化合物燃料，如甲烷，直接转化成氢气。在电池内部反应伴生的一氧化碳也不会影响到催化剂的作用，而且一氧化碳还可以作为燃料电池中燃料的一部分。直接内重整型熔融碳酸盐型燃料电池的效率大约在 50% ~ 55% 之间。如果采用联合循环运行模式，发电效率能达到 65%，联合发电效率能达到 90%。

在熔融碳酸盐型燃料电池中里，导电的离子是碳酸根离子 CO_3^{2-} 而不是氢离子 H^+，而且电解质也是熔融的锂钠碳酸盐。在阴极，二氧化碳和氧气反应生成碳酸根离子，并且透过电解质向阳极运动，在阳极与氢气反应生成水和二氧化碳。反应如下：

$$H_2 + CO_3^{2-} \rightarrow H_2O + CO_2 + 2e^- \quad （阳极） \quad (9.39)$$

$$\frac{1}{2}O_2 + CO_2 + 2e^- \rightarrow CO_3^{2-} \quad （阴极） \quad (9.40)$$

注意整个反应过程与前述的燃料电池的通用反应表达式是相同的：

$$H_2 + \frac{1}{2}O_2 \rightarrow H_2O \quad （总反应） \quad (9.41)$$

熔融碳酸盐型燃料电池运行在一个强腐蚀的环境里，因此如何保证电池材质具备强抗腐蚀能力，保持电池的长使用寿命需要进一步研究。

固态氧化物燃料电池（Solid Oxide Fuel Cell, SOFC）

固态氧化物电池技术将与熔融碳酸盐型燃料电池技术在未来的大型发电站市场进行竞争。这两种电池都工作在高温环境下，熔融碳酸盐型燃料电池大约工作在650℃左右，而固态氧化物电池则工作在 750～1000℃ 范围；从而使得这两种电池的废热都可与蒸汽或燃气轮机联合再发电；当然由于运行温度足够高，这两种电池也都可以实现燃料直接内重整。同等发电容量下，固态氧化物电池比熔融碳酸盐型燃料电池体积要小，而且可能会寿命更长。

固态氧化物燃料电池电解质采用的是钇和锆制成的固态陶瓷材料，这与前面提到的固态和液态聚合物电解质材料有所不同。带电粒子是负氧离子 O^{2-}，它是由阴极上的氧气与来自阳极的电子结合而生成的。在阳极上，氧离子与氢气反应生成水和电子的过程如下：

$$H_2 + O^{2-} \rightarrow H_2O + 2e^- \quad （阳极） \quad (9.42)$$

$$\frac{1}{2}O_2 + 2e^- \rightarrow O^{2-} \quad （阴极） \quad (9.43)$$

第一个成功商业化的固态氧化物燃料电池使用单体 25W、100cm × 100cm 的燃料电池单元构成 1kW 的燃料电池单元组，然后再构成 25kW 的燃料电池模块，最后集成为 100kW 或 200kW 的燃料电池系统（Bloomenergy）。采用这种方式可配置出大型发电厂容量等级的燃料电池系统。这种系统一般采用天然气作为燃料，在系统内部将天然气转化为氢，但也可以采用其他类型的生物质燃料。

[**例 9.11**] **200kW 固态氧化物燃料电池的经济性分析。**

假设某固态氧化物燃亮电池有以下经济系和技术性能指标：

天然气耗费量为 132 万 Btu/h，输出功率为 200kW（交流）。

天然气的价格为 8 美元/10^6Btu。

燃料电池取代的外购电量，每 kW·h 可节省 0.10 美元，负荷电价为 10 美元/月/kW。

运维费用为 0.02 美元/kW·h。

容量因子为 0.90。

a. 该系统的总体效率如何？

b. 如果系统成本的简单回收期不超过 10 年，则系统的投资成本需要多少？

解：

a. 从天然气到电力的转换效率是

$$\eta = \frac{输出}{输入} = \frac{200\text{kW} \times 3412\text{Btu/kW} \cdot \text{h}}{1.32 \times 10^6 \text{Btu/h}} = 0.517 = 51.7\%$$

b. 燃料成本加上运维费用是

$$燃料 + 运维 = \frac{1.32 \times 10^6 \text{Btu/h}}{200\text{kW}} \times \frac{8\,美元}{10^6 \text{Btu}} + 0.02\,美元/\text{kW} \cdot \text{h} = 0.0728\,美元/\text{kW} \cdot \text{h}$$

考虑到容量因子为 90%，则每年的燃料与运维成本是

运行成本 = $200\text{kW} \times 8760\text{h/年} \times 0.90 \times 0.0728\,美元/\text{kW} \cdot \text{h} = 114791\,美元/年$

自身发电，从而取代外购电量节省的费用是

节约 = $200\text{kW} \times 8760\text{h/年} \times 0.90 \times 0.10\,美元/\text{kW} \cdot \text{h} = 157680\,美元/年$

假设节省的 200kW 电量属于负荷峰值时段，则节省的费用为

节省电费 = $200\text{kW} \times 10\,美元/月/\text{kW} \times 12\,月/年 = 2400\,美元/年$

燃料电池的年度运营净结余：

净结余 = $157680\,美元 + 24000\,美元 - 114791\,美元 = 66889\,美元/年$

如果需要获得 10 年的简单回报，则燃料电池的成本必须不超过：

$$回报 = \frac{投资费用}{第一年的结余} = \frac{P(美元)}{66889\,美元/年} = 10\,年$$

从而计算得到：投资成本 = 668890 美元

对于这个 200kW 的燃料电池系统，其投资成本为 3.34 美元/W。

例 9.11 计算得到的效率为 52%，其采用的燃料电池系统不带余热再利用。目前已有将固态氧化物燃料电池与微型燃气轮机联合运行的系统，可以实现更高的发电效率，如图 9.28 所示，此时效率可达到 60% ~ 73%（EPRI，2003）。

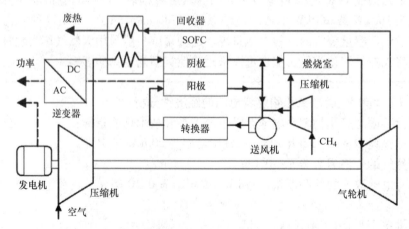

图 9.28　增压固态氧化物燃料电池和燃气轮机联合发电效率可达低热值 70%

9.8.9 制氢技术

除了质子交换膜燃料电池（DMFC）之外，燃料电池都需要在阳极注入氢气以发生反应。对于部分运行温度较高的电池类型（熔融碳酸盐电池、固态氧化物电池），甲烷可以分解出氢气，提供一部分的氢气燃料；但是通常来说，在大规模燃料电池商业化之前，必须解决如何在可接受成本下获取足够纯度的氢气问题。

氢气作为燃料，有很多好处。在氢气燃烧时，只生成少量的氮氧化物，主要是因为燃烧时的高温使得空气中的氮气和氧气发生反应；而应用在燃料电池上时，生成的最终产物只有水。由于氢气的密度比较低，很容易从密封的容器里逃逸，因此氢气不会像石油气那样被储存在高压储气罐里。事实上，氢气并不是一种能源。它就像电力，是一种非天然存在的高质量能量载体；必须通过人工制造，因此需要投入资金来制造所需求的氢气。

目前获取氢气的主要技术有：甲醇 – 水蒸气重整（Methane Steam Reforming，SMR）法、部分氧化法和电解水法。未来可能还会采用直接利用太阳能的光催化、光化学分解，以及生物降解等制氢方法。

甲醇 – 水蒸气重整（MSR）

在美国约有 5% 的天然气被用来转换成氢气，用于氨水制造、石油提炼以及其他的化学用途。几乎所有的这些氢气都是通过分解甲烷得到的。天然气经过净化，尤其是剔除硫之后，与水蒸气混合在高温下（700 ~ 850℃）通过催化剂发生反应，生成一氧化碳和氢气：

$$CH_4 + H_2O \rightarrow CO + 3H_2 \tag{9.44}$$

上述反应吸收热量，因此一般通过燃烧部分甲烷来提供热量。

生成的混合气体通过水之后，发生转移反应如下，使得产生的氢气量进一步增加：

$$CO + H_2O \rightarrow CO_2 + H_2 \tag{9.45}$$

这个反应是释放热量，可用以驱动式（9.44）的反应过程。经过式（9.45）之后的合成气体里，氢气大约能占 70% ~ 80%，其余的主要是二氧化碳和很少量的 CO、水蒸气以及甲烷。后续处理包括了滤除二氧化碳，以及通过式（9.44）的逆反应将剩余的一氧化碳转化为甲烷等。甲烷分解法的整体转换效率大约在 75 - 80% 左右，当然也可获取更高的效率。

部分氧化制氢法（Partial Oxidation，POX）

这一方法基于甲烷（或其他碳氢化合物）部分氧化过程，完成下列放热反应：

$$CH_4 + \frac{1}{2}O_2 \rightarrow CO + 2H_2 \tag{9.46}$$

由于式（9.46）反应放热，可为自身提供了热量；因此相比于甲烷分解法，由于省略了从式（9.45）到式（9.44）之间的热交换器，因此该方法相对简单一些。在完成部分氧化之后，仍然需要传统的转移反应从生成的合成气中提纯氢气。

生物质燃料，煤和垃圾的气化制氢法

前面8.7节提到过，生物质或其他固态燃料，比如煤炭或市政垃圾的气化物，通过高温分解可用于获取氢气。事实上，在大规模应用天然气之前，该方法是氢气提取的最基本方法。由于滤除二氧化碳的技术相对便宜，目前更倾向于采用煤炭气化的方法生产氢气，同时在深层地下盐水层或废弃的天然气田中吸收二氧化碳。有些研究人员希望通过采用这种碳的滤除方式，使得人类在连续开采使用煤炭的同时，碳的排放量却最小。

电解水制氢法

该反应是燃料电池中反应的逆反应，电解质中流过的电流使得水分子分解成氧气和氢气：

$$2H_2O \rightarrow 2H_2 + O_2 \tag{9.47}$$

事实上，质子交换膜燃料电池里使用的交换膜可以在低温下用于电解。类似的，固态氧化物电解质可以在高温下用来电解。

图9.29所示为质子交换膜电解电池的结构图。去离子后的净化水输入电池的氧气侧分解成质子、电子和氧气。氧气被释放出来；质子透过交换膜，而电子则经由外部电路通过电源到达阴极，从而与质子结合生成氢气。电池的整体分解效率可高达85%。

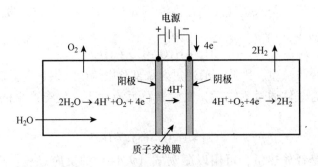

图9.29　无论何时何地需要，可再生能源与燃料电池联合就可持续洁净供电

由于其他类型方式生成的氢气中含有CO，而电解法不存在该问题，因此获取氢气高度纯净。如果用来电解水的电能来自可再生能源发电系统，比如风能、水能、光伏发电等，电解法制氢过程中将没有任何温室气体排放。而且如图9.30所示，当电解得到的氢气最终又重新用于燃料电池发电时，而且无论何时需要、无论是否有日照，无论是否有风，也不消耗不可再生能源，只要使用燃料电池就可实现整个过程无碳排放发电。

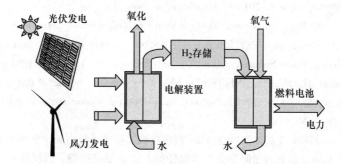

图 9. 30　无论何时何地需要，可再生能源与燃料电池联合就可持续洁净供电

参 考 文 献

Babcock and Wilcox 1992. *Steam*. 40th ed., Babcock & Wilcox, Barberton, OH.

Brooks A, Lu E, Reicher D, Spirakis C, B. Weihl 2010. Demand Dispatch: using real-time control of demand to help balance generation and load. *IEEE Power & Energy Magazine*, vol. 10, pp. 1540–7977.

Brown R, Borgeson S, and J. Koomey 2008. Building-sector efficiency potential based on the clean energy futures study. In: *Think Efficiency*. American Physical Society.

EPRI 2003. Demonstration of a high-efficiency solid oxide fuel cell-microturbine hybrid power system. Electric Power Research Institute.

EPRI 2008. *U.S. Potential for Energy Efficiency and Demand Response in a Carbon-Constrained Future*. Palo Alto, CA: Electric Power Research Institute.

GTM. *Foundations for Tomorrow's Smart Grid: Optimizing the Distribution Grid to Address Present and Future Challenges*. Ventyx: GreenTech Media.

IRENA 2012. *Renewable Energy Technologies: Cost Analysis Series—Hydropower*. Vol. 1: Power Sector, Issue 3/5. International Renewable Energy Agency, Jun.

Kempton W, and J. Tomic 2005. Vehicle-to-grid power fundamentals: Calculating capacity and net revenue, *Journal of Power Sources*, vol. 144, pp. 268–279.

Kintner-Meyer M. 2007. Regional PHEV demonstration: A grid perspective. Pacific Northwest National Laboratory. PNNL-SA-55212.

McKinsey & Company 2009. Pathways to a Low-Carbon Economy, Version 2 of the Global Greenhouse Gas Abatement Cost Curve.

Petchers N. 2002. *Combined Heating, Cooling and Power: Technologies and Applications*. The Fairmont Press, Lilburn, GA.

图书在版编目（CIP）数据

高效可再生能源发电系统及并网技术：原书第 2 版/（美）吉尔伯特·M. 马斯特斯（Gilbert M. Masters）著；王宾，杨尚霖，龚立娇译. —北京：机械工业出版社，2019.6

（智能电网关键技术研究与应用丛书）

书名原文：Renewable and Efficient Electric Power Systems，2nd Edition

ISBN 978-7-111-62100-3

Ⅰ.①高… Ⅱ.①吉… ②王… ③杨… ④龚… Ⅲ.①再生能源-发电-研究 Ⅳ.①TM619

中国版本图书馆 CIP 数据核字（2019）第 103499 号

机械工业出版社（北京市百万庄大街 22 号　邮政编码 100037）

策划编辑：付承桂　责任编辑：吕　潇

责任校对：樊钟英　封面设计：鞠　杨

责任印制：张　博

北京铭成印刷有限公司印刷

2019 年 7 月第 1 版第 1 次印刷

169mm×239mm · 29.5 印张 · 609 千字

0 001—1 900 册

标准书号：ISBN 978-7-111-62100-3

定价：150.00 元

电话服务　　　　　　　　　网络服务

客服电话：010-88361066　机 工 官 网：www.cmpbook.com

　　　　　010-88379833　机 工 官 博：weibo.com/cmp1952

　　　　　010-68326294　金 书 网：www.golden-book.com

封底无防伪标均为盗版　机工教育服务网：www.cmpedu.com